甘肃向日葵育种及栽培技术研究

卯旭辉　王兴珍　著

中国农业科学技术出版社

图书在版编目（CIP）数据

甘肃向日葵育种及栽培技术研究 / 卯旭辉，王兴珍著. -- 北京：中国农业科学技术出版社，2023.3

ISBN 978-7-5116-6060-2

Ⅰ.①甘… Ⅱ.①卯…②王… Ⅲ.①向日葵—育种—研究 ②向日葵—栽培技术—研究 Ⅳ.① S565.5

中国版本图书馆 CIP 数据核字（2022）第 225432 号

责任编辑　白姗姗
责任校对　马广洋
责任印制　姜义伟　王思文

出 版 者	中国农业科学技术出版社 北京市中关村南大街 12 号　邮编：100081
电　　话	（010）82106638（编辑室）　（010）82109702（发行部） （010）82109709（读者服务部）
网　　址	https://castp.caas.cn
经 销 者	各地新华书店
印 刷 者	北京捷迅佳彩印刷有限公司
开　　本	185 mm×260 mm　1/16
印　　张	21.5
字　　数	450 千字
版　　次	2023 年 3 月第 1 版　2023 年 3 月第 1 次印刷
定　　价	128.00 元

———— 版权所有·侵权必究 ————

前 言

向日葵，又名向阳花，葵花。拉丁学名：*Helianthus annuus* L.，英文名：Sunflower。为菊目（Asterales）菊科（Asteraceae）向日葵属（*Helianthus*）的一年生草本植物。因其耐盐碱、耐干旱、耐瘠薄、适应性强的特点使其在世界范围内广泛种植。向日葵属植物原产于北美洲温带地区。其染色体基数 $n=17$，多数栽培种是二倍体，野生种多为多倍体。

甘肃位于中国西北地区，东通陕西，西达新疆，南瞰四川、青海，北扼宁夏、内蒙古，西北端与蒙古国接壤。境内地势复杂，河谷、平川、丘陵、高原并存。其基本气候特点是：干旱、寒冷、日照充足，昼夜温差大，蒸发量大。

为了系统总结甘肃向日葵科研、生产中取得的成功经验，更好地指导向日葵生产，挖掘生产潜力，促进向日葵育种、栽培、生产的深入研究，笔者编著《甘肃向日葵育种及栽培技术研究》一书。编写过程中，邀请向日葵科研、教学、推广等领域的育种、栽培和植保专家，对编写方案、编写要求等进行充分磋商。2022年10月完成编写初稿，后经2次修改、补充，于2023年1月完成书稿全部编写工作。

《甘肃向日葵育种及栽培技术研究》以甘肃向日葵种植区为主要覆盖面，以育种与栽培为重点，全面论述了甘肃向日葵生产中的诸多问题。全书共十三章，依次论述了甘肃向日葵的生产概况、种植环境、向日葵的生长发育、品种改良、栽培技术及主要气候灾害及防御、病虫草害及其防治措施等一系列有关甘肃向日葵育种及栽培方面的内容。本书前九章由王兴珍完成，共计27万字；第十至第十三章由卯旭辉完成，共计18万字。

本书以农业科研单位的研究人员、农业院校师生为主要读者对象，也可供农业行政部门、农业技术推广部门、生产单位的有关人员参考。本书编写过程中也引用了众多科学家的研究成果，在此表示诚挚的谢意。

本书的出版得到了财政部和农业农村部国家现代农业产业技术体系建设项目（CARS-14-2-22）、甘肃省青年科技基金计划（21JR1RA357）、甘肃省农业科学院科技创新专项（2022GAAS52）的资助。由于笔者学术水平有限，疏漏与不当之处在所难免，敬请各位专家、学者及读者批评指正。

编著者

2023年1月

目　录

第一章　向日葵概述 ·· 1
　　第一节　向日葵的起源 ··· 1
　　第二节　向日葵的分类 ··· 2

第二章　向日葵生产概况 ··· 8
　　第一节　世界向日葵生产概况 ·· 8
　　第二节　中国向日葵生产概况 ·· 9
　　第三节　中国向日葵生产发展的建议 ·· 16

第三章　甘肃向日葵生产 ··· 18
　　第一节　甘肃地形、地貌 ·· 18
　　第二节　甘肃气候特征 ·· 21
　　第三节　甘肃土壤特征 ·· 25
　　第四节　甘肃植被分布 ·· 29
　　第五节　甘肃热量资源 ·· 32
　　第六节　甘肃水资源分布 ·· 34
　　第七节　甘肃向日葵产业发展 ·· 37

第四章　向日葵生理 ·· 39
　　第一节　向日葵的无机营养与施肥 ··· 39
　　第二节　向日葵生长发育对环境条件的要求 ································· 49
　　第三节　向日葵与水 ·· 51

第五章　向日葵的形态特征及生长规律 ······································ 54
　　第一节　向日葵的根 ·· 54
　　第二节　向日葵的茎 ·· 57
　　第三节　向日葵的叶 ·· 61

第四节　向日葵的花 …………………………………………… 65
　　第五节　向日葵的果实 ………………………………………… 70
　　第六节　向日葵的生长发育阶段 ……………………………… 73
　　第七节　向日葵的生长规律 …………………………………… 76

第六章　向日葵产量形成机理 ……………………………………… 80
　　第一节　向日葵产量构成 ……………………………………… 80
　　第二节　向日葵产量构成因素 ………………………………… 83
　　第三节　甘肃向日葵产量相关研究 …………………………… 86

第七章　向日葵的遗传多样性 ……………………………………… 91
　　第一节　向日葵籽粒的遗传多样性 …………………………… 91
　　第二节　向日葵花盘的遗传多样性 …………………………… 95
　　第三节　向日葵株型的遗传多样性 ………………………… 102
　　第四节　甘肃向日葵遗传多样性研究 ……………………… 108

第八章　向日葵品种改良 ………………………………………… 116
　　第一节　国内外向日葵育种的发展 ………………………… 116
　　第二节　向日葵育种目标与策略 …………………………… 119
　　第三节　向日葵的育种方向及育种策略 …………………… 125
　　第四节　向日葵特色育种 …………………………………… 127
　　第五节　向日葵品种间杂交育种 …………………………… 129
　　第六节　向日葵杂种优势利用 ……………………………… 135
　　第七节　向日葵雄性不育系研究 …………………………… 137
　　第八节　甘肃向日葵育种研究技术资料 …………………… 146

第九章　甘肃向日葵栽培技术 …………………………………… 178
　　第一节　测土配方施肥 ……………………………………… 178
　　第二节　向日葵的缺素症状 ………………………………… 181
　　第三节　甘肃向日葵营养施肥技术研究 …………………… 186
　　第四节　甘肃向日葵栽培研究技术资料 …………………… 194

第十章　甘肃向日葵主要气象灾害及其防御研究 ……………… 200
　　第一节　干　旱 ……………………………………………… 200
　　第二节　冻　害 ……………………………………………… 211
　　第三节　土壤盐渍化 ………………………………………… 213

第四节　风雹灾害 …………………………………………………… 217

第十一章　向日葵机械化 …………………………………………………… 220
　　第一节　向日葵机械化整地 …………………………………………… 220
　　第二节　向日葵机械化田间管理 ……………………………………… 223
　　第三节　向日葵机械化收割 …………………………………………… 226

第十二章　甘肃向日葵主要病虫草害及其综合防治 ……………………… 229
　　第一节　甘肃向日葵主要病害 ………………………………………… 230
　　第二节　甘肃向日葵抗病研究技术资料 ……………………………… 251
　　第三节　西北向日葵主要虫害 ………………………………………… 261
　　第四节　甘肃向日葵害虫与天敌研究 ………………………………… 277
　　第五节　甘肃向日葵主要草害及其综合防治 ………………………… 284

第十三章　向日葵加工及用途 ……………………………………………… 293
　　第一节　食用型向日葵加工利用 ……………………………………… 293
　　第二节　油用型向日葵加工利用 ……………………………………… 294
　　第三节　向日葵在畜牧业中的利用 …………………………………… 297
　　第四节　向日葵花蜜 …………………………………………………… 301
　　第五节　向日葵芽苗菜 ………………………………………………… 305
　　第六节　向日葵药用 …………………………………………………… 306
　　第七节　向日葵工业化利用 …………………………………………… 308
　　第八节　甘肃向日葵加工及利用研究 ………………………………… 311

参考文献 ………………………………………………………………………… 315

第一章　向日葵概述

向日葵，又名向阳花、转日莲、西番菊、葵花。拉丁学名：*Helianthus annuus* L.，英文名：Sunflower。为菊目（Asterales）菊科（Asteraceae）向日葵属（*Helianthus*）的一年生草本植物。高 0.7～3.0 m。茎直立，粗壮，圆形多棱角，被白色粗硬毛。叶心状卵形或卵圆形，先端锐突或渐尖，有基础 3 脉，边缘具粗锯齿，两面粗糙，被毛，有长柄。总苞片多层，叶质，覆瓦状排列，被长硬毛。头状花序，极大，直径 10～30 cm，单生于茎顶或枝端，常下倾。夏季开花，花序边缘生黄色的舌状花，不结实；花序中部为两性的管状花，棕色或紫色，结实。瘦果，倒卵形或卵状长圆形，稍扁压，果皮木质化，灰色、黑色或相间色，俗称葵花籽。性喜温暖，耐旱，原产北美洲，世界各地均有栽培。

第一节　向日葵的起源

一、向日葵的起源

向日葵起源于北纬 30°～52°的美洲地区。1510 年前后，西班牙探险家第一次在北美洲发现向日葵并将其驯化后引入欧洲，当时主要作为庭院观赏植物，后来人们才发现向日葵的食用价值，之后成为当时最具经济价值的植物。

二、向日葵的传播

18 世纪向日葵从荷兰引入俄国。1779 年，俄国科学报首次报道了向日葵油的提取过程。公元 1830—1840 年，俄国人开始大规模的工业化榨油。从此向日葵被正式列为油料作物大面积栽培。同时，俄国开始了对向日葵的研究。苏联育种家 V.S.Pustovit 于 20 世纪初开始利用"半分法"进行向日葵育种的研究，取得了卓有成效的结果。1969 年，法国人 Leclercq 在向日葵野生种和栽培种的杂交后代中发现了胞质雄性不育株后，将其与可育的栽培向日葵杂交得到育种资源。

之后，Leclercq、Kinman、Enns 等先后通过对不育源的广泛测配筛选获得育性恢复材料。恢复材料的发现不但全面验证了 Leclercq 的核质互作雄性不育理论，而且使世界范围内的向日葵杂交种生产成为可能。之后，Leclercq 把不育源材料无偿地送给了世界各地的向日葵研究者，使这一不育源材料得以在世界范围内被广泛应用。

三、向日葵在中国的传播

16 世纪末 17 世纪初，西班牙人和荷兰人把向日葵种子传到南洋一带，又从越南传到我国的云南，逐渐从西南往北方传播。向日葵最早传入我国的记载时间为明代。传入之初主要用途以观赏、药用为主。到清代后，开始转向果品（嗑食）及油用。中华人民共和国成立后，特别是 20 世纪 80 年代以来，随着向日葵杂交种在我国的应用，向日葵种植面积迅速增加。

关于向日葵引种至我国的时间，以往公认的最早文字记载见于明代王象晋的《群芳谱》（公元 1621 年），称丈菊。"向日葵"之名首次见于文震亨的《长物志》（约公元 1635 年）。我国现存 8 000 多部地方志，绝大部分为明朝以后的，是研究明代向日葵引入中国栽培及其影响的珍贵资料。明嘉靖（公元 1522—1566 年）《（浙江）临山卫志》的记载，将我国向日葵最早记载时间向前推了半个多世纪。明天启七年（公元 1627 年）《（浙江）平湖县志》，万历三十六年（公元 1608 年）《（河南）汝南志》，万历三十七年（公元 1609 年）《（山东）济阳县志》及崇祯十三年（公元 1640 年）《历城县志》，万历四十六年（公元 1618 年）《（山西）安邑县志》等也都有记载，说明明代中后期向日葵在我国的部分省份已开始种植。

史料中还有一些关于向日葵的记载。如在 16—17 世纪成书的《瓶史月表》中就有"向日葵"之名，该书按一年 12 个月，逐月分"花盟主""花客卿"和"花使令"三项列举花名，向日葵是"七月花使令"中列举的 4 种花名之一，只是没有形态的描述。这个记载时间与明嘉靖《（浙江）临山卫志》的记载时间比较接近，可以相互印证。明代赵山函著《植品》二卷提到万历年间西方传教士传入了"向日菊"和"西番柿"，书前作者自序时间为万历丁巳年（公元 1617 年）。明万历四十七年（公元 1619 年）姚旅《露书》记："万历丙午年忽有向日葵自外域传至。其树直耸无枝，一如蜀锦开花，一树一朵或傍有一两小朵，其大如盘，朝暮向日，结子在花面，一如蜂窝"（万历丙午年，即公元 1606 年）。

第二节　向日葵的分类

向日葵（*Helianthus annuus* L.）是世界上最重要的油料作物之一。向日葵属植物包括 52 种及许多亚种。向日葵属植物有一年生的也有多年生的，多年生的多为野生种，野生向日葵广泛分布于美国西部。

我国向日葵的种植面积达到 1.0×10^6 hm^2，已经居于世界第六位，每年的产量更是高达 2.5×10^6 t。

一、按染色体分类

按染色体分：二倍体（$2n=34$），栽培向日葵属于二倍体；四倍体（$2n=4x=68$）；六倍体（$2n=6x=102$）。

二、按习惯分类

按习惯分为野生向日葵、观赏向日葵、栽培向日葵。
栽培向日葵又分为以下 3 种。

1. 嗑食型

籽粒大而长，皮壳厚，出仁率较低。

2. 油用型

籽粒小，籽仁饱满，皮壳薄，含油率高，用于榨油。

3. 扒仁型

籽粒饱满，粒大，出仁率高。

三、按选育途径分类

按选育途径分为常规种、杂交种。
常规种：用系统选择方法选育的品种。
杂交种：品种间杂交种（A 品种 ×B 品种）、三系杂交种（不育系 × 恢复系）。

四、按生育期分类

极早熟种：从出苗期至成熟期生育日数在 85 d 以内。
早熟种：从出苗期至成熟期生育日数在 86～100 d。
中早熟种：从出苗期至成熟期生育日数在 101～105 d。
中熟种：从出苗期至成熟期生育日数在 106～115 d。
中晚熟种：从出苗期至成熟期生育日数在 116～125 d。
晚熟种：从出苗期至成熟期生育日数在 126 d 以上。

五、向日葵瘦果类型的分类

栽培向日葵的瘦果类型是研究、利用瘦果的重要参考依据。1982 年，全国向日葵科研讨论会曾试行采用了长圆锥、圆锥、短圆锥、卵圆和长卵圆 5 种类型，为我国向日葵瘦果类型的分类奠定了一定的基础。向日葵瘦果类型的分类方法和标准如下。根据长度要素所能描述的特征和实测向日葵瘦果长度变幅，可将瘦果分为长

(≥2.0 cm)、中（1.5～2.0 cm，不含 2.0 cm）、短（1.0～1.5 cm，不含 1.5 cm）和特短（<1.0 cm）四大类。依宽/长比值所能描述的特征及其变幅，可进一步分为锥形（宽/长比值≤0.40）、宽锥形（0.40<宽/长≤0.50）、卵形和楔形（宽/长比值>0.50）。其中，宽度最大值位于瘦果尖端以下 1/2～2/3 处为卵形，位于 3/4 处以下为楔形。

六、向日葵瘦果颜色的分类

向日葵瘦果是人类研究、利用向日葵的重要经济器官，瘦果的颜色同瘦果的类型一样，是研究、利用向日葵瘦果的重要参考依据之一。向日葵研究者都非常注意并研究果皮上的不同色素与某些抗性之间的关系。瘦果的颜色特征对瘦果的深加工工艺和科学利用果皮有着重大的影响。所以，对向日葵瘦果的不同颜色进行系统分类并确定明确的分类标准是十分必要的。向日葵瘦果颜色大致可分为如下三大类 17 种颜色（表 1-1）。

表 1-1　向日葵瘦果颜色分类表

Tab. 1-1　Color classification of sunflower achenes

分类	颜色
单色类	黑色、灰色、白色、深棕色
相间色类	黑灰纹、黑白纹、白黑纹、棕黑纹、灰白纹、白灰纹、灰黑纹黑点、棕白纹、白棕纹
混合色类	黑紫色、棕灰色、棕红色、灰白色

1. 单色类

瘦果果皮仅表现某种单一的颜色，如黑色、灰色、白色等。在单色类中，由于生理的、遗传的和环境条件等多因子对色素形成的影响，各品种的同一单色则有深与浅、光泽与暗淡之别。考虑记载和应用的方便，可视为同一单色记载。

2. 相间色类

所谓相间色，指在瘦果果皮上的两种不同颜色相间排列。一般是以一种颜色为底色，纵向排列另一种颜色的条纹或一种相对浅的颜色环绕另一种相对深的颜色，形成以一种颜色为底、另一种颜色为边的颜色特征。如灰色环绕黑色、白色环绕黑色、灰色或棕色等。在相间色类中，所能见到的都是由两种不同颜色构成，未曾见到某一果皮上同时存在 3 种不同颜色的现象。不同品种瘦果所具有的两种颜色不同，各色条纹的宽窄不同，各色条纹的多少亦不相同，归为相间色类。相间色类包括的品种最多，尤其是食用类型。

3. 混色色类

两种颜色融合在一起，明显区别于单色类和相同色类。

七、按用途分类

按种子的经济用途分为食用型向日葵、油用型向日葵、观赏型向日葵。

食用型向日葵：植株高大，为 2～3 m，生育期 100～130 d。叶片、花盘都较大。皮壳厚，籽仁不饱满，皮壳率高（40%），含油率为 25%～30%。果皮多为黑白相间的条纹或者紫黑色、褐色、白色等。种仁与果皮易剥离，果皮缺少硬壳层。较抗叶斑病，抗锈病能力较差。

油用型向日葵：植株较矮，为 1.2～1.8 m。生育期 85～120 d。花盘大小中等，籽粒较小、饱满，种皮薄，含油率高达 45%～55%。种皮多为黑色或灰黑条纹。抗锈病和螟虫，但易感染叶斑病。

中间型向日葵：介于食用型和油用型之间。

观赏型向日葵：植株较矮，为 1.2～1.8 m。多分支，生育期 85～120 d。花盘小，舌状花颜色丰富，籽粒小，种皮薄。

1. 食用型向日葵

食用型向日葵俗称食用向日葵，抗旱、耐瘠薄、耐盐碱，经济效益和营养价值高，目前在我国西部生产规模持续扩大，对改善当地生态环境、增加农民收入及产业结构调整起到了举足轻重的作用。

籽实含有丰富的胡萝卜素、维生素 E、糖分、不饱和脂肪酸等人体发育所必需的营养元素，具有降血压的重要作用，是人们休闲磕食的首选。经过炒烤加工，已逐渐成为具有一定保健功能的休闲食品和健康食品。花盘和葵花籽饼中又含有较高的粗蛋白、粗脂肪、灰分、果胶及淀粉，是家畜的优质粗饲料。

依据向日葵遗传背景，生产上食用型向日葵品种分为常规种和"三系"杂交种。20 世纪 70 年代后期至 80 年代向日葵大面积栽培开始，生产中以常规品种为主，但由于育性分离严重、植株不整齐、产量低、籽粒外观品质差等因素。目前生产中的食用型向日葵品种主要是"三系"杂交种，植株表现整齐一致，矮秆（株高 180 cm 左右）早熟（生育期小于 115 d），籽粒外观一致、适口性好，抗逆性强。

2. 油用型向日葵

油用型向日葵植株较食用向日葵矮小，一般株高为 150～200 cm，花盘中等大、籽粒小、籽仁饱满、皮壳率为 20%～30%，籽仁含油率为 50%～55%。油用型向日葵对土壤要求不高，它是一种耐瘠薄、抗盐碱、抗干旱的作物，不仅可在风沙地、盐碱地种植，还可与其他作物进行套种或复种。油用型向日葵的根系发达，对肥料的吸收能力强，幼苗可耐 −2℃ 的低温，比较适合于年降水量 350～600 mm、海拔 1 500 m 左右的干旱和半干旱地区种植。

油用型向日葵是世界四大油料作物（大豆、向日葵、油菜和花生）之一。20 世纪60年代以来，向日葵在世界各地得到迅速发展，其油脂产量仅次于大豆。70年代中期，全世界已有40多个国家种植油用型向日葵，其中欧洲是世界向日葵生产的最大基地，其向日葵种植面积为世界向日葵种植面积的58%～60%，产量约占世界总产的65%。另据1999年美国农业部（USDA）的统计，全世界向日葵年种植面积约为$1.33×10^7$ hm^2，主要集中在阿根廷、俄罗斯、法国、乌克兰、美国、中国和印度等国家，其中阿根廷约占世界向日葵总产量的22.5%、俄罗斯为16%、乌克兰为9%、法国和美国约占7%、中国和印度约占5%。

我国已有18个省市（自治区）种植油用型向日葵，油用型向日葵产区主要分布在东北、华北和西北半干旱、轻盐碱地区，其中内蒙古自治区栽培面积最大，其次是新疆维吾尔自治区、吉林、黑龙江、甘肃和山西，南方地区也有零星的种植。经过几十年的发展，我国油用型向日葵的生产由小规模种植已发展成为仅次于油菜、大豆、棉籽和花生的第五大油料作物，年栽培面积达$9.5×10^5$ hm^2，年总产量位居世界第六位（中国农业年鉴，1997—2001年），在我国的农业生产中占有重要的地位。

油用型向日葵作为一种重要的食用植物油原料进行种植与加工。近年来，科学家认识到油用型向日葵在保健方面的功能，向日葵油中含有21%～34%的油酸，57.5%～66.2%的亚油酸，饱和脂肪酸仅为7.5%～12.5%。长期食用，可软化人体血管、调节血脂，对预防高血压等心血管疾病有一定作用。这些研究与发现，大大地促进了油用型向日葵产业的发展。

3. 观赏型向日葵

观赏型向日葵原产北美。自19世纪80年代在欧洲作为观赏花卉以来，有100多年的栽培历史，发展很快。观赏型向日葵因其既可作为鲜切花，也可用于园林布置，在花卉市场久负盛名，在世界各地广泛栽培。我国栽培观赏型向日葵的时间不长，随着花卉博览会的举办，观赏型向日葵逐步受到重视，新品种不断引进，生产规模逐年扩大（图1-1）。

观赏型向日葵为菊科向日葵属一年生草本植物。其花朵硕大亮丽，颜色鲜艳，形似太阳，具有很好的观赏价值，逐渐赢得人们的青睐。广泛用于切花、盆花、染色花、庭院美化及花境营造等领域。

图 1-1 不同类型的观赏型向日葵
Fig. 1-1 Different types of ornamental sunflower

第二章 向日葵生产概况

向日葵具有适应性强、抗旱、耐瘠薄、耐盐碱等特点。在土壤含盐量较高时，其他作物不能生长，而对向日葵却几乎没有影响，还能得到很好的收益。因此种植向日葵可以使土壤脱盐，改良土壤，被人们称为"先锋作物"。向日葵是喜温又耐寒的作物，对温度的适应性较强，种子耐低温能力很强，当地温在2℃以上时种子就开始萌动，4～5℃时能发芽生根，地温达8～10℃时就能满足种子发芽出苗的需要，因此向日葵已成为我国北方地区重要的经济作物，主要分布在内蒙古、新疆、吉林、辽宁、黑龙江、山西、河北、甘肃等省区，常年种植面积稳定在$1.06 \times 10^6 \text{ hm}^2$，年产量约2.85 t，北方10省区面积及产量占全国的96%以上。

近年来，向日葵产业作为一个传统产业逐步被人们重视，由粗放种植转为精细栽培，主动引进新品种，更注重品质等特点，逐步形成了系列产业链，也成为促进农村牧区种质发展和保障农牧业增收的主要方式。

第一节 世界向日葵生产概况

向日葵的原产地是北美洲的西南部，野生种则广泛分布在北纬30°～50°的北美广大地区，本属约100种。早在哥伦布发现新大陆之前，向日葵已成为人类栽培的植物品种。

20世纪80年代向日葵种植国家发展到80多个，但主要集中在温带地区的苏联、美国、阿根廷、中国、法国、西班牙、罗马尼亚等国家。在种植方式上虽各有不同，但各国单位面积产量都有了较大提高，世界向日葵产量增长较快。1960年世界向日葵总产量排在世界油料作物第五位，1990年一跃上升为第三位，仅次于大豆和棕榈油，占世界油脂总量的10%。20世纪六七十年代产量增长近1倍，20世纪70—90年代产量增长近1.2倍。目前，世界向日葵与大豆、油菜、棕榈同样成为世界主要而且具有发展潜力的重要油料作物。

联合国粮食及农业组织（FAO）对世界各国向日葵年度种植面积的数据统计结

果显示，2019年世界向日葵年度种植面积 $2.74×10^7$ hm²，总产量 $5.61×10^7$ t，分别比 2018 年增加 2.63% 和 7.93%。其中，俄罗斯是种植面积最大的国家，达到 $8.41×10^6$ hm²；其次是乌克兰，种植面积为 $5.96×10^6$ hm²；第三是阿根廷，种植面积为 $1.88×10^6$ hm²。然后依次为罗马尼亚 $1.28×10^6$ hm²、坦桑尼亚 $1.00×10^6$ hm²、中国 $8.5×10^5$ hm²、保加利亚 $8.16×10^5$ hm² 等。向日葵种植面积超过 $1.00×10^5$ hm² 的国家有俄罗斯、乌克兰、阿根廷、罗马尼亚、坦桑尼亚、中国、保加利亚、哈萨克斯坦、土耳其、西班牙、法国、匈牙利、南非、美国、摩尔多瓦、乌干达、印度、缅甸、塞尔维亚、苏丹、意大利、玻利维亚、巴基斯坦、希腊。

截至 2021 年 3 月 31 日，根据 FAO 对世界向日葵年度种植面积的统计结果显示，2010 年世界向日葵年度种植面积为 $2.31×10^7$ hm²，之后缓慢增长，到 2014 年增长至 $2.53×10^7$ hm²，年平均增长 $5.5×10^5$ hm²，涨幅为 2.38%；从 2015—2019 年世界向日葵年度种植面积由 $2.55×10^7$ hm² 增长至 $2.74×10^7$ hm²，年平均增长 $4.75×10^5$ hm²，涨幅为 1.86%；整个增长过程中虽然 2012 年和 2014 年较上一年种植面积有所下滑，但是世界向日葵年度种植面积的整体趋势呈现逐渐上升的趋势。

由于世界各国人民的生活水平在逐渐提高，对向日葵籽粒及其副产品的需求不断增加，特别是非洲部分地区如坦桑尼亚，经济的高速发展对世界向日葵年度种植面积的扩大起到了极大的推动作用。根据 FAO 对世界向日葵年度产量的统计结果，2010 年世界向日葵年度产量为 $3.15×10^7$ t，之后开始呈波浪式增长，到 2014 年世界向日葵年度产量增长至 $4.26×10^7$ t，年平均增长 $2.53×10^6$ t，涨幅为 8.01%；2015—2019 年世界向日葵年度产量从 $4.43×10^7$ t 增长至 $5.61×10^7$ t，年平均增长 $2.95×10^6$ t，涨幅为 6.66%；整个增长过程中虽然呈波浪式增长模式，2012 年、2014 年和 2015 年向日葵年度产量较上一年有所下滑，但是世界向日葵年度产量的整体趋势呈较快速上升趋势，与世界向日葵年度种植面积逐年上升呈正相关关系。

第二节　中国向日葵生产概况

从向日葵生产区域布局看，东三省、华北、西北半干旱、干旱或轻中度盐碱地区仍是目前中国向日葵主产区。其中内蒙古、甘肃、宁夏、吉林等地，种植面积逐年扩大。食用型向日葵营养丰富，脂肪和蛋白含量较高，能够增加人体营养摄入，具有强身健体的作用，同时对心血管疾病和癌症具有一定的综合防治功效，是一种很好的保健品，备受人们青睐。

FAO 对中国向日葵种植面积的统计结果显示，中国近 10 年的向日葵种植面积保持在 $1.0×10^6$ hm² 左右，2019 年中国向日葵种植面积为 $8.50×10^5$ hm²，居世界第六位，较 2018 年略有降低。总产量 $2.42×10^6$ t，单产为 2 847.06 kg/hm²，与 2018 年的 2 707.16 kg/hm² 相比，提高 5.17%。

根据 FAO 统计，在中国向日葵种植面积总体平稳背景下，向日葵年度产量由 2010 年的 2.29×10^6 t 缓慢增长至 2014 年的 2.58×10^6 t，年平均涨幅为 7.25×10^4 t；2015—2019 年中国向日葵年度产量由 2.87×10^6 t 增长至 2016 年的 3.20×10^6 t，然后开始迅速下滑至 2019 年的 2.42×10^6 t，整个过程虽然有部分年份的向日葵年度产量较上一年有所下滑，但是总的来说中国向日葵年度产量比较平稳，基本保持在 $2.4\times10^6\sim2.6\times10^6$ t。

中国向日葵的种植面积和产量基本平稳，为中国产业结构的稳定提供了有力支撑。2000—2019 年，随着中国的经济高速发展，向日葵产业也高速发展。中国向日葵产业在今后发展中需要加强科技成分占比，实现向日葵产业的高质量发展。

一、向日葵生产在国民经济中的地位

中国是食用型向日葵的主要生产国和消费国。近年来，由于炒货行业的发展迅速与竞争激烈，无论是规模上还是品种上都对食用型向日葵提出更高要求，带动了食用型向日葵育种、订单种植、加工贸易一体化的产业化进程。随着人们的生活水平的提高，葵花油越来越被消费者喜爱，所以向日葵产业是一个朝阳产业，市场潜力巨大，发展前景十分广阔。

改革开放以来，中国的农业生产和农村经济发生了巨大的变化。种植业也形成了以粮食作物为主，经济作物和饲草料作物为辅的三元结构。作为经济作物之一的向日葵产业也得到了快速发展。油用型向日葵已成为四大油料作物之一。食用型向日葵的发展更快，在全国向日葵种植面积中占 70% 以上。

二、中国向日葵生产变化

中华人民共和国成立以后，中国向日葵生产水平不断提高，产量不断增加，高产、优质、高效全面发展。回顾改革开放以来中国向日葵生产发展历程，具有以下特点。

1. 单产水平不断提升

改革开放以来，随着中国农业生产发展政策的不断完善，水肥、农药等投入地增加，以及一批高产新品种的推广，向日葵单产水平快速提高。中国向日葵产量总体呈上升趋势，1978—2016 年，中国向日葵产量由 2.78×10^6 t 提高到 3.20×10^6 t；同时 2012—2013 年度的世界统计数据中显示，中国的向日葵单产水平为 2 609.11 kg/hm^2，居世界第一。由此可见，中国具有发展向日葵产业的有利条件，贸易合作国家也日趋多元，向日葵产业前景广阔。

2. 播种面积恢复增加，逐步稳定

中国向日葵种植集中分布于大兴安岭的东南侧、太行山脉、贺兰山脉和阴山山脉地区以及祁连山北侧和天山以北地区，产量分布与面积分布保持一致。2015 年，内蒙古和新疆的种植面积占到全国种植面积的 61.25% 左右，产量更是占到全国产量的

69.81%以上（表2-1、表2-2）。全国种植向日葵面积大的省（自治区）中，单产水平高的为甘肃、新疆、宁夏、河北和内蒙古5个省（自治区），单产依次为3 498.46 kg/hm²、3 024.29 kg/hm²、3 014.68 kg/hm²、2 727.46 kg/hm²和2 649.41 kg/hm²（表2-3）。

表2-1 2007—2018年全国向日葵种植面积及分布
Tab. 2-1 Planting area and distribution of sunflower in China from 2007 to 2018

年份	总和 (10⁴ hm²)	内蒙古 (10⁴ hm²)	新疆 (10⁴ hm²)	黑龙江 (10⁴ hm²)	吉林 (10⁴ hm²)	山西 (10⁴ hm²)	陕西 (10⁴ hm²)	河北 (10⁴ hm²)	甘肃 (10⁴ hm²)	宁夏 (10⁴ hm²)	其他 (10⁴ hm²)
2007	814.51	256.76	66.03	140.93	68.44	56.41	28.50	24.23	21.18	20.17	131.86
2008	963.51	4.7.59	179.52	107.33	62.69	56.44	26.16	23.54	25.11	31.32	43.81
2009	964.86	402.15	155.74	87.39	100.68	50.16	34.62	23.79	25.73	31.15	53.45
2010	988.94	395.49	164.87	56.81	150.14	43.04	32.49	23.85	33.75	37.62	50.88
2011	960.69	411.97	163.65	40.37	114.14	39.35	28.77	26.88	35.84	36.79	62.93
2012	880.61	398.59	148.19	29.89	104.90	34.20	26.87	34.56	36.34	32.12	34.96
2013	926.09	429.00	145.80	20.40	110.10	32.70	27.20	47.90	42.40	30.60	39.99
2014	956.45	462.60	143.30	16.60	96.60	30.90	27.40	51.60	45.70	29.20	52.55
2015	1 086.46	518.20	147.30	66.80	84.80	28.50	17.10	59.30	44.20	25.90	94.36
2016	1 278.93	711.10	188.18	13.11	98.75	36.87	26.37	60.14	82.31	10.46	173.03
2017	1 170.75	713.11	152.38	8.52	52.28	29.44	29.35	62.08	32.46	8.76	82.37
2018	921.35	564.38	127.86	4.52	28.73	31.75	20.04	51.75	50.75	7.58	33.99

表2-2 2012—2018年全国向日葵生产情况
Tab. 2-2 Production of sunflower from 2012 to 2018 in China

省区	2012年		2013年		2014年		2015年		2016年		2017年		2018年	
	收获面积 (10⁴hm²)	总产量 (10⁴t)	收获面积 (10⁴hm²)	总产量 (10⁴t)	收获面积 (10⁴hm²)	总产量 (10⁴t)	收获面积 (10⁴hm²)	总产量 (10⁴t)	收获面积 (10⁴hm²)	总产量 (10⁴t)	收获面积 (10⁴hm²)	总产量 (10⁴t)	收获面积 (10⁴hm²)	总产量 (10⁴t)
全国	880.61	226.72	926.09	244.83	956.45	258.21	1 086.46	287.20	1 278.93	320.10	1 170.75	314.94	921.35	249.42
内蒙古	398.59	104.30	429.00	120.15	462.60	130.38	518.20	154.16	711.10	173.69	713.11	191.55	564.38	147.55
新疆	148.19	41.44	145.80	41.90	143.30	43.51	147.30	46.33	188.18	58.17	152.38	46.06	127.86	40.97
黑龙江	29.89	5.98	20.40	4.25	16.60	3.58	66.80	10.53	13.11	3.07	8.52	1.96	4.52	1.46
吉林	104.90	33.13	110.10	29.29	96.60	27.49	84.80	19.98	98.75	16.24	52.28	11.91	28.73	6.02
山西	34.20	4.76	32.70	4.80	30.90	4.44	28.50	3.88	36.87	6.33	29.44	6.03	31.75	5.901
河北	34.56	7.88	47.90	11.12	51.60	12.76	59.30	15.12	60.14	16.82	62.08	17.42	51.75	15.63
甘肃	36.34	15.77	42.40	19.80	45.70	23.44	44.20	22.88	82.31	27.73	32.46	21.44	50.75	17.20
宁夏	32.12	6.35	30.60	5.69	29.20	5.09	25.90	3.74	10.46	3.01	8.76	2.75	7.58	2.76

表 2–3　2012—2018 年全国向日葵单产情况

Tab. 2–3　Seed yield of sunflower from 2012 to 2018 in China

省区	2012 年 （kg/hm²）	2013 年 （kg/hm²）	2014 年 （kg/hm²）	2015 年 （kg/hm²）	2016 年 （kg/hm²）	2017 年 （kg/hm²）	2018 年 （kg/hm²）	平均值 （kg/hm²）
全国	2 574.55	2 643.67	2 699.68	2 643.46	2 502.86	2 690.10	2 707.16	2 637.354
内蒙古	2 542.42	2 742.28	2 717.61	2 800.41	2 442.55	2 686.11	2 614.46	2 649.41
新疆	2 796.54	2 874.16	3 036.65	3 144.38	3 091.12	3 022.52	3 204.66	3 024.29
黑龙江	2 000.17	2 084.49	2 160.41	1 574.92	2 341.98	2 299.72	3 234.97	2 242.38
吉林	2 830.58	2 341.14	2 458.18	1 998.17	1 644.08	2 278.70	2 093.87	2 234.96
山西	1 515.35	1 546.35	1 543.74	1 429.64	1 717.14	1 897.96	2 003.38	1 664.79
河北	2 406.77	2 554.69	2 687.04	2 821.76	2 796.90	2 805.81	3 019.30	2 727.46
甘肃	3 403.13	3 516.99	3 706.95	3 671.35	3 369.58	3 431.92	3 389.34	3 498.46
宁夏	2 934.90	2 944.56	2 955.72	2 607.44	2 875.52	3 143.09	3 641.58	3 014.68

3. 中国向日葵生产重心变化

中国向日葵生产重心在近年发生了较大迁移，产量和面积迁移方向和幅度基本一致，呈现出由东北向西南的趋势。1985 年以来，全国向日葵产量重心由内蒙古克什克腾旗向西南方向迁移直至达乌拉特中旗。31 年间，产量重心迁移总距离为 1 677 km，迁移幅度为 1 065 km，其中 1985—1990 年迁移距离最大，为 530 km，1995—2000 年迁移距离最小，为 74 km。面积重心由翁牛特旗向西南方向迁移至乌拉特中旗。面积重心迁移总距离为 1 800 km，迁移幅度为 1 116 km 左右。其中 1985—1990 年迁移距离最大，为 629 km，1995—2000 年迁移距离最小，为 150 km。

三、中国向日葵品质变化

油用型向日葵含油率在 45% 左右，食用型向日葵含油率在 30% 左右。向日葵油属于半干性油，品质优良，容易加工，用途广泛。向日葵油的特点是富含不饱和脂肪酸，其中含亚油酸 57.5%～66.2%，油酸 21%～34%。油酸和亚油酸属于人体必需脂肪酸，参与人体胆固醇的代谢，有助于人体排除胆固醇及其产物，软化血管，减轻动脉硬化，有助于防治冠心病；促进人体发育，维持皮肤和毛细血管的健康；与精子和前列腺素的合成有密切关系，被誉为"保健植物油"。向日葵油的人体消化率为 96.5%，不饱和脂肪酸含量高达 88%，在欧美发达国家和中国的香港、澳门、台湾，约 70% 的人普遍食用向日葵油，市场前景广阔。

与饱和脂肪酸相比，油酸、亚油酸等不饱和脂肪酸对人体新陈代谢、调节血压、降低血清胆固醇有着重要作用。国内外向日葵工作者早在 20 世纪 80 年代就开始研究向日葵种植过程中，温度、播期、遗传等对向日葵油酸、亚油酸含量的影响。经过 20 多年的努力，目前已经培育出不饱和脂肪酸含量高达 90% 的向日葵品种，其中亚油酸含量超过 70%。

维生素 E 是生殖细胞的发育不可缺少的营养元素，且具有抗氧化、抗癌及延缓衰老的作用。向日葵油脂中富含维生素 E，这一特性使向日葵油具有较高的保健营养价值。在目前种植的向日葵品种籽实中，维生素 E 含量平均为 0.06% 左右。

四、中国向日葵产业化现状

向日葵具有适应性强、抗旱、耐瘠薄、耐盐碱等特点。向日葵是喜温又耐寒的作物，对温度的适应性较强，种子耐低温能力很强，地温在 2℃ 以上时种子就开始萌动，4～5℃ 时能发芽生根，地温达 8～10℃ 时就能满足种子发芽出苗的需要，向日葵已成为中国北方地区重要的经济作物，主要分布在内蒙古、新疆、甘肃、吉林、辽宁、黑龙江、山西、河北等省区，常年种植面积稳定在 1.07×10^6 hm^2，年产量约 2.85×10^6 t，北方 10 省区面积及产量占全国的 96% 以上。

其中食用型向日葵种植面积占 70%，目前中国食用型向日葵产业在种植面积、消费能力、出口贸易、科研水平和从业人数 5 个方面居世界第一水平，世界向日葵产业中心正加速向中国转移。

随着居民收入的增加和人民生活水平的提高，人们对植物性食用油和休闲食品的需求也逐步增加。而具有一定保健功能的葵花油和用于嗑食的食用葵花籽正好符合了人们的需求，需求量与日俱增，收购价格屡创新高。

（一）研究水平存在差距，技术储备不足

向日葵起源于北美。由北美传至南美、西欧、东欧、亚洲等地，明朝时传入中国。长期以来，向日葵在中国只是零星种植，或作为干果食用，或作为花卉观赏。因此，向日葵种质资源很缺乏，较早对向日葵的遗传规律进行研究的是苏联专家 Pustovoit，并把油用型向日葵籽实含油率从 30% 提高到 50%。

向日葵研究发生大的转折是 1969 年法国 P.leclercq 博士发现了核质互作型雄性不育系，然后把材料分送世界各地。从此，油用型向日葵进入了杂交种时代。

近年来，向日葵杂交育种技术取得了前所未有的发展，美国生产上使用的品种中杂交种达 99%，其他国家杂交种的覆盖率也很高。目前，国外油用型向日葵杂交种具有高油、低皮壳、株型好、抗病、适应性强的特点。其父本为分枝型的恢复系，开花期长，花粉量大，有利于制种。向日葵抗病性育种发展也很快，国外研究重点是锈病、霜霉病、菌核病、黑斑病和黄矮病。在对这几种主要病害的病原菌生理小种，以及相应的抗性基因和抗原进行了深入研究之后，美国首先获得了抗霜霉病的自交系，近年来又克隆了抗霜霉病的基因。

中国向日葵杂交种优势利用的研究工作起步较晚，开始于 1974 年，大体分为 3 个阶段。

第一阶段（1974—1980 年），完成了向日葵三系配套工作，选出了优良杂交种，明确了增产效果和适应区域。

第二阶段（1981—1988 年），把主攻方向放在提高产量水平上。

第三阶段（1989 年至今），工作重点转到了提高籽实含油率和抗病育种方面，形成了以常规育种为主，生物技术、病理技术为辅的育种体系，研究工作取得了一定的进展。

但与国外相比，在向日葵育种领域主要问题是资源材料匮乏，育成的杂交种皮壳率高，籽实含油率低，在抗病性和适应性方面，特别是在食用型向日葵的研究方面技术储备较少，这和中国向日葵产业的发展不相适应。

（二）油料的大量进口对国内向日葵产业造成了一定的影响

随着全球贸易自由化程度不断加深、中国油料关税削减以及配额制度逐步取消，中国向日葵产业面临巨大的国际市场压力，世界其他向日葵生产贸易大国品种、技术以及市场优势，对中国向日葵籽及向日葵油对外贸易产生了较大影响，尤其是影响价格的稳定。

向日葵产品贸易主要有向日葵籽和向日葵油两类。2000 年以来，中国向日葵籽和向日葵油进出口贸易规模均有所增加，但由于向日葵加工产品开发严重滞后，在对外贸易中表现为原料出口量大、制成品进口量大的特点。

1. 向日葵籽出口规模不断扩大

向日葵籽以出口贸易为主，出口品种以未加工或初步加工的向日葵籽为主，如向日葵籽仁等，进口规模较小。2000 年中国向日葵籽进口量、出口量分别为 1.2×10^4 t、3.7×10^4 t，此后波动增加至 2018 年的 13.9×10^4 t、46.3×10^4 t，年平均增长率分别为 114.6%、115.1%，出口贸易规模占进出口总贸易规模的 75% 以上（图 2-1）。

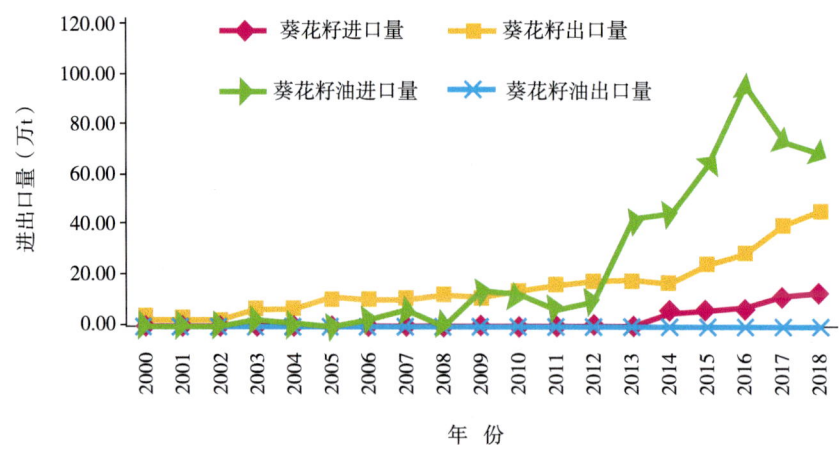

图 2-1　2000—2018 年中国葵花籽及葵花籽油进出口贸易情况

Fig. 2-1 Import and export trade of sunflower seeds and sunflower seed oil in China from 2000 to 2018

注：中国海关统计中向日葵油与红花籽油为同一税号，故向日葵油油贸易数据中包含红花籽油。

数据来源：根据 UN Comtrade 数据库数据整理所得。

2. 葵花籽油进口规模显著增加

产品附加值相对较高的向日葵油主要以进口为主，出口规模不大，且进口规模显著增加，尤其是 2012 年以来，进口增幅较为明显。2018 年，中国向日葵油进口量为 70.3×10^4 t，与 2012 年相比，增长了 6 倍多；与 2000 年相比，增长了 800 多倍，在世界向日葵油主要进口国中进口量增幅最大。

（三）加工龙头企业入驻不足，向日葵收购价格不稳

中国向日葵市场近似于完全竞争市场，因此向日葵加工企业为节约费用降低成本往往在原料基地建厂。随着人民生活水平的提高，食用型向日葵的需求与日俱增，收购价格屡创新高。由于食用油具有刚性需求的特征，因而油料作物的生产应相对稳定，农民的收入也具有相对稳定性，可以起到收入"稳定器"的作用。随着人民生活水平的提高，食用油的消耗也逐渐增大，油料作物的种植面积和产出也需相应增加。而全国油用型向日葵种植面积基本保持不变，没有起到增加农民收入"稳定器"的作用。因此，需调整种植结构，加大政策支持力度，向日葵产业增收的潜力巨大。

（四）向日葵加工和产业化水平低

我国中小型油脂加工企业较多，技术和装备落后，出油率低，缺少精加工和深加工产品，制成品价格高于国际市场上的同类产品。向日葵种植机械化程度低、生产效率低、成本高，油用型向日葵加工企业生产上使用的向日葵品种优质化水平低，加大了企业成本。油料的大量进口对我国油料价格的稳定造成一定影响，油用型向日葵加工企业容易受国际市场的影响，效益偏低，不能带动基地和农民的发展。目前，向日葵产业发展还没有完全形成"企业＋技术环节＋基地＋农民"的良性循环格局和高效运转的系统，影响着企业的发展和农民的增收。

（五）土地流转对向日葵产业影响

农民作为独立的经营个体，其经营行为是逐利的，是以利益最大化为目的的。在此背景下，众多分散的同质个体由于利益最大化下的经营选择极少，其经营行为将最大限度地趋同，由此引发很多问题。例如，同质化经营，向日葵挣钱，则大家一起种，导致面积盲目扩大，从而供给过剩，市场风险加大；个体农户在有限的土地上大面积种植向日葵，导致轮作倒茬困难，从而病害发生流行，直接危害产业安全；众多分散的农户种植技术参差不齐，不利于先进生产技术的推广和应用，阻碍生产率的提高等。

第三节 中国向日葵生产发展的建议

一、加大资金投入、提高研究水平

近年来,国外向日葵杂交种的大量涌入,使全国向日葵品种结构发生了大的变化。国外杂交种使油用型向日葵产量和含油率有了显著提高。但国外进口的杂交种成本较高,不仅加重了种子部门的生产成本和经营负担,同时也加重了农民的负担。因此,在有选择地引入一些优良品种的同时,要大力引进一些优良的种质资源材料,通过科技创新,选育具有自主知识产权的优良新品种,振兴民族种业,增强竞争优势。

近几年,中国向日葵的育种水平有了很大的提高,育成了一批产量高、含油率高、抗病性强、适应性强的向日葵杂交种。但由于向日葵是一种特种经济作物,在国家粮油生产中占的比重小。因此,科研投入相较于粮食作物较少,使得中国向日葵研究水平、技术储备不足。因此建议增加向日葵的研发经费,敦促科研单位加强与种子企业协作,集中资金联合攻关,育成一批有突破性的品种应用于生产。同时加强栽培技术、病虫害防治技术方面的研究,良种良法配套,推动向日葵产业的健康发展。

二、向日葵新品种选育要向多用途、专业化方向发展

向日葵将由以高产为主转向高产、专用型品种的选育,提高产量兼顾品质改良。新品种选育要根据市场的需求,除继续进行向日葵杂交种选育外,应向多用途转变,走专用杂交种选育的道路,突出用途和特点。例如,食用型杂交种选育目标要求籽粒大且饱满、蛋白含量高、口感好;油用型杂交种则要求油酸、亚油酸、维生素 E 等含量要高,营养平衡,具有保健作用。

向日葵籽实和副产品的综合利用价值高,可以实现加工滚动增值。主要研究内容包括:向日葵作为油料作物,除传统提取油脂外,还应加大营养物质和药用物质提取和加工的研究;葵饼、葵盘的营养成分同家禽、家畜的消化吸收的研究;向日葵管状花的形状、蜜腺分布与蜜蜂采蜜难易的研究;向日葵葵盘提取食用果胶的研究等。这些对于扩大向日葵种植、开拓市场、提高种植向日葵的经济效益都有重要意义。

三、做好新品种及配套技术的推广示范工作

发展向日葵产业,选用适宜品种是关键。目前,国内进行向日葵选育的单位很多,国外的一些公司也纷纷涌入中国,在向日葵种子市场竞争中占据一席之地。然而中国地域广阔,适合向日葵种植的范围很大,各地区的土壤、气候、种植习惯等都不相同,向日葵品种的适应性也不同,应选用适应性广、抗病性强、产量稳定、含油率高、商品性好的品种。

做好新品种的示范试种工作，选择适合当地气候条件的优良杂交种，对增加农民收入，进一步扩大向日葵种植面积非常必要。形成优良品种和栽培技术相统一的配套技术，积极推广新品种、新技术，引导生产者扩大优良品种的种植面积，提高油料产品质量。解决中国向日葵生产中的重大关键问题，在不同的生态区域研究推广一批新技术、新成果、新品种，推动中国向日葵产业的健康持续发展。

四、深化向日葵加工企业改革，发展向日葵生产产业化

中国是向日葵的主要生产国和消费国。近年来，由于炒货行业的发展迅速与竞争激烈，对原料的选用，不论是在规模上还是品种上，都对向日葵提出了更高的要求，带动了向日葵育种、订单种植、加工贸易一体化的产业化进程。

随着人们生活水平的提高，向日葵油越来越受消费者青睐。中国年产植物油的总量与中国众多的人口和快速发展规律的经济需求很不相称。为满足国内市场的需求，中国每年都要大量进口植物油及其原料。即使如此，中国人均占有食用油量及油饼和油粕的数量仍只有世界平均水平的50%左右。这不仅表明中国是一个巨大的潜在植物油进口市场，同时也制约中国国民经济的发展和人民生活水平的提高。

随着中国农村产业结构的调整，养殖业将会出现更加迅猛发展的态势。因此，作为饲料主要成分的油饼和油粕的需求量也会相应地增加，国内生产已经不能满足需要，每年都要花费大量外汇从其他国家进口。

中国目前向日葵生产的形势是，一方面向日葵油脂加工和炒货企业因原料不足，每年最多只能生产8个月，其他时间被迫停产。另一方面，在一些适种地区，向日葵的种植比较分散，向日葵的品种鱼龙混杂，产品无人回收，这些都给向日葵的大面积推广带来许多不利影响。应采取有效措施，推动向日葵加工企业与农民以一定的方式签订合同，并联合科研、推广部门，形成利益共同体。不断地引进向日葵新品种和高产栽培技术，调整农业种植结构，改进农业生产工艺，提高农业生产的整体水平。形成一条"企业+农户+基地+流通+科技"的有机链条，形成规模，建立出口基地，争取出口创汇，发展订单农业，提高向日葵产业化水平。

第三章 甘肃向日葵生产

向日葵是一种适应性极强的作物，我国从南到北都有种植。主要分布在内蒙古、新疆、吉林、黑龙江、河北、甘肃等西北、华北和东北的半干旱或轻盐碱地区。甘肃总土地面积约为 $4.54 \times 10^7 \ hm^2$（据国务院勘界结果为 $4.26 \times 10^5 \ hm^2$），居全国第七位。山地多，平地少，全省山地和丘陵占总土地面积的 78.2%。全省土地利用率为 56.93%，未利用的土地包括沙漠、戈壁、高寒石山、裸岩、低洼盐碱、沼泽等。总量为 $4.54 \times 10^7 \ hm^2$，人均占有量 $2 \ hm^2$，居全国第五位。除沙漠、戈壁、沼泽、石山裸岩、永久积雪和冰川等难以直接利用的土地外，尚有 $2.73 \times 10^7 \ hm^2$ 土地可用于生产建设，占土地总面积的 60.11%。各种林地资源面积 $3.97 \times 10^6 \ hm^2$，有白龙江、洮河、祁连山脉、大夏河等地的成片原始森林，森林中的野生植物达 4 000 余种，其中有连香树、水青树、杜仲、透骨草、五福花等珍贵植物。野生动物中列入国家稀有珍贵动物的达 54 个种或亚种，如大熊猫、金丝猴、羚牛、野马、野骆驼、野驴、野牦牛、白唇鹿等。

第一节 甘肃地形、地貌

甘肃地处我国大陆中西部，北纬 32°11′～42°57′、东经 92°13′～108°46′，位于青藏、黄土、蒙新三大高原交会处。甘肃东邻陕西，南接四川，西靠青海、新疆，北与内蒙古、宁夏毗邻，并与蒙古国接壤，陆地面积 $4.54 \times 10^5 \ km^2$；地形呈东南—西北狭长状，东南至西北方向绵延 1 300 km 以上；地势自西南向东北倾斜，海拔变化范围为 550～5 565 m。

境内地形复杂，山脉纵横交错，海拔相差悬殊，高山、盆地、平川、沙漠和戈壁等兼而有之，是山地型高原地貌。海拔大多在 1 000 m 以上，四周为崇山峻岭所环抱。北有六盘山和龙首山，东为岷山、秦岭和子午岭，西接阿尔金山和祁连山，南壤青泥岭。

主要的山脉有祁连山、乌鞘岭、六盘山，其次诸如阿尔金山、马鬃山、合黎山、龙首山、西倾山、子午岭等，多数山脉属西北—东南走向。省内的森林资源多集中在这些山区，大多数河流也都从这些山脉形成各自分流的源头。

一、陇南山地

重峦叠嶂，山高谷深，植被丰厚，清流不息。这一区域大致包括渭水以南、临潭、迭部一线以东的山区，为秦岭的西延部分。北面与黄土高原毗邻，南面接壤四川盆地，东面接壤秦岭山脉和汉中盆地，属于青藏高原、秦巴山区和黄土高原的交汇地带。域内呈现西北高、东南低的地势特点，海拔600～4 800 m，多数区域的海拔位于1 000～3 000 m。域内地貌景观特征较为复杂多样，主要有山地地貌、河谷地貌、黄土地貌和重力地貌4种地貌。

陇南山地分布在北部的叠山山脉和南部的岷山山脉，受岷江和白龙江的长期冲刷，山势陡峭，沟谷幽深，大部分属于中山或者高山，海拔多在1 000 m以上，坡度为25°～45°，山地岩土松散软弱，易发生滑坡和泥石流等地质灾害。黄土地貌景观也是流域内主要的农业作业区，土壤的发育母岩以变质岩系为主，部分为沉积岩和花岗岩侵入体（千枚岩、硅质板岩、石灰岩、页岩），主要的土壤类型有黄棕壤、棕壤、褐土、高山草甸土、水稻土、红黏土等。其中上游多为山地棕褐土，下游多为棕色森林土。受气候特点和降雨的水平与垂直分布差异性影响，其土壤分布从西北到东南也呈现较为明显的区域演替特点。

陇南山地植被覆盖度较好，是甘肃唯一的油橄榄、茶叶、银杏等亚热带作物的产地。植被种类繁多，森林、草地、灌丛广泛分布于不同的自然景观之上。由于域内多样的气候降雨条件和海拔以及地形地势的差异，植被的水平差异和垂直分布差异较为明显。主要植被类型有温带山地针叶林、温带落叶阔叶林、亚热带和热带山地针叶林等，灌木植被类型主要有马桑、杜鹃、蔷薇等。北部和西部以高山草甸和灌木草甸为主，南部为常绿阔叶和落叶阔叶林交混带，该区域高海拔地区存在着温带针叶林。植被分布沿海拔由低到高依次为：阔叶林（杨树、栎树、白桦、刺槐，海拔1 200～2 000 m），针、阔叶林交混区域（冷杉、侧柏、红杉、松树、青杆等树种，海拔2 000～3 000 m），在3 000多米的海拔之上，以高山草甸为主。草地面积占9.1%，乔木林面积占比约为51.5%，农作物约占19.1%，其余为灌草丛。

二、陇东、中黄土高原

陇东、中黄土高原位于甘肃中部和东部，东起甘陕省界，西至乌鞘岭畔。甘肃黄土高原土壤水分地域分布与年降水量分布大体一致，土壤水分的主要来源是降水，土壤水分从南到北逐渐减少，高值中心在甘南高原低温阴湿地区，北道—临夏一线是分界线，向北存在土壤缺水现象，并逐渐加重，而南部很少有土壤缺水现象，甘肃黄土高原土壤水分是南湿北干。陇中北部和陇东北部土壤水分小于13%，土壤常年处于缺水临界值以下,是黄土高原土壤严重缺水地区。

不同气候区多年平均垂直剖面特征是:陇中北部和陇东北部土壤严重缺水区土壤水分稳定性很差,变差系数大。浅层土壤严重缺水主要出现在春季和春末夏初,深层土壤也常年处于缺水状态;陇中和陇东季节性土壤缺水区主要缺水在5—6月,深层土壤水分表现为陇东区相对较好,陇中区较差,而土壤水分低值区陇中区比陇东区深。土壤水分适宜区和湿润区无明显土壤缺水时段,30 cm以上耕作层土壤水分比较稳定,并向深层输送;土壤水分的相对低值区存在明显的季节变化,各气候区在时段和深度上有差异。

三、甘南高原

甘南高原地处青藏高原东北部边坡地带,位于青藏高原和黄土高原的交会过渡区,甘肃西南部,平均海拔超过3 200 m,是典型的高原区。是黄河上游重要的生态屏障,在维护黄河流域水资源和生态安全方面具有十分重要的作用。

甘南东部逐渐向陇南山地过渡,北连陇中黄土高原。从地质构造来看,该区位于秦岭与昆仑两个地槽褶皱系的交接部位,大部分属秦岭地槽褶皱系,西南部属松潘—甘孜地槽褶皱系,境内山地与高原相间,形成山原区、高山峡谷区和山地丘陵区等地貌类型区;从动植物区系来看,该区属于中国—日本、中国—喜马拉雅及青藏高原3个植物亚区的交会区,也是我国北方鸟类和陆生脊椎动物多样性的"偏高值区",物种组成具有明显的区系过渡性。

四、河西走廊

河西走廊位于祁连山以北,北山以南,东起乌鞘岭,西至甘新交界,是块自东向西、由南而北倾斜的狭长地带。海拔为1 000～1 500 m,长约1 000 km。河西走廊地势平坦,机耕条件好,光热充足,水资源丰富,是著名的戈壁绿洲,农业发展前景广阔,是甘肃主要的商品粮基地。

河西走廊的草地资源是在荒漠的环境中,包含了绿洲和山地。荒漠是西北草地资源的主体,其他两类草地资源,都是在这一主体草地资源的基础上衍生而来。河西走廊的草地农业系统,就是由这三者组成的系统复合体。这些互相临近的系统复合体,经过长时期的自然演变组成耦合系统。在这个新组成的耦合系统之中,作为人类生产劳动的产物,各个子系统因接受社会投入的容量和产出能力的不同,它们的重要性发生再排序。就其重要性来看,其次序应为:绿洲—山地—荒漠。

五、祁连山地

祁连山地在河西走廊以南,长达1 000多千米,大部分海拔在3 500 m以上,终年积雪,冰川逶迤,是河西走廊的天然固体水库,植被垂直分布明显,荒漠、草场、森林、冰雪，组成了一幅色彩斑斓的立体画面。

祁连山是亚洲中部高大的山系之一，呈西北—东南走向，介于甘肃、青海之间，北部以河西走廊为界，南邻柴达木盆地，西与阿尔金山相连，东延到黄河以西。青藏高原东北边缘的一个巨大山系，由一系列北西走向的高山和谷地组成。

山体的高度一般为 4 000～5 000 m，最高峰（团结峰）位于山系的中心疏勒南山，海拔 5 826.8 m。祁连山北缘以 2 000～3 000 m 的巨大高差过渡到河西走廊。南侧柴达木盆地是青藏高原内部的一个大型的山间盆地，低于祁连山 1 000～2 000 m。海拔 4 000 m 以上的山体占全山区面积的 30% 左右。

祁连山整个山系成一不规则的菱形地块，短轴靠近西段，大致在东经 97° 左右。在大地构造上，祁连山褶皱带西与阿尔金山块断带相接，东止于六盘山，全长超过 1 000 km。但在地貌上一般把其东端定在乌鞘岭—哈拉古山附近（东经 103°），自当金山口至民和长约 810 km。东经 97° 以西，山体宽展，酒泉至德令哈宽约 280 km，向东逐渐缩窄，东段从古浪至贵德宽 160 km 左右。

六、河西走廊以北地带

河西走廊以北海拔在 1 000～3 600 m 的地带，人们习惯称之为北山山地。这里地近腾格里沙漠和巴丹吉林沙漠，风急沙大，山岩裸露，荒漠连片，一块块山间平原，是难以耕作之地，人烟稀少，能领略到"大漠孤烟直，长河落日圆"的塞外风光。

春季，南部山区和北部走廊平原绝大部分地区表现为变湿趋势。东部表现为东西差异，自东向西逐渐变湿，除乌鞘岭以东呈变干趋势外，大部分地区显著变湿，其中冷龙岭以南最明显。中部表现为南北差异，疏勒南山和托来南山地区呈变干趋势，其他地区呈不明显的变湿趋势。西部表现为东西差异，自东向西变湿增强。

第二节　甘肃气候特征

甘肃处于我国气候自东南温暖多雨带向西北内陆干旱少雨带逐渐变化的过渡地带，境内由于许多高山和甘南青藏高原的隆起，使气候变化呈现复杂的格局，从东南到西北包括了北亚热带湿润区、半湿润半干旱区、高寒区和干旱区的各种气候类型，但整体气候属于温带季风气候。甘肃东西、南北地理跨度大，年均气温在空间分布上变化很大，南部文县年均气温 14.9℃，为全省最高区，西部乌鞘岭年均气温 –0.2℃，为全省最低区。甘肃年均降水量 300～860 mm，大致从东南向西北递减，乌鞘岭以西降水明显减少，年无霜期 140～280 d，年日照时数 1 975～3 300 h。

甘肃地处西北内陆，又在亚洲大陆的中部，南部有秦岭山脉、西南有喜马拉雅山脉的阻隔，海洋的暖湿气流很难进入这一区域，属于大陆性气候。同时，黄河上游区域地处北纬 32°～42°，地域广袤，气候差异十分明显。

甘肃降水量的地区分布特点是由东南向西北依次递减，各地降水量分布和递减的情况是：渭河流域的天水年降水量为631.7 mm，泾河流域的平凉为598.4 mm，兰州、西宁一线降为300 mm左右，宁夏平原为148.5 mm，河西走廊地区年降水量不足100 mm，最低的安西、敦煌仅有30 mm。从季节上看，冬季降水最少，仅占年降水量的2%～5%；春季稍高，占15%～20%；夏季降水量最多，占55%～65%；秋季比春季略多，占20%左右。每年6—9月为多雨期，往往占全年降水量的65%～80%。

甘肃降水量主要集中在农作物和牧草的生长期内，对农牧业生产是比较有利的。而黄河上游区域的宁夏平原与河西走廊的绿洲，降水量对农业生产影响不是很大，黄河穿流其中，形成了比较完善的灌溉系统。黄河上游区域大部分地区是"靠天吃饭"，有雨则有农业，农村经济则能正常发展，农民温饱问题尚可解决，一旦遇到干旱，便出现灾荒。

甘肃年平均气温为4.7～11℃，年较差为24～33℃，从东南向西北随着纬度和海拔高度增加而递减。1月平均温度，渭河流域的天水和泾河流域的平凉 -3℃，宁夏平原 -9.7℃，河西走廊的肃州、安西分别为 -8.8℃、-7.1℃，青藏高原的都兰为 -9.3℃，绝对最低温度在 -25～-14.5℃。7月平均温度，渭河流域的天水和泾河流域的平凉分别为22.9℃、21.3℃，而宁夏平原为23.3℃，河西走廊的肃州、安西分别为23.7℃、26.3℃，青藏高原的都兰为18.1℃，绝对最高温度为3～44℃。从绝对最高温度和绝对最低温度来看，年较差可达60～66℃。因此，黄河上游区域气候冬有严寒，夏有酷暑，冷暖变化剧烈（表3-1）。

表3-1 中国北方旱区年平均气温（李生秀等，2004）
Tab. 3-1 Annual mean temperature in northern arid regions of China

地点	最热月7月（℃）	最冷月1月（℃）	年平均（℃）	年较差（℃）	平均最高（℃）	平均最低（℃）	极端最高（℃）	极端最低（℃）	3—5月气温差（℃）	8—10月气温差（℃）
兰州	22.2	-6.9	5.7	29.1	16.3	3.4	39.1	-21.7	14.4	11.6
西宁	17.2	-8.4	8.5	25.6	13.5	-0.3	33.5	-26.6	10.1	10.1
银川	23.4	-9.0	5.7	32.4	15.5	2.4	39.3	-30.6	14.1	12.5
北京	25.9	-4.6	12.9	30.4	17.5	6.1	40.6	-27.4	15.3	12.0
石家庄	26.6	-2.9	9.5	29.5	19.1	7.6	42.7	-26.5	14.3	11.3
太原	23.5	-6.6	5.8	30.1	16.6	3.0	39.4	-23.5	14.0	11.9
呼和浩特	21.9	-13.1	3.6	35.0	12.8	-0.7	37.3	-32.8	15.6	13.6
哈尔滨	22.8	-19.4	4.9	42.2	9.7	-2.0	36.4	-38.1	19.1	15.5
长春	23.0	-16.4	7.8	39.4	10.9	-0.5	38.0	-36.5	18.5	14.5

一、降水及气温

1. 雨量分布受地形影响大

甘肃地处我国内陆，离海较远，高山阻隔，来自海洋湿润空气的影响很小。产生于太平洋上空的暖湿气流在传输过程中受阻于大兴安岭、秦岭等山地，到达西部地区时大部分水分已丧失殆尽。由此可见，青藏高原、天山及秦岭等大、中、小尺度地形对西北干旱及半干旱区的降水分布有强烈影响。

2. 降水高度集中

甘肃境内降水多集中在夏季，6—8月的雨量可占年雨量的50%～65%，所以常以夏季雨量的变化代表年雨量的变化。西北区东部秋雨略多于春雨，西部则反之。夏季时有强降水出现。据近30年统计，甘肃每年7月平均有3～8次≥25 mm/d的大到暴雨过程（表3-2）。

表3-2 中国西北、华北、东北干旱作区降水季节分布（李生秀等，2004）

Tab. 3-2 Seasonal distribution of precipitation in the dry and arid areas of northwest, North and Northeast China

地点	全年（mm）	作物生长季（4—9月）（mm）	生长季占全年降水量（%）	4—6月降水量（mm）	4—6月占4—9月的比例（%）	7—8月降水量（mm）	7—8月占4—9月的比例（%）
兰州	327.0	284.3	86.8	86.1	30.3	148.9	52.4
西宁	368.1	331.5	90.1	114.0	34.4	162.4	49.0
银川	202.8	173.9	85.7	47.1	27.1	194.7	57.2
北京	644.5	592.1	91.9	130.3	22.0	405.0	68.4
石家庄	649.9	474.5	86.3	108.2	22.8	307.5	64.8
太原	459.5	392.7	85.5	106.4	27.1	221.2	56.5
哈尔滨	523.3	463.2	88.5	139.4	30.1	258.0	55.7
长春	593.8	465.9	78.5	154.7	33.2	311.0	66.8
沈阳	734.4	631.3	86.0	185.0	29.3	364.3	57.7

二、霜期

霜是影响农作物生长最有害的天气之一，土地利用受降霜的支配，霜期长的地方，生长季短，作物收获次数减少，或不能收成。生长季≥200 d的区域可收二茬，200～150 d年收一茬，≤150 d收青稞。甘肃为大陆性气候，地势高寒，大部分地方，降霜皆早，且霜势强烈，去得也迟，所以一年内霜期较长，限制了农作物的种植，减少了农作物的产量。植物学家以6℃为植物可能生长的开始温度，故平均温度在6℃

以上的日数作为植物的生长季长（即生长期）。黄河上游各地农作物生长期有很大的差异。

甘肃东部的平凉、固原、庆阳、泾川以及陇南的天水、清水、甘谷、渭源、武山各县，霜期平均每年由9月至翌年3月，农作物的生长期比较长。陇东华家岭以西，陇南以北，以兰州为中心的地区，地势较高，霜期由9月至翌年4月，农作物生长期仅有5个多月。

由于黄河上游区域大多数地方霜期长而生长季短，严重影响了土地的利用率。一方面，大部分地方只能种植耐寒、耐旱的农作物，影响了农作物种植结构的调整，一些新的作物品种在这一地区推广缓慢。另一方面，对农作制度的改进影响很大，使黄河上游区域大多数地方以一年一耕为主，有的地方甚至三年两耕，只有陇东、陇南一带两年三作。仅从这两个方面来看，在很大程度上霜期成为影响黄河上游区域土地利用率低的主要因素之一。

三、甘肃干旱气候成因的分析

西北干旱区地处中纬度，因深居内陆，在主要降水的夏季，西北干旱区气柱中的可降水量平均只及华北地区的1/3～1/2，故常被用来解释西北干旱背景的形成原因，这也是甘肃干旱气候的主要成因。远离海洋和高原地形造成了西北干旱气候的背景，而高原地形的热力、动力作用连同盛行环流的年际变化等又造成了干旱区相对干、湿年的变化。即青藏高原地形的热力、动力作用、远离海洋和环流是形成西北干旱气候的主要因子，它们通过影响垂直运动和水汽状况而影响甘肃的降水气候。

1. 甘肃深居内陆，距海洋远

甘肃深居内陆，距海洋远，南方海洋的水汽不易到达内陆，越往内陆气候越干旱。兰州距黄海 1 386 km，年降水量 350 mm 左右。全国的著名沙漠，如准噶尔盆地、塔里木盆地、柴达木盆地、腾格里沙漠、乌素沙漠都分布在西北内陆干旱气候区。

2. 青藏高原隆起

西北干旱气候区位于青藏高原北侧的中纬度欧亚大陆中部，是在一种特殊地理条件下形成的。据研究，早在地质时期青藏高原隆起以前，西北地区已经出现沙漠，干旱区已经形成。由于地处欧亚内陆腹地，水汽来源不足。来自南部的暖湿气流冬季一般不越过秦岭，夏季不越过北纬37°59′，只有在少数情况下可以到达河西走廊。来自欧洲大陆南部偏西的水汽大多数在天山和帕米尔高原形成降水，气流通过天山后已变得非常干燥。青藏高原的隆起是西北干旱气候形成的主要原因。高原隆起至 3 000 m，即中更新世晚期，是西北干旱气候形成的重要阶段。

青藏高原的隆起，导致亚洲季风区的形成，使北半球亚热带高原荒漠带北移，在高原北部地区形成塔克拉玛干等中亚沙漠，西北变成温带、暖温带干旱荒漠区。我国黄土高原的形成，以及我国现代自然环境由东南向西北自森林—草原—荒漠的更替，出现了东南潮湿、西北干旱的基本格局。在夏季，高原就像一个深入大气层中的火炉，使得高原表面上的空气受热上升，同时拉动印度洋的暖湿气流前来补充，由此带来丰沛的季风降雨。冬季情况正好相反，高原仿佛一个巨大的冰块，将其上的空气冷却下来，并由高原涌向印度洋，这就引来了北方的冷空气频频南下。山体和高原的隆升还加剧了亚洲内陆的干旱化，形成了一望无垠的戈壁和沙漠。同时，干旱化的趋势有利于粉尘向东传输，从而在我国西部形成巨厚的黄土堆积，也就是屹立至今的黄土高原。

3. 干旱环流控制

大气环流的变化是影响和制约甘肃气候，尤其是旱涝气候的主要因素。甘肃地处世界上最大的青藏高原北部，边界层平均环流出现了地方性的天气尺度和次天气尺度系统。青藏高原对西北地区的天气气候的分布、变化有十分重要的影响。

干旱是甘肃突出的问题，是甘肃最重要的气候灾害。在西北地区，一年四季均可发生干旱。在各季的干旱中，又以冬春旱和夏旱发生的机会最多。西北地区的干旱季比较长，10 月至翌年 5 月基本上都受冬季环流型影响，气候特点是寒冷、干燥、降水稀少。

四、全球变暖

由于人类活动所产生的大气中温室气体（如 CO_2 和 CH_4 等）含量增加所产生的全球增温效应已经被公认。21 世纪以来全球和西北地区地面气温变化曲线已经呈现出明显的增暖趋势。这种大范围的增暖现象对甘肃气候的影响是一个不可忽视的重要因素。

根据研究，中纬度干旱地区地面增温 2℃时，地球地面辐射平衡也加大，因此蒸发能力加大，估计增大 20%，为 300～400 mm，远远超过当地降水量的变化范围。据估计，中纬度地区如果地面温度平均升高 2℃，在其他气象条件不变的情况下，可以增加地表实际蒸发量 25% 左右，加速干旱气候的进程。

第三节　甘肃土壤特征

一般说来，在西部雨量少的干旱地区，土壤中石灰和石膏都保持在表土或接近表土内，出现各类荒漠土，即灰棕漠土、棕漠土和高寒漠土，并有较大面积的盐碱土。但由于土壤母质的影响，以及不同母质在风化过程中所形成的风化壳的差异，所形成的土壤也各有不同。在半干旱、干旱区域内，局部低洼处或河边分布着较大面积的盐渍土。在一些特殊的地理条件下也分布着其他一些土类，例如阿尔泰山的石岗岩风化壳上为酸性山地棕色针叶林土。此外，在各地区地形低洼、地下水位较高的情况下，分布有草甸土，在长期或短期积水或过湿的地方，也可见到土壤沼泽化现象。所以区内的土壤类型是十分复杂的，它们在一定气候下都与风化壳和地形存在着密切的联系。

在温带荒漠区分布的为荒漠土、盐碱土类，这类土壤包括灰棕漠土、棕漠土和荒漠盐土以及温带半干旱区和湿润区的盐碱土。在暖温带极端干旱气候下河西走廊一带戈壁滩或低山上的荒漠土壤为棕漠土，其上植被主要是半灌木、灌木荒漠。其母质多为沙砾质洪积物，地表通常有砾幕覆盖，表层有不大明显的多孔的荒漠结皮。另外，由于地形低洼积水，地下水位较高，并受到大气湿度较高的影响，或由于人工灌水等各种因素所形成的土壤类型为草甸土类。在甘肃分布的有以下几类：普通草甸土多分布在干旱区、半干旱区河流泛滥地，土壤水分含量较高，土性肥沃；盐化草甸土分布在半干旱、干旱地区的湖边或河边；除此之外，在干旱温带和极端干旱暖温带分布较广的一种土壤是风沙土，它在半干旱温带也有分布（表3-3）。

表3-3 甘肃省土壤类型及基本特征

Tab. 3-3 Soil types and their basic characteristics

土类	亚土类	分布范围	基本特征
沼泽土	草甸沼泽土、盐化沼泽土	海拔1 300～2 000 m的酒泉盆地细土平原滞水带	沼泽植被生长繁茂，积累有大量的有机质，有机质以粗有机质与半腐有机质为主
盐土	草甸盐土、沼泽盐土、旱盐土、碱化盐土	北大河沿岸和低洼的湖盆沿岸带	生长盐生植物，如芨芨草、芦苇等，地表有盐霜、盐结皮或盐壳
灌漠土	灌漠土、潮灌漠土、盐化灌漠土、暗灌漠土	海拔2 600 m以下的绿洲盆地的老灌区	是主要农业土壤，灌淤熟化层厚，多为轻壤、沙壤和中壤次之，结构和理化性能好，以粒状为主，有机质含量一般1%～5%，耕层含盐量＜0.1%，地下水位一般在4 m以下，天然植物以绿洲的胡杨、柳、沙枣为主
潮土	潮土、湿潮土、盐化潮土	海拔2 600 m以下洪积平原泉水溢出的低洼地带是绿洲区的主要农业土壤，是在草甸土、沼泽土和残余盐土的基础上，经过排水脱盐、人为耕灌、熟化发育起来的仅次于灌漠土的老耕作土壤	植物以绿洲区的草类和乔木为主
红黏土	耕种红黏土、红黏土	酒西盆地海拔1 500～1 800 m的洪积平原呈明显的红色，含盐较重，结构为粒状或碎块状，耕性差，易板结	植被以荒漠、半荒漠为主
风沙土	流动风沙土、固定风沙土	北大河北岸和赤金、嘉峪关以北的绿洲与戈壁接壤的低平地带	发育在风成沙性母质上，通层为沙或中间夹有胶泥层，结构松散，成分单一，有机质含量低，植被以荒漠为主
灰棕漠土	灰棕漠土、石膏灰棕漠土	酒泉盆地山前洪积平原的戈壁滩上，尤其在玉门市周围最发育	发育在砂砾质冲洪积平原上，地表有一层黑色砾幕和碳酸盐聚积物，土壤中有机质＜0.5%，无明显的腐殖层，pH值8～9.5，土体干燥坚实

续表

土类	亚土类	分布范围	基本特征
栗钙土	暗栗钙土、栗钙土、淡栗钙土	海拔 2 000～2 500 m 的山前洪积倾斜平原根部，在洪水坝河以东的 6～9 级阶面上尤为发育	以禾本科为主的干草原，降水量 < 250 mm，母质多为黄土状冲—洪积物，呈栗色，腐殖质含量 3%～6%，$CaCO_3$ 积聚，pH 值 8.0～8.5，有机质含量较低
亚高山草原土	草原土、草甸草原土	海拔 2 500～3 000 m 的祁连山坡向洪积倾斜平原过渡区，在走廊南山最发育	以禾本科的紫花针茅、扁穗冰草为主，覆盖度 40%，土被不完整，土层厚多在 1 m 左右，土体通层石灰性反应强，30 cm 以下有明显的钙积层。土壤普遍受到中度或强度侵蚀，pH 值 8～8.5
灰褐土	灰褐土、碳性灰褐土	海拔 2 600～3 000 m 的祁连山北坡的针叶混交林带，区内在祁连山北坡的丰乐河一带	以云杉和祁连圆柏混交为主，气候稍干旱，A～B 层结构，土体通层石灰性反应强，pH 值 6.5～7.5；在第二种亚类中，碳含量可达 5% 以上
亚高山草甸土	亚高山草甸土、亚高山灌丛草甸土	海拔 2 800～3 500 m 的林线，高山草甸之下	以灌丛为主，灌丛中有较多的银露梅和金露梅，盖度 80%～90%，啮齿动物较多。土层一般较厚，表层颜色较深，有机质含量 10%～15%，有明显的草根层，pH 值 4.0～7.8
高山草甸土	高山草甸土、高山灌丛草甸土	海拔 3 300～3 800 m 的高山山坡，尤以丰乐河两侧最发育	高寒矮草草甸，覆盖度 40%～90%。年降水量约 400 mm，土壤发育层厚约 50 cm，含粗腐殖质
高山寒漠土	高山漠土、高山寒漠土	山区雪线以下，植被以下	地衣类结皮为主，覆盖度低，降水量 > 400 mm，土层薄，母质为岩石风化碎屑，有机质含量低

土壤是地球物质和能量循环流动的中心，是农业生产的基础，土壤生态系统是一个开放系统，有物质能量的输出与输入，维持其动态平衡的相对稳定。

我国干旱土包括暖温带、温带荒漠和高原寒带荒漠两大部分，前者分布于贺兰山以西，祁连山、昆仑山以北，包括新疆全部（较湿润的山区除外），甘肃河西走廊、青海柴达木盆地及内蒙古和宁夏的一部分；后者分布于阿尔金山、昆仑山和西藏阿里地区海拔 3 000～5 000 m 的高寒荒漠。

我国干旱土是中亚荒漠的一部分，属于世界著名的中纬度温带荒漠。它与热带荒漠的主要区别在于：境内多高山、冬季温度低，并有少量降雨，天气变化剧烈。全世界干旱区面积占全球陆地面积的 24%。我国干旱区面积超过 250 km^2，占国土总面积的 1/4 以上，其中干旱土的面积为 $1.16×10^6$ km^2，占国土总面积的 12.29%。

我国干旱土壤类型主要包括石膏和盐积正常干旱土及部分雏形和黏化正常干旱土，石膏高寒干旱土及部分雏形和黏化高寒干旱土。现列举以下主要类型。

一、石膏正常干旱土和盐积正常干旱土

主要分布于河西走廊等地，夏季干热、冬季较温暖，植被为麻黄、合头草、白刺等，盖度＜5%，不少为裸露戈壁。土层浅薄、粗骨性强。石膏正常干旱土的主要诊断特征是在土表至 100 cm 范围内有石膏层或超石膏层。这类土壤表层为孔状结皮层，下为 3～8 cm 的红棕色或玫瑰红色紧实层，具明显的铁质化和黏化特征。表层有机质含量一般＜5 g/kg，碳酸钙表聚明显（150～200 g/kg），石膏层大多位居紧实层之下，其量最高可超过 600 g/kg。采自焉耆盆地的石膏正常干旱土剖面中，其 5～45 cm 超石膏层的石膏含量为 615.3～580.99 g/kg，45～60 cm 土层的石膏含量也有 465.2 g/kg，有机质含量＜4 g/kg。

盐积正常干旱土地表有白色盐霜，其特征是在土表至 100 cm 范围内有盐积层、超盐积层、盐盘或石膏盐盘。因这类土壤地下水位深，盐积层或盐盘并非在现代积盐作用下形成的，而是历史时期形成的残余盐积层。它常位于紧实层之下，其盐分含量高达 700～800 g/kg，以氯化物和硫酸盐为主。其余土壤形态同石膏正常干旱土。

二、石膏高寒干旱土

植被稀疏，盖度＜5%，多呈垫状或莲座状，以垫状驼绒藜为主。这类土壤干旱且具有冷性或寒性土壤温度，40 cm 处的年均土壤温度＜8℃，并具有明显的石膏层或超石膏层。由于石膏高寒干旱土的形成同时受干旱和冻融因素的影响，地表有砾幂或出现石环等冻融特征，孔状结皮层之下可出现片状结构的风化层。具有粗骨性、低有机质和明显的石膏层，石膏含量高达 500 g/kg，有机质含量＜8 g/kg。

三、山地栗钙土

植被以禾本科为主，有机质积累较弱。碳酸盐淀积部位 30～50 cm，土壤质地为轻壤、粉状结构、具白色紧实底土层，pH 值 8～8.5，有机含量 2.34%～6.4%，全氮 0.17%～0.46%，全磷 0.12%～0.15%，全钾 2.1%。速效养分中水解氮 74～257 mg/kg，磷 3 mg/kg，速效钾 50 mg/kg。

四、山地黑钙土

植被以禾本科、菊科为主，混生有豆科、莎草科。具有腐殖积累和碳酸盐淋溶淀积两个成土过程，质地轻壤或中壤，团粒结构，剖面中部有紧实的灰白色淀积层，pH 值 8～8.1，有机质 5%～6%，全氮 0.31%～0.37%，全磷 0.14%～0.16%，全钾 2.08%。速效养分中水解氮 170～242 mg/kg，磷 3 mg/kg，钾 50～95 mg/kg。

第四节 甘肃植被分布

甘肃是一个少林省区,据第七次甘肃省森林资源清查,全省林地面积 1.04×10^7 hm^2,全省森林面积 5.07×10^6 hm^2,森林覆盖率 11.28%;全省活立木总蓄积 2.405×10^8 m^3,森林蓄积 2.14×10^8 m^3。森林主要树种有冷杉、云杉、栎类、杨类以及华山松、桦类等。在全省活立木蓄积资源中,冷杉占 52.9%,云杉占 11.7%,栎类占 26.9%,杨类、华山松、桦类只占 8.5%。甘肃主要林区分布在白龙江、洮河、小陇山、祁连山、子午岭、康南、关山、大夏河、西秦岭、马山等处。

草场主要分布在甘南草原、祁连山地、西秦岭、马山、崛山、哈思山、关山等地。海拔一般在 2 400～4 200 m,气候高寒阴湿,特别是海拔在 3 000 m 以上的地区牧草生长季节短,枯草期长。这类草场可利用面积为 4.27×10^6 hm^2,占全省利用草场总面积的 23.84%,年平均鲜草产量 4.1×10^3 kg/hm^2,总贮草量约 1.75×10^{10} kg,平均牧草利用以 50% 计,约可载畜 600 万羊单位。

粮食作物品种有冬小麦、春小麦、大麦、玉米、青稞、荞麦、糜谷、高粱、水稻、马铃薯和豆类等 20 余种,其中小麦是主体作物,分布遍及全省,占全省粮食作物的一半以上。经济作物主要品种有棉花、油菜、蓖麻、芝麻、甜菜、苏子、向日葵、大蒜、茶叶、烟草、啤酒花等十几种。果树资源有 1 000 多个品种,其中桃、梨、杏、李、柿、枣、柑橘的品种有 480 个。

野生植物种类繁多,分布广泛。主要资源有七大类:油料植物[有 100 多种,如文冠果(木瓜)、苍耳、沙蒿、水柏、野核桃、油桐等];纤维和造纸原料植物(近百种,如罗布麻、浪麻、龙须草、马莲、芨芨草等);淀粉及酿造类植物(有 20 多种,如橡子、沙枣、蕨根、魔芋、沙米、土茯苓等);野生化工原料及栓皮类(有 20 多种,如栓皮栎、五倍子、槐等);野生果类(100 多种,如中华猕猴桃、樱桃、山葡萄、枇杷、板栗、沙棘等);野生药材(951 种,有大黄、当归、甘草、红黄芪、锁阳、肉苁蓉、天麻等);特种食用植物(10 多种,其中比较名贵的野生植物有发菜、蕨菜、木耳、蕨麻、黄花菜、地软、羊肚、蘑菇、鹿角菜等)。甘肃是全国药材主要产区之一,现有药材品种 9 500 多种,居全国第二位。主要经营的药材有 450 种,如当归、大黄、党参、甘草、红芪、黄芪、冬虫草等。

一、草原植被

大针茅(*Stipa grandis*)、克氏针茅(*Stipa capillata*)、戈壁针茅(*Stipa tianschanica*)、羊草(*Leymus chinensis*)、线叶菊(*Filifolium sibiricum*)等群系,它们多少都是耐寒的。南部鄂尔多斯及黄土高原区则以长芒草(*Stipa bungeana*)、白羊草(*Bothriochloa ischaemum*)、短花针茅(*Stipa breviflora*)等群系为代表(表 3-4)。

表 3-4 甘肃省草原植被特征及类型

Tab. 3-4 Characteristics and types of grassland vegetation in Gansu Province

分类	特征及植被
温和湿润型	山地海拔比较低,垂直带谱不完整。基带为草原,往上依次为山地落叶阔叶林带,山地寒温针叶林带、亚高山灌丛、草甸带
温和干旱型	基带为荒漠草原,往上为山地典型草原和山地灌丛草原森林草原亚带。落叶阔叶林带灰榆树林,再上依次为寒温性针叶林带阳坡,亚高山灌丛带,亚高山草甸带
寒温干旱型	基带为荒漠草原,草原带之上为寒温性针叶林带。再往上为高寒草原及高山稀疏植被带

（一）海陆分布引起的植被变化

由东往西,我国气候的大陆性逐渐增强,植被呈现出地带性变化。由于地形影响,使这一变化方向有所偏转,从东南往西北,气候逐渐变干,依次出现下列植被带。

1. 典型草原带

地带性植被为典型草原。沿森林草原带的西侧呈带状,从东北伸向西南。经内蒙古高原、鄂尔多斯高原达黄土高原西南部。北面,与蒙古国典型草原带相连。西北侧逐渐向荒漠草原带过渡,西南边缘与青藏高原上的高寒草原带相邻。在显域生境上已不能形成森林植被及中生植被类型,以典型草原植被占绝对优势。沙地上则分布了榆树疏林及蒿类半灌木丛。

2. 荒漠草原带

典型草原带以西,气候进一步干旱化,逐渐进入欧亚大陆中心的干旱地区的边缘。这里草原植被发育已受到水分因素的明显限制,使群落的高度、密度都显著变低,由典型草原过渡到荒漠草原,是一类半郁闭的矮草草原。西侧与荒漠地区相连,生境条件随气候的逐渐干旱也加剧了土壤的盐渍化、沙质化与砾质化。荒漠植被在局部生境中已有岛状分布,盐化草甸及盐生植物群落成为隐域性植被的主要类型,沙生植被及耐旱的砾石性群落也有不少发育。植被是由一组特有的强旱生小型针茅所建群,并含有一组强旱生小半灌木组成的特殊片层。小型针茅的种类是戈壁针茅、短花针茅、沙生针茅（*Stipa caucasica*）、石生针茅（*Stipa tianschanica*）,旱生小半灌木的代表种是女蒿（*Ajania trifida*）、灌木亚菊（*Ajania fruticulosa*）、冷蒿（*Artemisa frigida*）等。

（二）植被沿垂直方向的变化

草原区内,大体上,有以下 3 类山地植被垂直带谱。

1. 高寒草甸草原

分布在海拔 3 000～3 800 m 的地带,阴坡为灌丛草甸,阳坡为典型草甸,盖度

90%，包括薹草、禾本科、珠芽蓼、杂类草群落；金露梅、珠芽蓼、薹草群落；毛果杯柳、鬼箭锦鸡儿珠芽蓼、薹草群落。

2. 高寒典型草原

植被以耐寒抗旱的多年生丛生禾草、根茎薹草等组成，混生有不同数量的垫状植物。草层低矮，植被稀疏，层次结构简单。该类草地建群种有羊茅（*Festuca ovina*）、细果薹草（*Carex stenocarpa*），伴生种有冰草（*Agropyron cristatum*）、阿尔泰早熟禾等。草层高度7～20 cm，盖度30%～50%。

3. 高寒荒漠草原

气候极为干旱，该荒漠草场处于极干燥的气候下，夏季酷热，冬季严寒，气候变化剧烈，植被往往由分散独立的单株组成，以超旱生的盐柴类和蒿类半灌木为主。

二、荒漠植被（表3-5）

（一）荒漠区域植被的东西向变化

准噶尔北部和东阿拉善－西鄂尔多斯的草原化荒漠，位于与欧亚草原相连的过渡区，被它从北、东和东南三面所包绕。这里气候稍湿润，植被以一些草原荒漠的特有群系，如东阿拉善－西鄂尔多斯的沙冬青（*Ammopiptanthus mongolicus*）、绵刺（*Potaninia mongolica*）、四合木（*Tetraena mongolica*）、半日花（*Helianthemum songaricum*）、柠条锦鸡儿（*Caragana korshinskii*）、毛刺锦鸡儿（*Caragana tibetica*）等为特征，群落中有较多的草原成分加入。

表3-5　荒漠区域植被分布特征

Tab. 3-5 Distribution characteristics of vegetation in desert region

分类	特征	植被
西风控制下的荒漠区域西北部	有较多的冬春降水可达年量的40%～50%，全年降水的季节分配较均匀	白梭梭（*Haloxylon persicum*）、沙拐枣（*Calligonum mongolicum*）、旱蒿（*Artemisia xerophytica*）、小蓬（*Nanophyton erinaceum*）、无叶假木贼（*Anabasis aphylla*）、盐生假木贼（*Anabasis salsa*）、东方猪毛菜（*Salsola orientalis*）、囊果碱蓬（*Suaeda physophora*）等，但也有不少中亚荒漠的广布成分［膜果麻黄（*Ephedra przewalskii*）、琵琶柴（*Reaumuria songarica*）］和亚洲中部成分［膜果麻黄（*Ephedra przewalskii*）、短叶假木贼（*Anabasis brevifolia*）、合头草（*Sympegma regelii*）］
在荒漠地区的中部、南部	河西西部与河西走廊	泡泡刺（*Nitraria sphaerocarpa*）、霸王（*Zygophyllum xanthoxylun*）、裸果木（*Gymnocarpos przewalskii*）、珍珠猪毛菜（*Caroxylon passerinum*）、蒿叶猪毛菜（*Oreosalsola abrotanoides*）、白刺（*Nitraria tangutorum*）、沙拐枣（*Calligonum mongolicum*）、合头草、戈壁藜（*Iljinia regelii*）等

（二）荒漠区域的纬度地带性分异

本区域植被由北而南，大致分为中温带北部的草原化荒漠—中温带荒漠—暖温带荒漠。首先是欧亚草原区在荒漠区域以北的阿尔泰山南麓通过，在与其相邻的准噶尔北部河谷与平原出现了过渡化的草原化荒漠，向东延入蒙古的外阿尔泰戈壁，再转向南与东阿拉善的草原化荒漠连成一带。北准噶尔的气候寒冷，地带性植被为有旱生草原加入的盐柴类小半灌木荒漠，建群种为小蓬（*Nanophyton erinaceum*）、无叶假木贼（*Anabasis aphylla*）、盐生假木贼（*Anabasis salsa*）、驼绒藜（*Krascheninnikovia ceratoides*）、梭梭（*Haloxylon ammodendron*）等。

第五节　甘肃热量资源

甘肃气候类型为干旱半干旱区气候，干燥、蒸发强、降水量稀少、光照强烈。甘肃各地气候差别大，生态环境复杂多样。甘肃深居西北内陆，海洋温湿气流不易到达，成雨机会少，大部分地区气候干燥，属大陆性很强的温带季风气候。冬季寒冷漫长，春夏界线不分明，夏季短促，气温高，秋季降温快。省内年平均气温在 0～16℃，各地海拔不同，气温差别较大，日照充足，日温差大。

一、太阳辐射

太阳辐射可以为地球提供光、热及能源，不同纬度的太阳辐射是有差异的，导致不同地区的太阳辐射也是不同的。因此，太阳辐射是全球气候特征形成和变化的重要因素。太阳辐射也受到很多因素的影响，主要包括气压、气温、水汽、气溶胶、云量等各个大气因子，大气状况的不同，导致了不同地区的太阳辐射空间分布以及变化趋势的差异性。太阳辐射的变化也影响着人类活动、农作物生长、植被分布等各个方面（表 3-6）。

表 3-6　中国北方旱区光合有效辐射（李生秀等，2004）

Tab. 3-6 Photosynthetically active radiation in arid regions of northern China

地点	春 （10^8 J/m²）	夏 （10^8 J/m²）	秋 （10^8 J/m²）	冬 （10^8 J/m²）	全年 （10^8 J/m²）
兰州	7.8	9.1	5.5	4.1	26.5
西宁	8.1	9.3	5.9	4.6	27.9
银川	8.2	9.6	5.8	4.2	27.8
北京	7.6	8.3	5.3	3.6	24.8
石家庄	7.4	8.2	5.2	3.7	24.5
太原	7.4	8.4	5.2	3.7	24.7

续表

地点	春 (10^8 J/m²)	夏 (10^8 J/m²)	秋 (10^8 J/m²)	冬 (10^8 J/m²)	全年 (10^8 J/m²)
呼和浩特	8.1	9.1	5.4	3.8	26.6
哈尔滨	6.8	8.0	4.3	2.7	21.8
长春	7.0	7.8	4.6	3.1	22.5
沈阳	7.0	7.7	4.7	2.9	23.0

甘肃年平均日照时数为1 500～3 400 h。陇南—陕南气候湿润，云雨较多，年日照时数为1 500～2 000 h，是西北地区日照时数最少的地区。青海高原南部（玉树、果洛）—甘南高原—陇中南部—陇东—宁南—陕西中北部日照时数为2 000～2 500 h，新疆东部—青海北部—甘肃西部—宁夏北部是西北地区日照时数最多的地区，一般为3 000～3 400 h，最多中心在甘青新交界区。其余的新疆西部—青海中部—甘肃中部—宁夏中部—陕北的日照为2 500～3 000 h，祁连山区日照较少。日照时数的这种空间分布格局与云量的分布完全相反，云量多的地方日照少，云量少的地方日照多。甘肃日照时数呈"两边少、中间多"分布。冬季日照最少，夏季最多，春季多于秋季。在气候变暖的背景下，甘肃相对湿度增加，云量增多，是造成大部分地方日照减少的主要原因。

二、气温

甘肃深居内陆，四周距海遥远，干燥少雨，是典型的温带大陆性干旱气候。同时地域辽阔，具有复杂的地形，高山—盆地相间，沙漠和绿洲共存。特殊的自然地理条件，使其成为生态环境严重脆弱区，也是全球气候变化下的最敏感地区。而水资源的缺乏严重制约了社会、经济和生态环境的发展。随着全球变暖，甘肃出现了逐渐"暖湿化"的发展趋势，主要表现为气温、降水的"突变型"升高，水汽蒸散发加强等。另外，全球气候变暖影响大气水分循环要素发生明显变化，同时也加剧了区域水循环过程变化的不确定性。气候的干湿变化会对干旱区水资源的数量、存储转化和时空分布起决定性作用，从而决定了区域内绿洲的存在、消失、位置面积以及经济发展程度。

1. 年均气温

甘肃年平均气温在0～16℃，各地之间差异较大。一般来讲，各地具有南热北冷的特点。甘肃的河西走廊以及黄土高原各地，年均温一般为6～10℃，其仅在阿拉善西端的北山山地及河西走廊南侧等地，由于地势较高，年平均气温略低，在6℃以下。

2. 气温的季节变化

甘肃属大陆性气候，温度随时间的变化比较明显，冬季寒冷，夏季温热，日温差大。冬季天气十分寒冷。1月均温变化范围在-27～4℃。甘肃大部，气温由东南至西北逐渐降低，从0℃降至-11℃左右；春季是气候从冬到夏剧烈变化的过渡季节。4月，西北大部分地区的月均温均在0℃以上。甘肃大部4月均温为8～12℃，夏季是一年中最热的季节。夏季气温的特点是气温日变化幅度较大，昼热夜凉。秋季，西北各地降温较快。

3. 最热月和最冷月气温

甘肃的西部少数地区武都、新疆的南东疆以及北疆的克拉玛依等地区为25～30℃，兰州、河西地区均为20～25℃，其余地区均在20℃以下。最冷月均温都在0℃以下，其中河西地区在-10℃以下，至于年绝对最低温度，均在-20℃；低于-30℃的地区也不少，如酒泉、敦煌等。

4. 气温年较差

一年中最冷月均温与最热月均温的差距，称作气温年较差。总体上看，甘肃气温年较差多在30℃以上，越向西北部气温年较差越大，西北黄土高原地区，夏季气温相对不高，气温年较差为26～32℃。

5. 积温和无霜期

通常把指示农业生产的温度称为农业界限温度或农业指标温度。在农业气候分析中常采用日均温≥0℃、≥10℃的农业指标温度。一般来讲，日均温0℃的开始和终止时期，与春季土壤解冻和冬季土壤冻结的时期相当，可以此评定农事活动的长短，因此日均温达0℃以上的持续期称作农耕期。≥0℃积温的多寡，可表明作物生长能被利用积温的多寡。大多数作物的生长过程在日均温稳定通过10℃以上才能活跃，故日平均气温10℃以上的持续期称作生长活跃期。≥10℃的积温的多少，可以用来判别和衡量喜温作物能否栽培，能否进行复种及其复种潜力等。≥10℃的活动积温，是评定一个地区对农作物的热量供应广泛应用的指标。一般的规律是：≥10℃温气的开始日期南部早、北部迟，盆地多、山地少，低海拔区多、高海拔区少。最终≥10℃的活动积温南部多于北部，盆地多于山地，低海拔区多于高海拔区。

甘肃热量资源分布的情况大致为：甘肃大部≥10℃气温的开始日期为4月中下旬，终止日期为10月上中旬，≥10℃气温持续天数为160～180 d，≥10℃活动积温为2 800～3 000℃，甘南亦因海拔较高，其热量资源也较本省（自治区）其他地方少，≥10℃活动积温分别为2 271.0℃、744.2℃和1 170.6℃。河西地区和定西初霜为10月上旬，终霜为4月中下旬，无霜期为100～180 d；兰州及庆阳地区初霜为10月下旬，终霜为4月上中旬，无霜期约200 d；天水地区初霜为11月上旬，终霜为3月下旬，无霜期约220 d；武都地区初霜12月上旬，终霜2月下旬，无霜期最长，约282 d；甘南初霜8月下旬，终霜6月上旬，无霜期最短只有8 d。

第六节 甘肃水资源分布

水资源是重要的生态与环境控制性要素，受全球变化影响较大。目前，气候变化和人类活动对水资源的影响，是全球变化研究的重要内容之一。水循环系统是气候系统的重要组成部分，气候变化必然引起水资源的时空变化，对于世界范围内的许多流域而言，尤其是对干旱地区和半干旱地区的流域，径流对气候的微小变化和波动非常敏感。而人类通过改变流域下垫面、工农业取用水等活动，不仅破坏了流域内天然的产汇流机制，还直接影响流域水资源的时空分布。气候变化和人类活动作为水资源演变的两个主要驱动因子，二者具有相互作用和相互反馈的机制，使其对水资源的影响更为复杂，加剧了全球水资源供需矛盾。

甘肃年均降水 302 mm，全省东西、南北之间距离大，受水汽来路和地势高低等因素的影响，降水量由东南向西北递减。以六盘山—西秦岭—祁连山为分界线，其南为丰水区，其北为贫水区及干涸区。其中，在河西走廊干涸区的安西、敦煌等地仅为 85～36 mm。由于全省大部分地区降水量少，在全省总土地面积中，半干旱和干旱区面积占 75%（表 3-7）。

表 3-7 甘肃省降水分区（唐海萍等，2000）
Tab. 3-7 The division of average annual precipitation in Gansu Province

降水分区	年均降水量（mm）	地区
丰水区	600～800	六盘山—陇山区、陇南山地、甘南高原、祁连山地
贫水区	180～600	陇东、陇中黄土高原区、兰州以北地区
干涸区	<180	以祁连山麓为界的河西走廊、北山山地及其他荒漠地区

甘肃自产地表径流 3.09×10^{10} m³，人均 1.5×10^3 m³，不仅人均水量和每公顷耕地的水量大大低于全国年均水平，在西北五省区也是低的。甘肃冰川储量 7.87×10^{10} m³，折合水总量约 6.69×10^{10} m³，是河西全部地表径流的 8.4 倍。冰川每年融水 9.46×10^8 m³，补给本地区的地表径流，是工农业生产、人民生活用水的重要保证。夏季冰融水的程度自东向西增加，给地表径流的补给比例也自东向西增加，越是干旱的地方补给越多，弥补了本地降水不足和分布不均的问题（表 3-8）。

甘肃水系分布如下（表 3-9）。

表 3-8 甘肃省各流域面积及其地表径流分布状况（唐海萍等，2000）
Tab. 3-8 Area of different watershed and its related amount of surface flow of water in Gansu Province

区域	国土面积（km²）	自产径流量（亿 m³/年）	特点
内陆河流域	271 100	57.9	省内面积最大，地表水最少，却利用方便的地区
长江流域	38 370		地少水多，地高水低，地表径流相对丰沛的地区
黄河流域	144 519	135	地多水少，地高水低，地表径流利用困难的地区

注：全省以天祝县境内的乌鞘岭、毛毛山和景泰县境内的老虎山为界，在这条线以西为内陆河流域；以迭山、西秦岭为界，东南为长江流域，西北为黄河流域。

表 3–9　甘肃河西地区山区河流水资源（贡小虎等，1994）

Tab. 3–9　Mountain river water resources in Hexi Region of Gansu

流域	年径流			合计
	$>1.0\times10^8\ m^3$	$(0.315\sim1.0)\times10^8\ m^3$	$(0.0315\sim0.315)\times10^8\ m^3$	
石羊河流域	14.63	0.759	0.464	15.853
黑河流域	30.539	3.093	1.955	35.587
疏勒河流域	15.564	2.182	0.099	17.845
内陆河流域	60.733	6.034	2.518	69.285

一、黑河

黑河发源于祁连山北麓中段，东邻石羊河流域，西接疏勒河流域，是我国西北干旱区第二大内流河。黑河位于河西走廊中部，全长 820 km，流域面积 $1.3\times10^6\ km^2$，流域多年平均径流量为 $3.75\times10^9\ km^2$。黑河出山口莺落峡以上为上游，河道全长 303 km，面积约为 $1.0\times10^4\ km^2$，多年平均气温不足 2℃，年降水量约为 350 mm，是黑河流域的产流区。莺落峡至正义峡为中游，河道长 185 km，面积约 $2.56\times10^4\ km^2$，年降水量约 140 mm，多年平均温度 6～8℃，年蒸发能力达 $1.41\times10^3\ mm$。正义峡以下为下游，河道长 333 km，面积 $8.04\times10^4\ km^2$，年降水量在 50 mm 以下，干旱指数高达 47.5，干旱少雨，年蒸发能力高达 $2.25\times10^3\ mm$。

二、疏勒河

疏勒河发源于祁连山西段，主要由石油河、昌马河、白杨河、榆林河、党河和安南项河等支流组成，是河西走廊第二大河流，全长 670 mm，流域面积 $4.13\times10^4\ km^2$，多年平均径流量 $1.83\times10^9\ km^3$，6—9 月水量丰富，占总径流量的 50%～70%。昌马峡以上为上游，上游位于祁连山区，降水较丰，冰川面积 850 km²。昌马峡至走廊平地为中游，至安西双塔堡水为下游区域。

三、石羊河

石羊河发源于祁连山东段冷龙岭北坡，由大靖河、古浪河、黄羊河、杂木河、金塔河、西营河、东大河、西大河 8 条河流汇合而成，径流为山区冰雪融水与大气降水构成，多年平均径流量 $1.56\times10^9\ km^3$，全长约 300 km；西大河及东大河部分在永昌城北汇成金川河，流入金川峡水库后进入金昌盆地，最终消失于巴丹吉林和腾格里沙漠，其余河流进入民勤盆地，为民勤的社会经济发展提供了重要的水资源条件。

西营河、杂木河、金塔河、黄羊河 4 条内陆河流，均属石羊河流域。地表径流主要来源于祁连山区，年径流量以降水补给为主，地下水补给次之，冰雪融水补给最少。

四、渭河

渭河甘肃段位于渭河中上游,东与陕西相连,北与宁夏、内蒙古接壤,流域面积 $2.58 \times 10^4 \ km^2$,占整个渭河流域面积($1.35 \times 10^5 \ km^2$)的19.1%。渭河流经定西市的陇西、渭源、通渭、漳县、岷县、临洮、安定;天水市的秦安、甘谷、武山、清水、张家川、秦城、北道;平凉市的庄浪、静宁;白银市的会宁共17个县区。

渭河流域地形地貌分属西秦岭山地和陇西黄土高原。北岸黄土高原区土体疏松,沟壑发育,植被覆盖率低于7%。暴雨集中,洪水暴涨暴落,水土流失严重,多年平均侵蚀模数最高达 $8\ 600 \ t/km^2$,是渭河泥沙的主要来源区。南岸西秦岭山地为土石山区,森林茂盛,雨量充沛,水土流失轻微,河水清澈,年侵蚀模数约 $750 \ t/km^2$,是渭河的主要水源涵养区。干支流的河谷盆地,地势平坦,土地肥沃,灌溉条件便利,是当地的灌溉农业经济区。

第七节 甘肃向日葵产业发展

甘肃是我国向日葵的主产区之一。一方面由于自然降水少,昼夜温差大,各种病害轻,加之农田灌溉设施完善,有利于向日葵产业的发展。另一方面,近年来甘肃油脂加工企业的技术及产能规模在国内日益占据优势地位,在很大程度上拉动了甘肃的向日葵生产。

近年来,甘肃向日葵生产中三系杂交种占80%以上。甘肃种植的向日葵品种中,杂交种和常规品种各占1/2,并且杂交种在生产中所占的比重呈逐年增大的趋势。主要有以下几点原因:一是单产水平高,较常规品种增产一倍;二是诸多农艺性状整齐一致,抗性突出,商品的外观品质好;三是株高较矮(1.5 m左右),抗倒伏,熟期短,适于多种栽培模式。

从20世纪90年代中期开始,甘肃的科研院所及种子公司等在征集和鉴定筛选品种资源的基础上,引进了一大批国内外向日葵新品种并进行示范推广及杂优利用研究工作。成功选育了一些品质优良、产量高的向日葵品种,例如甘肃省农业科学院作物研究所育成的向日葵杂交种陇葵杂系列等,发展向日葵产业具有品种优势。

一、甘肃向日葵产业发展中存在的问题

1. 单一化的种植结构导致病虫害加重

向日葵属于高收益的农副产品,导致产地农民的种植结构由多元逐渐趋向于向日葵—玉米这种单一种植结构,从而引起向日葵轮作倒茬难,黄萎病、菌核病、向日葵螟等病虫害大面积发生。发病区域主要集中在种植面积大、种植结构单一的地区,发病率最高的可达25%以上,严重威胁着甘肃向日葵产业的健康发展。

2. 种子销售市场不规范

随着向日葵产业的不断发展，具有一定保健功能的向日葵油和用于嗑食的食用型葵花籽的需求量与日俱增，收购价格屡创新高。但是向日葵种子市场上存在假、杂、乱等问题，出现了农民增产不增收的情况，损害了农民利益，影响了向日葵产业的发展。例如，一些不法经销商为了经济利益，销售假冒伪劣种子及杂交二代种子。

3. 加工和产业化水平低

尽管我国的葵花籽及油脂加工企业较多，但装备和技术落后，缺乏精加工和深加工产品。目前，向日葵产业的发展尚未完全形成"企业＋基地＋农民"的高效运转体系，向日葵种植机械化程度低、生产成本高，严重影响向日葵产业的发展和农民的增收。

二、甘肃向日葵产业的发展对策

1. 科学调整产业结构

在尊重市场规律的前提下，组织各级农业科研机构及其他组织，对向日葵产业现状进行调研，在调研的基础上制定产业政策，并在资金上进行扶持和倾斜，引导农民合理调整种植，实行合理的轮作倒茬，有效预防病菌的侵染和蔓延，稳定向日葵种植面积。

2. 加大亲本材料的收集与品种创新力度，提高向日葵育种水平

增加向日葵品种研发经费，解决品种选育、引进和技术配套问题，提高科技成果转化率，选育出高产、抗逆、商品性好、市场竞争力强的向日葵品种。加强产业安全，摆脱对国外杂交种的依赖，提高育种水平，培育出适宜不同生产目的、加工技术等对品种类型的需求，推动向日葵产业化发展。

3. 建立健全病虫害的监测预警机制

建立健全向日葵病虫草害的监测预警机制，采用以农艺措施和生物防治相结合的技术，最大限度地控制化学农药的使用。目前国内食用型向日葵绝大部分是加工成炒货，农药等有害成分过高，会对国人的健康构成威胁。食用型向日葵产区应侧重列当、葵螟和黄萎病的防控，油用型向日葵产区侧重菌核病、叶斑病的防控。

4. 规范种子销售市场，大力开发精深加工产品

规范种子销售市场，杜绝向日葵种子市场上的假、杂、乱等问题。向日葵产品的精深加工不仅关系企业的经济效益，也会间接影响农民种植积极性。精深加工的关键一要技术先进，二要技术专有，才能提高产品附加值和农民收益，最终促进向日葵产业的发展。

第四章　向日葵生理

向日葵虽为 C3 作物，植株生长量很大，但因其经济系数较低，而籽实产量并不高。经典的源、库理论，通常把绿叶定为源，把最终贮存光合产物的器官定为库，粒/叶是衡量群体库源关系的一个综合指标。因此，加强向日葵物质分配转移及源、库关系的研究，选择株型理想的向日葵杂交种，维持合理的器官平衡对向日葵生产尤为重要。向日葵叶片的大小和形状因品种而异。一般情况下，第 4 对至第 10 对真叶的叶面积最大，占全株叶面积的 60%～80%，这些叶片对光合产物的同化和籽实的物质积累具有重要作用。

一个品种的器官的形成既决定于品种的遗传特性，也可通过栽培条件加以调节。因此，栽培管理时需确保中后期保持较高的群体光合能力，加强光合产物的形成及运转。在向日葵的各生育期中，群体光合速率的最高值出现在盛花期，同时植株干物质积累也最大。其次为现蕾期，灌浆期虽趋于下降，但生殖器官干物质积累率达最大。在植株不同叶层群体中，中上层叶片占植株总光合量的 82%。向日葵籽实的干物质积累，随着生育时期的推进，呈"S"形增长趋势。

第一节　向日葵的无机营养与施肥

食用型向日葵和油用型向日葵各器官吸收氮、磷、钾的量有一定差别，食用型向日葵整个生育期各器官中总吸氮量依次为：叶＞茎＞籽实＞花盘；磷：籽实＞叶＞茎＞花盘；钾：茎＞叶＞花盘＞籽实。油用型向日葵各器官中总吸氮量依次为：叶＞籽实＞茎＞花盘；各器官中总吸磷、钾量的大小与食用型向日葵一致。食用型向日葵吸收氮的高峰期为现蕾期至开花期，吸收磷、钾的高峰期在开花期。油用型向日葵吸收氮、钾高峰期在现蕾期，吸收磷高峰期在开花至成熟期。食用型向日葵吸收磷、钾量在各生育期比较均衡，油用型向日葵吸收钾量各生育期基本一致。

向日葵 7 对真叶前，氮、磷营养素的吸收中心为叶片，7 对真叶后，根、茎、叶中的氮、磷含量迅速降低。成熟期时，籽实中的氮、磷含量最高，分别占全株含量的

54.69%和76.33%。7对真叶前钾素吸收中心为茎秆，7对真叶后，各器官中钾向葵盘中转送，钾的分配与氮、磷截然不同，主要积累于茎秆中，占总吸收量的41.92%，其次为葵盘，而籽实中的积累量很少。

一、氮

氮是植物的主要矿质营养元素，是构成蛋白质、氨基酸、核酸、叶绿素酶、植物激素和维生素的重要成分，占植物干重的5%～6%。植物吸收的氮以硝态氮（NO_3^-或NO_2^-）和铵态氮（NH_4^+或NH_3）为主，也可吸收有机氮，如尿素、氨基酸等，氮在植物体内的含量与植物的生长发育及品质有关（表4-1）。

适宜的氮肥可以使向日葵枝丫繁茂，茎叶翠绿，花体庞大，花色鲜艳。氮素不足，老叶先发黄，而后向上发展，叶色黄绿，叶片细小直立，与茎的夹角小，整个植株矮小瘦弱。缺氮还会造成茎秆细长，很少有分蘖和分枝，花稀少、萎蔫。氮素过多时容易促进植株体内蛋白质和叶绿素大量形成，使植株徒长，一些叶片上供观赏的斑纹花点褪色。氮素过多还会使一些花卉不能充分进行花芽分化，推迟花期，造成隐蕾、落蕾、落花或花朵畸形等。

表4-1　我国主要地区耕作土壤耕层全氮（N）含量（中国科学院南京土壤研究所，1976）

Tab. 4-1　Total nitrogen（N）content in tillage soil layer in main areas of China

地区	变幅（%）
东北黑土地区	0.15～0.35
黄淮海地区	0.03～0.10
西北黄土地区	0.04～0.10
长江中下游地区	0.05～0.19
华中地区	0.06～0.18
华南地区	0.06～0.21
西南地区	0.04～0.19
蒙新干旱地区	0.05～0.20
青藏高寒地区	0.05～0.27

作物对氮的吸收同化与植物光合作用之间有着密切关系。有研究表明，氮是类囊体和RuBP羧化酶形成所必需的矿质元素。在作物叶片中，叶绿素和RuBP羧化酶含量与氮素之间呈正相关，随着叶片中氮含量增加，植物光合能力直线增加。氮的同化又需要光合过程提供$NADPH_2$和卡尔文循环提供有机碳骨架，施肥对向日葵的产量效应大小依次为钾、氮、磷，施肥可明显提高向日葵干物质累积量，体内氮、磷、钾含量及其累积量，植株体内氮、磷、钾含量在不同生育期变化较大，但总体趋势是生育前期高于后期，随生育期延长其含量呈下降趋势。

二、磷

磷是自然生态系统中生命存在的必需元素,植物体内全磷含量一般为其干物重的0.2%～1.1%,其中大部分以有机磷形式存在,约占全磷的85%。其余以钙、镁、钾的磷酸盐形式存在。磷对植物光能的利用、物质代谢和能量代谢都具有不可替代的作用,在植物生长发育中发挥着重要的功能,磷是植物体内重要化合物的组成部分,如核酸、核蛋白、磷脂、植物激素等。

磷能加强光合作用和碳水化合物的合成与运转。光合作用一开始就需要磷参与,虽然碳水化合物本身不含磷,但它的合成及运输却需要磷参加,磷还能促进碳水化合物在体内的运输。磷也是观赏植物体内向日葵氮素代谢过程中的组成成分之一,如氨基转移酶,能够促进氮素代谢。除此之外,磷能使植物生长发育良好,提高观赏植物对外界环境的适应性,提高植物的抗旱、抗寒、抗病等能力,并能促进植株早熟(表4-2)。

表4-2 我国主要土壤全磷含量(中国科学院南京土壤研究所,1976)
Tab. 4-2 Total phosphorus content of main soils in China

土壤类型	地区	成土母质	全磷(P_2O_5)含量(%)
黑土、白浆土	东北、内蒙古	黄土性沉积物	0.14～0.35
黑钙土、栗钙土	华北、西北	黄土及坡积物	0.16～0.30
棕壤、褐土	西北黄土高原	黄土母质为主	0.12～0.16
黄潮土	华北平原	黄土性冲积物	0.14～0.18
砂姜黑土	淮北平原	黄土性老沉积物	0.06～0.10
黄棕壤	江淮丘陵	下蜀黄土	0.05～0.12
水稻土	长江中下游平原	冲积物	0.10～0.16
红壤、黄壤	华中、西南	酸性母质	0.04～0.08
砖红壤	华南、滇南	玄武岩	0.08～0.17
		酸性母质	0.05～0.12

植物极度缺磷时,幼苗期生长停滞,其叶片变成紫红色,受害叶子的组织有的迅速衰亡,有的叶子颜色变暗或变黑。轻度缺磷时,开花和成熟延迟,籽粒不饱满和落花落果。磷有助于花芽分化及开花,能促进提早开花结实,花卉幼苗在生长阶段需要适量的磷肥,进入开花期后,需要量增多,磷能增加植株的总花朵数。

三、钾

向日葵是需钾量较高的作物,如果土壤中的钾含量不足,又不及时施用钾肥,就会影响向日葵产量。有研究认为按养分平衡法,或按一定比例施足氮磷钾肥是向日葵高产的关键性技术环节，三要素缺一不可。

钾以K^+形式被吸收，是植物体内含量最高的必需金属元素，呈离子状态，只有极少部分在细胞质中处于被吸附状态，钾主要集中于生长最活跃的部位。钾与氮、磷不同，主要存于作物茎叶内，它能促进植物的光合作用，制造更多的养料，尤其是对淀粉和糖分的形成有重要作用。同时，钾还能促进植物对氮、磷的吸收，有利于蛋白质的形成。而且钾还能增强根的生长，使植物茎秆变得粗壮坚韧，提高抗旱、抗寒、抗倒和抗病虫害的能力（表4-3）。

表4-3 几种油料作物需钾量比较（崔良基，2013）

Tab. 4-3 Comparison of potassium requirements of several oil crops

项目	向日葵（g）	蓖麻（g）	亚麻（g）	芥菜（g）
100 g 籽实耗钾量	18.6	5.8	5.5	5.4

观赏向日葵缺钾时，植株光合作用降低，生长速率随之下降，抗逆性降低，茎秆软弱，易染病，易倒伏。老叶出现缺绿症，叶尖与叶缘先枯黄，继而整个叶片枯黄，即所谓缺钾赤枯病。植物严重缺钾时，蛋白质代谢失调，导致有毒胺类腐胺与鲜精胺生成，叶子尖端和边缘发黄后变黑色，最后干枯呈火烧焦状。供钾过多，果实出现灼伤病、苦陷病，并且在贮藏过程中易腐烂。钾影响植株的叶面积和光合强度，缺钾植株叶片总面积减少，光合强度下降。钾还可促进花卉成熟，有助于花芽分化及开花，能促进提早开花结实。

四、硫

硫是植物生长发育所必需的营养元素，当环境中有效硫供应不足，不能满足植物生长发育对硫的需要时，植物就表现出缺硫症状，营养生长与生殖生长均会受到影响。向日葵缺硫时叶片失绿发黄，功能期变短，心叶失绿黄化，茎秆细弱，植株矮小，发育不良，开花结果时间延长，果实减少。严重时难以形成生殖器官，不能完成生长史（表4-4）。

表4-4 不同类型土壤中硫的质量含量（杨剑锋，2021）

Tab. 4-4 Sulfur content in different types of soil

土壤类型	质量含量（mg/kg）
灌淤土	678.0
潮土	920.9
灰钙土	543.6
新积土	962.2
盐土	1 362.9

续表

土壤类型	质量含量（mg/kg）
风沙土	334.7
碱土	866.9

硫是植物体内脂肪酶、羧化酶、氨基转移酶、磷酸化酶的组成成分，并参与某些生物活性物质如硫胺素、辅酶 A、乙酰辅酶 A 的组成，对作物的生理活性影响较大。硫肥肥效与土壤中硫的质量分数和形态关系极大。硫肥施入土壤后，经氧化作用生成 SO_4^{2-}，进而被作物吸收。因此，长期连续施用含硫化肥会造成土壤 pH 值下降。

各种土壤类型由于成土母质、风化程度不同，导致土壤含硫量及有效性差别很大，直接影响作物施用硫肥的效果。硫肥的施用方法较多，主要以基肥为主，可以和氮肥、磷肥、钾肥混合施用；也可将肥料与碎土混合后均匀撒施于土壤表面，再结合耕耙深翻入土作基肥；还可以开沟条施、穴施，也可结合播种用作种肥。如在作物生长过程中发现缺硫，可以用硫酸铵等速效性硫肥作追肥或喷施。施肥量应根据作物需要硫的多少和土壤缺硫程度来决定。一般而言，施硫 20～25 kg/hm² 即可满足作物正常生长发育对硫的需求。

五、钙和钙调蛋白

地壳中平均含钙 3.25%，按含量列于第五位，土壤钙全量主要受地球化学作用的影响。地球表层土壤中钙的平均含量为 1.37%。一般情况下，土壤能够提供给大多数作物充足的钙素营养。

土壤中的钙可分为 4 种形态，即有机态钙（占全钙的 0.1%～1%）、矿物态钙（占全钙的 40%～90%）、代换态钙（占全钙的 20%～30%）和水溶性钙。其中有机态钙主要来源于土壤中的动植物残体和有机肥料，只有在分解后才可以被植物吸收利用；矿物态钙是土壤钙的主要来源，是土壤钙的主要存在形式。

代换态钙是指依靠电性吸附在土壤胶体表面，并可以被其他代换性阳离子置换的离子态钙，占盐基总量的大部分，比例高达 40%～90%，占土壤有效钙的绝大部分，作为土壤健康的重要诊断指标。水溶性钙含量一般为每千克几毫克至几百毫克，对植物的有效性最高，是植物可直接利用的有效态钙。代换态钙能被溶液中的交换性离子代换下来，可与水溶态钙保持着动态平衡。

钙是植物必需的营养元素的之一，钙能稳定细胞壁的结构。钙是细胞膜的重要组成部分，具有稳定细胞膜的作用。对液泡内阴阳离子的平衡有重要贡献，具有渗透调节作用。缺钙会影响纺锤丝的形成，Ca^{2+} 还能提高作物叶片的叶绿素和蛋白质含量，同时钙也是一种重要的信号分子，在植物生长发育和应对环境胁迫中处于中心调控地位。钙作为第二信使可以感受到外界环境刺激，可通过增加细胞质基质和核基质中的

Ca^{2+}来活化受体蛋白CaM和CDPKs，引发下游的蛋白磷酸化和去磷酸化，进而诱导特异的抗性基因的表达，从而减轻环境胁迫的伤害。研究表明，钙在盐胁迫、温度胁迫、干旱胁迫、抵御重金属污染、抗病性方面都有重要的作用。

影响植物对钙吸收的因素有很多，除了土壤本身缺钙影响作物的吸收外，植株钙幼嫩部位以及果实的蒸腾作用较小，土壤干旱引起钙随蒸腾作用流向地上部位的运输受限，肥料的过量施入都会导致作物缺钙。

六、镁

镁是植物生长的必需营养元素之一。向日葵缺镁会导致光合作用减弱甚至中断，减少有机物的形成，从而引起作物产量和质量的下降。近几年，在农业生产上出现了很多作物缺镁现象，镁越来越引起人们的关注。

植物吸收的镁来源于土壤。土壤中镁离子的外围包有很厚的水化层，负电荷对其吸引力较弱，因此镁在土壤中移动性很大，极易发生淋失。一般认为，在中性至酸性土壤中镁易于迁移。综合国内外镁素淋失的文献发现，板页岩红壤中的淋失量很大，为127.7 mg/kg，淋失率为79.9%，红色石灰土中的淋失量为24.2 mg/kg，淋失率为13.6%。降水量大，镁的移动性大。过量施用氮肥，导致土壤酸化，使土壤胶体所带负电荷减少，进而会减少土壤对镁的吸附。

土壤中有效镁是作物中营养物质中镁的主要来源。我国土壤中有效镁的含量平均为321 mg/kg，含量介于1.2～4 469 mg/kg，其中，46%的土壤有效镁含量比较丰富，21%的土壤有效镁含量缺乏，主要分布于长江以南的地区。对于不同作物，土壤有效镁含量也有所差异。

七、微量元素

（一）铁

铁是植物生长发育必需的微量营养元素之一，能促进叶绿素的合成，是叶绿素形成的必需元素，在植株体内很难转移，因而植物缺铁导致的"失绿症"首先表现在幼嫩叶片上。铁还能促进作物根内硝酸的还原，对植物光合作用、呼吸作用都有影响，也是影响作物吸收氮和磷元素的限制因素。

植物严重缺铁时，叶片会逐渐坏死，甚至导致整株死亡。铁虽然在土壤中的含量很高，但植物可以直接利用的有效铁很少。在实际生产中，高产作物投入的微肥量不足以抵消石灰性土壤自身碱性反应及氧化作用，使铁形成难溶性化合物，降低其生物学有效性，导致植物极易因缺铁而出现生长不良现象，特别是在干旱、半干旱地区的石灰性土壤中铁溶解度极低，远远不能满足植物生长所需。

全世界约40%的植物易出现缺铁症状。铁的肥效不仅取决于铁肥在土壤中的水溶性和稳定性，还取决于土壤酸碱性、氧化还原电位等多种因素。石灰性土壤pH值较高，可溶性无机铁肥施入土壤中后会迅速沉淀并转化成难溶的铁化合物（如氢氧化铁），因此，肥效较差，即使增加铁肥的施用量，其效果也不理想。在实际生产中，矫正石灰性土壤中植物缺铁症常用的方法是将铁肥直接施入土壤，但是土施铁肥法一般肥料用量大，而且肥效十分不稳定。这主要是因为铁肥直接土施时，亚铁在石灰性土壤中会被氧化或者固定而失去肥效。

（二）锰

早在1774年，瑞典的科学家甘恩发现了第一颗黑色的锰颗粒。在1922年，由于锰在植物中的重要作用，被公认为植物营养所必需的营养元素之一。在20世纪30年代，有许多科学家宣称，"锰是生命中必不可少的元素之一，锰是生命的保护者"等。研究表明，在长时间淹水状态下，土壤中的锰被氧化还原，锰会在耕作层20～70 cm处产生深层淋溶与累积，而在0～20 cm耕作层的全锰、活性锰和交换态锰就会明显降低，所以添加锰肥是土壤锰来源的主要形式。

土壤中的锰含量直接决定了向日葵对锰的吸收，当土壤中锰供应过多时，则容易导致向日葵吸收过多的锰而产生中毒现象，影响向日葵的生长发育。土壤中的有效锰会由土壤类型和不同的土壤层的不同而改变，但外部环境的差异对土壤有效锰同样会发生巨大影响。氧化还原电位对土壤锰的影响体现在渍水环境下，氧化还原电位降低，有效锰增加。pH值是土壤锰最重要的影响因素，pH值在6.5以下，土壤锰含量大，反之则小，也有研究认为pH值大于6.5时，土壤有效锰反而增加，这与土壤氧化还原状态和淋溶作用有关。

有机质在3个方面影响土壤锰，即氧化还原过程、螯合作用和络合作用。一般土壤有效锰的含量会随有机质的增加而增加，成极相似的正相关，由于土壤中的有机质可以提高交换态锰的含量，再者络合反应可以提高有机态锰的含量，为酸性土壤有效锰的由来之一。

（三）锌

锌（Zinc），化学符号Zn，原子序数为30，是一种浅灰色的过渡金属。密度为7.14 g/cm³，熔点为419.5℃。常温下，锌是硬而易碎的，但在100～150℃下会变得有韧性。当温度超过210℃时，锌又重新变脆。锌的电导率居中。与其他金属相比较，它的熔点（420℃）和沸点（900℃）相对较低。常温下，锌在空气中表面会生成一层薄而致密的碱式碳酸锌膜，可阻止锌进一步被氧化。温度达到225℃后，锌氧化激烈。燃烧时，发出蓝绿色火焰。锌易溶于酸，从溶液中易置换金、银、铜等。锌具有药用价值，早在18世纪50年代人们已开始用氧化锌和硫化锌来治病。锌是人体必需的微量元素，可以促进机体的生长发育和组织再生，增强免疫机制，提高抵抗力。锌是生物体中的一种微量元素，在生长和代谢过程中起着极其重要的作用。锌在体内的浓度在一定的范围之内时，会促进生物的生长。

（四）硼

1. 土壤中硼的存在形态

（1）有机态硼。包括土壤有机质吸附的硼和有机质分解产生的糖类与硼酸的络合物，它们分解后可被植物吸收利用。

（2）矿物态硼。主要是含硼矿物，如硼砂、硼镁铁矿等，它们经过缓慢的分化作用可以释放出有效硼。

（3）吸附态硼。指吸附在土壤胶体表面的硼，对作物有一定的有效性。

（4）水溶态硼。指土壤溶液中的硼，可被植物直接吸收利用，是土壤有效硼的指标。

2. 硼虽不是植物体内各种有机物的组成成分，但能加强植物某些重要生理机能

（1）硼能促进植物体内碳水化合物的转化和运输，改善植物各器官有机物质的供应，提高作物的结实率和坐果率。

（2）硼对植物生殖器官的形成和发育起重要作用，促进花粉萌发，刺激花粉管伸长，有利于种子的形成。

（3）硼使植物分生组织细胞分化正常。硼影响植物生长部分中核酸的含量，有利于组织内腺嘌呤转化成核酸，以及酪氨酸转化成蛋白质，这些都影响植物分生组织中细胞的正常生长和分化。

（4）硼还能增加植物的抗逆性，由于硼能促进碳水化合物的合成和运输，提高蛋白质的黏滞性，降低透性，增加胶体结合水的含量，因而有利于提高作物的抗寒、抗旱能力。

（5）硼素供应不足，会导致植株生长不良，产品的质量和产量下降。严重缺硼时，甚至颗粒无收。植物缺硼主要表现在叶、茎、生长点、花、果实等部位。

3. 向日葵缺硼症状

（1）由于硼不易从衰老组织向活跃生长组织移动，往往在新生部位首先产生缺硼症状。茎尖生长点和生长受到抑制，新抽出的枝条，顶梢停止生长，幼叶畸形、皱缩，叶脉间不规则褪绿，严重时生长点萎缩而死亡。

（2）下部叶片粗糙、皱缩、增厚变脆。

（3）叶柄及枝条增粗变短、开裂、木栓化。

（4）开花和结果受到明显抑制，结实率低，果实小，畸形。如向日葵的"花而不实"、棉花的"蕾而不花"、小麦的"花而不饱"、甜菜的"心腐病"、芹菜的"茎裂病"、苹果的"缩果病"等都是缺硼的典型症状。

（五）钼

钼（Mo）在褐色球形固氮菌生长方面，发挥着必可少的固氮作用，也是人类所必需的微量元素。固氮酶和硝酸盐还原酶是植物体内不可或缺的两种酶，作为两种酶的重要组成成分，钼对植物体的氮素代谢也起着至关重要的作用。已经有大量研究表明，给向日葵、小白菜、花椰菜、烟草等作物施加钼肥，对提高作物产量和叶绿素、抗坏血酸及可溶性糖等营养品质有明显效果。钼在动物和人体的生命代谢过程中也发挥着巨大的作用。人体中钼的摄入量不足时，会大大提高心血管疾病、胃癌、龋齿等的发病率。

土壤中的钼主要来源于钼矿石，钼可以在矿石风化的过程中不断释放出来，从而进入土壤中。据报道，全球土壤中钼的平均含量为 2.3 mg/kg，而我国土壤中的全钼平均含量为 1.7 mg/kg，略低于全球平均水平，大部分集中在 2 mg/kg 左右，一般在 0.1～6.0 mg/kg 范围内。我国南方与北方土壤成土母质的不同导致了南、北方土壤中钼含量的显著差异，尤其在华北平原、东北平原、黄土高原等北方地区有效钼含量均低于缺钼临界值（0.15 mg/kg），与此同时，尽管南方地区有效钼含量较高于北方，但由于南方部分地区的土壤酸性较强，也出现了土壤中的钼不能被作物充分吸收利用，导致作物缺钼的现象（表 4-5）。

表 4-5 不同类型土壤中钼的含量（李小娜，2019）
Tab. 4-5 Molybdenum content in different types of soils

土壤类型	含钼量（mg/kg）	平均含钼量（mg/kg）
白浆土	1.3～6.0	4
砖红壤、赤红壤	0.6～5.1	3
黑钙土	2.0～4.2	2.7
草甸土	0.2～5.0	2.4
棕壤	1.0～4.0	2.2
黑钙土	2.0～4.2	2.7
褐土、黑土、红壤	0.2～3.9	1.4
暗栗钙土	0.1～1.2	0.7

（六）氯

氯是植物必需营养元素之一，氯元素在植物体内主要参与光合作用，调节气孔开闭，保护植物体免受病虫害，维持植物细胞电荷平衡，调节细胞渗透压，加快植物新陈代谢，促进植物体细胞分裂，加速植物茎叶等组织生长等，在植物体中有着极其重要的作用和功能。不同植物对氯的吸收有所不同。植物体内平均含量为 2～20 mg/kg，部分高耐氯植物可达到 100 mg/kg。植物对氯元素的需求有限，多数植物体内氯离子含量在 1 mg/kg 即可满足植物的需求，因此植物可以通过雨水、灌溉水以及土壤中轻松获得充足的氯素，且植物对叶面氯的吸收能力极大。此外，植物氯含量和植物农艺性状、根系活力以及水分利用等生理活动息息相关。植物生长中很少出现氯缺乏症状，而一旦缺乏将导致叶片光合作用受阻，叶片失绿甚至坏死。

植物在对阳离子的吸收过程中，氯离子作为中和电位的阴离子不断进入植物体，与阳离子保持电位上的平衡，从而改变了植物体水势梯度，强化植物渗透调节功能，有效提高了植物保水能力和吸水能力，因而当植物缺氯时会出现叶片失水萎蔫的症状。此外，氯还具有调节气孔开闭、降低叶片蒸腾水分、提高抗旱能力的作用。氯肥施用可以有效降低作物十余种常见病，如小麦根腐病、叶锈病、枯斑病等，均可通过施用含氯肥料减轻其症状。其原因可能是氯离子与硝酸根离子存在离子拮抗作用，从而降低了植物根系对硝酸根的吸收，降低了硝酸根积累。

氯是植物中稳定性最强的阴离子，移动能力较强，在植物体内多以离子形态存在。植物既可以通过常规的土壤根系吸收，也可以通过叶面吸收，且有着极高的吸收效率。植物对氯素的吸收效率主要受两种因素的影响：一是外界环境因素如温度、湿度、光照强度等；二是土壤介质中氯离子的有效含量。一般情况下，光照强度越高，土壤氯离子有效含量越高，植物对氯离子的吸收效率越高，反之则越低。植物体氯离子的吸收、移动与植物光合作用和蒸腾作用息息相关。

光合作用可以产生充足的能量供给植物根系主动吸收氯离子，因而氯离子的吸收效率受光合效率的影响。蒸腾作用带动氯离子随水分子迁移，因而叶片等高蒸腾量的组织及器官氯离子的含量较高，这可能也是作物籽粒中氯含量显著低于茎叶的原因。

（七）硅

硅在地壳中的含量排在氧元素后，位居第二位，硅充足的植株较健壮，叶茎夹角叶夹角缩小，促使叶片挺立。叶片及叶鞘表皮细胞上形成的"角质—双硅层"能增强植物对病原菌和害虫的抵抗力。植物吸收的硅主要沉积在输导组织及细胞壁等非生理活性部位，这样可以防止作物根系及输导组织在逆境条件下遭挤压。

植物吸收硅以后使叶细胞中的叶绿体增大、基粒增多，抑制基部叶片过氧化物酶活性，减轻木质化程度，有利于延缓基部叶片的早衰，增加对光的吸收。施用硅肥可改善冠层受光姿态，增大叶面积，减少施氮过多而造成的植株间相互遮阴，提高叶片光合速率，促进碳水化合物向籽粒中转移，提高作物产量。植物缺硅时，水分蒸腾作用加强。缺硅是植物产生凋萎的主要原因之一，充足的硅可以加厚植物细胞壁，降低细胞呼吸速率，减缓植物的凋萎速度。

第二节　向日葵生长发育对环境条件的要求

向日葵生长发育要求具备一定的外界条件，如果条件适合，生长发育就快，反之，生长发育就受到阻滞。

一、温度

向日葵对温度变化的适应性很强，它既耐一定的高温，又能忍受一定的低温。这也是它能广泛分布于世界各地的主要原因之一。种子在 2～4℃时开始膨胀萌动，3～6℃即能发芽，5℃可以出苗，8～10℃时能满足正常出苗的需要。发芽的最适宜温度是 26℃左右，最高温度大约 40℃。幼苗可以经受几小时 -4℃的低温，低温过后很快恢复生长。

一般早熟品种（生育期 86～105 d）≥5℃的活动积温为 2 000～2 200℃，中熟品种（生育期 106～115 d）的活动积温为 2 200～2 400℃，中晚熟种（生育期 116～125 d）为 2 400～2 600℃，晚熟种（126 d 以上）在 2 600℃以上。

二、光照

向日葵是喜光作物。它的幼苗、叶片和花盘都有很强的向光性，总是朝着太阳转，这种现象称为向性运动，从子叶期就能观察到，苗期、蕾期更为明显。直到大部分管状花授粉后，籽粒逐渐充实，花盘越来越重，重力超过转动力时，花盘就向东方或东南方倾斜不再转动。

向日葵属于短日照作物，对日照反应不敏感，早熟品种更不敏感。只有在日照特长的高纬度地区，早期进行遮光，才能使成熟期提前。但有的品种在日照短时，表现出明显的营养生长期缩短，现蕾、开花、成熟期提前，株高降低。

日照对向日葵的生长发育有很大的作用。生育前期有充足的日照，能使幼苗健壮，防止徒长，生育中期充足的日照能促进茎叶生长，正常开花授粉，花盘发育良好，生育后期充足的日照有利于灌浆，保证籽粒饱满。

三、水分

向日葵是一个需水较多，而且又是较耐旱的作物，它具有强大的根系，入土深、分布广，能吸收土壤深层水分。茎秆上有密生的白色茸毛，能减少水分的蒸发，茎秆中充满海绵状髓，能贮存很多水分。叶面有一层蜡质层，也能减少水分蒸发。

1. 播种至出苗

种子发芽时吸收水分较多，约为种子本身干重的 56%。

2. 出苗至现蕾

这是向日葵比较抗旱的阶段，适当的干旱，能促进根系发育，使植株健壮，有"蹲苗"的作用。这一阶段的需水量占整个生育期总需水量的19%左右。

3. 现蕾至开花

这是向日葵整个生育期中生长最快的时期，气温较高，蒸腾量大，需水量几乎占总需水量的50%。如果这一时期干旱，花盘小，百粒重降低，含油率下降。

4. 开花至成熟

该时期需水量占整个生育期总需水量的30%左右。天气晴朗、日照充足，对灌浆和脂肪、蛋白质积累有利。土壤水分对脂肪、蛋白质和产量影响较大，土壤的持水量最好保持在25%左右。

四、土壤

农作物生长需要的水分和养分主要通过土壤而获得，土壤空气和土壤温度的变化也直接或间接地影响着作物的生长发育。水分、养分、土壤透气性和土壤温度都是土壤肥力因素。不同类型的土壤，肥力因素亦有差异。向日葵对土壤的选择不严格，除了低洼易涝、积水的地块，寸草不生的盐碱地之外，从轻砂壤到重黏土，从偏酸性到盐渍土壤都可栽培。

向日葵对盐碱具有较强的忍耐力。一般在含盐量0.4%以下的盐碱化耕地上能正常生长。在盐碱地上栽培的向日葵，代换性钠越高，植株含钠也越高。它的耐盐力比玉米高一倍，比小麦高60%。种植向日葵最适宜的土壤酸碱度是中性（pH值6.0～8.0），肥力水平较高的沙壤土或壤土，有利于向日葵的根系发育，为其高产提供良好的养分、水分、空气等条件。

五、营养元素

向日葵从土壤中吸收最多是氮、磷、钾，吸收量的顺序是氧化钾最多，氮素次之，磷素较少。

1. 氮肥

氮肥充足，茎叶颜色嫩绿，生长速度加快。如果土质贫瘠，缺乏氮肥，植株细弱，叶片薄小，颜色黄绿，生长迟缓。生育中期缺氮则下部叶片提早发黄，花盘小、种子秕。

油用型向日葵从出苗到现蕾，历时45 d左右，吸收的氮肥占其一生耗氮总量的39%；从现蕾到开花历时20～25 d，吸收的氮肥占耗氮总量的31%；从开花到成熟历时30 d左右，吸收的氮肥占耗氮总量的30%。

增施氮肥不仅可提高产量，还能提高含油率。但是超过正常生育所需氮素的范围，则能引起徒长、贪青晚熟，含油率也有所下降。在灌浆期，如果氮肥充足，虽油分含量低，但利于籽仁中蛋白质的合成，使蛋白质含量增高。

2. 磷肥

向日葵生长发育过程中，吸收的磷比氮和钾少，磷充足时能促进细胞分裂增殖，利于根系生长，增加对肥料、水分的吸收力。磷参与植株体内淀粉的合成和运转过程。植株缺磷时碳水化合物和蛋白质的合成受到阻碍，使幼芽和幼根的细胞分裂和生长不能正常进行，茎叶里的糖分也不能顺利地形成和转运到根及种子等部位，阻碍了根系生长，影响种子饱满度。

磷参与植株体内糖分转变为脂肪酸的过程，磷在油脂的合成中不可缺少，增施磷肥可提高含油率。增施磷肥还可以降低植株的蒸腾系数，减少水分消耗量，增强植株耐旱性。

向日葵各个生育阶段中吸收的磷肥数量并不均衡。食用型向日葵从出苗到现蕾期间吸收的磷肥最多，占其一生中耗磷总量的46%左右，后期吸收的磷肥较少。

3. 钾肥

钾能增强向日葵茎叶的光合作用，促进碳水化合物的形成，加速糖分的转化和运转，使茎秆生长健壮，增强其抗倒伏、抗折茎、耐低温、抗病害的能力，并能增加含油率。向日葵在不同生育时期，需钾量基本相同，但植株各部位吸收积累钾的数量有明显差异。花盘中积累的钾最多，占全株含钾总量的36%～39%；其次是茎秆，占27%左右。向日葵营养体中含钾特多。因此钾肥应在现蕾前施用，以早期供应植株各部位的生长，提供花盘生长发育的需要。钾肥要与磷肥配合使用才能发挥肥效，单施增产作用不明显。

4. 微量元素

向日葵需硼较多，硼可促进花器的发育，有利于授粉，能提高结实率。硼可以加速植株体内碳水化合物的运输和糖类的外运，还可提高种子含油率。缺硼将导致花粉发育异常，并引起花盘畸形。

锰参与向日葵光合作用，对油分形成有促进作用。

铜可改善向日葵体内蛋白质和碳水化合物的代谢，提高种子含油率。在缺水情况下对增强抗旱性有一定作用。缺铜影响光合作用，也影响氧化还原过程。缺铜时叶色暗绿，并有坏死斑点。

锌影响蛋白质的合成。用锌或锰拌种，苗期叶片浓绿，幼苗高。缺锌使向日葵生长受到抑制，植株矮小、叶片变小。微量元素对磷肥发挥效益有促进作用，因而微量元素与磷肥混施更能明显提高产量。

第三节　向日葵与水

水作为主要的自然资源，具有重要的基础性和战略性作用，是维持生态环境平衡的重要因素,也是实现人类可持续发展的有力支撑和前提条件。随着全球化进程加快,世界人口剧增,全球气候愈加恶劣,水资源污染加剧等导致人们对水资源需求量逐年增加,因此寻求水资源优化配置、节约高效是亟须解决的难题和未来主要的研究方向。

我国淡水资源总量大,为全球水资源总量的6%。但我国人口基数大,人均占有量少,远低于世界平均水平。此外,我国水资源空间分布不均,总体呈现南多北少,北方地区占全国土地总面积60%以上,人口为全国总人口的60%左右,其水资源仅占全国水资源总量的20%,与北方土地资源、地区人口数量极不匹配。因此,北方地区水资源供需矛盾严重制约着当地农业经济的可持续发展,对我国粮食安全保障、能源储备和国民健康等极其不利。我国作为农业大国,农业用水量约占全国总用水量的60%,发展节水灌溉农业前景大。近年来,我国东北、华北、西北以及南方等地区采取了一系列节水措施大力发展灌溉农业,促使我国灌溉水有效利用系数由0.4提升到0.55左右。

自2001年至今,我国农业用水随着农田有效灌溉面积的不断增长无明显增长趋势,持续保持在为 3.64×10^{11} m³ 左右,灌溉用水量的缺口不断上升,致使目前我国的灌溉农业面临着前所未有的挑战与机遇。我国农业灌溉用水总体上仍存在灌溉制度不合理、灌溉方式落后、理论指导匮乏、农户节水意识较低等问题。如何在灌溉农业过程中实现有限水资源的合理分配、有效调控、节水高效、提高粮食产量、保障粮食安全生产和供给是目前乃至未来的战略性需求。

甘肃土地面积占比较大,光热资源充足,是我国粮食储备的主要组成部分,适合大力发展农业种植。然而,甘肃水资源空间分布不均匀,农业用水需求较大,干旱缺水已成为甘肃粮食产量增收的主要制约因素。

一、向日葵的水势

典型植物细胞水势(Ψw)组成为:$\Psi w = \Psi m + \Psi s + \Psi p$($\Psi m$ 为衬质势,Ψs 为渗透势,Ψp 为压力势)。衬质势(Ψm)是由于细胞胶体物质亲水性和毛细管对自由水的束缚而引起的水势降低值,对已形成中心大液泡的细胞含水量很高,Ψm 只占整个水势的微小部分,通常一般忽略不计。由于溶质的存在而使水势降低的值称为渗透势或溶质势(Ψs),溶液渗透势决定于溶液中溶质颗粒总数,以负值表示。如果溶液中含有多种溶质,则其渗透势是各种渗透势的总和。

植物细胞吸水的方式分为渗透性吸水(细胞形成液泡后的主要吸水方式)、吸胀作用吸水(未形成液泡的细胞的吸水方式)和降压吸水(直接消耗能量的吸水方式)3种方式,其中以渗透性吸水为主。植物细胞、组织、器官及土壤植物中的水分移动方向,决定于两者的水势差,水分总是从水势高处流向水势低处,直到两者水势差为零。水通道蛋白使细胞对水的通透能力大大提高。土壤中的可利用水主要是毛细管水,能被植物根系吸收。植物大量吸收水分的能力取决于根系的数量与分布。根系吸收水分最活跃的部位是根毛区。根系吸水可分为主动吸水和被动吸水，它们的动力分别为根压和蒸腾拉力。对绿色植物来讲，被动吸水是主要的。水分在根系的径向转运有质外体、共质体、跨膜3条途径。

植物叶水势的高低影响作物的生长、光合作用的进行以及光合产物的传输等许多过程。叶水势是一个影响植物许多生理过程的重要因素，可以用来衡量水分移动的速率大小，其变化受气候条件、土壤结构以及时间等因素的影响。叶水势的高低既可以反映土壤供水能力的大小和作物缺水程度，也可以反映叶片从其他器官中吸收水分的能力。叶水势越小，其吸水能力越高。盐渍化土壤地区，水肥耦合条件下叶水势受到大气条件、土壤水分或基质势和内部生理活动等诸多因素的影响，将这些影响分开来，才能为采取缓解水分亏缺的措施提供依据。

二、根系和吸水

根系作为植物直接与土壤接触的重要功能器官，是构成植物的主要部分。它不但为植物吸收养分和水分，固定地上部分，而且还通过呼吸和周转消耗光合产物并向土壤输入有机质。根系最先感受到土壤中发生的变化，并对此做出反应，在一定程度上根系反映了土壤—植物间物质和能量的交换能力。作物根系的生长状态最终会影响产量及品质的表现。而根系的生长发育情况，除品种本身的生物特性之外，还与其栽培条件有密切关系。

向日葵的根系属于直根系，由主根、侧根、须根和根毛四部分组成。其60%的根系分布在0～40 cm的土层中，分布直径1.0～1.5 m，向日葵的最大侧根深不到40 cm，侧根密度随深度的增加而降低，而且地表10 cm以下侧根密度随深度增加而降低的幅度较大。对油用型向日葵而言，表层侧根重占总侧根重的89%以上。向日葵根的发育初期比地上部分生长速度快。在开花初期，根系发育速度最快，从开花至成熟前，根系生长逐渐变慢，接近成熟时，根系停止生长。

向日葵同化物的运输方向随植株发育时期而改变。从苗期到现蕾期，同化物主要向植株根部运输。现蕾后，随着生育期渐进，同化物改向花盘运输。在开花期，向日葵的茎和叶所含的同化物达到最大值，花盘上的小花吸收了叶片合成的40%同化物。由于作物同化产物的原料来自根系对养分的吸收。因此，根系的生长发育及其生理变化会对作物产量和品质起着关键作用。

第五章　向日葵的形态特征及生长规律

第一节　向日葵的根

向日葵为直根系，由主根、侧根、须根和根毛组成。种子吸水萌发首先长出一条胚根，其尖端生长点不断细胞分裂，逐渐生长，发育成圆锥形的主根，入土深度 150～200 cm，最深可达 400 cm。主根在地下 20～30 cm 深的一段较粗，主根上长有很多侧根，这些侧根向水平伸展，分布直径达 80～100 cm。侧根上有须根，须根上长有稠密的根毛，与土壤紧密接触，吸收水分和养分。开花前 10 d，在茎基部子叶痕以下生出若干不定根，叫气生根或水根。一部分深入土壤中，增强对植株的支撑作用，吸收土壤上层的水分和养分。

图 5-1　萌发期向日葵的根
Fig. 5-1 Sunflower roots in germination stage

向日葵根系发达，吸肥吸水能力强，这是它抗旱耐瘠薄的形态特征之一。苗期根系生长速度比茎生长得快，3 对真叶期苗高 20 cm 左右，主根已长达 70 cm，所以苗期耐旱（图 5-1）。现蕾期根系伸长更快，开花前达到最高峰，每天可伸长 1～3 cm，与地上部分快速生长期相适应，此时需要大量的水分和养分供应（图 5-2）。开花以后伸长速度减慢，到成熟时才完全停止。

向日葵根系风干后的重量占整株重量的 20%～25%，根量比玉米大一倍以上。因而，能在较大范围内吸收水分和养分，并能牢固地支撑植株。在沙土中，向日葵的根系可深入地下 5 m，可以吸收比其他作物更多的地下水并通过叶面蒸发掉多余的水分。

一、根尖的构造及其发育

把根尖作纵切，自上而下可分成 4 个组织分化区，即根毛区、伸长区、生长点和根冠。

根冠：位于生长点的外面，由许多薄壁细胞所包裹，保护生长点不致受土壤摩擦而损伤。当根尖向土中延伸时，根冠外层细胞不断被土壤擦伤而脱落，同时在根冠的内层相继产生新的细胞进行补充。

生长点和伸长区：生长点的细胞属于分生组织。生长点的最先端为原生分生组织，由 3 层原始细胞构成，其中最外一层原始细胞是形成根冠与表皮原的，其余两层原始细胞分别形成皮层原与中柱原。

图 5–2　现蕾期向日葵的根系
Fig. 5–2　The root system of sunflower in bud stage

根毛区：位于伸长区以上。表皮细胞向外突出，形成长短不一的管状根毛。由于根毛很多并与土壤颗粒紧密贴合，可以增加吸收表面积，有效地进行吸收作用。对于一根根毛而言，能保持吸收功能的时间一般为 10～20 d。伴随根尖的生长，新的根毛不断产生，整个根毛区也随着向前推进。总之，根不断向土壤深处生长，根毛区也经常更换新的吸收环境，以增加养分、水分的来源。

二、根的初生构造

表皮层：在幼小的根中表皮细胞壁很薄，有一薄层角质膜，无气孔，外壁伸展成根毛，主要起吸收作用，不起保护作用。没有根毛的表皮细胞也能进行吸收作用。

皮层：根的皮层位于表皮的内侧，皮层比较发达，是水分和溶质横向输送到维管柱的必经之路，也是幼根中贮藏养分的场所。富有细胞间隙，所以也有一定的通气作用。皮层最外一层细胞排列比较紧密。当根毛枯死以后，此层细胞开始木栓化，起保护作用。位于皮层的最里层，有一圈排列紧密的内皮层细胞，在横向壁与径向壁中央的内侧，有一条连续木栓化加厚的带状结构，即为凯氏带。在凯氏带处无胞间连丝，而且质膜与细胞壁紧密连在一起。这样，水分和溶质不能经由细胞间隙成细胞壁与细胞质之间的空隙通过，只能从内皮层质膜处通过。

维管柱：是指内皮层以内的中轴部分。维管柱的结构比较复杂，由维管柱鞘、初生木质部、初生韧皮部和薄壁组织四部分组成。维管柱鞘位于维管柱外围，是与内皮层细胞交错排列的一层薄壁细胞，具间歇性的分裂能力。部分维管形成层、木栓形成层和侧根都是由维管柱鞘的细胞分裂产生。初生木质部由导管和管胞组成，是输导水分的组织。初生木质部呈辐射状排列成四束。初生木质部的分化顺序是由外侧开始，向心渐次发育成熟，即称外始式。根中心无髓的分化。初生韧皮部主要由筛管与伴胞组成，它与初生木质部脊交替排列，起输导同化产物的作用。分生组织位于初生木质部与初生韧皮部之间，仍保持着不分化的原形成层，当根的次生生长开始时，细胞恢复分裂能力，开始转变为维管形成层。

三、侧根的形成

侧根起源于维管柱鞘，部分细胞的细胞质浓度变高并进行重复分裂。最初几次分裂是平周分裂，使细胞层数增多，因此新生的组织向外突出。之后的分裂是多方向的，使突起不断生长，终于突破内皮、皮层、表皮，直至伸入土中，形成侧根，侧根属内起源。

四、根的次生构造

向日葵的根和大多数双子叶植物的根一样，都有次生生长，即由维管形成层分裂产生次生木质部、次生韧皮部以及由木栓形成层所产生的周皮。位于初生木质部与初生韧皮部之间，有明显不分化的原形成层细胞。

形成层的发生过程为：最初先产生互相不衔接的4个形成层片段，之后，位于初生木质部脊外面的维管柱鞘细胞恢复分裂能力，产生形成层，并与已经形成的4个形成层片段相连接。由于初生木质部呈放射状排列，所以这个时期形成层的横切面呈波状环形。随着次生木质部增粗变成圆形，形成层也逐渐变为整齐的圆环状，根也匀称地加粗。形成层环在不断地向外推移加粗的过程中，形成层细胞除进行纵向分裂外，也同时进行横向分裂和其他方向的分裂，以适应其本身的增粗。

维管形成层细胞切向分裂的结果，向内渐次形成新的木质部，添加于初生木质部的外方，称次生木质部，包括管胞、导管、木薄壁细胞和木纤维等组织。向外形成脊的韧皮部，添加于初生韧皮部的内方，称次生韧皮部，它包括筛管、韧皮纤维和韧皮薄壁细胞。同时也产生一些横向排列的薄壁细胞群，构成维管射线，在次生维管束中起横向运输的作用（图5-3）。

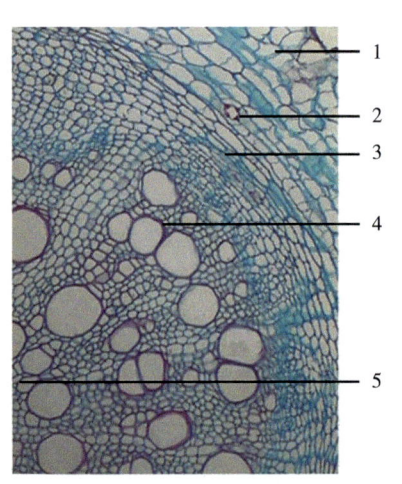

图 5-3 向日葵老根横切
Fig. 5-3 Cross section of sunflower old roots
1. 周皮 2. 韧皮部 3. 形成层 4. 次生木质部 5. 初生木质部
1.The periderm 2.The phloem 3.The cambium 4.Secondary xylem 5.Primary xylem

第二节 向日葵的茎

向日葵的茎秆一般为直立状态，横截面接近圆形。茎由表皮、木质部和海绵状髓构成。茎基部15～20 cm呈半木质化。并且，横截面半径从根部到顶部有逐渐减小的趋势，茎干表面粗糙并有坚硬的刚毛。向日葵茎粗为2.8～3.3 cm，在整个生育期内，向日葵茎粗呈单峰曲线变化。盛花期时达到最大值，之后渐趋平缓；茎高为100～300 cm，茎的生长速度经历"慢—快—慢"的过程，从现蕾到开花生长最快，占总高度的55%左右；从开花到成熟生长较慢，占总高度的5%左右。在成熟期，靠近花盘附近的茎因为花盘重量而产生弯曲。

不同品种其苗期幼茎有绿、红、紫等颜色，据此可以鉴别杂株。茎的分枝性有两种类型：一种具有分枝特性，环境条件较差时也能表现出来；另一种是随环境而变化，当水肥充足或主茎停止生长时，从叶腋处分枝。田间管理上应将分枝去掉，以保证主茎与花盘的正常发育。苗茎的生长速度缓慢，现蕾至开花阶段茎生长最快，伸长量占总高度的55%左右。开花至成熟阶段伸长最慢，仅为总茎高的5%左右，在乳熟期茎即停止生长。

向日葵的茎秆直立、粗壮、圆形，杂交种一般不分枝。分枝型通常用于生产杂交种的父本，受一对隐性基因控制。茎表皮粗糙，有短刺毛。接近成熟时，地面上约10 cm和地下15 cm的一段木质化，且坚硬。茎内有海绵状的髓，能贮存水分。调节植株体内水分的盈亏，有利于抗旱。老茎髓细胞间隙充满空气而呈现白色。

向日葵茎有独秆型和分枝型两种，分枝型又有顶部分枝、基部分枝、全株上下均有分枝3种。以独秆型为最好，分株型常因养分、水分分散，花期不整齐而造成减产。因此，现在的杂交种常无分枝。但是在配制杂交种的过程中，经常利用恢复系的隐形分枝以延长散粉时间来提高结实率。不同类型的品种茎秆高度有很大差异，变幅0.5～5 m。一般杂交种茎秆较矮、相对较细，高度为1.0～2.5 m，常规品种的茎秆高大粗壮，一般是1.8～3.0 m，有的超过4.0 m，茎粗1～10 cm。向日葵的理想高度一般为1.6～1.8 m。茎秆的发育和高度受环境条件和密度的影响很大。土壤、水分、温度、养分和光照等因素都能影响茎秆高度。

植株分枝性有两种情况，一种是品种固有的特性，另一种是环境条件的改变，如在水肥条件胁迫、日照短、温度高或主茎生长点受到损伤时，原属不分枝的品种叶腋处的潜伏休眠芽也能长成分枝。

一、茎的发育

向日葵茎主要是由胚芽发育而成。在茎顶部有顶端分生组织，它包括由胚芽时期保留下来的原分生组织及其衍生细胞——初生分生组织共同组成。由于茎的顶端分生组织细胞分裂、生长和分化，使茎不断长高，同时产生茎的初生构造与次生构造。

（一）苗端

向日葵出苗后3周内，长出4对真叶前，处于营养生长阶段。苗端分生组织（顶端分生组织）最初小而呈扁平状，直到幼苗长出3对真叶之后，苗端分生组织变得明显突出并呈半球体。分布于生长点周围的叶原基与幼叶一起重叠地包裹着苗端。苗端分生组织细胞呈等径多面体，无细胞间隙，壁薄，核大，原生质浓厚，富有各种细胞器，细胞具有强烈的分裂能力。根据细胞组织学的特征，可把苗端划分为原套、原始原体细胞、周缘区、肋状分生组织和中央区。

1. 原套

胚期原套为一层细胞，出苗后由临近原套的原体细胞进行平周分裂及斜分裂而产生第二层原套。二层原套细胞排列整齐，处于中央位置上的细胞，染色较浅，为原套的原始细胞。它主要行垂直分裂（偶有少数平周分裂）形成衍生细胞。总之，原套细胞只能扩张苗端的表面积，不能增加苗端的体积。

2. 原始原体细胞

位于原套之内的数层排列不规则的细胞，称为原体。正对原套原始细胞之下的原体细胞，为原始原体细胞，能进行各种方向的分裂。

3. 周缘区

由苗端最顶部的原分生组织通过几次细胞分裂衍生为周缘区和肋状分生组织。周缘区位于外侧周围，细胞质染色较深，核仁较大，有丝分裂频率高，在一定位置上的细胞分裂更活跃，形成细胞突起，即是叶原基。

4. 肋状分生组织

肋状分生组织的细胞通常比周缘区细胞为液泡化，但也能进行活跃的有丝分裂。以横向分裂为主，也有纵向分裂，将来进一步分化为基本分生组织和原形成层。

5. 中央区

向日葵的营养苗端在原体与周缘区之间有一个中央区，中央区细胞染色浅，细胞核大，DNA合成很少，呈孚尔根弱反应。这些细胞在过渡到生殖生长以前，一直是静止的，待到生殖生长开始，中央区细胞才出现活跃的有丝分裂。

（二）伸长区

茎的伸长区要比根的伸长区长得多，它包括几个节和节间。伸长区的细胞特点是迅速伸长，但细胞的分裂能力却逐渐降低。在外观上是茎节间的生长速度加快。它的内部结构由原表皮、原形成层和基本分生组织3种初生分生组织组成。

原表皮位于最外面的一层细胞，排列整齐，行垂周分裂，因此不增加细胞层数。基本分生组织分布在原表皮以内，直到中央部分，包围着原形成层。原形成层细胞排列紧密，呈细长形束状，常进行纵向分裂。

二、茎的结构

向日葵茎的结构也和一般双子叶植物茎一样，分为初生结构与次生结构两种。

（一）茎的初生结构

选取苗期幼嫩的茎，从成熟区做切片观察，可以看到表皮、皮层、维管柱和髓（中柱）4个部分（图5-4，图5-5）。

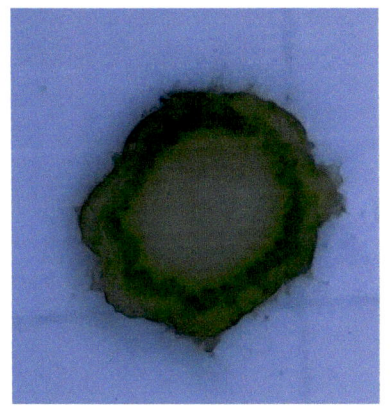
图 5-4　向日葵幼茎横切
Fig. 5-4 Sunflower young stem crosscut

图 5-5　向日葵幼茎纵切
Fig. 5-5 Sunflower young stem cut lengthwise

1. 表皮层

表皮层为单层活细胞组成。有些品种幼茎表皮细胞的液泡，含有花青素，因此显出红、紫、紫红等颜色。在横切面上表皮细胞呈长方形，在纵切面上为方形。因此，向日葵茎的表皮细胞为长方形，它的长径与茎的纵轴平行。暴露在空气中的切向壁比其他壁厚，而且具角质膜。表皮上有气孔和表皮毛，构成茎的初生保护组织。这种结构特点，既能防止水分过度散失，又能透光通气，有利于幼茎同化组织进行光合作用。表皮细胞在原表皮时进行垂周分裂，以适应茎的增粗。

2. 皮层

皮层位于表皮和维管柱之间，在皮层中包含有多种组织。靠近表皮有几层厚角组织，加强茎的支持作用。其他大部分是薄壁细胞，含有叶绿体。绕茎有一列分泌道。皮层的最内一层细胞为内皮层，此层细胞含有淀粉粒，又称淀粉鞘。

3. 维管柱

位于皮层以内，包括维管束、髓和髓射线三部分组成。

（1）维管束是由初生木质部和初生韧皮部共同组成的束状结构。从幼茎的横切面观，维管束的细胞较小，排列紧密、整齐，呈椭圆形。维管束相互之间以一定距离排列成一环。各维管束彼此交织贯通,构成植物体内的输导系统。维管束的近轴面是初生木质部,其远轴面为初生韧皮部,在初生木质部和初生韧皮部之间,保留一层原形成层细胞(未来的束内形成层),共同组成了外韧维管束。

初生木质部:主要是由环纹、螺纹导管和薄壁细胞组成。初生木质部的分化顺序为离心方向,称内始式。无木射线和木纤维的分化。初生木质部是输导水分和矿质营养并兼支持作用的组织。

初生韧皮部:是输导光合产物的组织。主要由筛管、伴胞和韧皮纤维束组成。筛管是由许多生活的管状细胞(筛管分子)纵向连接而成。筛管分子的端壁称为筛板,筛板上有许多小孔,称筛孔。筛孔中有原生质丝通过,使所有筛管分子之间相互连接,以承担光合产物的运输。每个筛管分子旁伴生一个纵向伸长两端尖削的薄壁细胞,具有浓厚的细胞质和较大的细胞核。它与筛管分子是由同一个母细胞分裂产生,所以总是与筛管分子相伴存在,故称伴胞。伴胞与筛管分子相邻的壁上存在着纹孔和胞间连丝互相贯通,有些伴胞的壁还能向筛管内生长,表明在完成对光合产物的运输中,筛管与伴胞之间相互协调。

韧皮纤维:在初生韧皮部横切面的外侧,有集中成束的细胞团,即为韧皮纤维。由于韧皮纤维位于每个维管束的外端,横切面形如"帽"状,故称维管束冠,也具有支持作用。维管形成层存在于初生木质部与初生韧皮部之间,它是由原形成层细胞衍生而来,对向日葵茎的继续生长起重要作用。

(2)髓和髓射线位于幼茎中央,完全由薄壁组织组成,这些薄壁细胞称为髓,具贮藏作用,细胞含有晶体。髓射线构成髓的薄壁组织也向维管束之间延伸,起径向运输的作用。髓射线的横切面以髓为中心向四周放射,在位于束中形成层同一圆周上的射线细胞,可恢复分生能力,构成束间形成层。

(二)茎的次生生长和次生结构

向日葵茎在初生生长的基础上,由维管形成层的活动进行次生生长和产生次生结构。由束中形成层和束间形成层共同构成连续环带状的维管形成层。形成层主要进行平周分裂,一个细胞分裂成2个子细胞,其中一个子细胞或者向外分化出韧皮部母细胞,或者向内分化出木质母细胞,而另一个子细胞仍然保留为形成层细胞,这是形成层细胞进行分裂、分化形成维管束的次生组织的主要活动。形成层本来是一层细胞,但在茎的横切面上可以见到多层相似的扁平细胞,这是因为形成层分裂出来的子细胞正处分化过程中,尚没完全变成木质部或韧皮部的细胞。

由于维管形成层向内不断分化出木质部细胞,使茎不断加粗,形成层环也随着向外推移扩展。形成层的纺锤原始细胞除平周分裂外,还要进行径向垂周分裂和斜向垂周分裂,而分裂出来的两个子细胞的顶端相互侵入生长,逐渐形成内外并列的细胞状态,从而使形成层的圆周扩大。

次生木质部主要由网纹或孔纹导管、木质薄壁细胞和木纤维组成。次生韧皮部包括筛管、伴胞、韧皮薄壁细胞和韧皮纤维。当次生韧皮部形成以后，初生韧皮部被挤破，输导光合产物的作用则由次生韧皮部来完成。

由于束间形成层细胞能渐次分化出新的次生维管束，它们处于原来维管束之间。从茎的横切面来看，除有狭窄的次生髓射线以外，次生木质部几乎连成完整一圈。茎的次生维管束没有由纤维束构成的维管束冠。

向日葵进入终花期时，接近地面的老茎开始变成褐色，从解剖构造看，从外向内有几层细胞的细胞壁木栓化，在表皮层下面形成周皮（次生保护组织），有代替表皮的作用。

髓：向日葵的秆是具有髓的径，髓部约占向日葵秆体积的3/4，老茎的髓细胞大部分死亡，出现细胞间隙，其中充满空气，所以髓部呈现白色。向日葵结构特殊（图5-6），光学显微镜观察到一类向日葵髓的形态主要有两种孔形（图5-6A），即在一个近似圆形的中心区域，孔形多为形状较规则但大小不一的六边形。而在中心区域的外围，则是沿径由内向外逐渐伸长的六边形（图5-6B），直到最外层近似长方形管（图5-6C），整体呈辐射状有序分布。在纵切面上，无论是弦切面还是径切面，孔形也以六边形为主（图5-6D），其六边形沿向日葵茎的轴向重叠成列，且每个六边形的上下底边基本平行并垂直于轴向，列与列之间相互交错。孔的纵向高度和弦切面上的宽度则基本不变。

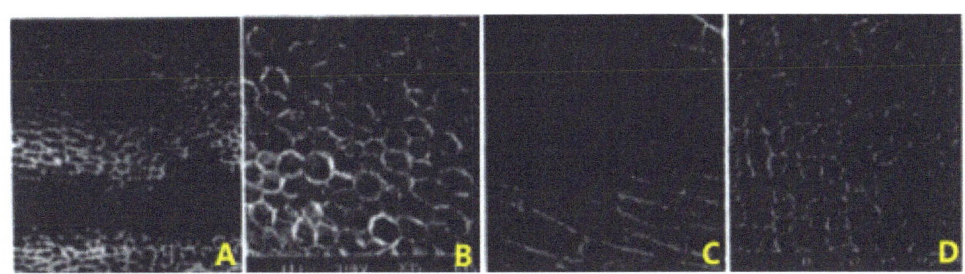

图 5-6　向日葵髓的扫描电镜照片
Fig. 5-6　Sem images of the sunflower pith

第三节　向日葵的叶

向日葵属于双子叶植物，出苗10 d左右长出真叶。最初长出的3～4对真叶对生，为短柄叶，往上叶则呈螺旋状排列，为长柄叶。叶片大，多为心脏形，也有卵圆形和披针形的，叶缘有缺刻或呈锯齿形，叶面密生刺毛。叶面和叶柄有一层很薄的蜡质层。叶片数随品种特性与栽培条件而变化。早熟品种25～32片，晚熟品种33～40片。叶片数与株高、生育期呈正相关。不同叶位的叶片对产量的贡献有显著的差异。中部叶片输往籽实的有机物质最多，达总量的52%以上，上部叶片供给籽实约30%，下部叶供给 5% 左右。

一、向日葵叶的形态

向日葵的叶片多呈心形，品种不同略有差异。叶端尖锐，叶缘呈锯齿状。叶两面及叶柄上都有短毛，叶面上覆有一层蜡质，可减少水分蒸腾，对防止病菌侵染有重要作用。不同部位的叶片大小不同，植株中部叶片较宽大，上部和下部叶片较小。籽实产量的 98% 是依赖叶片制造的。下部的 6～8 片叶在开花前进行光合作用，发挥制造养分的功能，到开花时它的功能基本结束。

向日葵的叶片较大，着生植株中部的叶片更大，可达 40 cm 以上。叶片呈阔卵形，先端急尖，叶缘具粗锯齿或牙齿状。叶基心形，从叶基分出 3 条中脉。叶表面被有各种表皮毛，偶有叶片光洁无毛，生长时期的叶柄呈淡黄绿色或绿色，近轴面有沟壑，远轴面为圆形。向日葵从顶芽出现直到 1 cm 高时，这一时期的叶柄几乎垂直向上生长。随着叶柄的不断伸长，叶柄开始向外弯曲，不同品种叶柄与茎常构成相对固定的夹角。待到成熟时期，大部分叶片均呈下垂状。

头状花序的背面覆以数层总苞片（苞叶），它除有保护花序的作用外，也有叶的功能。外层苞叶为阔卵形，内层渐狭，全缘，基部圆形，先端具尾尖。远轴面的表皮细胞生有多种表皮毛和腺毛。苞叶的内部构造为维管束散生，叶肉细胞无栅栏组织与海绵组织的分化。在苞片的远轴面有 5～6 层绿色薄壁细胞，胞间隙不明显，具有较多的分泌道。向内由多层薄壁细胞排列成串，相互交织成间隙很大的网，构成气腔，贮存大量空气（图 5-7）。

图 5-7　向日葵苞叶
Fig. 5-7 Sunflower bracts

二、幼叶的构造

向日葵叶片具有明显的背腹面之区别，叶子的上表面色深，下表面色浅，内部构造也有差异。整个叶片的结构可分成表皮、叶肉和叶脉三部分（图 5-8）。

表皮包被着整个叶的表面，起保护作用。向日葵的表皮只有一层，由几种不同特征和功能的细胞层组成。其中以表皮细胞为主要成分，其他类型的细胞均分散于表皮细胞之间，表皮细胞横切面呈扁平状，含少量的细胞质，液泡很大。细胞整齐，外形规则，呈长方形，外壁较厚，并角质化。在胞壁的外表面沉积一层明显的角质膜，以增强不透水性和减少水分蒸腾，对加强机械支持和防止病菌侵染也有重要作用。纵向为凸凹交错、彼此镶嵌、紧密排列、无叶绿体的细胞团。

角质膜具有复杂的结构，它包括了外层的角质和蜡质所组成的角质层，以及里层的角质和纤维素组成的角化层。在上、下表皮上有许多气孔。据观察，上表皮每平方厘米有 8.5×10^3 个气孔，下表皮上每平方厘米有 1.56×10^4 个气孔。植株上部叶片的气孔数目较下层叶片气孔多。气孔在叶表面的分布相对比较均匀，这种气孔均匀分布的现象称为位置效应。向日葵的气孔无保卫细胞，属原始的毛茛科型。它仅由两个肾形的细胞构成，含有叶绿体，其外壁、内壁和径向壁构成三角形加厚，可使其形状改变，致使气孔开放或关闭，从而调节气体的出入和水分的蒸腾。

图 5-8　向日葵的幼叶
Fig. 5-8　Young leaves of sunflower

向日葵叶的表皮上还有丝状毛、腺毛和刺毛，它们具有保护和防止水分丧失的作用，3 种毛在叶表上呈不均匀的混生状态。叶肉细胞是进行光合作用的主要场所。叶肉细胞可分成上部的栅栏组织和下部的海绵组织。栅栏组织细胞是长筒形有棱的薄壁细胞，呈栅栏状排列。位于上表皮的每个气孔下面均有明显的长柱状的气孔下室，与海绵组织相连通。这种结构特点，更有利于叶肉组织的气体贮藏和交换。在栅栏组织中，有 3 至十几个与栅栏细胞等长的大型细胞，常位于表皮毛之下，内含退化的微小的叶绿体，它是具有贮水功能的贮水组织。这种特殊结构，与向日葵叶片两面都具有气孔，蒸腾水分较多相适应。特别在干旱季节，由于贮水组织的存在，有利于体内水分的调节。

海绵组织是位于栅栏组织与下表皮之间的薄壁组织。细胞的形状、大小常不规则，并有突出的短壁交织如网，胞间隙很大，含叶绿体较少。主要功能是适应叶肉细胞的气体交换，光合作用远不及栅栏组织。

向日葵叶的三出中脉的内部结构基本相同，各有一个较大的维管束，但无维管束鞘。在其两侧，各有 3～4 个小维管束。木质部位于上方，韧皮部位于下方，在较大的维管束中可见到束内形成层。在中脉和较大的侧脉部位的上、下表皮处，还有几层厚角组织和分泌道，它们兼有疏导和支持的作用。

叶脉越分越细，其中结构也越趋简化。一般在比较小的维管束周围，由非绿色薄壁细胞围成维管束鞘。从叶的横切面上可见到每隔几个维管束就有一个结构更简单的小维管束。小维管束外围的维管束鞘向上下延伸，直至上、下表皮，从而将整个叶片的叶肉组织分隔成若干区段。

向日葵叶柄的外面由单层表皮细胞所包被，它具有普通表皮组织的一切特征，也生有表皮毛和气孔。表皮向内有若干层厚角组织，起机械支持作用，以增加叶柄的韧性与弹性。厚角组织向内大都由薄壁组织组成。薄壁组织细胞呈长柱形，其长轴与叶柄的长轴相平行，并含有叶绿体。

在薄壁组织里有3个大型维管束，每个大型维管束的周围又有几个小型维管束，构成3组，排成弧形。叶片中维管束的构造与茎中维管束相同，但其木质部在上方，而韧皮部在下方。在大型维管束中也有形成层的结构，但其活动时间很短。

由于小维管束在叶柄里进行合并或分离，使维管束的数目在叶柄的不同部位有所变化，形成了叶柄的复杂构造。例如，在叶柄基部呈马蹄形的横切面上，具有三大独立的维管束和两个小维管束，整个排列成一弧形，在下方有一列分泌道。而位于叶片基部的叶柄横切面则略呈圆形，近轴面有沟槽。在3个大型维管束周围有些小维管束，亦分成三组，但整个由弧形变成了半环形。成熟叶片中贮水细胞的数目并不随叶面积的增大而增加，有些贮水细胞伴随叶片的老化而破碎解体。

三、向日葵叶片的着生方式

叶是进行光合作用、制造有机物质的主要器官。两片子叶中贮藏着大量养分，供幼芽生长需要，展开后能进行光合作用制造养分。待真叶长出后，子叶逐渐枯萎脱落。不同类型的品种，真叶的数目和大小都不同。早熟品种叶片少，一般25～32片。晚熟的食用向日葵品种叶片多，有的40片以上。花蕾形成时，叶片数已固定。有的植株在花盘背面长出2～3片无柄小叶。植株下部3～4对叶片对生，往上则呈螺旋状或互生排列。

植株中部的叶片大，光合作用能力强，籽实产量的50%是靠中部叶片提供营养物质的。上部叶片虽小，但距离花盘近，能提供籽实产量30%所需的营养物质。叶片的作用在很大程度上决定着籽实产量的高低。而叶片数目多少、叶面积大小主要取决于品种特性、种植密度和生育期间水肥供应状况。所以要选用优良品种，调整群体结构，加强田间管理，才能获得较大的光合面积和较高的产量。

一般早熟杂交种在开花期的叶面积为每亩（1亩≈667m^2）1 700～2 300 m^2，其叶面积系数（叶面积与土地面积之比）为2.5～3.5。向日葵的叶片有强烈的向阳习性，随着太阳照射的方向而转动。在叶子两面密布着无数的气孔，且背面多于正面（正面120～175个/mm^2、背面175～325个/mm^2），均多于玉米（52～68个/mm^2）和小麦（14～33个/mm^2），这些气孔主要起气体交换和水分蒸腾作用。当土壤水分缺乏时气孔关闭，防止水分散失，增加抗旱性；当土壤水分过多时气孔开放，通过蒸腾排出大量水分，增强植株耐涝性。气孔还能接受空气中的水分和养分，这就为根外追肥提供了方便。但气孔也有它不利的一面，锈菌孢子会连同空气中的水分，同时进入气孔并开始活动，侵染向日葵营养体。

第四节　向日葵的花

当向日葵长出 8～10 片真叶时，花序（花盘）开始分化。此时若气温适宜，水肥供应充足，花盘孕育的小花数就多，将来形成的花盘就会大些。一般向日葵出苗后 35～40 d 形成花盘，花盘形成后 20～30 d 开花。

一、向日葵的花序和花的组成与类型

向日葵的花序为头状花序、无梗，集生于顶部的总花托，形成一个头状体，即花盘。向日葵花盘直径随茎粗的增大而增大，二者有明显的相关性（相关度 r=0.536 1）。花盘直径一般为 10～40 cm，某些杂交种可达 75 cm。在花盘的外缘有 2～4 层大小不等的绿色叶状总苞片。总苞片内缘着生 1～3 轮两侧对称的舌状花，又称为边花，花冠向外反卷，一般有 1～3 行，常见的有浅黄、橙黄、紫红等色，花瓣长约 6 cm，宽约 2 cm，属无性花。舌状花不结实，但其鲜艳的花冠有吸引昆虫传粉的作用。花盘的上面，具有许多蜂窝状的"小巢"，其内着生有管状花。管状花的构成包括：1 个三齿状的鳞片、2 个退化的萼片、5 个雄蕊和 1 个雌蕊（图 5-9）。管状花在花盘上一般按双螺线排列，花托上一般有 700～3 000 朵管状花（图 5-10）。

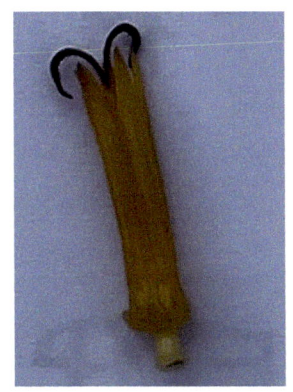

图 5-9　向日葵的雌蕊　　　　图 5-10　向日葵管状花的分布规律
Fig. 5-9　Pistil of sunflower　　Fig. 5-10　Distribution of tubular flowers in sunflower

管状花从花盘外缘向心地以螺旋形式排列。每朵管状花的基部有一枚三齿裂的苞片，花萼退化，呈二枚膜质鳞片状物，早落。花冠黄绿色，联合，先端 6 齿裂。花冠管基部呈环形加厚，内藏蜜腺。雄蕊 5 枚，花丝贴生于花冠管基部，为聚药雄蕊。每个雄蕊顶端药隔延伸成舌状物，花粉成熟时，花药向内开裂，散出花粉。雌蕊由两个心皮组成，一室一枚，倒生胚珠，子房下位，柱头二裂。

二、向日葵管状花的分布规律

向日葵管状花的开花顺序是由外缘向盘心逐渐开放。管状花第 1 天开 1～2 轮，以后每天开 3～5 轮，逐达花盘中心，整个花盘开花时间多为 7～10 d。管状花凌晨开放，花冠破裂，花丝生长加快，后散粉，以后雌蕊伸出花粉管，柱头张开两裂呈羽状，接受花粉。花粉落到柱头上，通常在数分钟后发芽，完成授粉。授粉后的柱头很快萎蔫。

向日葵花序中央的管状花和种子从圆心向外，每一圈的数量就是 1，2，3，5，8，13，21，34，55，89，144……按照斐波那契数列的规律排列，即后一数字为前面两个数字之和。如此排列的目的是尽可能地繁育更多的后代，因为每一株向日葵需要尽可能多的结出种子，而向日葵这种排列方式是种子在同等面积中能容纳数量最多的方式。

斐波那契数列的发明者，是意大利数学家列昂纳多·斐波那契（Leonardo Fibonacci）。斐波那契数列中的斐波那契数经常出现在我们的眼前——如松果、凤梨、树叶的排列、某些花朵的花瓣数（典型的如向日葵花瓣）、蜂巢、星系、鹦鹉螺、罗马甘蓝……

向日葵属于异花授粉作物，具有孢子体不亲和性，花色丰富。花粉富含凝集素，属于典型的虫媒花。但是向日葵的这种不亲和性并非完全绝对化，自花授粉后常可获得种子。花盘上籽粒分 3 个区域，分别是中心区域、中间区域、边缘区域，中心区域籽粒排列紧实不规律且多干瘪。中间区域和边缘区域籽粒均按螺旋叶序模型排列。这种排布使籽粒在花盘上排布最多且紧密，保证花盘的结构稳定，但不利于花盘脱粒。

三、向日葵花芽的分化

向日葵在 4 对真叶后，营养苗端的半球形的生长点开始体积增大，尤其基部更加明显地向周围扩展，使半球状体变为扁圆形，叶原基停止分化。待植株长出 11～12 片真叶时，花序的第 1、2、3 轮总苞叶原基相继出现。当第一轮总苞叶覆盖住苗端顶部时，其生长点由扁圆形延展成圆盘状碟形的花盘。接着，小花原基开始连续地在花盘边缘出现。向日葵管状花原基在分化成花时，一般要经历以下 4 个发育阶段。

1. 花冠形成阶段

在萼片原基分化发育到一定阶段，会在萼片原基的内侧底部有突起分化形成，此为花瓣原基。花原基边缘长出 5 个小突起，接着由于居间生长而继续向上伸出管状花花冠原基，此时，整个花原基呈杯状体形（图 5-11，图 5-12）。

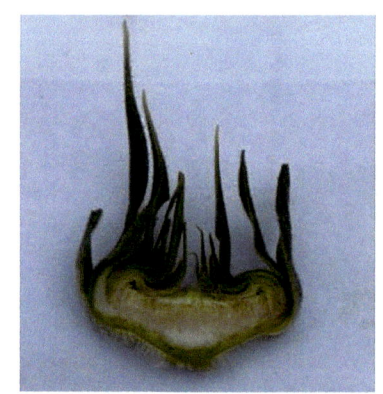

图 5-11　向日葵花冠横切
Fig. 5-11　Sunflower corolla crosscut

图 5-12 向日葵花的发育过程

Fig. 5-12 The development of sunflower flowers

2. 雄蕊、花萼形成阶段

位于花冠原基的凹腔中突出 5 个雄蕊原基。同时，在花冠原基的外侧又长出 2 枚花萼原基。在花冠原基的中央产生雌蕊原基突起：其顶端纵裂为二，成为将来的二裂柱头。

3. 花药、胚珠形成阶段

雌雄蕊继续分化，雌蕊的子房开始膨大，于基底处着生一枚胚珠。雄蕊的花药和花粉也逐渐形成。这时，花萼、花冠继续伸长，整个向日葵的管状花分化发育完成，成为待放的花蕾。

四、向日葵花药的发育及其结构

花药发育的最初阶段，从横切面看，最外面一层是表皮，里面是一群分裂活跃的细胞，位于花药的四角处，紧贴表皮的内方各自分裂出一纵列孢原细胞，细胞质比较浓厚，核较大，具有分裂能力（图 5-13）。

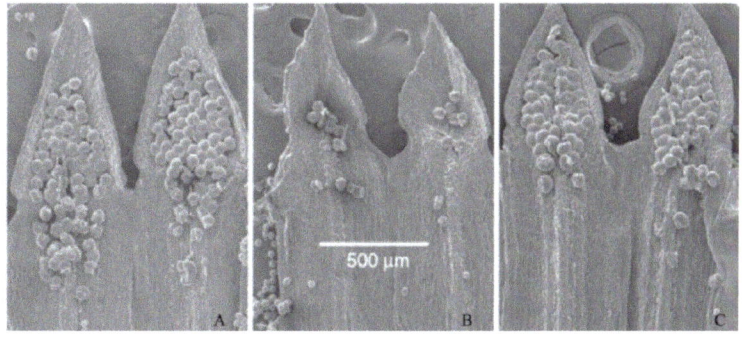

图 5-13 向日葵小花花药顶部扫描电镜纵切展开图（×45）（A,B. 不同自交；C. 野生种）

Fig. 5-13 Scanning electron micrographs（×45）of anther tips which were cut longitudinally and unfurled on sunflower florets（from Prasifka,2016）（A,B.Inbred lines;C.Wild sunflower）

之后孢原细胞进行一次平周分裂，分别形成了外侧的初生壁细胞和内侧的初生造孢细胞，其余部分逐渐分化产生药隔和维管束。初生壁细胞继续平周分裂，向内向外逐渐形成药室内壁、中层、绒毡层，与表皮一起组成花粉囊壁。中层与绒毡层并不围绕整个花药，它们仅限于围绕并构成4个花粉囊。每个药室的内壁为一层细胞。这层细胞贮藏大量的营养物质，待花药接近成熟时，此层细胞径向伸长，而且细胞壁除了与表皮相邻的一面外，其余各面均发生纵向条纹次生加厚，并木质化，故此层细胞又称为纤维层。开花时，由于细胞水分减少，液泡内的细胞液的内聚力增加，使细胞的径向壁产生拉力，纵向条纹加厚的外侧壁是应力集中点，也是抗拉力的薄弱处。直到细胞的原生质消失，细胞进一步失水后，花粉囊的连接处纵向裂开，花粉粒散出。

小孢子母细胞时期，细胞体积较大，细胞质浓厚，液泡少而小，RNA和蛋白质合成旺盛。绒毡层细胞核的分裂，按正常有丝分裂方式进行，但不形成细胞板，因此出现双核或多核细胞。到小孢子母细胞进行减数分裂的前期，绒毡层细胞变为扁平，渐渐分离，细胞质出现液泡，核出现解体现象。在小孢子四分体时期，绒毡层尚处原位，到小孢子彼此分离后不久，绒毡层细胞发生内壁和径向壁的破坏，原生质体突出，相互融合在一起，形成多核的原生质团，进入正在发育的小孢子之间，称为"周缘质团"。到雄配子体的早期，绒毡层周缘质团已被发育的花粉粒吸收殆尽。花药的壁随着花粉粒的成熟而变化，最后只剩下纤维层和残缺不全的表皮。

1. 小孢子的形成

初生造孢细胞可以从各个方向进行分裂或者增大，直接作用成小孢子母细胞（花粉母细胞），每个有功能的小孢子母细胞经过减数分裂和胞质分裂，产生4个子细胞（小孢子），每个子细胞的染色体减半（单倍体），小孢子先是集合在一起，称四分体。此后四分体中的细胞各自分离，形成4个单核的花粉粒。

由小孢子母细胞生成的4个小孢子细胞，在排列上常随着产生方式的不同而不同，向日葵没有二分体阶段。第一次分裂后不立即形成新细胞壁，仅在形成四分体时同时产生细胞壁。因为新细胞壁并不相互垂直，所以四分体的4个细胞成四面体。各个四分体小孢子由胼胝质壁隔开，而这些壁是由围绕整个四分体的胼胝质连接在一起。

2. 花粉粒的形成和发育

刚形成的单核花粉粒从解体的绒毡层细胞吸取营养，不断长大。单核花粉粒的核进行DNA复制和不均等的有丝分裂，形成两个细胞，一个是营养细胞，另一个是生殖细胞。生殖细胞形成后不久，当花粉粒成熟前生殖细胞进行DNA复制，再进行一次有丝分裂，形成2个蠕虫形的精子。因此，向日葵的成熟花粉粒，具有一个营养细胞和两个精细胞，内壁较薄，具有弹性。外壁有圆锥状纹饰，主要成分是纤维素和孢粉素，此外还有类胡萝卜素、脂类等，故花粉粒显黄色。传粉后，与柱头毛上的蛋白质相互识别产生"接受与拒绝"的过程是孢子体起源。内壁蛋白质是由花粉粒本身制造的，具有各种水解酶类，是配子体起源。向日葵花粉的正常生活力维持2～3 d，10 d以后丧失生活力。

3. 花粉败育和雄性不育

花粉的正常发育是实现受精和结实的前提。由于某些因素的影响，导致花粉败育或者雄蕊发育不正常，但雌蕊的发育正常。这种植物可称为雄性不育系（A）。花粉败育能使作物减产，但同时又可采用雄性不育来达到杂种优势利用的一个重要条件。

五、向日葵雌蕊的发育及其结构

1. 雌蕊的结构

向日葵的雌蕊是由子房、花柱、柱头三部分构成。在子房的基底上着生一个倒生胚珠。从花柱的横切面上可以看出，它有表皮、皮层和存在于中央部分的引导组织。引导组织细胞呈梭形，细胞壁薄，含有丰富的细胞质及细胞器。二裂柱头的近轴面的表皮上有很多羽裂的表皮毛，传粉时，柱头上的分泌道分泌黏液。

2. 胚珠

受精前的胚珠包含珠心、单珠被、珠孔和珠柄。向日葵的胚珠，其珠心在发育的早期解体，珠被的最内层分化为特殊的形态，称珠被绒毡层。此层细胞常纵向延长并富含细胞质，常为双核或多核。珠被绒毡层几乎包围着胚囊，它的功能也与花药绒毡层相似。

3. 胚囊的发育

珠被形成前，珠心是个丘状突起，由一团褶似的薄壁组织构成。靠近珠孔端的表皮下有一个缀胞，体积大、核显著，细胞质浓厚，称为孢原细胞。当珠被伸长、胚珠发生倒转时，孢原细胞直接长大成为胚囊母细胞（大孢子母细胞），胚囊母细胞被一层珠心所包围，称薄珠心类型。胚囊母细胞进行减数分裂形成四分体，每个子细胞的染色体减半（单倍体），四分体的4个细胞排成纵行，靠近珠孔端的3个细胞和一层珠心细胞渐渐萎缩、退化，只剩下合点端的一个细胞成为功能大孢子，由它继续发育成胚囊，称为单核胚囊。

胚囊的发育，要从珠心和萎缩不育的3个细胞中吸收营养，体积渐渐增大，同时出现液泡。经过3次有丝分裂，第一次分裂形成2个子核，排列于胚囊的两端，胚囊的中央为大液泡所占据。随着胚囊的长大，又进行了两次分裂，形成8个核，胚囊两端各有1个核，胚囊接近成熟时，两端各有1个核向胚囊中央集中，互相靠近，这种胚囊形成过程称为正常型。

4. 胚囊的结构

向日葵的胚囊（雌配子体）由6个细胞组成。包括珠孔端的1个卵细胞，2个助细胞，在两个合点端的2个反足细胞，以及细胞之间最大的次生核形成的中央细胞。

卵细胞是一个高度极化的细胞。成熟的卵细胞形态近似于洋梨状，略高出2个助细胞。核处于偏心位置，而细胞质的主要部分是朝向合点端，位于珠孔端有几个小液泡。卵核在受精前呈孚尔根弱反应，仅在轮廓周围可以看到很淡的玫瑰红色的 DNA 反应，说明卵细胞在受精前代谢合成活动比较弱，处于受精前的准备时期。

卵细胞在珠孔端的区域有壁，合点端可能缺少细胞壁。位于珠孔端有助细胞 2 个，形似长茄形，紧靠在卵细胞的两侧，与卵细胞呈"品"字形排列，共同构成"卵器"。助细胞的上部有呈楔形的丝状器的结构，它是珠孔端细胞壁的延伸物。核的位置偏向珠孔端，液泡偏向合点端。助细胞的壁从珠孔端至合点端逐渐变薄，2 个助细胞形成管状突起伸入珠孔的部位，成为助细胞吸器。向日葵的一个助细胞在花粉管进入时退化，另一个助细胞到心型胚期仍然存在。

向日葵胚囊中有 3 个反足细胞核，但只形成 2 个反足细胞。初形成时在靠近合点端的反足细胞是单核，另一个反足细胞是双核。反足细胞核均呈孚尔根强反应，随着核的数目增加，每个细胞有多个核。受精后，反足细胞核变小，当胚及胚乳形成时，反足细胞被压缩，细胞的轮廓显现不清楚，反足细胞核向合点处伸展形成管状吸器，向胚囊内注入营养。

胚囊中的两个极核，很快融合成为一个双倍体的次生核，核仁极为明显，是胚囊中最大的核。次生核处于高度液泡化的中央细胞中，常常被细胞质索悬挂于紧邻的卵细胞之上。发育成熟的向日葵胚囊两端延伸物均超出珠被绒毡层，并与珠被细胞相接触。

第五节 向日葵的果实

向日葵的果实是带有坚硬外壳的瘦果（俗称籽实或种子）。其皮壳是由表皮、木栓组织和厚壁组织构成。大部分油用型向日葵种皮壳的木栓组织与厚壁组织之间有一层硬壳层，是由 70% 的碳组成的，也叫碳素层，可以防止向日葵螟的为害。向日葵品种有无硬壳层是其能否抗向日葵螟的一项标志。食用型向日葵品种多数没有硬壳层，所以不抗向日葵螟。

果实的大小、形状、色泽等因品种而不同。食用型向日葵品种籽粒肥大，长 1.5～2.3 cm，皮壳较厚，籽仁常不饱满。油用型向日葵品种籽粒较小，长 0.8～1.2 cm，皮壳薄、籽仁饱满。同一花盘上的种子大小和形状也有差异，外圈种子粒大皮厚，中心的种子粒小皮薄，外圈与中心之间的种子大小均匀，具有本品种的典型特征。粒形有卵圆形、长锥形、圆柱形等多种形状。外形由宽到窄，宽头有小花脱落的痕迹，窄头有唇形的果孔。果孔周边呈疏松海绵状，吸收水分后膨胀开裂，促进种子萌发。向日葵的果实是由 2 个心皮所组成的连萼瘦果（子房下位，上位花），属于假果类型。参与形成果实的萼管部分，与心皮贴合十分完全，在果皮发育过程中，果皮与萼管之间无明显界限。向日葵的花部脱落痕，果实下端有果脐和唇形的果孔。果孔周边的果皮呈疏松海绵状，具有吸胀开裂促进种子萌发的作用。向日葵的瘦果由果皮、种皮和胚三部分组成（图 5-14）。

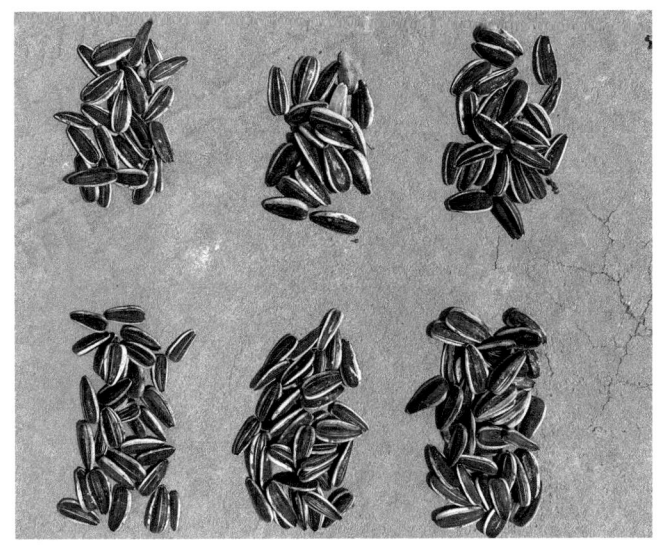

图 5-14　不同类型的食用型向日葵种子
Fig. 5-14　Different types of edible sunflower seeds

一、果皮和种皮

果皮颜色有白色、黑色、黑紫色、灰色、褐色、棕色等几种，或有黑色、灰色、白色、褐色相间的条纹，或有白色、灰白色、暗灰色的边缘。一般食用型向日葵品种的条纹明显，油用型向日葵品种无条纹或有不明显的条纹（图 5-15）。

图 5-15　不同颜色的向日葵种子
Fig. 5-15　Sunflower seeds of different colors

果皮是由雌蕊的子房壁发育而来。向日葵通常裂成 2 片的果皮，就是从两个腹缝线处裂开的两个心皮。

1. 成熟果皮

表皮层位于果皮的最外层，由一层细胞构成。细胞较小，壁稍厚，呈方形，排列紧密，无细胞间隙，多数含有黑色素。在表皮细胞与外界接触的一面，覆盖着一层薄层平滑、透明的角质膜，使水、气等均不易透过。有些表皮细胞稍高出于一般表皮细胞，称之为基细胞或生毛细胞。向日葵果实外被的角质膜和表皮毛主要起保护作用，当果实接近成熟时，部分表皮毛由于果实成熟的关系或机械原因而脱落。

表皮内层位于表皮的内侧，由5～8层细胞构成。细胞均呈径向排列、整齐，可见到明显的细胞核。此层细胞常受到其他组织细胞的挤压，使其中一些细胞有时出现萎缩现象，由于细胞变形造成细胞层次不清，甚至产生腔隙。对于有些品种，在此层细胞里还含有紫色花青苷色素，对决定果皮的颜色起一定作用。

色素层是一层无固定形状、排列不整齐的一块块黑色沉积物。果皮的3个不同层次是否具有色素和色素的分布情况，决定了瘦果的颜色。

木质化厚壁组织细胞层是指色素层之内的4～7层厚壁细胞。从果实的横切面看，细胞呈多角形，有明显的同心状次生壁加厚，并木质化，细胞壁有放射状分枝的单纹孔道，细胞的原生质体消失，留下很小的细胞腔。从果实的纵切面看，细胞呈长圆柱形，壁上具单纹孔。各细胞间有中层果胶质黏连。木质化厚壁细胞是死细胞，在果皮里起骨架作用，可增加果皮的硬度。

薄壁组织细胞层是指木质化厚壁细胞层内侧、表皮内层以外的若干层薄壁细胞，其中靠外面的数层细胞，个体较大，排列疏松，具细胞间隙。位于一行射线状排列的薄壁细胞之间的下方，共有24～26条维管束，其中生长在背缝线处的2个维管束最大。成熟的果实里，大部分的薄壁组织细胞层和内表皮层常因解体而观察不到。

2. 种皮

向日葵的种皮由1至几层活细胞和4～7条维管束组成。它由单珠被发育而来。

二、籽仁

向日葵的籽仁白色，表面有光泽，由两片子叶和一个胚构成。外包一层薄而透明的种皮，也称种膜。籽仁内含有丰富的油分和蛋白质，这两种成分为负相关，油分多的蛋白质少，油分少的蛋白质多。

1. 胚乳

受精后的初生胚乳核经分裂由核型胚乳发育为胚乳细胞，随着胚的发育，大部分胚乳细胞被吸收，仅留下一层紧贴种皮的胚乳。

2. 子叶

子叶两枚，肥厚，相互紧贴，生长于胚轴上，子叶细胞含有丰富的营养物质。子叶的干物质积累，主要是在胚开始发育的20 d内进行，而脂肪的积累在20～25 d内达到最大值。

子叶是由表皮、薄壁组织（贮藏组织）和维管束组成。表皮处于原表皮状态，经染色后可看到气孔保卫细胞的母细胞。其中薄壁组织细胞占整个子叶体积的大部分，它由柱形细胞组成，类似叶片中的栅栏组织。从纵切面看，类似叶肉中的海绵组织。整个薄壁组织均贮藏有营养物质——糊粉粒和脂肪。用孚尔根核反应法染色，可清楚地看到细胞核。原形成层细胞为长梭形，细胞的长轴与子叶的长轴相平行，核呈圆形或椭圆形，核仁很小。

3. 胚芽

位于子叶之间有两枚相互折叠的胚芽，其间呈平直状的是生长点，具有典型的原套、原体分层结构。胚期的原套为一层细胞，细胞呈长方形，排列整齐。原体细胞是位于原套下面的一团细胞。

4. 胚轴

胚轴是连接根与茎之间的纽带。位于胚轴的中央，有 6 个环状并呈等距离排列的原形成层束。

5. 胚根

成熟胚的胚根粗大，出现根冠原分生组织和初生分生组织。从根冠的纵切面看，初生分生组织已区分为原表皮、原皮层和原中柱。原中柱与皮层之间界限明显。

第六节　向日葵的生长发育阶段

向日葵生育期的长短因品种、播期、栽培条件和管理方法等因素的影响而有一定差异，一般为 85～120 d，生育期一般分为以下几个阶段。

一、种子萌发出土过程

种子发芽分吸胀、萌动和发芽 3 个阶段。种子播种后，在地温、湿度、空气等条件适宜的环境中，吸水萌动，发芽出苗。种子发芽最低温度是 3～6℃，当地温达到 8～10℃时，种子即可发芽。种子发芽时首先长出胚根，一般皮壳留在地下，子叶破土而出，当子叶由黄变绿展开后，达到 75%（穴播指穴数），即为出苗期。子叶初展开时呈微黄色，逐渐变成淡绿色。幼茎则呈现该品种固有的色泽——紫色、淡紫色、绿色等。

从播种到出苗经历的天数受环境条件影响，在高纬度、高海拔地区，播种期早、覆土厚、地温低、土壤水分少、土质黏重或盐分含量高等情况下出苗慢，反之出苗较快。其中地温的影响最大。

二、出苗至第 1 对真叶期

一般需要 5～10 d，向日葵出苗后两片子叶间显露出真叶嫩尖，此期根生长大于茎生长，苗高 3～5 cm，主根伸长 30～40 cm，主根伸长的速度比苗高增长的速度快得多（图 5-16，图 5-17）。

三、第一对真叶至现蕾期

确定了幼苗的根系和生长势，还分化大量叶原基及花原基。苗高 12～14 cm 时，第 3、第 4 对真叶展开。对生叶不再增加，单叶则呈现轮生排列。对生的 3～4 对叶片较小，主要功能是提供根系及幼苗生长所需的营养物质。整个苗期至花蕾期以营养生长为主（图 5-18）。

图 5-16　向日葵种子出苗阶段
Fig. 5-16　Sunflower seed emergence stage

图 5-17　向日葵第一对真叶期
Fig. 5-17　The first true leaf stage of sunflower

图 5-18　苗期植株叶形
Fig. 5-18　Leaf types of plant at seeding stage

四、现蕾至开花盛期

植株生长最快，占总高度的 55% 左右。这个阶段干物质形成最多，到开花中期，已形成全部干物质的 70%～80%。当田间 75% 的向日葵植株主茎出现直径 1 cm 左右花蕾时的日期为现蕾期（图 5-19）。从出苗到现蕾，春播品种需 35～50 d，夏播需 28～35 d。这一时期的长短与品种和栽培条件有关。此阶段是叶片、花原基形成和小花分化阶段。地上部生长迟缓，地下部根系生长较快，很快形成强大根系，是向日葵抗旱能力最强的阶段。现蕾前为营养生长，植株吸肥吸水能力强，有较强的抗旱能力。现蕾后植株开始快速生长。

茎颈部（花蕾下面一段茎秆）伸长将花蕾托出，高耸于茎颈之上。花盘逐渐长大，总苞包拢不住，从盘心由内向外逐渐外露，花盘边缘的管状花含苞待放，接着舌状花冠吐露，进入初花期。

从现蕾到开花需要 25～40 d，是营养生长和生殖生长并进时期，也是一生中最旺盛的生长阶段。需水肥量大，需水量占总需水量的 50% 左右；消耗养分占总需要量的 30% 左右。

图 5-19　向日葵现蕾期
Fig. 5-19　Sunflower bud stage

五、开花盛期至生理成熟期

一般需要 30 ~ 60 d，生长较为缓慢。当田间 75% 的向日葵植株舌状花完全展开的日期为开花期。花盘的开花次序是由外向内开放。舌状花先开，管状花后开。管状花开花的第 1 天只开 1 ~ 2 轮，之后每天开 3 ~ 5 轮，整个花盘开花时间为 8 ~ 10 d。第 2 ~ 5 天是盛花期，这 4 d 开花数量约占总开花数量的 75%。花一般在 4—6 时开放，翌日上午授粉、受精，未受精的枝头可保持 7 ~ 10 d 不凋萎。一个花盘上着生管状小花的数目，取决于品种特性和花盘分化形成期的环境条件。但是已经形成的小花能否正常授粉结实，则取决于现蕾开花期的环境条件。花期是决定结实率及籽实产量的关键时期。水肥环境好时花器发育正常，授粉良好，结实率高，空秕率低（图 5-20）。

图 5-20　向日葵开花期
Fig. 5-20　Flowering period of sunflower

向日葵自花授粉结实率极低，仅为 0.36% ~ 1.43%，接近于自花不育。异花授粉结实率高。但如果气温高、雨水多、湿度大、光照不足、土壤干旱等，结实率会大大降低。因此，调节播期，适时施肥、浇水，防治病虫害，以及采取放蜂或人工辅助授粉等措施，可提高结实率。

六、收获期

一般需要 10 d 左右。干物质增加缓慢，脂肪、蛋白质合成积累慢。籽实灌浆鼓粒，大量的碳水化合物向籽粒运转，油分形成、蛋白质和淀粉大量积累，此期决定其经济产量和品质。此时根系停止生长，茎叶定型，生长中心为种子。花盘在终花期后迅速增大，花盘直径与单株产量呈显著正相关，花盘大品种的产量高。

开花授粉后籽粒逐渐膨大，授粉第 6～12 天增长最快，油分、蛋白质、淀粉等干物质不断形成积累，直到生理成熟期籽实干重达到最大值，脂肪含量达到最高值，脂肪酸成分稳定时为止。皮壳颜色由浅而深，至授粉后第 15 天前后固定为该品种固有的粒色。

从开花到成熟需要 35～55 d，开花授粉后 15 d 左右，为籽粒形成阶段，籽粒由小变大。田间 90% 的植株舌状花全部干枯，茎秆、叶片和花盘背面变黄，籽粒充实，外壳坚硬，呈现固有的形状和色泽时，即为成熟期。如果生理成熟前遇高温天气，有催熟作用（图 5-21）。

图 5-21　陇葵杂 1 号成熟期

Fig. 5-21　Maturity period of Longkuiza No.1

第七节　向日葵的生长规律

一、茎的生长规律

株高的生长规律

不同类型的品种茎秆高度有很大差异，变幅 0.5～5 m。一般杂交种茎秆较矮、相对较细，高度为 1.0～2.5 m；常规品种的茎秆高大粗壮，一般为 1.8～3.0 m，有的超过 4.0 m，茎粗 1～10 cm。向日葵的理想高度一般为 1.6～1.8 m。茎秆的发育和高度受环境条件和密度的影响很大，土壤、水分、温度、养分和光照等因素都能影响茎秆高度。从现蕾到开花阶段，茎的生长速度最快，在 20 d 左右的时间里，生长高度占总高度的 55%；开花到成熟阶段生长缓慢，生长高度仅占茎秆高的 5%（图 5-22）。

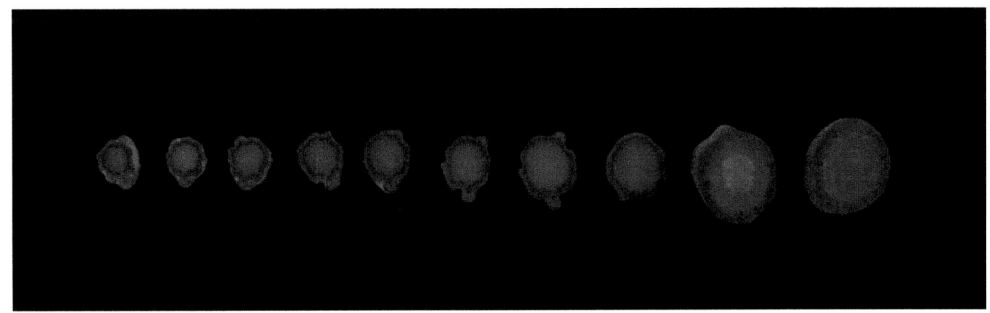

图 5-22　向日葵茎的发育
Fig. 5-22　Stem development of sunflower

向日葵开花后，由于大量的营养和水分运输到花盘，茎秆部分得不到足够的能源补充，到向日葵成熟后期花盘越来越重，茎秆的压力越大，会造成花盘基部发生折茎现象，此现象出现的早会对产量有一定的影响。

二、向日葵花盘生长及籽粒灌浆规律

向日葵花盘分化发育阶段是影响产量的关键时期。根据向日葵花盘发育特点，将花盘分化划分为 5 个发育阶段：生长锥未膨大阶段、生长锥膨大阶段、花盘原始体分化阶段、花分化阶段、雌雄蕊分化阶段，再根据外部形态以叶龄指数推断内部各阶段发育进程，加强水肥管理，促进产量的提高。通过解剖观察向日葵花盘分化比较早的，相当于叶期。花盘直径不同对籽粒产量、空壳率、种子发芽率等都有影响，花盘直径大的单株产量高、籽粒饱满度好、空壳率低。

向日葵和其他作物一样，干物质中 90%～95% 是光合产物，各生育时期干物质量的多少既反映了植株生育状况，又关系经济产量的高低。

三、向日葵叶的生长规律

向日葵的花序是顶生的，在现蕾期前，叶片为植株的生长中心。现蕾到开花阶段，植株生长迅速，茎、叶、花盘并进，但叶干重仍居最高，叶面积为最大，最大叶面积与最小叶面积相差 32 倍，至开花前底部叶片开始变黄，

叶面积缩小，叶干重比例均下降，生长全过程中，下部展开叶为上部新生器官提供光合产物。主要功能叶片层，现蕾期前后为第 13～20 叶，现蕾到开花阶段以及开花期，功能叶为 19～30 叶，位于中部偏上，叶面积最大，光合产物最多，对花盘的形成、发育有直接作用，是重要的功能叶层。灌浆阶段功能叶片为 17～22 叶，面积

较小;第35片叶开始叶片的生理寿命,为58.4 d;由36片叶生理寿命逐渐缩短。开花前,已枯死8片叶。开花后,第42片叶片的平均存活最长,为46 d;尤其往上及往下的存活时间依次缩短。向日葵叶片的出生速率平均为1.2 d。第1、第2对真叶及第6、第8片真叶出生间隔较长(表5-1)。

表5-1 不同油用型向日葵品种在甘肃省的农艺性状比较

Tab. 5-1 Comparison of agronomic characters of different oil sunflower varieties in Gansu Province

名称	生育期(d)	分枝株率(%)	不育株率(%)	株高(cm)	茎粗(cm)	叶数(片)	盘径(cm)	花盘形状	倒伏株率(%)	折茎株率(%)
NLY001	112	0	0	105.4	0.7	22	15.8	平	1	0
赤AY201	113	0	0	95.4	0.6	20	14.0	平	0	0
YK20-1	113	0	0	149.0	0.8	26	14.8	平	0	0
XKY2020	113	0	0	105.2	1.9	27	19.6	平	0	0
L428	113	0	0	156.4	1.4	27	20.6	平	0	0
LJ198	114	0	0	163.6	2.5	28	21.2	平	1	0
赤SY82	114	0	0	154.0	2.6	25	22.4	平	0	0
YK21-1	114	0	0	165.0	2.0	25	20.6	平	0	0
XKY2021	115	0	0	175.0	2.6	25	29.6	平	2	0
L430	113	0	0	166.2	1.9	29	21.6	平	0	10
NK206	117	0	0	159.2	2.2	30	21.2	平	0	0
S606	117	0	0	130.0	1.8	26	18.4	平	0	0
HZ011	109	0	0	169.0	3.8	25	25	平	1	0
LKZ18-1	109	0	0	197.1	2.9	27	23	平	0	0
YK18-1	110	0	0	205.0	3.6	30	24	平	0	0
YK18-2	110	0	0	180.2	3.4	19	22	平	0	0
XKY1606	110	0	0	111.0	3.6	20	23	平	0	0
XKY1612	109	0	0	143.0	3.3	19	28	平	0	0
LJ199	110	0	0	150.1	2.9	22	22	平	0	0
赤CY1122	109	0	0	185.1	3.2	28	22	平	0	0
赤CY1006	110	0	0	205.8	3.2	31	27	平	2	0
GK1708	110	0	0	109.2	3.1	24	22	平	0	0
九洋矮大头	110	0	0	116.0	2.9	25	23	平	0	0
九洋562	110	0	0	162.0	3.2	24	21	平	0	0

食用型向日葵三道眉品种 2 片子叶平均生理寿命为 22.5 d；从第 1 片真叶开始叶片的生理寿命依次增长，其余叶片的出生速率变化幅度不大。生育期中叶茎夹角在孕蕾期达到最大。其叶面积呈单峰曲线，最高峰在末花期。在叶面积的测定研究中都认为中上部叶面积占整株叶面积的比例较大，产量形成的大部分有机物是中上部叶片的光合产物提供的。其生育期的生长呈"慢—快—慢"的规律。花原基形成期到四分体期是营养生长和生殖生长并进的阶段，需要较大量营养供其生长。所以在花原基即将形成期，应该适量施肥、浇水，促进叶面积增大。另外还可以增加小花数。

向日葵幼苗期和下部叶形与成株中上部形明显的不同，随植株的生长叶片大小的变化也十分显著。一般幼苗（株高低于 20 cm）叶片均为卵形，叶长可达 13.5 cm，叶宽达 10.9 cm。之后随着植株的生长，叶形随叶片着生部位的不同而有所变化。成株叶形变化规律：第 1 组叶（约 10 片叶）均为卵形或椭圆形，叶端锐尖或渐尖，基部宽楔形；第 2 组叶（到 11～25 片叶）基本轮廓为心状卵形，叶端渐尖，叶基心形；第 3 组叶（约 26 片叶以后的叶片）全形为宽卵形或心形，叶端渐尖，叶基心形或楔形（图 5-23）。

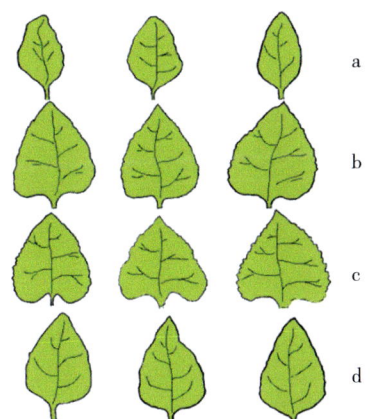

图 5-23　向日葵植株叶形随生育期变化示意
（a. 幼苗期植株叶形；b. 成株期上部叶形；c. 成株期中部叶形；d. 成株期下部叶形）
Fig. 5-23　Leaf types of plant at seeding stage
（a.leaf shape at seedling stage；b.upper leaf shape at adult stage；
c.middle leaf shape at adult stage；d.lower leaf shape at adult stage）

第六章 向日葵产量形成机理

第一节 向日葵产量构成

叶片、总苞叶和茎秆的嫩绿部分是制造营养物的器官。籽实产量中约有 94% 来自叶片，有 5% 来自苞叶，1% 来自茎的绿色部分。

一、不同部位的叶片对籽实产量的贡献

下部叶片主要为根系及幼苗生长提供养分，叶片较小，到开花前逐渐衰老或凋萎，制造养分的功能随即终止。中部叶片宽大，叶数多，光合产物多，主要提供茎秆、花盘和籽实生育所需要的养分，对植株生育和产量贡献极大。上部叶片着生的部位光合效率高，对籽实产量和脂肪积累的作用最大。

1. 苞叶对籽实产量的作用

苞叶着生在花盘的外围，个体虽小而为数众多，增大了光合作用的面积，提高了光合生产率。苞叶距小花最近，光合产物输往籽实的距离极短，在不同生长时期剪除苞叶对产量影响有所不同。剪除的时间越早则丧失光合作用的功能期越短，减产幅度越大。说明苞叶一开始即参与籽实的成长，剪除苞叶越多影响产量的程度越大。苞叶对产量的影响大体相当于茎秆下部 10 个叶片。品种类型不同，剪除苞叶后的减产趋势是一致的，但食用型向日葵花盘大，苞叶多，光合产物多，对产量的影响比油用型向日葵大（表 6-1）。

表 6-1　向日葵不同生长时期剪除全部苞叶对产量影响情况（黄绪堂，2015）
Tab. 6-1 Effect of removing all bracts of Sunflower at different growth stages on yield

生长时期	减产率（%）
苗期	7.6
开花期	4.8
灌浆期	1.9

2. 不同生育阶段干物质的积累和分配

植株地上部分各部位干物质的分配状况在不同生长时期有所不同。苗期至现蕾前叶片中积累的干物质最多，约占植株干物质总量的 86.7%，茎秆中的只占总量的 13.3%。现蕾期茎秆增大，其中积累的干物质比例为 38%，叶片中干物质比例下降为 60.6%，花蕾尚小仅占干物质总量的 1.4。开花期茎粗达到最大值，积累的干物质占总量的 50%，叶片所占比重下降为 35%，花盘增大占总量的 15%。成熟期，干物质大量流向籽实，花盘中积累的干物质激增，占总量的 42%～50%。茎秆中干物质的比重下降为 38%。叶片衰老黄化，干物质比重下降为 20% 左右。

二、油分的形成和积累

(一) 形成油脂的器官

油脂不溶于水，难以在植株体内运输。向日葵种子里的油分是叶片茎秆中可溶状态的碳水化合物，主要以葡萄糖形式输送到种子中，然后转化为油脂。输送到种子里的碳水化合物是可塑性物质，它可以转化为油脂，也可以转化成蛋白质，这两种产物的形成量存在着互为消长的关系，形成油脂较多时形成的蛋白质少，形成蛋白质较多时形成的油脂就少。

(二) 油脂形成的时期

向日葵开花授粉后，进入子房内的营养物质先形成皮壳，开始膨大。开花两周之后籽仁内才开始合成油脂，速度较慢。21 d 之后最大强度地合成和积累油分。第 35 天起形成油脂的速度显著减慢。营养物质停止进入种子时，油分的积累达到最高值。

子房膨大初期含水量极高，随着油分和蛋白质的积累，含量逐渐降低。籽实含水量下降到 36% 时，含油量最高，在开花后第 30～35 天进入生理成熟期，也称油熟期。从油脂形成过程看，开花后 30 d 内，要注意水分及营养物质的供应，以创造油脂形成的优良环境。

(三) 内外因素对油脂形成的影响

1. 品种间的差异

向日葵类型间、品种间油脂形成量有很大差异，这是由品种遗传因素决定的。油用型向日葵品种的含油率显著高于食用型向日葵品种。含油量高的向日葵品种的吸水力强，亲水物质多，脂肪酶的活性高，脂肪合成速度快，因而形成的油量多。含油量低的品种由碳水化合物转化为脂肪的速度慢，在油脂形成末期，其花盘籽粒中还残留着大量未被利用的糖类。品种间含油率不同，油脂的品质也有差异。含油率高的品种，油脂中的亚油酸含量高，油酸含量低。生育期长的品种油脂中亚油酸含量高，油酸含量低。生育期短的品种则相反。高油品种的蛋白质含量低,但品质好。品种性状与含油率高低有相关性。种子产量高则单位面积上的产油量也高(呈正相关)。花盘大的单位面积上产油量较高(呈稳定的正相关)。单株叶片数多、叶面积大,则种子含油率高。

2. 环境条件影响

环境条件对油分形成有明显影响,包括降水、温度、光照等气象因素;土壤质地、肥力水平、地温、湿度等土壤因素;栽培技术、病虫害等对种子含油率、油脂品质都有不同程度的影响。

(1)水分。是油脂形成的主导因素,含油率高低主要依靠水分的供应和利用。水分不足不仅导致含油率降低,而且使油脂成分发生改变,亚油酸含量减少,油酸含量增加,降低食用油的营养价值。灌浆期是油分形成的关键期,此时水分充足能促使可塑性物质转化为油脂,不利于转化为蛋白质,从而提高含油量。油用型向日葵油脂形成时期土壤持水量为32.5%,籽仁含油率可达55.9%;持水量为22.5%时,含油率为51.1%;持水量下降到17.5%时,含油率减少为45.1%。可见在灌浆时期保持土壤湿度,对提高含油率十分必要。

(2)气温。向日葵油脂形成期间的气温以21~24℃为宜,过高过低都对油脂形成不利。这一时期昼夜温差宜保持稳定,不宜过高或过低,在适宜的温度范围内,较大的昼夜温差对成油过程有利。白天气温高些可提高光合强度,增加同化产物,夜间温度低些可减少呼吸消耗,增加油分积累。如果昼夜温差超过50%,对油分形成很不利。温差太小,又意味着夜间气温高,呼吸作用强,消耗养分多,油分积累少,从而降低含油率。

(3)土壤。不同地区同一品种的含油率有较大差异。以"先进工作者"为例,在内蒙古敖汉旗种植的含油率为45.7%,在黑龙江松花江为41.8%,在新疆沙湾县为40.3%,在吉林白城市为36.8%,在辽宁沈阳地区下降为33.5%。据试验同一品种在巴彦淖尔市河套种植与沈阳市农业科学院种植含油率相差3%~5%,这足以证明油脂形成时期气温高低和昼夜温差影响极大。在地理纬度相同的情况下,海拔高的地区含油率高。海拔高度相同时,高纬度地区的含油率高。海拔比纬度影响更大。

(4)施肥。肥料的种类、数量对油分形成有直接影响。氮是合成蛋白质的主要成分,氮肥过多特别是生育后期氮肥充足时,可塑性物质转化成蛋白质,种子含油量相对减少。磷是糖类转化为油脂的中间产物,增施磷肥可提高种子含油率,特别是开花授粉期缺磷对油分形成的影响很大。在施磷适量范围内,每增施10 kg过磷酸钙,可提高含油率0.51%。

(5)密度。种植密度与含油率也有一定关系。适当密植可提高种子含油率,这是由于密植将大量消耗茎叶氮素,进入种子里的氮素相对减少,有利于含油率的提高。

(6)抗病性。植株感病严重时,将大幅度降低种子含油率。据吉林白城地区调查,

1980年引进南斯拉夫含油为49.7%的品种进行大面积试种，由于8月中下旬气温高，湿度大，叶斑病大流行，种子含油率下降为22.6%～38.4%。根据上述分析，生产上应采用技术措施来提高含油率，选用高含油品种。同一类型中选用生育期较长的品种。合理密植，开花期水分充足。基肥要增施磷肥，生育后期控制氮肥用量。

第二节　向日葵产量构成因素

构成向日葵产量的因素为每公顷株数、单盘粒数和百粒重。所以，生产上要求合理密植，调节最佳单盘粒数和百粒重比例，增加结实率，提高向日葵产量。

一、合理密植

合理密植可提高光能利用率，确保群体有最大的生产能力，增加单位面积产量。合理密植还可以提高种子含油率，减少空壳率，降低皮壳率。合理密植应掌握以下原则：高秆品种稀植，矮秆品种密植；生育期长的品种稀植，生育期短的品种密植；叶柄长、叶片大的品种稀植，叶柄短、叶片小的品种密植；旱地稀植，水地密植；低肥力地稀植，高肥力地密植。

二、提高向日葵结实率

向日葵结实率高低与很多因素有关。一是受气候因素，如气温、湿度、水分影响，如遇上低温阴雨天或高温、干旱、干燥天气，会影响授粉过程，造成产量和品质下降。二是种植管理不及时，造成向日葵生育期间特别是关键生育时期缺水缺肥，生长发育受阻，结实率降低。三是开花过程中缺少昆虫授粉，就会影响授粉结实，造成空瘪粒增加。四是品种因素，如柱头长短、花盘形状、花盘倾斜度等都会影响结实率。

（一）加强水肥管理

1. 合理利用自然降水是降低空壳率的有效途径

向日葵抗旱性较强，生育期间需水量较多，但雨水过多也会影响授粉，加速病害的蔓延。

2. 科学施肥是降低空壳率的有效措施

肥料不足不仅对植株发育不利，而且对花器官的形成和发育有直接影响，特别是花盘中心部位空瘪粒会有所增加。

3. 人工打枝是减少养分分散的好办法

向日葵具有分枝特点，特别是食用型品种更为明显，分枝消耗养分，使花盘小而籽瘪。因此，在分枝芽刚一露头就应及时打掉。

（二）人工辅助授粉

向日葵是虫媒花粉作物，蜜蜂授粉的效果极其显著。蜜蜂授粉试验证明，有蜜蜂和其他昆虫授粉的植株空壳率为14.8%；无蜜蜂，只有少量昆虫授粉的植株空壳率为59.8%；在无蜜蜂无昆虫自然授粉情况下空壳率为85.8%。在昆虫和蜜蜂不足的情况下，人工辅助授粉是提高结实率的有效办法。向日葵开花后，花粉的生活力、未授粉的柱头受精力均能保持10 d左右。柱头受精力最强的时期在开花2~3 d内，因此，应在向日葵进入开花期2~3 d时开始人工辅助授粉，可以提高结实率，显著增加产量。

（三）适时晚播

授粉结实的高低与花期的温度关系较大，温度过高对授粉不利，超过35℃就发生不育。在一定的温度范围内，气温降低则结实率增高，生产中适当调整播种期，使开花授粉期避开高温期，可有效提高结实率。

（四）区域化种植

向日葵种植时实行区域化种植，既要避免食用型向日葵和油用型向日葵插花种植，也要使向日葵种植区域尽量远离蔬菜及棉花种植区域，因为这些作物生产过程中使用较多的农药，导致蜜蜂不愿到其周边的向日葵地块活动，直接影响结实率的提高。

三、构成产量三因素间的关系

向日葵的一生及其器官建成过程，就是单位面积株数、每株籽实数和百粒重的形成过程。产量因素形成过程，基本上是按向日葵生育过程的不同生育阶段的先后顺序形成的，是向日葵生长发育一系列生理、生化过程的最终结果。由于构成向日葵产量的主要要素为单位面积株数、每株籽实数和千粒重。所以，在向日葵生产中，使该三要素乘积达到最大值时，就可以获得比较理想的产量。同化物在各器官中的分配比例有所变化，但总的趋势是一致的。即器官平衡依次为茎秆、籽实、叶片、葵盘、叶柄。

四、限制向日葵产量的原因与改进措施

（一）干旱

干旱是向日葵生产的限制因素之一，特别是在我国的北方干旱地区，常因干旱年份及季节性干旱造成向日葵减产。2007年的调研表明，因土壤干旱及大气干旱造成我国向日葵主产区较大程度的减产，受灾面积高达4.0×10^5 hm^2，占向日葵总播面积的30%以上。因此，评价品种抗旱性，对向日葵的生产及育种工作提供指导意见。向日

葵在水分亏缺的情况下，叶片的扩展受影响最大，出现最大积累速率降低以及最大积累速率出现时间提早等现象，并引发植株早衰，因而影响了向日葵产量的形成。

（二）密度

向日葵植株高大，根深叶茂，生长迅速，这就要求在生产中必须做到合理密植，以保证群体结构与个体功能的协同增益。种植太稀，单株产量虽高，但往往因单位面积株数少，而影响产量；种植密度过高，单位面积株数虽多，但会造成花盘变小、籽实减少、百粒重降低、单株产量下降。另外，密度过大，叶片相互郁闭，遮阴严重，容易造成下部叶片过早枯落，导致光合面积降低，最终导致结实率低，产量不高。

密度是影响向日葵产量的重要因素之一。不同的种植密度对群体形态、光合特性、生理特性及产量构成因素均有一定的影响。研究表明，密度对产量的影响幅度为18%～32%。食用型向日葵空壳率同栽培密度关系密切，种植愈稀，茎秆愈粗，花盘愈大，空壳愈多；而适当增加密度，花盘直径小，空壳率低，产量却明显增加。空壳率与食用型向日葵开花期的温度、空气相对湿度密切相关。当密度过大时，田间通风差，植株互相遮蔽，会造成田间高温、高湿的小环境，使授粉受精作用大大降低，造成空壳率增加，直接影响产量。当密度增加时个体生产力降低，但群体生产力增加，当密度增加到一定程度时，增加个体的增产效应弥补不了个体产量下降对群体生产力的负效应。不同密度的单株叶面积在苗期差异不大，但随密度增加而增大，但随着生长进程的推进，密度对单株效应的影响增强，密度增加反而导致单株叶面积下降。

群体干物质积累随密度增加而增加，其增长特点是现蕾之前密度越大干物质积累速度越快。随着向日葵的生长发育，单株效应不断增强，干物质积累速度表现为在低密度时随密度的增加而增加；超过一定密度后，其增长速度又下降，表现出单株效应与群体效应之间的互相影响作用。

（三）播期

向日葵杂交种产量受生物产量和经济产量形成的早晚、经济系数高低、器官平衡等多种因素的影响。因此，播种期的适宜与否能够影响向日葵的产量与品质。植物光合作用在适宜温度范围内随温度升高而增强，呼吸作用则随温度升高呈指数曲线增强，可见适宜的昼夜温度条件有利于光合物质的积累。

向日葵春播品种盛花期至灌浆期在遇到高温多湿气候时，容易引起较重的褐斑病和菌核病，造成植株早枯，影响同化物向籽实的转移，经济产量会降低。品种的生育期越长受影响越大。最佳播期取决于当地无霜期长短、品种生育期、有效积温、土壤温度、土壤墒情及常年降水量等诸多因素。相比较而言，油用型向日葵较食用型向日葵的播期范围大。在一般情况下，春播向日葵在适宜播期范围内早播较晚播好，早播时，气温偏低，气温回升较缓，利于向日葵蹲苗，促使根系下扎，增强抗旱能力。同时，还可以在高温多湿季节来临前完成灌浆或接近成熟，以躲过不利因素对品质及产量的影响。在所有的气候因素中，相对湿度对含油率的影响最大。相对湿度越高，油用型向日葵含油率越低。在旱作区，播种期的确定以其需水关键期正好赶上当地降雨季为宜，以便利用天然降水而利于向日葵的生长发育，因为当水分不足时，油用型向日葵干物质积累缓慢，最终导致经济产量偏低。

（四）肥力

氮素对作物生长及其生理过程的影响是植物营养生理生态学研究的重要内容之一。作物对氮素的吸收同化与植物光合作用之间有着密切关系。研究表明，氮素是类囊体和RuBP梭化酶形成必需的矿质元素。在作物叶片中，叶绿素和RuBP梭化酶化酶含量与氮素之间呈正相关，随着叶片中氮素含量增加，植物光合能力直线增加，施肥对向日葵的产量效应大小依次为钾、氮、磷。施肥可明显提高向日葵干物质累积量，体内氮、磷、钾含量及其累积量，植株体内氮、磷、钾含量在不同生育期变化较大，但总体趋势是生育前期高于后期，随生育期延长，其含量呈下降趋势。食用型向日葵和油用型向日葵各器官吸收氮、磷、钾的量有一定差别，食用型向日葵整个生育期各器官中总吸氮量依次为叶＞茎＞籽实＞花盘；磷为籽实＞叶＞茎＞花盘；钾为茎＞叶＞花盘＞籽实。油用型向日葵各器官中总吸氮量依次为叶＞籽实＞茎＞花盘，各器官中总吸磷、钾量的大小与食用型向日葵一致。食用型向日葵吸氮高峰期为现蕾期至开花期，吸磷、钾的高峰期在开花期。油用型向日葵吸氮、钾高峰期在现蕾期，吸磷高峰期在开花至成熟期。食用型向日葵吸磷、钾量在各生育期比较均衡，油用型向日葵吸钾量各生育期基本一致。

向日葵是需钾量较高的油料作物，如果土壤中的钾含量不足，又不及时施用钾肥就会影响向日葵产量潜力的发挥。按一定比例施足氮、磷、钾肥是向日葵高产的关键性技术环节，三要素缺一不可。

第三节　甘肃向日葵产量相关研究

在向日葵育种实践方面，国内仍以常规育种为主，但对向日葵农艺性状的遗传研究尚不够深入，缺乏对其遗传性状和育种应用价值客观、准确性的评判和评价。育种成败的关键不仅在于亲本选配，还需要对主要性状进行选择。因此，分析主要农艺性状对产量的影响及其主次关系，确定性状选择的方向，对选育高产优质向日葵品种具有重要的指导意义。本研究对21个食用型向日葵品种的10个农艺性状进行变异分析、相关分析、主成分分析。明确各个农艺性状对向日葵小区产量的相对重要性及各性状之间的关系，对品种适应性进行综合评价，为食用型向日葵品种的筛选和选育提供科学依据。

一、材料与方法

1. 试验材料（表 6-2）

表 6-2　试材名称及供种单位

Tab. 6-2　Name of test materials and seed donor unit

序号	名称	选育或供种单位
1	正和 15 号	嘉峪关正和农业有限公司
2	NK3610	甘肃农垦良种有限责任公司
3	A983	酒泉丰源农业发展有限公司
4	九洋 7 号	甘肃九洋农业发展有限公司
5	九洋 5 号	甘肃九洋农业发展有限公司
6	W0409	民勤县全盛永泰农业有限公司
7	W601	民勤县全盛永泰农业有限公司
8	矮大头	民勤县全盛永泰农业有限公司
9	T15-9	酒泉市新丰田农业科技有限公司
10	金谷玉 3 号	武威市武科种业科技有限公司
11	唐汪葵花	东乡县晓荷贸易有限公司
12	HT339	民勤县全盛永泰农业有限公司
13	XKS1515	新疆农垦科学院
14	W361	民勤县全盛永泰农业有限公司
15	A986	酒泉丰源农业发展有限公司
16	武科 1 号	武威市武科种业科技有限公司
17	九洋 3 号	甘肃九洋农业发展有限公司
18	GKS1601	甘肃省农业科学院作物研究所
19	正和 331	嘉峪关正和农业有限公司
20	JK601（CK）	甘肃省农业科学院作物研究所
21	T15-6	酒泉新丰田农业科技有限公司

2. 试验地概况及设计

试验设在景泰县条山农场，东经 103°33′～104°43′，北纬 36°43′～37°38′，海拔 1 650 m，属温带干旱型大陆气候，每年日照时数为 2 652 h，日照百分率 60%，每年≥0℃的活动积温 3 614.8℃，≥10℃的有效积温 3 038℃，无霜期 191 d。试验地地块肥力中等，灌溉方便，前茬作物玉米，沙壤土，4 月 17—20 日覆膜播种，施入尿素 5 kg/亩、磷肥 9.5 kg/亩、钾肥 3 kg/亩作基肥，生育期间追施尿素 15 kg/亩，灌水 2 次，中耕锄草 2 次，8 月 20—25 日收获。

试验采用随机区组试验设计，3次重复，小区长6 m，8行区，小区面积24 m²，行距50 cm，株距40 cm。于4月17日点播，设计密度2 700～2 800株/亩，成熟后从中间取连续20株，风干后进行室内考种，全区收获计产。

3. 试验方法

田间记载参试材料生育时期，并在成熟前期（完熟前15～20 d）从每小区中间行随机连续取有代表性的10株样本植株测量株高（X1）、茎粗（X2）、叶片数（X3）及花盘径（X4）。小区实收晾晒测产后，折算单位面积产量，并测量百粒重（X5）、籽粒长（X6）、籽粒宽（X7）、籽仁率（X8）、生育期（X9）、单株产量（X10）、小区产量（Y），求平均值。

4. 分析方法

试验数据采用Excel 2003计算供试材料数量性状的总体平均值（X）、标准差（S）、变异系数（CV）。采用spss19.0进行变异分析、相关分析、主成分分析。

二、结果与分析

1. 食用型向日葵杂交种（组合）主要农艺性状的变异特征

由表6-3可以看出，食用型向日葵杂交种间主要农艺性状变异丰富，其变异系数达1%～27%，其中株高相关性状变幅较大，单株产量、叶片数次之，生育期、籽粒长、籽粒宽、百粒重、花盘径等相关性状较小，表明食用型向日葵杂交种资源主要农艺性状均存在较大的变异，这为优异资源的筛选创造了条件。

表6-3 供试食用型向日葵杂交种（组合）主要农艺性状变异系数

Tab. 6-3 Variation coefficients of main agronomic traits of tested edible sunflower hybrids

项目	株高（cm）	茎粗（cm）	叶片数（片）	花盘径（cm）	百粒重（g）	籽粒长（mm）	籽粒宽（mm）	籽仁率（%）	生育期（d）	单株产量（g）	小区产量（g）
最大值	332.6	3.56	43	28.4	21.78	24.85	9.78	64.95	124	182.83	13.78
最小值	118.2	2.48	17	19.4	14.55	18.93	7.46	50.38	120	71	6.81
平均值	162.59	2.99	22.71	23.95	16.84	21.53	8.22	57.37	121.86	109.91	10.08
标准差	44.53	0.28	5.24	2.59	1.63	1.24	0.58	4.19	1.06	26.99	2.05
变异系数（%）	0.27	0.09	0.23	0.11	0.10	0.06	0.07	0.07	0.01	0.25	0.20

2. 食用型向日葵杂交种主要农艺性状的相关性分析

对供试食用型向日葵杂交种（组合）品种10个农艺性状进行简单相关分析（表6-4）表明，主要农艺性状与单株产量的相关性大小依次为：籽仁率＞百粒重＞籽粒长＞茎粗＞花盘径＞叶片数＞籽粒宽＞株高＞生育期。参试向日葵杂交种（组合）小区产量与籽仁率呈极显著正相关，与百粒重、籽粒长呈显著正相关，说明随着以上几个性状相应数值的提高，小区产量也有所增加。

相关性分析结果表明，在食用型向日葵高产育种中应重点关注籽仁率、百粒重、籽粒长等，同时对花盘径、叶片数、株高、茎粗进行综合考虑。但由于向日葵各农艺性状间也多存在显著的相关关系，因此，仅根据各农艺性状与产量的简单相关系数，并不能从本质上揭示其内部的规律性联系（表6-4）。

表6-4 供试食用型向日葵杂交种各农艺性状与单株产量的相关分析

Tab. 6-4 Correlation analysis of agronomic traits and yield per plant of tested edible sunflower hybrids

性状	X1	X2	X3	X4	X5	X6	X7	X8	X9	X10
X1（株高）	1									
X2（茎粗）	0.436*	1								
X3（叶片数）	0.916*	0.343	1							
X4（花盘径）	0.005	0.013	0.150	1						
X5（百粒重）	−0.022	0.204	0.004	0.175	1					
X6（籽粒长）	0.569	0.384	0.589	0.400	0.148	1				
X7（籽粒宽）	0.067	0.405	0.034	0.424	0.513	0.195	1			
X8（籽仁率）	−0.478	−0.354	−0.421	0.025	−0.251	−0.140	−0.212	1		
X9（生育期）	0.144	0.181	0.270	0.139	0.392	0.085	0.022	−0.083	1	
X10（单株产量）	−0.033	0.339	0.045	0.314	0.462*	0.541*	−0.023	0.698**	−0.078	1
Y（小区产量）	0.170	0.0080	0.356*	0.279	0.099	−0.130	0.170	0.107	−0.107	0.874**

注：* 表示 0.05 显著水平；** 表示 0.01 极显著水平。

3. 食用型向日葵杂交种小区产量的主成分分析

表6-5表明，影响食用型向日葵杂交种小区产量的前3个主成分包含了主要农艺性状总遗传信息的64.685%且特征值均大于1。因此，可用其对影响食用型向日葵杂交种小区产量的综合性状进行选择。由表6-5可知，主成分1的特征向量中载荷较高的因子为叶片数（X3）、茎粗（X2）、株高（X1），且符号与小区产量（Y）一致，说明高大粗壮、叶片数多的植株是向日葵高产的表型，可认为第一主成分为影响小区产量的"株形因子"。

主成分2的特征向量中载荷较高的因子为单株产量（X10）、籽粒宽（X7）、花盘径（X4）和百粒重（X5），且符号与小区产量（Y）一致，说明宽大的花盘直径及籽粒宽，较大的百粒重有利于提高向日葵小区产量，主成分3的特征向量中载荷较高的因子为花盘径（X4）、籽仁率（X8）、叶片数（X3），可认为第二主成分及第三主成分为影响向日葵杂交种小区产量的"籽粒因子"。

表 6–5 主分量性状的特征值、贡献率、累计贡献率

Tab. 6–5 Characteristic values, contribution rate and cumulative contribution rate of principal component traits

性状	主成分 1	主成分 2	主成分 3
X1（株高）	0.692	−0.575	0.261
X2（茎粗）	0.639	−0.108	−0.164
X3（叶片数）	0.716	−0.491	0.318
X4（花盘径）	0.417	0.470	0.467
X5（百粒重）	0.502	0.374	−0.611
X6（籽粒长）	0.580	−0.432	0.208
X7（籽粒宽）	0.561	0.567	−0.202
X8（籽仁率）	−0.469	0.278	0.406
X9（生育期）	0.380	−0.086	−0.287
X10（单株产量）	0.568	0.757	0.060
Y（小区产量）	0.413	0.697	0.459
特征值（E）	3.184	2.596	1.335
贡献率（%）	28.949	23.602	12.134
累计贡献率（%）	28.949	52.551	64.685

三、讨论及结论

不同作物的主要农艺学性状变异大小有很大差别。主要农艺性状的变异系数达 11.4%～51.3%；各性状变异系数以株高较大，为 38%～49%。本研究选用甘肃省主栽食用型向日葵种质资源，从测定的 10 个食用型向日葵主要农艺性状的变异系数看，其变异范围达 1%～27%，说明食用型向日葵表现出丰富的遗传多样性，其中株高相关性状变幅较大，单株产量、叶片数次之，生育期、籽粒长、籽粒宽、百粒重、花盘径等相关性状较小。

食用型向日葵杂交种的籽实产量与茎粗、单株粒重、株高、叶片数显著正相关。本研究发现，参试向日葵杂交种（组合）小区产量与籽仁率呈极显著正相关，与百粒重、籽粒长呈显著正相关，说明随着以上几个性状相应数值的提高，小区产量也有所增加。通过主成分分析表明，影响向日葵小区产量的农艺性状相似，均包括"株形因子"和"籽粒因子"，这 2 个综合因子从不同角度反映了食用型向日葵产量形成与不同农艺性状之间的关系。因此，在进行食用型向日葵种质优选及新品种选育时，应根据选择目标，合理确定农艺性状。

第七章　向日葵的遗传多样性

为了解育种材料的实用价值，必须掌握和弄清材料的遗传性、遗传力、基因作用类型以及连锁基因数等一系列农艺性状的遗传规律及特点。进行遗传研究，通常根据变异的特点，将性状分为数量性状和质量性状两大类。数量性状是指受微效多基因控制和连续变异的性状；质量性状是指由主效单基因控制变异的不连续的性状。两类性状由于在分离特点上不同，研究的方法也就大不相同。数量性状由于在形态上无明显差异，而在数量上的变化则较明显，通常采用数量遗传学或生物遗传学的方法进行定量分析研究。质量性状由于在形态上的变化有明显的差异，而且有一定的简单分离规律，可以进行定性统计分析研究。遗传学研究的任务在于阐明生物遗传和变异的现象及其表现的规律，深入探索遗传和变异的原因及物质基础，揭露其内在的规律，从而有效地运用这些规律，进一步指导育种实践。

第一节　向日葵籽粒的遗传多样性

籽粒的遗传多样性主要包括籽实重量（百粒重）、单盘粒数、含油率、蛋白质含量、出仁率等，这些性状是与生产密切相关的经济性状。所以，了解和掌握籽粒的遗传规律并运用到育种实践中，能提高育种的预见性和工作效率。

一、百粒重

现有栽培的大多数食用型向日葵品种的百粒重通常都在 10 g 以上（表 7-1）。Gorbachenko（1979）研究向日葵不同性状的遗传时发现，百粒重的遗传有许多中间型和超亲显性型的情况。Putt（1996）和 Marinkovic 及 Skoric（1985）发现在百粒重的遗传中，加性和非加性基因效应都是重要的。Rao 和 Singh（1977）及 Kes-telot（1985）等也得出相似的结果。综上所述，多数研究者的结论，籽实产量和百粒重之间呈显著的正相关。百粒重在所有产量构成中居最重要位置。油用型向日葵籽实重量的遗传力居中等水平，广义遗传力估值介于 30%～60%，一般配合力组分及特殊配合力组分几乎相等。食用型向日葵的遗传力也居中等水平，Fick 指出，在两个不同组分中，广义遗传力估值分别为 69.9% 和 59.7%。

表 7-1　不同食用型向日葵品种的百粒重（甘肃，2021年）
Tab. 7-1　Single plate grain weight of different sunflower varieties

名称	百粒重（g）	名称	百粒重（g）	名称	百粒重（g）
新食葵 27	18.00	X3939	14.00	陇葵杂 4 号	17.2
T363	20.00	龙葵 861	22.00	GKS1605	16.8
金葵 613	16.00	T6081	20.00	A983	17.3
JK601	18.00	同庆 3 号	20.00	GKS1606	16.4
三瑞 7 号	24.00	AD636	22.00	HT339	17.8
三瑞 3 号	20.00	T6088	18.00	GKS1608	16.4
JH810	20.00	T902	18.00	九洋 1 号	21.1
金葵 688	20.00	金硕 1 号	18.00	GKS1609	15.9
先瑞 10 号	18.00	YF601	18.00	九洋 331	20.4
先葵 311	22.00	YF363	21.00	W0409	15.8
T901	22.00	先葵 363	22.00	九洋 3631	18.6
亿丰 3 号	22.00	三丰 6 号	18.00	TLC53	15.9
JK103	20.00	AD630	20.00	科阳 6 号	19.3

二、籽仁含油率

向日葵籽仁含油率的遗传也属于较简单的数量性状遗传，主要是以基因的加性效应为主，但也存在一定的显性和上位性作用。不同籽仁含油率的基因型之间进行杂交，其杂种第一代的籽仁含油率，有的组合接近双亲的平均值，有的组合表现超亲，并且是正向超亲居多，杂种第二代籽仁含油率的分离成正态分布。

籽仁含油率在品种间的变幅为 32%～80%，多数品种的籽仁含油率在 50% 左右，籽仁含油率的变异系数为 14.32%，遗传力为 86.32%，即属于变异系数较小、遗传力较稳定的性状，因此在杂交育种的早世代便可进行选择。

三、出仁率

向日葵籽仁含油率由出仁率和籽仁含油率两个方面决定，提高籽实含油率有 1/3 的成分是靠提高出仁率（表 7-2），1/3 靠提高籽仁本身的含油率来实现。籽实含油率的遗传力较高，广义遗传力一般在 65% 以上，狭义遗传力估值为 52%～61%。含油率高低不同的亲本杂交，低油亲本为部分显性，其杂种一代的籽实含油率多居于双亲的平均数附近，杂种第二代籽实含油率的分离呈正态分布。研究者发现含油率的遗传在一些材料上表现以互补和上位性效应为主,含油率的高低不仅受核基因控制,而且在有些材料上,细胞质基因也起到很大的作用,甚至起主导作用。在配合力方面,研究发现籽实含油率的一般配合力方差大于特殊配合力方差,加性基因效应比非加性基因效应更为重要。

含油率与产量、蛋白质含量存在着显著的负相关;与花盘直径、叶片数、籽实重也表现负相关。籽实含油率与籽仁含油率、高亚油酸含量呈高度正相关。含油率的变异性较大,其遗传组分虽然以加性基因效应为主,但环境变化对籽实含油率的影响也极大,同一品种其含油率相对变幅为5%～15%,这主要受温度、纬度及海拔的影响。

表 7-2 不同油用型向日葵种质资源的出仁率(甘肃,2021 年)
Tab. 7-2 The yield of different oil sunflower germplasm resources

名称	出仁率(%)	名称	出仁率(%)	名称	出仁率(%)
HZ011	68.5	LKZ18-1	67.84	NLY001	68.13
YK17-1	77.6	XKY1612	75.44	赤 AY201	64.08
YK18-1	74.1	LJ199	68.30	YK20-1	60.44
YK18-2	71.1	赤 CY1122	77.12	XKY2020	70.39
XKY1606	72.9	赤 CY1006	70.86	L428	67.31
XKY1612	67.5	GK1708	79.91	LJ198	61.32
XKY1502	72.3	九洋矮大头	78.67	赤 SY82	54.55
NXY21	68.5	九洋 562	77.94	YK21-1	66.61
NXY22	72.3	T562	74.61	XKY2021	61.74
NK175	65.2	S606	68.5	L430	70.54
陇葵杂 6 号	76.7	九洋 309	50.88	NK206	69.58

四、籽实大小

籽实大小是决定产量的重要因素之一,Morozov(1970)指出,百粒重每增加 0.1 g,可使每公顷产量增加 40 kg。Fick(1978)研究的结果是,向日葵籽实大小变化很大,其长度变幅为 6～25 mm,宽度变幅 3～13 mm(表 7-3)。

表 7-3 不同食用型向日葵种质的粒长和粒宽(甘肃,2021 年)
Tab. 7-3 Grain length and grain width of different sunflower varieties

名称	粒长(cm)	粒宽(cm)	名称	粒长(cm)	粒宽(cm)
新食葵 27	1.84	0.56	JK103	1.98	0.58
T363	1.94	0.62	X3939	1.82	0.54

续表

名称	粒长（cm）	粒宽（cm）	名称	粒长（cm）	粒宽（cm）
金葵 613	1.76	0.58	龙葵 861	2.02	0.72
JK601	1.78	0.48	T6081	1.88	0.56
三瑞 7 号	2.16	0.78	同庆 3 号	1.94	0.48
三瑞 3 号	1.92	0.64	AD636	2.02	0.60
JH810	1.82	0.58	T6088	1.86	0.58
金葵 688	1.84	0.54	T902	1.88	0.52
先瑞 10 号	2.00	0.52	金硕 1 号	2.06	0.66
先葵 311	2.10	0.60	YF601	1.90	0.58
T901	2.08	0.68	YF363	1.86	0.58
亿丰 3 号	1.96	0.64	先葵 363	1.96	0.62
陇葵杂 4 号	2.05	0.86	三丰 6 号	2.02	0.86
GKS1605	2	0.82	AD630	2.00	0.60
A983	2.2	0.96	GKS1609	2.1	0.75
GKS1606	2.1	0.76	九洋 331	2.42	1.1
HT339	2.28	0.91	W0409	2.4	0.89
GKS1608	2.2	0.94	九洋 3631	2.4	0.91
九洋 1 号	2.61	1.11	TLC53	2.1	0.85

五、脂肪酸的组成与遗传

向日葵的油脂主要由棕榈酸、硬脂酸、油酸和亚油酸组成，油酸和亚油酸含量约为总油脂的 89%。世界上越来越多的国家把高油酸含量作为新的育种目标。20 世纪 70 年代中期，Soldatov（1976）首次报道了硫酸二甲酯处理种子后，油酸含量提高了。用高油酸基因型与低油酸基因型杂交，F_2 代分离出高、中、低三类植株。高油酸与中油酸基因型杂交，后代出现 3∶1 的分离比例，因此认为高油酸含量由一部分显性基因控制，这个基因被定名为 *OI*（表 7-4）。高亚油酸含量主要由部分隐性基因所控制，但同时也受细胞质的影响。Ivanov 等（1988）利用 γ 射线处理干燥的种子，使棕榈酸含量提高 45 倍，使某些自交系的棕榈酸达到 402 g/kg 油，遗传杂交实验显示，低含量棕榈酸受部分显性基因控制。含短链脂肪酸新品种的选育有助于开拓更为广阔的工业市场。

表 7-4 脂肪酸和维生素 E 含量的遗传
Tab. 7-4 Inheritance of fatty acid and vitamin E contents

类别	基因	遗传	参考文献
高含量油酸	OI	单基因，部分显性	Fick,1984
	OI	单基因，显性	Urie,1985
	OI,ml	显性单基因，隐性修饰基因	Miller et al.，1987
	OI	显性单基因	Schmiclt et al.，1989
	OI1,OI2, OI3	显性互补基因	Fer nandez et al.，1989
维生素 E	tph1,tph2	隐性基因	Popov et al.，1988
高含量	?	部分隐性	Simpson et al.，1989
稳定亚油酸	—	受母本影响	Simpson et al.，1989
高含量	?	部分和不完全显性	Lvanov et al.，1988
棕榈酸	—	控制低棕榈酸含量	Lvanov et al.，1988

六、蛋白质含量的遗传与相关

栽培向日葵籽实蛋白质含量差异很大，籽实和籽仁蛋白质含量的变幅分别为 9%～24% 和 24%～40%，野生类型一般高于栽培类型，食用种高于油用种。不同亲本类型杂交 F_1 的蛋白质含量介于双亲之间或倾向于低亲一方。因此，蛋白质含量一般表现负向优势。而且，品种间蛋白质的氨基酸组成上有显著差异。人类需要的几种必要氨基酸，在不同品种中选出的自交系间，赖氨酸的变幅为 1.88%～4.00%，蛋氨酸为 3.42%～6.25%，色氨酸为 0.79%～1.32%。

蛋白质含量在不同类型、不同品种间差异很大，而且与含油量之间存在着负相关，但相关强度，不同的研究者所得的结果也各不相同。有些报道为高度负相关，有的则为中度相关，据辽宁省农业科学院对 71 份材料分析的结果表明，其相关系数 -0.26，达到了显著水平，但这种相关强度不大，其决定系数只有 0.07。这说明，尽管蛋白质含量与含油量之间存在负相关，对选育既高油又高蛋白的材料不利，但通过增加选择强度，获得较理想的材料还是可能的。

第二节 向日葵花盘的遗传多样性

一、果盘直径

头状花序不仅是向日葵主要的观赏部位，更是向日葵生殖繁衍的重要器官。因此，对其形态特征的研究不仅有助于提高向日葵的观赏价值，更有助于了解向日葵的进化发育过程。头状花序是向日葵与传粉者之间沟通的重要桥梁，传粉者的选择倾好在一定程度上驱动了头状花序形态的改变，而随着头状花序形态的改变，向日葵对环境的适应性也随之变化。因此，头状花序形态的进化发育研究是向日葵育种的重要组成部分。

果盘直径（盘径）与产量密切相关，但受种植密度、土壤水分和土壤肥力等环境的影响较大。遗传力中等偏低，由于遗传效应引起的花盘大小的总变量小于其他性状的变量。向日葵自交系间杂交，花盘大小存在显著的杂种优势，表明加性和非加性遗传效应同样都很重要（图7-1）。

花盘雏形期即花原基分化完毕，经过20～30 d，花盘和花开放。开花后35～45 d，瘦果开始成熟。向日葵花盘分化形成期是决定花盘粒数的关键时期，研究花盘分化发育过程与外部形态特征的关系，可根据营养生长情况判断出生殖生长的相应阶段，找出能够准确判断花盘分化发育阶段的外部形态指标，对于制订出最正确、适宜的农业栽培管理措施，增大花盘、增多籽粒，提高产量，都具有很大的现实意义。

图 7-1 不同盘径的向日葵品种
Fig. 7-1 Sunflower varieties with different disk diameters

二、单盘结实数

许多研究者都发现单盘籽实数与产量密切相关。通径分析表明，单株产量对单盘结实数的依赖性很强，但不同材料间的遗传差异较大。单盘籽实数的表现型和基因型变异系数都较大。Kop-vatic 和 Scaled（1900）发现单株产量和籽实数量高度相关。Putt（1943）和 Habana（1974）也报告了相同的结果。在自交系 F_1 中的单盘籽实数遗传中，非加性遗传效应起主要作用，若按所有组合计算，平均显性度大于1，表明是超显性的。单盘结实数的一般配合力和特殊配合力存在极显著的差异，这个性状在 F_1 代有相当高的遗传力（$h=0.75$）。单盘结实数、百粒重、籽实长度与单株产量呈正相关，其相关系数均超过0.60以上，远远超过极显著标准0.401（图7-2）。

图 7-2 不同结实率的向日葵
Fig. 7-2 Sunflower with different seed setting rates

三、单盘粒重

单盘粒重是决定产量的一个重要性状,在选育自交系时应对其进行严格选择。在研究配合力时,应选择单盘粒重杂种优势效应高、单盘籽实数多的组合(表 7-5)。

表 7-5 不同食用型向日葵品种的单盘粒重(甘肃,2021 年)
Tab. 7-5 Single plate grain weight of different sunflower varieties

品种名称	单盘粒重(g)	品种名称	单盘粒重(g)	品种名称	单盘粒重(g)
新食葵 27	128.50	金葵 688	157.50	龙葵 861	160.00
T363	160.50	先瑞 10 号	127.50	T6081	159.00
金葵 613	130.50	先葵 311	158.50	同庆 3 号	156.00
JK601	155.00	T901	160.50	AD636	160.50
三瑞 7 号	159.00	亿丰 3 号	163.50	T6088	114.50
三瑞 3 号	164.00	JK103	167.50	T902	129.00
JH810	168.50	X3939	150.50	金硕 1 号	161.50
陇葵杂 4 号	126.5	HT339	137.0	九洋 331	187.4
GKS1605	128.3	GKS1608	110.4	W0409	113.0
A983	185.7	九洋 1 号	182.6	九洋 3631	177.2
GKS1606	111.1	GKS1609	134.7	TLC53	158.1

四、花盘形状

向日葵花盘的分化阶段是产量形成的关键时期。叶原基形成期是花盘分化前期，是确定叶片数量的关键时期。花盘突起期是花原基的形成时期，是确定小花数量多少的关键时期。花盘膨大期为花原基生长期，是为小花发育奠定物质基础的关键时期。花盘增长期为花原基发育期，是决定小花能否结实的关键时期（图7-3）。

图7-3　栽培向日葵花盘形状
Fig. 7-3　Shape of a cultivated sunflower disk

五、花盘倾斜度

头状花序不仅是向日葵的主要观赏部位，更是向日葵生殖繁衍的重要器官。因此，对其形态特征的研究不仅有助于提高向日葵的观赏价值，更有助于了解向日葵的进化发育过程。头状花序是向日葵与传粉者之间沟通的重要桥梁，传粉者的选择倾好在一定程度上驱动了头状花序形态的改变，而随着头状花序形态的改变，向日葵对环境的适应性也随之变化（图7-4）。

图7-4　栽培向日葵不同的花盘倾斜度
Fig. 7-4　Different disc inclinations of cultivated sunflower

六、舌状花

1. 舌状花颜色

舌状花色是观赏型向日葵最主要的观赏特征之一，观赏型向日葵品种繁多，花色十分丰富。花器官是植物最重要的观赏部位之一，根据植物种类的不同，其花器官的主要观赏结构也有差异，如百合科、木兰科的植物观赏部位为花被片；蔷薇科、兰科等植物的观赏结构为花瓣；毛茛科植物的观赏结构为萼片；唇形科和爵床科植物的观赏结构为花瓣及苞片；菊科植物的观赏部位为整个头状花序；大戟科植物的观赏部位为花序的总苞。

观赏型向日葵舌状花的颜色主要由4类花色素呈现，包括花青素类、类胡萝卜素类、类黄酮类以及叶绿素。在其舌状花中，不同种类的色素在细胞中的分布不同，花青素分布于舌状花上表皮及下表皮细胞的液泡中，在细胞中呈现均匀的填充状态。类胡萝卜素分布于的各处细胞中，并在细胞中呈现颗粒状的分布，存在于细胞的有色体（图7-5，图7-6）。

图7-5 不同基因型观赏型向日葵舌状花的大小、排列方式及颜色

Fig. 7-5 Size,arrangement and color of lingual flowers of different genotypes of ornamental sunflower

图7-6 栽培向日葵不同基因型舌状花的大小、排列方式及颜色

Fig. 7-6 The size,arrangement and color of tongue flowers of different genotypes of cultivated sunflower

2. 舌状花形状

向日葵花的花型是其重要的观赏性状之一，受到头状花序上舌状花和管状花的相对数量、排列位置及花冠形态的影响形成了千姿百态的花型。由此可见，头状花序上舌状花和管状花的发育对向日葵的花型具有决定性作用。其头状花序不仅是主要的观

赏器官，更是向日葵生殖和繁衍后代的重要器官。此外，向日葵花作为菊科植物重要的成员之一，它的头状花序上着生了两种类型的小花——舌状花和管状花，体现了菊科植物高度进化的特性，两类小花的相对数量和形态是决定向日葵花型的基础。

在整个头状花序发育过程中，舌状花个体发育进程始终慢于大部分管状花的个体发育进程。仅在临近花朵开放前，舌状花的大小才逐渐超过管状花的大小。舌状花和管状花原基从起始发生时就存在差异，二者的原基发生位置、大小、形状和后期发育过程中的速度均不相同。舌状花冠和管状花花冠的异型头状花序在花发育的早期形态发生过程高度相似，但在花冠原基发育时期呈现显著差异。

3. 舌状花大小

向日葵舌状花在形态、长宽度等方面有极大的差别，变异程度较高，且舌状花形态与花径等存在一定的关联性。舌状花较其他花部器官相比，具有留存周期长、获取容易等优点。基于向日葵的舌状花性状特征鉴定品种的方法是可行的，可以提高鉴定效率，并且显著降低鉴定成本（表7-6）。

表7-6 不同油用型向日葵种质的舌状花长及宽（甘肃，2021年）
Tab. 7-6 Length and width of lingual flowers of different oil sunflower germplasm

名称	舌状花长（cm）	舌状花宽（cm）	名称	舌状花长（cm）	舌状花宽（cm）
NLY001	6.0	1.4	NK206	6.3	1.7
赤AY01	6.7	1.5	HZ011	7.5	2.7
YK20-1	7.4	2.5	LKZ18-1	7.2	2.9
XKY2020	8.4	2.1	YK18-1	7.6	2.8
1428	7.5	2.1	YK18-2	6.9	2.7
LJ198	7.6	2.1	XKY1606	6.7	2.5
赤SY82	8.5	2.3	XKY1612	8.1	2.3
YK21-1	7.2	2.5	LJ199	7.9	2.4
XKY2021	9.0	2.3	赤CY1122	7.6	2.3
L430	7.5	2.0	赤CY1006	7.6	2.5
S606	6.4	2.2	九洋562	8.3	3.2
九洋矮大头	8.6	2.3	GK1708	8.3	3.0

七、管状花

1. 管状花颜色

根据头状花序上两类小花的相对数目比例，又可将头状花序划分为异型头状花序和同型头状花序。其中同型头状花序上仅含有一种类型的小花，全为舌状花或者全为管状花。异型头状花序上同一花托上同时兼具两种及两种以上类型的小花。舌状花的花冠形态变异也是头状花序的另一显著特征。向日葵的花色由头状花序中的舌状花和管状花呈现，舌状花花色较多变，管状花的颜色比较单一，多为黄色或绿色或褐色（图7-7）。

图7-7　栽培向日葵不同基因型管状花的颜色（甘肃，2021年）
Fig. 7-7　The color of flowers of different genotypes of cultivated sunflower

2. 管状花形状

向日葵大多为辐射对称的花冠，花两性，主要负责生殖和繁衍。但某些观赏型向日葵还存在形态介于舌状花和管状花之间的小花类型，即过渡型小花。小花的相对数量和形态是决定向日葵花型的基础（图7-8）。

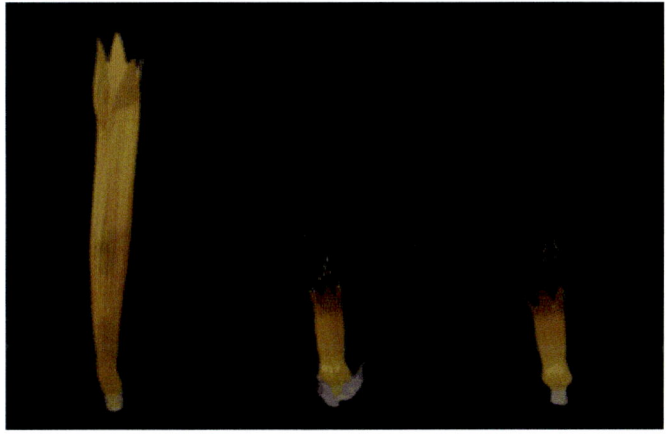

图7-8　不同类型的向日葵管状花
Fig. 7-8　Different types of sunflower tubular flowers

第三节　向日葵株型的遗传多样性

高等植物的株型主要受基因与环境的共同影响，表现出植株高度、分枝类型以及叶序形态等不同的表型。株型有狭义和广义之分，狭义的株型是植物地上部分的综合体现，主要包括株高、分支数目和长度、花器官形态等；广义的株型是植物地上和地下部分的综合体现，还包括光能利用相关的生理、生态方面等机能。株型是向日葵所有性状的综合表现，对向日葵育种有重要意义。株型直接影响了向日葵植株之间和植株自身对光照、养分的吸收与利用能力，以及抵抗不利生存环境的能力。向日葵株型表现了植株形态特征和空间排列方式，直接影响向日葵对环境的适应性、产量及收获指数等重要的农艺性状。合理的株型能够有效提高光能利用率，并能提高产量。

一、茎色

向日葵茎色的多样性主要是由于花青苷显色（图7-9）。花青苷显色的物质基础是花青素。花青素对人体具有抑制炎症和过敏、抗氧化、抗心血管疾病、抗癌和突变、抗辐射、改善关节、增强免疫力、预防阿尔茨海默氏病、增强皮肤弹性、改善睡眠等功效。除作为功能性和保健医用性成分被大量开发以外，在美容护肤行业中也备受青睐，并作为天然色素成了食品添加剂的发展趋势。鉴于花青素的重要功能，花青苷显色不仅是花色经济指标，部分果蔬甚至粮食作物也逐渐以花青苷显色深浅决定市场价格，成了向日葵、稻米、玉米、甘蓝等作物产量、抗性之外的重要育种指标。

图7-9　不同颜色的向日葵茎
Fig. 7-9 Sunflower stems of different colors

二、成熟期茎粗

抗倒伏和高产一直是向日葵育种的重要方向，向日葵的株型与向日葵的抗倒伏能力、产量密切相关。国内外学者针对不同生态地区的向日葵提出了多种向日葵的理想株型模型，粗壮秆是其中重要的指标，茎秆粗壮的向日葵品种能够积累更多的生物量、提供更大的盘径和大粒性状，在保证高产的同时具有良好的抗倒伏能力（表7-7）。

表7-7 不同基因型油用型向日葵成熟期茎粗（甘肃，2021年）
Tab.7-7 Stem diameter at mature stage of oil sunflower with different genotypes

试材名称	茎粗（cm）	试材名称	茎粗（cm）	试材名称	茎粗（cm）
HZ011	3.3	LKZ18-1	3.8	NLY001	3.8
YK17-1	3.1	XKY1612	2.9	赤AY201	2.9
YK18-1	2.6	LJ199	3.6	YK20-1	3.6
YK18-2	3.0	赤CY1122	3.4	XKY2020	3.4
XKY1606	2.9	赤CY1006	3.6	L428	3.6
XKY1612	3.4	GK1708	3.3	LJ198	3.3
XKY1502	3.5	九洋矮大头	2.9	赤SY82	2.9
NXY21	3.4	九洋562	3.2	YK21-1	3.2
NXY22	4.1	T562	3.2	XKY2021	3.2
NK175	3.2	S606	3.3	L430	3.3
陇葵杂6号	3.3	九洋309	3.1	NK206	3.1

三、株高

植株高度作为描述向日葵生长状况，衡量其产量高低较为理想的一个特征量，受向日葵自身生物学特性的影响，其生长规律呈"S"形曲线。在向日葵生长发育的早期阶段快速生长，到达初花期时基本达到株高最大值，并且几乎停止生长。株高是向日葵产量性状的重要因素之一，影响向日葵的种植密度和抗倒伏系数，从而直接或间接影响产量和品质。其中，倒伏是影响产量最重要的因素。另外，作物通过光合作用将无机物转化为有机物储存在体内，供植物体生长发育，合理的株高有利于作物的采光，植株过高或者过矮都不利于采光，因此会影响作物有机物的积累从而影响作物产量和品质。株高作为向日葵的重要农艺性状之一，对产量的潜在影响较大，合理的株高对向日葵育种非常重要。适宜的株高对向日葵的抗倒伏性和产量提高均有重要的意义（表7-8）。

表 7–8 不同基因型油用型向日葵成熟期株高（甘肃，2021 年）
Tab. 7–8 Plant height at mature stage of oil sunflower with different genotypes

名称	株高（cm）	试材名称	株高（cm）	试材名称	株高（cm）
HZ011	169	LKZ18-1	116	NLY001	169
YK17-1	197	XKY1612	162	赤 AY201	197
YK18-1	205	LJ199	172	YK20-1	205
YK18-2	180	赤 CY1122	168	XKY2020	180
XKY1606	111	赤 CY1006	166	L428	111
XKY1612	143	GK1708	172	LJ198	143
XKY1502	150	九洋矮大头	146	赤 SY82	150
NXY21	185	九洋 562	148	YK21-1	185
NXY22	205	T562	186	XKY2021	205
NK175	181	S606	199	L430	181
陇葵杂 6 号	109	九洋 309	176	NK206	109

四、叶柄和叶夹角

茎叶夹角决定作物群体透光和受光姿态，直接影响植株的光吸收效率及产量，是表征作物产量的重要指标。茎秆夹角小，则叶片相互遮蔽少、透光率好、光能利用效率高，对提高叶面积指数、增加作物产量有重要意义。

五、分枝类型

由于物种差异，植物的株型和分枝组成也不同。由于不同的植物其茎的生长过程不同，这样形成分枝规律和模式就自然区别于种属差异。向日葵分枝的不同主要是由芽的性质和发育规律决定的，根据向日葵分枝的不同形态，目前将向日葵分枝归纳为单轴分枝、合轴分枝、二叉分枝、假二叉分枝（图 7–10）。

分枝的形成包括腋生分生组织的形成、腋芽的形成以及腋芽的休眠和生长。分枝是由叶的腋生分生组织即叶腋处发生，进而发育成腋芽之后形成侧枝。研究表明，植株叶腋分生组织的形成主要受激素的影响，从而使茎顶端分生组织的生长分化受到限制，即出现顶端优势。茎尖分生组织分化形成植物主茎，而由腋生分生组织分化发育形成植物侧枝。腋芽形成的分枝即受到腋生分生组织的调控，与植株生长情况也密不可分。

图 7-10 不同的向日葵分枝类型
Fig. 7-10 Different branch types of sunflower

六、叶片

1. 叶片形状

叶片是植物光合作用和蒸腾作用的主要器官，不同物种的叶片以及不同发育阶段的叶片形态各异。叶片控制了水分的蒸发和有机物的合成等诸多生命活动。形态分类学是依据植物外部形态特征，对植物进行全面观察和对比分析，研究其相似性与变异性，区别和确定不同的植物类群。通过目测或者在显微镜下观察，构成叶片的各种组织在表面显示的空间位置及形态被称为叶片的宏观结构，包括叶形、大小、叶缘、叶尖以及叶脉序特征等。叶片形状在种内比较稳定，且存在明显的种间差异，其对研究属内和属间关系具有重要的系统学意义。植物的叶片是植物最具代表性的器官之一，它是植物进行新陈代谢活动的主要场所，它的生长规律对光能利用、干物质积累都有显著作用。

植物的鉴定识别通常会选择较为稳定的器官或者组织，如整株造型、花部形态、果实、枝干等。相较其他器官相比，叶片具有容易获取、生长周期长的优点。与植物花部器官相比，植物叶片的环境响应敏感性更高，所以叶片结构多样性更强，而在长期进化过程中，多样的叶片形态中又包含着稳定的系统学信息。

叶片是植物最重要的可视化特征之一，植物叶片是识别植物比较理想且有效的方法。因此，通过叶片进行植物鉴定分类的研究一直备受关注。在传统的向日葵形态学鉴定上，主要以花部性状为主，但是向日葵花期较短，在育苗、苗期生长等阶段，需要借助叶片形态特性对品种进行直接或者辅助分类（图7-11）。

图 7-11　不同类型的向日葵叶片
Fig. 7-11　Leaves of different types of sunflower

2. 叶片锯齿

叶片边缘的形态对于植物的生长发育有重要的生物学意义。首先，锯齿叶或深裂叶赋予了叶片更大的空间延展，相比于全缘叶具有更大的叶面积，有利于从各个方向吸收光能，在竞争光源方面具有更大的优势。其次，叶片边缘的深裂可以调节叶面温度，有利于控制水分流失，既利于散热又可以赋予植物更好的耐寒性。研究表明，高纬度地区的植物更倾向于锯齿或深裂叶，这在一定程度上可以代表陆地年平均气温的表征。另外，叶片的深裂由于提高了液压效率，更利于植物耐受干旱胁迫。最后，叶缘的各种形态在很大程度上也赋予了人类更好地观赏价值（图7-12）。

图 7-12　不同基因型栽培向日葵的叶片锯齿形状
Fig. 7-12　Serrated leaves of sunflower cultivated with different genotypes

3. 叶片数量

叶片作为植物与外界环境接触面积最大的光合器官，其性状变化决定着植物冠层的紧密水平、形态构造及发育模式，直接影响植物对光的拦截效率和光合效率、生产力大小、竞争及生存适应能力。对于生活在多变环境下的陆生植物而言，异质生境的资源限制很难使植物同时增加叶大小与叶数量，在给定的总叶面积或叶生物量分配下，植物可能有较少的大叶片或者较多的小叶片，而植物如何有效地配置其有限的资源将直接影响物种的生存、繁殖和进化。因此，研究植物叶大小与数量的权衡关系在不同生境中的资源配置策略，对了解植物性状的进化、资源获取、适应对策、物种分布以及生态系统对干扰的响应具有重要意义（表7-9）。

表 7-9　不同食用向日葵种质的叶片数量（甘肃，2021年）
Tab. 7-9　Grain length and grain width of different sunflower varieties

名称	叶片数（片）	名称	叶片数（片）	名称	叶片数（片）
新食葵 27	24	JK103	30	陇葵杂 4 号	25
T363	26	X3939	28	GKS1605	22
金葵 613	25	龙葵 861	23	A983	24
JK601	24	T6081	22	九洋 3631	20
三瑞 7 号	26	同庆 3 号	24	HT339	26
三瑞 3 号	28	AD636	23	TLC53	22
JH810	22	T6088	25	九洋 1 号	26
金葵 688	27	T902	25	三丰 6 号	22
先瑞 10 号	24	金硕 1 号	28	AD630	24
先葵 311	28	YF601	27	GKS1609	20
T901	29	YF363	26	九洋 331	27
亿丰 3 号	27	先葵 363	24	W0409	26

第四节 甘肃向日葵遗传多样性研究

一、基于表型性状的观赏型向日葵种质资源遗传多样性分析

观赏型向日葵是我国城市环境布置、庭院花卉配置中的重要花材之一,广泛应用于花坛、花带,也用于切花。观赏型向日葵姿态优美、形态多样,具有很高的观赏价值和经济价值。但目前观赏型向日葵种子仍主要依赖进口,因此选育适宜本地气候特点、满足不同生产需要、拥有自主知识产权的优良观赏型向日葵品种非常重要。

当今国内外市场对观赏型向日葵切花的需求量逐年上升,切花品种的筛选直接影响切花产品的质量,选择适宜的观赏型向日葵切花品种对其产业化发展至关重要。花部性状是进行品种分类的重要判断依据,也是评价观赏型向日葵的重要指标之一。观赏型向日葵以黄色系、橘色系、紫色系、杂色系为主,白色系品种较少。广义的观赏型向日葵花色包括除舌状花颜色外的萼片、柱头、花药等色彩,柱头颜色的变化可能受到传粉昆虫的影响,也与花盘发育情况相关。本研究对 30 份观赏型向日葵种质资源的表型性状进行遗传差异性分析和聚类分析,从而了解观赏型向日葵种质资源的遗传多样性、变异程度和品种资源之间的遗传关系,为观赏型向日葵种质资源利用和现代育种提供一定的参考(表 7–10)。

表 7–10 30 份观赏型向日葵品种资源及编号
Tab. 7–10 The germplasm of 30 ornamental sunflower

编号	名称	样品图	编号	名称	样品图	编号	名称	样品图
1	玩具熊		11	红宝石		21	文森特	
2	鸿运		12	玫瑰		22	阿尔卑斯橙心	
3	晨光		13	欢笑		23	柠檬红晕	

续表

编号	名称	样品图	编号	名称	样品图	编号	名称	样品图
4	小黑熊		14	金色洛唐		24	巧克力	
5	地球漫步		15	太阳斑		25	油画	
6	微笑		16	玩具熊剑状		26	金拥碧翠	
7	柠檬黄		17	大笑		27	卡巴莱	
8	月迹		18	月光		28	宝石红芳	
9	无限阳光		19	大蝎子		29	泰迪熊	
10	奶油		20	云之恋		30.	金海星	

（一）材料与方法

1. 供试材料

（1）供试品种。供试材料为甘肃省农业科学院作物研究所收集的市售观赏型向日葵种质资源。

（2）试验地概况。试验地位于兰州新区，东经103°29'22"～103°49'56"，北纬36°17'15"～36°43'29"。属典型的温带半干旱大陆性气候，年平均气温6.9℃，年平均降水量300～350 mm，年蒸发量1 880 mm；全年平均无霜期139 d，年日照量1 744～2 659 h，日照率60%。选取自然发病圃，土质为沙壤土，水肥条件良好，肥力中等，灌溉方便，前茬作物玉米。

（3）试验设计。随机区组排列，3次重复，每小区6行，行长12 m，顺序排列，株距0.3 m，行距0.6 m，小区面积36 m²。种植密度为4.05万株/hm²，小区边距设保护行。4月20日覆膜播种，施入海藻酸复合肥料（22%N，10%P_2O_5，10%K_2O）（硫酸钾海藻酸螯合型）300 kg/hm²作基肥。生育期间追施尿素225 kg/hm²，灌水2次，中耕锄草2次。

（4）苗期性状。出苗20 d后取样，测定幼苗茎色、叶色，观察幼苗花青苷显色情况。

（5）开花期观赏型向日葵种质的生物学性状鉴定。择盛花期即群体50%植株开花时进行植株各项指标测定，测定方法参照《植物新品种特异性、一致性和稳定性测试指南 向日葵》（NY/T 2433—2013）要求进行。结合市场和生产实际需要，选择株高、花朵数、分枝长、分枝类型、舌状花数、舌状花长、舌状花颜色、花盘颜色、花朵直径、叶绿素含量（SPAD）（中部叶片）等性状进行测定，每个品种随机选取20株测量。

2. 数据统计分析

试验数据采用Excel 2003计算供试材料数量性状的总体平均数、标准差、变异系数（CV）。用Shannon–Wiener多样性指数（Shannon–Wiener diversity index，H'）进行评价。

$$H'=-\sum_{i=1}^{n}pi\times \ln pi (i=1,2,3...)$$

式中，pi为某性状第i个品种出现的频率。

采用spss 19.0进行变异分析、相关分析，根据欧氏距离对观赏型向日葵品种资源进行聚类分析。

（二）结果与分析

1. 不同观赏型向日葵种质的物候期

不同花期品种搭配是延长观赏型向日葵观赏期的主要途径。由于基因型不同，不同观赏型向日葵种质的物候期存在明显的差异。由表7-11可以看出，30个观赏型向日葵种质资源的出苗期一致，均为5月5日，现蕾期介于7月3—6日，初花期介于7月24日至8月4日，盛花期介于8月14—17日，终花期介于8月23—29日，花期均较长。4号"小黑熊"现蕾最早，11号"红宝石"最早开花，这2个资源相较于其他资源有较强的市场竞争力，可以早一步进入切花市场。

表 7-11 不同观赏型向日葵种质的生育期

Tab. 7-11 Growth period of different ornamental sunflower germplasm

编号	出苗期	现蕾期	开花期			编号	出苗期	现蕾期	开花期		
			初花期	盛花期	终花期				初花期	盛花期	终花期
1	5/5	7/6	8/1	8/15	8/23	16	5/5	7/6	8/2	8/14	8/28
2	5/5	7/6	8/1	8/17	8/24	17	5/5	7/5	8/1	8/14	8/24
3	5/5	7/6	8/3	8/15	8/28	18	5/5	7/6	8/1	8/14	8/27
4	5/5	7/3	7/25	8/14	8/28	19	5/5	7/6	7/28	8/15	8/28
5	5/5	7/5	8/2	8/15	8/27	20	5/5	7/6	8/1	8/16	8/25
6	5/5	7/5	8/3	8/14	8/29	21	5/5	7/4	8/2	8/14	8/28
7	5/5	7/5	8/4	8/16	8/29	22	5/5	7/4	8/3	8/16	8/25
8	5/5	7/6	8/3	8/14	8/29	23	5/5	7/4	8/4	8/16	8/27
9	5/5	7/6	8/4	8/15	8/28	24	5/5	7/4	8/4	8/14	8/23
10	5/5	7/6	8/1	8/15	8/29	25	5/5	7/4	8/1	8/14	8/27
11	5/5	7/5	7/24	8/14	8/27	26	5/5	7/4	7/29	8/14	8/27
12	5/5	7/5	8/1	8/16	8/25	27	5/5	7/6	7/29	8/14	8/24
13	5/5	7/5	7/29	8/16	8/28	28	5/5	7/4	7/28	8/16	8/27
14	5/5	7/6	8/1	8/16	8/28	29	5/5	7/6	8/1	8/14	8/23
15	5/5	7/6	8/1	8/16	8/28	30	5/5	7/6	8/2	8/16	8/27

注：表中日期均以"月/日"表示。

2. 不同观赏型向日葵种质的质量性状分析

观赏型向日葵品种资源的质量性状分析结果（表 7-12）表明，选取与观赏型向日葵评价相关的 11 个质量性状，在 30 份观赏型向日葵种质中共有 33 个变异类型，平均每个性状的变异类型为 3 个，大部分性状的变异类型与分布频率不同。

表 7-12 不同观赏型向日葵种质的质量性状的分类及分布频率

Tab. 7-12 Classification and distribution frequency of quality traits of different ornamental sunflower germplasm

性状	遗传多样性指数	性状描述级别	资源份数	分布频率（%）
幼苗茎色	0.970 1	浅绿色	10	33.33
		紫色	16	53.33
		绿色	4	13.33
幼苗叶色	0.325 1	浅绿色	27	90.00
		绿色	3	10.00

续表

性状	遗传多样性指数	性状描述级别	资源份数	分布频率（%）
幼苗花青苷显色	0.690 9	有	16	53.33
		无	14	46.67
舌状花色	1.408 7	黄色	10	33.33
		淡黄色	2	6.67
		紫色渐变	4	13.33
		乳白色	1	3.33
		杂色	12	40.00
		紫色	1	3.33
花盘颜色	0.684 2	紫色	13	43.33
		绿色	17	56.67
柱头色	0.880 7	黄色	9	30.00
		黄绿色	3	10.00
		紫色	19	63.33
管状花颜色	0.711 5	黄色	8	26.67
		橙黄色	2	6.67
		紫色	24	80.00
花粉颜色	0.146 1	黄色	29	96.67
		白色	1	3.33
舌状花形	0.880 7	梭形	3	10.00
		卵圆	19	63.33
		近圆	9	30.00
舌状花类型	0.811 8	单瓣	25	83.33
		重瓣	5	16.67
分枝类型	1.394 3	下部	3	10.00
		中下部	4	13.33
		全部	13	43.33
		中上部	8	26.67
		上部	2	6.67

观赏型向日葵质量性状的Shannon-Wiener多样性指数（H'）变化范围为0.146 1～1.408 7。H'最大的是舌状花色，舌状花杂色的分布频率40.00%。花粉颜色的H'最小，大多数以黄色花粉为主，分布频率为96.67%。幼苗茎色、花盘颜色、柱头色等以紫色为主，分析原因可能是观赏型向日葵花青素含量较高，有花青苷显色。分

枝类型以全部分枝为主，分布频率为43.33%。舌状花以单瓣、卵圆为主，分布频率分别为83.33%、63.33%。管状花颜色以紫色为主，占总数量的80.00%。

3. 不同观赏型向日葵种质的数量性状变异性分析

不同观赏型向日葵种质的数量性状如表7-13所示，30个观赏型向日葵种质的株高介于91.62～183.01 cm，其中1号"玩具熊"株高最矮，为91.62 cm；19号"大蝎子"株高最高，为183.01 cm。花朵数是衡量观赏型向日葵优劣的一个重要指标，花朵数多的观赏型向日葵有充足的切花资源。这30个观赏型向日葵种质的花朵数介于10.20～19.80朵，其中5号"地球漫步"花朵数最多，为19.80朵。该种质可以作为很好的切花材料进行推广。分枝长介于21.52～32.22 cm，18号"月光"分枝长最短，为21.52 cm。舌状花瓣数介于12.00～58.00。舌状花长介于3.47～8.40 cm。舌状花宽介于0.15～3.50 cm，舌状花大小、颜色变化等性状是观赏型向日葵评价的重要指标。叶绿素含量是评价植物光合能力的重要指标之一，SPAD值越高，植物的光合能力越强，这些种质的SPAD值介于29.60～56.10，其中21号"文森特"的叶绿素含量最高。

观赏型向日葵种质不同数量性状间的变异范围为10.61%～49.23%，变异系数从大至小依次为：舌状花宽＞舌状花瓣数＞舌状花长＞株高＞花朵数＞叶绿素含量＞分枝长。舌状花宽、舌状花瓣数、舌状花长的变异系数分别为49.23%、35.44%、27.15%。由变幅可知，观赏型向日葵花冠相关性状的变异系数高于茎秆及叶片的变异系数。在7个数量性状中，分枝长的变异系数最小，为10.61%。

表7-13 30份观赏向日葵种质数量性状变异情况
Tab. 7-13 Quantitative variation of 30 ornamental sunflower germplasm

性状	最小值	最大值	平均值	极差	标准差	变异系数（%）	最小值材料编号	最大值材料编号
株高（cm）	91.62	183.01	124.30	91.39	25.12	20.21	1	26
花朵数（朵）	10.20	19.80	14.76	9.60	2.70	18.31	21	5
分枝长（cm）	21.52	32.22	27.46	10.70	2.91	10.61	23	14
舌状花瓣数（瓣）	12.00	58.00	24.03	46.00	8.52	35.44	3	14
舌状花长（cm）	3.47	8.40	5.50	4.93	1.49	27.15	17	23
舌状花宽（cm）	0.15	3.50	2.07	3.35	1.02	49.23	8	28
叶绿素含量（SPAD）	29.60	56.10	45.91	26.50	7.13	15.54	30	21

4. 不同观赏型向日葵种质的数量性状相关性分析

观赏型向日葵种质的数量性状相关性分析显示（表7-14），性状间存在显著（$P<0.05$）的正相关或负相关关系。其中株高与花朵数、分枝长呈显著（$P<0.05$）负相关

关系；花朵数与分枝长呈显著正相关关系（$P < 0.05$）；分枝长与舌状花长呈显著负相关关系（$P < 0.05$）。

表 7–14　观赏型向日葵种质数量性状相关性分析
Tab. 7–14　Correlation analysis of quantitative traits of ornamental sunflower germplasm

性状	株高	花朵数	分枝长	舌状花瓣数	舌状花宽	叶绿素含量
株高	1					
花朵数	−0.449*	1				
分枝长	−0.413*	0.409*	1			
舌状花瓣数	0.303	−0.223	0.101	1		
舌状花长	0.353	−0.431	−0.515*	−0.097		
舌状花宽	0.121	−0.045	−0.189	−0.084	1	
叶绿素含量	−0.332	0.426	0.050	−0.154	−0.106	1.000

注：* 表示 0.05 水平上显著正相关。

5. 不同观赏向日葵种质的聚类分析

对 30 份观赏型向日葵种质表型性状进行聚类分析，在遗传距离为 10 处分为 3 个群组，结果见图 7–13。第Ⅰ群组共包含有 12 个品种材料，其主要特征是舌状花均为单瓣，株高较矮，舌状花数也较少。第Ⅱ群组共包含 14 个品种材料，来源较广，占总品种数的 46.67%。其主要特征是花朵数较多，株高适中，舌状花多为重瓣，颜色丰富，分枝数多，且较长。第Ⅲ群组只包括"柠檬红晕""卡巴莱""大蝎子""金拥碧翠"4 个种质，这些种质株高适中，舌状花均为单瓣，卵圆形，花朵数最少。

二、结论与讨论

种质资源遗传多样性主要是指群体内个体间基因组成的差异，对同一植物不同品种乃至同一品种不同个体间也有不同程度的差异性。种质资源遗传多样性的分析研究不仅有助于种质资源的管理、评价和利用，更有利于进行核心种质创新研究，是育种工作的基础。

对观赏型向日葵种质的质量性状多样性分析结果表明，舌状花色多样性指数最大，说明供试品种舌状花颜色比较丰富，主要以橙色、黄色、渐变色、杂色为主。结合其他质量性状分析结果，说明了当前观赏型向日葵的育种方向主要以丰富舌状花色、舌状花的形状及类型为主。分枝类型以全部分枝为主，在育种中育成分枝数多，分枝健壮地观赏型向日葵品种，有利于提供更多的鲜切花。幼苗叶色及茎色以紫色为主，育成花青素含量较高的观赏型向日葵品种。

对观赏型向日葵种质的数量性状多样性分析结果表明，变异系数从大至小依次为：舌状花宽＞舌状花瓣数＞舌状花长＞株高＞花朵数＞叶绿素含量＞分枝长。舌状花相关性状的变异系数大于株高、分枝长等性状，说明观赏型向日葵育种向多种舌状花形、颜色丰富等方向发展。数量性状的相关性分析发现，株高与花朵数、分枝长呈显著（$P < 0.05$）负相关关系，这个结果与前人的研究结论相似。采用系统聚类组间聚合的方法在遗传距离为10处将供试的30份种质划分为3个群组。第Ⅰ群组共包含有12个品种材料，第Ⅱ群组共包含14个品种材料，来源较广，占总品种数的46.67%。第Ⅲ群组只包括4个种质。这些分析结果从说明分枝长、分枝类型在观赏型向日葵育种方向上不再是重点指标，舌状花色、舌状花长、舌状花宽、舌状花类型、是相对重要的性状指标。

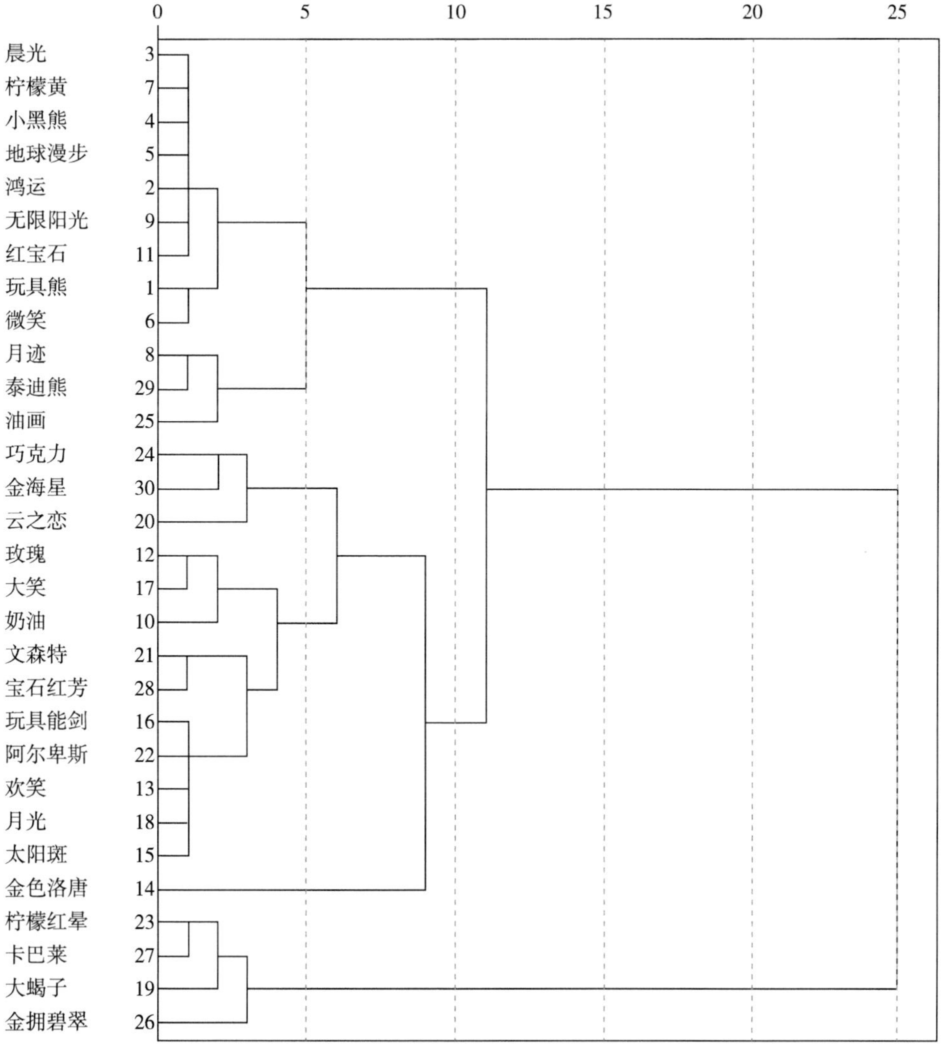

图 7–13　30份观赏向日葵种质的聚类分析结果
Fig. 7–13　Cluster analysis results of 30 ornamental sunflower germplasm

第八章　向日葵品种改良

第一节　国内外向日葵育种的发展

一、向日葵育种简史

向日葵育种工作在国外开始于1921年。Anashchenko将向日葵雄性不育性及其杂种优势利用研究分为3个时期。

第一时期为1920—1950年,在此时期发现了雄性不育株。1927年Kupcov在苏联库班VIR试验站从来源于印度的一个群体中发现了雄性不育株。1934年发现了一个由单隐性基因控制的雄性不育株。Morozov在1933年和1934年测定了由向日葵自交系组配的杂交组合,并观察到某些性状的杂种优势。1937—1938年,他以双列杂交为基础培育出了综合杂交种,并选出有生产能力的杂交组合。

第二时期为1951—1968年,此时期加拿大的Puttin,西德的Habura和Schuster,苏联的Ghundaev、Zhdanov和Vilif等开始对向日葵自交和杂种优势利用进行研究。他们的研究重点是向日葵自交系选育和杂交种选配,因而具有重要的理论意义。与此同时,他们开展了向日葵雄性不育资源的收集工作,发现了几个由1个或几个隐性基因(ms)控制的雄性不育源。1964年法国Leclercq利用野生向日葵(*H.petiolaris* Nutt.)和栽培向日葵(*H.annuus* L.)进行远缘杂交,获得了细胞核雄性不育系,法国、罗马尼亚、保加利亚等国利用核不育系与花青苷连锁遗传标志育成了核不育杂交种。第一个杂交种于1968年在法国育成,1971年育成了抗霜霉病的杂交种。

第三时期开始于1969年,Leclercq在 *H.petiolaris* Nutt. 和 *H.an-nuus* L. 的一个杂交后代中育成了细胞质雄性不育材料。1970年美国人Kinman首次从T66002-2材料中发现了不育性恢复基因源,标志着向日葵杂种优势利用新阶段的开始。南斯拉夫、法国、罗马尼亚、美国、加拿大、澳大利亚等国都利用这一雄性不育源开展研究,并配制出强优势向日葵杂交种在生产上推广应用。法国于1978年育成了第一个三系(不育系、保持系和恢复系）杂交种，1981年最优杂交种籽实含油率高达53%～54%。美国向日葵杂交种是在细胞质雄性不育系和育性恢复系的基础上获得的。罗马尼亚于1982年育成的杂交种籽实含油率也达53%～54%。南斯拉夫育成的NS-H系列杂交种和保加利亚、匈牙利、西班牙、澳大利亚等国选育的杂交种在品质方面都有所突破。

二、我国向日葵的育种研究

我国向日葵育种工作开始于1955年，依次开展了引种鉴定，系统选育和品种间杂交选育。通过引种鉴定，确定推广夫尼姆克1646、依列基、匈牙利4号、派列多维克等品种。然后由吉林省向日葵研究所于1962年以依列基为材料，选育出白葵3号；辽宁省农业科学院于1974年以罗马尼亚杂交种为材料选育出辽葵1号；山西农业大学以派列多维克为材料通过辐射选育成了晋葵1号。

我国向日葵杂种优势利用的研究工作开始于1974年，中国农业科学院从加拿大引入了向日葵细胞质雄性不育系1366A及保持系1366B。1975年成立了全国向日葵杂种优势利用研究协作组。1977年吉林省白城农业科学研究所育成了向日葵细胞质雄性不育系74102-4A及保持系74102-4B以及恢复系矮113，实现了油用型向日葵杂交种的"三系"配套。此后国内各育种单位又育成了不育系7611A、76055A以及相应的保持系和恢复系辽68、辽181、内5等，向日葵"三系"的选育结束了我国没有向日葵"三系"的历史，为进一步提高我国向日葵杂种优势利用研究奠定了基础。1979年油用型向日葵正式列入国家油料作物种植计划，成为油菜、花生、大豆之后的第四大油料作物。

20世纪80年代初期，第一批油用型向日葵杂交种在全国育成并推广，有白葵杂1号、辽葵杂1号、沈葵杂1号和内蒙古农业科学院育成的核不育杂交种485A×77-13。80年代后期又育成了第二批油用型向日葵杂交种，有白葵杂2号、白葵杂3号、辽葵杂2号、内葵杂1号、内葵杂2号、龙葵杂1号、汾葵杂3号、汾葵杂4号等。至此我国油用型向日葵生产用种基本实现了杂交种化。

20世纪90年代以后，我国许多向日葵育种单位又先后育成了适合不同生态区的油用型向日葵杂交种，同时也从国外引进了优良的杂交种，丰富了我国油用型向日葵的品种资源。随着市场的开放，国内各育种单位加大了研究力度，推出了很多优良的油用型向日葵杂交种，许多种子公司也引进了不少国外品种。

我国向日葵育种工作起步较晚，直到1973年才开始向日葵杂种优势利用的研究，1975年农业部把向日葵研究列为部管重点项目，并成立了杂种优势利用研究协作组。1977年吉林省向日葵研究所首先在国内育成了胞质雄性不育系74102-4A、保持系74102-4B和恢复系矮113，实现了"三系"配套，为我国杂种优势利用于生产奠定了基础。1988年后，我国与国外向日葵育种先进国家不断加强联系，随着品种资源和技术的引进，我国向日葵的研究水平得到了明显提高，育种方法也有了改进，并开始注重品质育种。

2003年甘肃省农业科学院作物研究所对17个从法国引进的油用型向日葵杂交种进行引种试验，从产量、含油率、适应性等方面进行考察鉴定，筛选出了4个丰产性好、抗逆性强、含油率高的适合于本地区种植推广的优良杂交种。我国的食用型向日葵市场前景非常可观，但食用型向日葵育种工作尤其是"三系"选育一直落后于油用型向日葵，其主要原因有以下几个方面。

1. 起步较晚、重视不够

1973年恢复向日葵育种工作后，主要开展了油用型向日葵杂交种的选育和食用型向日葵地方资源的整理等工作，从20世纪80年代初才开始食用型向日葵杂交种的选育工作，当时并没有得到足够的重视。黑龙江省1979年开始向日葵研究工作，以选育油用型杂交种和食用型常规品种为主，食用型向日葵杂交种的选育工作是在2000年前后才开始的（图8-1）。

图 8-1　向日葵育种试验地
Fig. 8-1　Sunflower breeding test site

2. 食用型向日葵自身的生物学特性给杂种优势利用带来困难

向日葵中普遍存在着自交不亲和现象，在食用型品种中尤为明显。籽粒越大，自交亲和性越差，我国地方品种的自交结实率只有千分之几，有的几乎为零，这使得杂种优势利用的基础——自交系选育极为困难，妨碍了杂交种选育。

3. 缺乏优质的育种材料

优异的种质资源是进行向日葵"三系"育种研究的物质基础，食用型向日葵种质资源亲缘关系较近、遗传基础非常狭窄，尤其在一些特异资源上更为缺乏，如抗菌核病、黄萎病资源，抗列当资源，高蛋白资源等。

4. 育种技术、方法有待完善

育种者开始往往完全按照油用型杂交种选育的方法和程序选育食用型杂交种，由于食用型向日葵和油用型向日葵的育种目标不同，食用型向日葵的外观性状，如籽实的粒型、粒色、长短、宽窄、百粒重、皮壳率等至关重要。研究中发现在选育过程中进行多代强制自交往往对籽实性状及向日葵本身的生活力影响明显。

第二节　向日葵育种目标与策略

向日葵优良品种的选育与大面积应用是向日葵增产的重要措施。培育出的向日葵品种需要具有一些特性，能适应不断发展的生产要求和人们不断提升的生活需求。育种目标具体表现在产量、品质、抗性和适应性几个方面。

一、制定育种目标的原则

育种目标是在一定的自然、栽培和社会经济条件下，制定新品种选育的生物学目标和经济指标在性状上的具体要求。随着历史时代的不同，育种目标会跟着变化，但是在一段时期内还是比较稳定的，如在20世纪80年代，育种目标主要是放在产量上，要争取解决人民吃不饱的问题。但当今随着人民生活水平的不断提高，品质好、口感好的向日葵品种更受欢迎。现有的向日葵品种有高产但品质略差的，有品质好但产量较低的，难以满足所有的需求，因此在当前的时代背景和育种目标下，需要育种家们不断实践，培育出集优质高产为一体的，具有多抗、广适性的品种，不断提高向日葵的品质、产量。

从2011年至今，农业部会同国家发改委、科技部和财政部等16个部委和单位成立了推进种业发展协调组，迅速出台扶持政策，加大工作力度，初步形成了推进现代种业发展的政策体系。农业部成立了种子管理局，强化种子产业指导和管理。编制了《全国现代农作物种业发展规划（2011—2020年）》，细化政策措施。修订了《农作物种子生产经营许可管理办法》，大幅提高市场准入门槛，促进企业兼并重组。持续开展种子执法年活动，加大对套牌侵权、制售假劣等违法行为的查处力度。财政部和税务总局出台了免征"育繁推一体化"企业所得税政策，扶持企业加大科研创新投入。强化企业资产转移等税收优惠政策，支持种子企业兼并重组。

（一）适应当地的生态气候条件和社会经济发展水平

优良品种是在一定的生态和经济条件下，经过人工选择和自然选择培育而成，其性状表现是基因型与环境条件相互作用的结果。从生态学看，育种目标必须适应当地生态环境，以求充分利用当地有利的生态条件争取高产，同时克服不利的生态条件争取稳产。选育的品种要能充分利用自然优势、扬长避短，才能满足当地经济发展和栽培条件的需要。

为使育种目标适应当地的生态环境，符合当地生产实际和经济需要，首先要做好周密的调查研究。育种工作者应深入农业生产一线，到种植者和消费者中做好调查研究，充分了解当地自然、生产和经济条件以及品种演变历史和品种利用情况。例如，在西北干旱半干旱地区，向日葵生长后期降温较快，向日葵早熟品种可以保证及时收获，提高结实率和产量。天气条件年际之间、地区之间变化较大。向日葵品种产量年际之间差异显著，给向日葵品种的商品性带来负面影响，影响向日葵种子的商品属性。早熟、稳产品种可提高品种的稳产性，保证农民持续稳定的收益。

（二）在综合改良的基础上，突出需要改进的重点性状

制定育种目标必须进行科学的分析研究，根据现有的育种材料、技术条件、专业协作等来分析育种目标实现的可行性。选育一个优良新品种并投入生产使用，常规方法一般需要10年左右的时间，采用南繁加代、系统选择、双单倍体或诱变育种等有关的技术和方法，一般也得5～6年。因此在制定育种目标时，首先必须考虑当前的生产条件，充分估计近期农业上产和商品经济发展前景，尽可能地了解生产、消费、加工三方面的要求。

不同地区及不同项目的向日葵育种目标不同。但是，总体来说，高产和高油是两大重点目标。关于高含油率，育种选择的目标应该是籽仁含油率高的基因型——这样可以获得单位面积内较高的产油量。产量是一个复杂的性状，为了获得高产品种，必须改良向日葵一系列的特征特性，如收获指数、库容量、抗生物和非生物胁迫的能力、早熟性、适应性等。对于特殊的市场需求，育种目标可能会有所不同。

二、向日葵的育种目标

目前，向日葵品种选育已走向高产、抗病、抗逆性强的发展方向。伴随着现代农业机械化的迅猛发展，向日葵的播种、田间管理及收获机械化程度会越来越高，育出的品种能否适宜机械化操作，将是育种家值得考虑的问题。

（一）向日葵育种目标的制定原则

向日葵在我国已有400多年的种植历史，是我国重要的经济作物和油料作物，是集食用、油用、饲用为一体的农作物，具有很高的食用价值和广泛的用途。

一直以来，向日葵种植在品种的选择上备受育种家和种植户的重视，从最初种植常规种及引进国外的杂交种，到后来各育种单位陆续选育出自主的油用型、食用型向日葵杂交种。在品种选育上育种者首先重视的是产量、商品性及含油率。

1. 结合不同向日葵种植区域土壤性质、气候条件、肥力水平、市场种植要求以及病虫害情况等，确定具体种植类型

选育过程中需要关注品种适应性、产量、生育期以及抗逆性等。为了更好地抢

占市场，品种选育应超前，确定选育类型后，通过规划确定具体选育时间（一般为8～10年），防止产品与市场经济发展间存在不适用现象，导致资源浪费。

2. 结合市场实际需要

近年来，随着人们生活水平的提升，优质食用型向日葵为常见食品。因此，食用型向日葵选育中，应以大粒、优质、高产、抗病和矮秆新品种为主。同时，应在快速选育中，选择结实率高、籽粒饱满、皮壳率低、产量高、株高适中和抗病性强的杂交食用型向日葵品种。

3. 应制定抗病虫害型向日葵培养目标

向日葵种植中经常可见黑斑病、菌核病、黄萎病、褐斑病和锈病等病害，以及向日葵螟虫等虫害，同时也易受寄生性杂草影响，导致可获得营养成分减少，甚至影响光合作用。向日葵病虫害中以菌核病最为常见，流行范围广、发生率高、为害严重，虫害则以向日葵螟虫为主。因此，应将选育抗菌核病和向日葵螟虫的品种作为重点目标。

4. 优质、高产是育种重要目标

产量是由许多产量构成因素所决定的，而且易受环境条件的影响。其遗传力与其他农艺性状相比相对较低，为18%～86.16%。研究人员发现，单株基础上籽实产量广义遗传力为18%，而株高、百粒重、籽实含油率、皮壳率和花盘直径的遗传力变幅为22%～49%；其他研究人员获得的籽实产量广义遗传力为57%，而株高、花盘直径、茎粗、百粒重和出仁率的遗传力变幅则为20%～81%。构成产量的主要性状——单盘的籽实数量和粒重的遗传力高于上述其他籽实产量构成性状的遗传力。因此，在育种实践中通过对产量构成因素进行选择而提高产量水平是有效的。

对向日葵产量性状配合力的研究早在20世纪40年代就有报道，发现各品系间配合力存在明显差异，一般配合力的遗传力较高，为60%～86%。特殊配合力对籽实产量较一般配合力更为重要，非加性遗传效应对产量的影响比加性遗传效应更为重要。假设非加性遗传成分较大，包括测交鉴定在内的育种方法对选择籽实产量较为有效。相反，如果籽实产量主要由加性遗传效应所控制，利用S1或S2子代鉴定的选择方法更有效。

选配杂交种主要利用亲本间的特殊配合力效应，即显性、上位性和各种互作等非加性效应。但是，也不能忽视一般配合力的作用，在多数材料上往往表现以特殊配合力效应为主，而在一些材料上则表现以一般效应为主。生产上选育优良品种主要是利用亲本的一般配合力，即基本的加性效应。而群体品种或综合体是兼利用两种配合力的效应。

提高产量是向日葵育种的重要目标，因此要从向日葵产量因子（盘径、百粒重、结实率、单盘籽粒重、单盘粒数等）方面入手。随着人们生活水平的提高，选育出的新品种在追求高产的同时，品质也是育种者必须考虑的因素。油用型向日葵从产量、籽粒含油率、高油酸含量及抗性（病、虫、倒伏、折茎）方面综合考虑。食用型向日葵从产量、蛋白质含量、籽粒的商品性（美观、口感）及抗性（病、虫、倒伏、折茎）等方面综合考虑。食用型向日葵作为人们休闲保健食品、油用型向日葵作为餐桌优质健康油的重要来源，在数量和质量上是否能满足这些需求，都将是育种者努力的方向。

5. 适合机械化操作

随着人们生活水平的不断提高和现代农业的发展，我国向日葵育种目标开始向着多元化方向发展，向日葵的播种、田间管理及收获机械化程度会越来越高，育成的品种在产量和品质提高的前提下，要求种植品种植株紧凑、耐密植、叶片小、田间通风透光性好、抗倒伏、适合机械化操作，有助于向日葵品种的更新换代，更好地服务于向日葵生产，促进向日葵产业的发展。

（二）食用型向日葵的育种目标

国内食用型向日葵常规品种类型丰富多样，但亲缘关系却相对较近。有人推测都来自国内的三道眉，因此转育成的自交系之间的一般配合力不强。配制的杂交种产量水平没有明显的突破，籽粒形状和农艺性状上的优势组合也非常少。由于食用型向日葵是虫媒花，任何一个食用型向日葵常规品种由于多年的自然授粉而变成了一个遗传杂合体，经过连续多年自交后能够分离出很多种类型。

1. 粒长

食用型向日葵的经济性状之间有一定遗传相关性。如粒型大小与产量之间呈一定程度的负相关，食用型向日葵杂交种粒型越大，一方面结实率可能下降，另一方面出仁率低，产量就低；相反，如果籽粒较短、结实率高、籽仁大，出仁率也很高，产量就高。

2. 株高

我国地方农家品种的高度一般都在 2.0～2.5 m，国外食用型向日葵杂交种的高度在 1.5 m 左右。株高的遗传方式是：亲本自交系与其 F_1 杂交种之间存在着显著的正相关，亲本高，F_1 杂交种植株也就高。有的向日葵杂交种植株的茎上端比较软，呈"n"形，这样可以减少鸟害，但是由于其弯度太大，花盘通风不良，容易造成籽粒发霉、烂盘；也有的相反，脖子太硬，花盘和植株几乎是平行的，这样一方面容易受到鸟的为害，另一方面也容易受到雨水浸湿，造成籽粒发霉。实践证明，向日葵杂交种的理想株型是：茎上端尽量保持直立，花盘呈 45°，花盘就在叶片上方，可以减少白粉病等其他病害的发生。

3. 单盘粒数

单盘粒数是一个重要性状，主要取决于自交系的配合力，超显性是主要规律。在选育自交系时应进行严格的观察，在研究配合力时应选择单盘籽粒数杂种优势高，同时单盘籽粒数多的组合。杂交种出仁率的高低由亲本基因型的显性程度所决定，其配合力极低。

4. 分支性

同一性状在不同气候条件和不同栽培条件下表现出一定的差异，因此，在性状选择上可能出现假象。如同一个自交系，正常情况下应该是不分枝的，但在某个地区的某个年份会出现部分分枝，某个年份又不分枝，这给食用型向日葵的育种增加了很大难度。

三、品质育种

蛋白质含量是食用型向日葵主要品质性状。向日葵蛋白质的化学和生物学品质是优良的。向日葵蛋白质含量是可观的。据俄罗斯克拉斯诺达尔地区统计，每公顷向日葵蛋白质收获量约360 kg，大豆为340 kg；10种必需氨基酸收获量向日葵128.5 kg/hm^2，大豆124.7 kg/hm^2。除赖氨酸低于大豆外，其余几种氨基酸含量均较高，向日葵被认为是高品质植物蛋白质来源。

油分和蛋白质含量呈负相关，只进行向日葵高油分的选择会导致蛋白质含量下降（表8-1）。同时由于白蛋白和球蛋白含量的改变，赖氨酸和蛋白质含量之间也呈负相关。油分和绿原酸之间呈正相关。研究证明，油分的生物合成过程约在开花后第35天完成。在此期间，不同成熟阶段的蛋白质总含量是不变的，而氨基酸含量却是变化的，特别是白蛋白减少而球蛋白增加。利用蛋白质含量高的亲本选育高蛋白的杂交种或品种是可能的。改进蛋白质品质，提高蛋白质含量的向日葵育种是有利于国计民生的。

表8-1 主要油料作物含油率及其精炼后油脂的脂肪酸组成

Tab. 8-1 Oil content of main oil crops and fatty acid composition of refined oils

分类	含油率（%）	棕榈酸（%）	硬脂酸（%）	油酸（%）	亚油酸（%）	亚麻酸（%）	甘碳烯酸（%）	芥酸（%）
高芥酸菜籽	37	4	2	34	17	7	9	26
低芥酸菜籽	40	4	2	55	26	10	2	微量
大豆	20	9	5	45	37	3	微量	微量
胡麻	37～39	6.9	3.6	16	15	58.5	0	0
花生	40	13	3	42	34	微量	1	微量
向日葵	40～50	6	4	19	39	微量	2	...

多数食用型向日葵连续自交7～8代后，与自交前的原材料相比，在盘径、粒重、粒长、单盘粒数上都有所下降，个别材料下降严重。这些下降的经济性状，有些在F_1中能恢复或超亲，如盘径、百粒重、单盘粒数等。也有个别材料经济性状退化不明显，有些自交系自交年份越长，植株越高，本来原材料株高在1.5 m左右，经过5～6代

自交后，植株高度可达到 2.5～3.0 m，其他经济性状也没有表现出明显的优势，所以这个自交系应该淘汰。而籽粒长度这一重要商品性指标，在绝大多数组合中却取决于 2 个亲本的平均数，也有的杂交种粒长比双亲还小，所以一般 F_1 的籽粒长度要比原材料籽粒长度短。

食用型向日葵的杂种优势在一定亲本类型时才能够表现出来。因此，要筛选出经济性状优异又具有高配合力的亲本是非常困难的，必须要做大量的组合才有可能从中筛选出配合力高的杂交种。因而，食用型向日葵杂交种的培育难度比较大。

观赏型向日葵的研究主要包括以下几个方面：对观赏型向日葵的新优品种的推介，如李勋（2010）介绍观赏型向日葵新优品种达 30 余种，并简要介绍每个品种的特性；吴建设等于 2012 年和 2014 年分别选育出"闽葵 1 号""闽葵 4 号"；对观赏型向日葵的引种研究，如亢福仁等（2005）首次在北京大面积反季节栽培食用型向日葵及部分矮秆分枝型观赏型向日葵，通过适当的管理措施，有效控制向日葵的生长高度，缩短生育期；石江等（2011）对 46 个向日葵品种在杭州地区种植，并进行比较试验；对观赏型向日葵的种植及栽培研究，如邹江腾等（2013）对观赏和切花向日葵的种植技术进行了阐述；陈卫民等（2011）对向日葵黑茎病在新疆地区的发生规律及综合防治技术进行了研究，并提出防控对策；曾琳等（2010）以观赏型向日葵"富阳"为材料，研究了不同氮磷钾用量配比对试验材料生长发育及光合作用的影响，已筛选最适宜的营养液配方。不同基因型的观赏型向日葵品种主要农艺性状从颜色（舌状花色、管状花色）、花瓣类型、分枝类型、株高（高、中、矮）、茎粗、盘径、分枝数、花径、花瓣数及花期长短等方面进行分析。

舌状花色分为乳白色、黄色、浅黄色及红色，管状花色分为紫色和黄色；花瓣类型有重瓣花和单瓣花；分枝类型分为上分枝、下分枝、全部分枝，品种之间差异较大（表 8–2）。

表 8–2 花色及色素组成（张剑亮，2008）
Tab. 8–2 Flower color and component of pigment

花色	色素组成	植物
奶油色及象牙色	黄酮、黄酮醇	金鱼草、大丽花
黄色	纯类胡萝卜素	黄色蔷薇
	纯黄酮醇	樱草类
	橙酮	金鱼草
	类胡萝卜素和黄酮或查尔酮	牛角花、荆豆
橙色	纯类胡萝卜素	百合
	天竺葵色素 + 橙酮	金鱼草
	纯天竺葵色素	天竺葵、一串红

续表

花色	色素组成	植物
绯红色	花青素+类胡萝卜素	郁金香
	花青素+类黄酮	豁裂花属及长管鸢尾属
褐色	花青素+类胡萝卜素	桂竹香、蔷薇
品红或深红色	纯花青素	山茶、秋海棠
粉红色	纯甲基花青素	牡丹、蔷薇
淡紫色或紫色	纯花翠素	南美马鞭草、大鸳鸯茉莉
蓝色	花青素+辅色素	藿香叶绿绒蒿
	花青素的金属络合物	矢车菊
	花翠素+辅色素	蓝茉莉
	花翠素的金属络合物	飞燕草、多叶羽扇豆
	高pH值的花翠素	报春
黑色	高含量的花翠素	郁金香、三色堇

第三节 向日葵的育种方向及育种策略

一、育种方向

（一）以生产需求为导向

现代化产业发展是建立在市场需求基础上的，一旦脱离生产需求自行制定生产目标，就会严重限制自身发展。市场对各种产品的需求并非一成不变，不同阶段存在一定差异性。因此，应及早做好市场调研工作，了解生产需求，并结合市场变化对生产内容及时进行育种目标调整，并利用适合的育种技术，缩短育种年限，提升育种水平。

（二）超前育种

培育向日葵新品种通常需要历经多年时间，同时新品种市场推广和被市场接受也需要多年时间。为满足当前市场对向日葵的需求，应提前进行市场预测，超前育种，以满足市场对相关产品的需求。

（三）培育新品种

对于向日葵种植人员而言，要想不断保证自身市场优势，提高种植经济效益，应采用辐射、远缘杂交和分子手段等方式进行新品种培育，不断丰富向日葵品种库。同时，为保证向日葵种植稳定性，还应采用重组分离等方式，实现优势互补，保证向日葵种子优良性和生产一致性。另外，进行向日葵新品种培育中，还应关注对品种的创新，具体从以下方面进行思考。

首先，应对种子资源进行创新，即广泛收集国内外优质种质资源，并对其进行鉴定和转育，结合我国地质和气候条件，选择优质种子类型，借助地理远缘杂交和理化诱变等方式对种子资源实施改良创新。

其次，加强对耐密植品种的研究。现阶段，我国国内种植食用型向日葵开始向小株密植型方向发展。而部分向日葵育种人员认为茎秆粗壮和叶面积大利于进行光合作用，依旧以降低株高、增加叶面积为育种目标，但叶面积过大会遮光并导致光合效率降低，影响产量。因此，应考虑向日葵种植发展趋向，培育新型耐密植品种。

再次，加强品质育种研究。优质品种可提升向日葵种植效益，可通过对已有品种资源进行分析、鉴定和筛选，选择适合当地自然生态条件、性质稳定以及高产高抗病的优良自交系，为进行高质量向日葵种植提供优质品种。在此基础上，结合市场对高产、高抗、富含维生素 E 的保健型、高油酸的亚油酸型产品的需求进行选育。

最后，向多抗聚合育种方向进行创新。现阶段，菌核病、黑斑病等病害依旧是影响向日葵产量的重要因素，且尚未找到病害抗原。因此，抗性育种应以抗病育种为主，从向日葵中选取优异抗原，并进行筛选鉴定，借助杂交重组和生物技术等方式，提升品种的抗病性。

二、育种策略（以食用型向日葵杂交育种为例）

1. 种质资源搜集、研究与利用是食用型向日葵杂交种育种的基础

必须广泛搜集和整理国外食用型向日葵杂交种、不育系和恢复系等种质资源，来弥补国内食用型向日葵遗传基因的匮乏，并对其生物学性状和配合力深入研究，利用国外优良的不育系筛选出优良保持系。

2. 开展多元化育种

为适应不同地域对向日葵籽实的不同口味的需求以及籽实的不同作用，在育种目标上要开展白粒型、黑粒型、长粒型、扒仁型等多种类型的育种。

3. 自交系的选育

选育自交系时，掌握每个自交系、每个性状衰退的反应程度，了解主要农艺性状的杂种优势表现及其在亲本和 F_1 间的相关性。自交系在自交 1 代（S$_1$）应该注意生育期、株高、单盘籽粒数、自花授粉和自由授粉的单株产量、百粒重、出仁率、花盘倾斜度和抗病性等性状。在选育出优良的自交系后，以自交系为父本、不育系为母本进行杂交，产生不育株，再用该自交系与不育的后代进行回交，这样经过连续 7 次的回交，就可将优良自交系转换成不育系了，其父本也就成了这个不育系的保持系。

4. 亲本恢复系的选育

恢复系也就是生产杂交种的父本。实践证明，好的恢复系应该是分枝型的，分枝的父本自交系最大的好处是开花期较长，能保证不育系的母本充分的授粉，延长授粉期，提高种子生产量。

5. 亲本自交系的繁殖

向日葵是虫媒异花授粉作物，自然杂交率高达95%以上，因此，繁育亲本自交系时必须在隔离区进行。隔离方法有时间隔离、空间隔离和防虫网隔离。空间隔离是与其他向日葵（包括油用型向日葵）植株的直线距离为5～8 km。自交系的任何混杂（包括机械和生物混杂）都会严重破坏杂交种的整齐度和抗病能力。最严重的问题是亲本自交系的生物混杂，这是因为它们能与任一向日葵植株进行异花授粉，而异花授粉多数情况下是因为与其他向日葵的空间隔离不够造成的。因此，杂交种良种繁育的首要任务是保持原始亲本自交系及其杂交种的遗传纯度。

6. 对已经稳定的自交系应该进行混合授粉

在试验中，由于没有隔离条件，研究人员对自交12年并且已经非常稳定的一个自交系仍进行自交，自交系不但没有整齐一致，反而出现了分离，种性也退化了。因此，一个自交系经连续自交8～9代后，多数自交系就应该稳定了。此时，对稳定的自交系就要进行混合授粉，不能再进行自交。

7. 杂交种的生产

利用自交可育系能简化杂交种繁育，在所有的强制自交后代中，首先要对每个自交系都要留几株只进行套袋，不进行人工辅助授粉，让其进行自然授粉，收获时选择那些花盘自然授粉结实最多的植株，同时分离出自花授粉的生物型自交系，这样在生产自交系时可大大减少劳动量。

8. 食用型向日葵杂交种的制种

杂交种的生产需要有足够量配合力好的不育系和恢复系种子。在3～5 km隔离区内，把不育系A和恢复系R以6:2的行比相间种植。不育系靠昆虫和风传粉，行比可依恢复系的特性加以调整，恢复系为分枝类型，不育系的行数可以增加。在进行制种时，还要特别注意杂交种的母本不育系中出现的结实植株，在整个开花期内每天都要拔除母本不育系中的结实植株，需花费很多劳力。因此，严格遵守亲本自交系的繁育制度和方法，能够在很大程度上降低亲本自交系的混杂，减少制种工作量。

第四节　向日葵特色育种

向日葵是一种生育期短、抗旱、耐盐碱和管理简单的高效种植作物，在我国北方多数地区均有大面积种植。随着向日葵市场的发展，不同类型产品需求市场更加明确，为了更好地满足市场，开始以高产、抗病、优质和株型理想向日葵为目标。其中，抗病品种以抗除草剂转基因向日葵和抗虫转基因向日葵为主；优质向日葵产品主要以富含高蛋白、高油酸、高亚油酸，以及皮壳率低和含油率高产品为主。

一、高油酸和亚油酸育种

富含油酸、亚油酸等不饱和脂肪酸的向日葵品种在改善人体新陈代谢、调节中老年群体血压以及降低血清胆固醇等方面具有重要应用价值。目前，市场中此类品种向日葵栽培时，主要采用传统杂交方式，而为保证品种稳定性，开始将传统杂交技术和先进基因工程技术相结合，并将高油酸、亚油酸品种向日葵作为重要培养方向（表8-3）。

表8-3　向日葵油的脂肪酸组成（吴正达，2001）
Tab. 8-3　Fatty acid composition of Sunflower oil

向日葵油类型	棕榈酸（%）	硬脂酸（%）	油酸（%）	α—亚麻酸（%）	其他（%）
高油酸	3.7	3.9	83.8	0.4	1.5
高亚油酸油	6.6	4.0	18.5	0.9	1.1

向日葵中蕴含维生素E成分，在促进发育、抗氧化、抗癌和延缓衰老方面具有良好作用，此类富含维生素E的向日葵品种也是生产保健产品的重要原料。目前，向日葵品种中维生素E平均含量为0.06%，培育中主要通过筛选方式，不断培育维生素E含量更高的品种。

二、富含维生素E保健型向日葵

向日葵油成分中的生育酚有4种同系物（α、β、γ、δ）分别显示不同的抗氧化性能。生物体内的抗氧化性以具有维生素E效果的α型最强。高油酸种和高亚油酸种的向日葵油均含大量α型生育酚（表8-4）。

表8-4　向日葵油成分中的生育酚含量（吴正达，2001）
Tab. 8-4　Tocopherol content in Sunflower oil

向日葵油类型	α—（mg/kg）	β—（mg/kg）	γ—（mg/kg）	δ—（mg/kg）	共计（mg/kg）
高油酸	422	12	3	0	437
高亚油酸	425	15	36	8	484

三、高蛋白及高赖氨酸型向日葵

在食用型向日葵中，主要育种目标为高蛋白和高赖氨酸含量型品种，并进行高产和高抗育种。在高抗育种中，以抗病育种为主，并不断提高产量，满足市场消费者需求。育种时为培育优质向日葵品种，通常利用杂交重组、生物技术等方式，提升向日葵抗病能力，并种植高蛋白及高赖氨酸型品种，不断选育出相应类型产品。

四、籽粒密实和弯曲度好型向日葵

葵盘排列紧密程度、葵盘弯曲程度与单盘粒数、鸟类为害等在向日葵葵籽粒相关性状选育过程中十分重要。从葵盘排列密实度方面来看，不论葵盘大小，若发生籽粒排列松散现象，鸟害会加重；反之，籽粒排列紧密，鸟害也会减轻。从葵盘弯曲程度方面分析，葵盘保持正面垂直向上或向上倾斜，鸟易站立且啄食范围大，鸟害严重；葵盘向下，鸟站立于葵盘背面，啄食难度提升、范围缩小，鸟害减轻。因此，在选育过程中应选择葵盘籽实排列紧密和弯曲度好的品种。

五、选育抗病虫、抗旱、高产美观实用型品种

现阶段，随着人们对向日葵需求量增加，为更好地满足消费者需求，应选育味道良好且外表美观型品种，提升消费者认可。同时，为获得更多市场份额，应选育高产品种，而高产品种选育中应关注产品种植效果，选育抗病虫害和抗旱品种，以此保证种植区产量。

第五节 向日葵品种间杂交育种

一、向日葵开花结实习性

（一）管状花开花过程

管状花开花授粉经历着花蕾长高、花冠开裂、花药雄蕊高耸后散粉、雌蕊伸出、柱头展开接受花粉等各项程序，全过程约需 24 h。通常是在 1—3 时后花蕾穗子房伸长而长高，花冠开裂，花药管显露。3—6 时雄蕊伸出花冠之外，8 时以后散粉。9—11 时散粉量最多。柱头在雄蕊散粉高峰期伸至花药管口暂时滞留，迟至 14—15 时才吐露，入夜 22—23 时裂片展开，柱头成熟。

（二）雌雄蕊成熟时间

雄蕊抽出和柱头裂片展开的时间先后不同，各自开放的时间都相对集中。4 时前雄蕊半伸出，5 时前伸出的约占当日伸出总量的 67%，6 时前伸出的约占 32%，只有很少数（5% 以下）是在 6 时以后伸出。柱头在 22 时前展开的约占 63%，23 时前展开的约占 25%。雄蕊散粉与柱头展开的时间先后相差 10～16 h，这是向日葵自花基本不孕的原因之一。

（三）管状花逐日开花量

舌状花冠展开的当天，花盘边沿只有少数管状花开放，以后有规律地由外及内每

日开放 2～4 圈（螺旋形圆），有的多达 5～6 圈。第 3～6 天开放的花量最多，占单株管状花总数的 60%～80%。往后渐次减少，直到中心花朵基本开完。环境条件不利时中心部分不能开放。

（四）柱头寿命

柱头受精后裂片逐渐向内卷曲，经 24～30 h 开始由鲜黄色变成褐色，2～3 d 凋萎。未受精的其展开状态可维持 6～8 d，保持一定的受精能力。雄蕊散粉后花丝收缩弯曲，逐渐将花药管拉回花冠筒内，凋萎的雌蕊缩进花药管中，花器残体仍固着在子房上，直到籽实成熟后才易剥落，留有花痕。

二、向日葵杂交种质创新

向日葵杂交种质又称向日葵育种的原始材料或基础材料，它是向日葵杂交育种工作的主要物质基础。向日葵杂交种质创新，就是采用各种杂交方法创造向日葵新种质。目前，向日葵杂交种质的种类很多，大体分为以下 6 种类型。

（一）地方品种

对于向日葵育种者来说，地方品种资源是非常重要的育种资源，因为当地群体大多对当地的环境条件（土壤环境、气候环境）具有非常好的适应性，而且其中一些对当地的一些病害具有较高的抗性，而随着近年来外地品种尤其是国外杂交种的快速涌入，地方品种受到了大量的冲击，如何利用和保护好地方品种也是育种工作的重要任务。

（二）过时的品种

一些曾经的品种现在已经在市场上难以找到，因为在产量和品质上不及目前的向日葵品种。可是这些陈旧的品种可能含有育种者需要的某些性状基因，所以这些过时的品种也是重要的育种材料。

（三）生产中常用的品种

应用目前生产上常用的品种作为育种材料是非常简单和有效的手段。这些品种大多具有高产、优质、抗病等优点。

（四）育种品系

这些材料包括：纯系、突变体、远缘杂交后代，还有利用基因工程技术获得的一些新材料。

1. 混合品种

在育种过程的开始阶段，利用混合品种作为育种资源是非常有价值的。利用混合品种的实质就是在开放授粉的条件下使各种基因型充分混合,以便创造一些具有新基因型的资源。

2. 野生向日葵资源

野生向日葵是重要的育种资源,同时也是向日葵育种的一个主要方向。野生向日葵中包含了很多抗性基因,如抗病、抗虫、抗非生物胁迫(干旱、冷害、盐害),最近又有利用野生向日葵创建出抗除草剂的新型向日葵资源。利用野生向日葵还能创造出高油或者高蛋白的优质资源。由于野生向日葵与栽培种亲缘关系较远,而且很多是多年生六倍体,所以需要利用生物技术的方法(幼胚培养,原生质体培养等)克服其不亲和性。

三、常规品种选育

(一)系统选育法

通过选择优良的向日葵变异单盘,从盘行鉴定、盘系比较到新品种育成的选育方法。具体方法如下。

第1年:在原始群体中选择优良单盘,经室内复选,淘汰不良单盘,选留的单盘分别脱粒,单独编号保存,并对其特点加以记录,以备对其后代进行检验。

第2年:将上年入选单盘按盘号种成盘行,每盘2行,每隔18行设一个对照,种植生产中的主推品种。生育期间按照育种目标的要求认真选择符合的盘行,在开花前将选择的盘行其中一行进行选择套袋,开花后进行自交,另一行成熟后进行产量比较和各性状的比较,淘汰不良的盘行。将选留盘行的自交提纯单盘单收、单脱,盘行内进行比较,选择性状一致的盘头混合作为盘系。

第3年:将上一年的盘系进行比较,每盘系选择性状一致的盘头套袋互交,成熟后按盘系将套袋互交盘头收获,分别去劣选优,将入选盘头按盘系混合脱粒,风选后按系保存。对未套袋的选择有代表性的相同花盘进行测产比较,作为室内选留的依据。如性状表现不稳定可以反复进行,直至稳定为止,最后形成新的品系。新品系形成后,将新品系主推品种进行对比试验,以鉴定其稳定性、性状一致性以及某些性状的特异性。下一年将入选的品系在隔离区(网室内或3 000 m以内的自然隔离区)进行种植扩繁,根据品系的种子数量确定繁种面积,在生育期间认真做好去杂工作。去杂分4次进行。

第1次在苗期:结合定苗拔除与本品种幼茎颜色不同的异型株和劣株。

第2次在现蕾期:根据品种的株高、叶片性状、颜色、株型等去除杂株和劣株。

第3次在开花初期:根据花盘形状、舌状花颜色、花粉颜色等去除杂株和劣株。

第4次在收获前:根据株型、花盘形状倾斜度、性状、籽粒形状和颜色等进行去杂。

生育期间还要精细管理,开花期进行人工辅助授粉或每0.33 hm^{2}地放一箱蜂,以提高结实率，增加原始产量。

（二）混合选育法

从混杂的原始群体中选取典型优良（或变异）单株，混合留种，下一代播种在混选区里，与标准品种（当地优良品种）和原始群体的小区相邻种植，进行比较鉴定。混合法的优点是简便易行，成本低，可结合生产进行，适宜于品种复优变纯，异花授粉不容易导致生活力衰退。混合法可分为以下几种。

1. 一次混合选择法（图8-2）

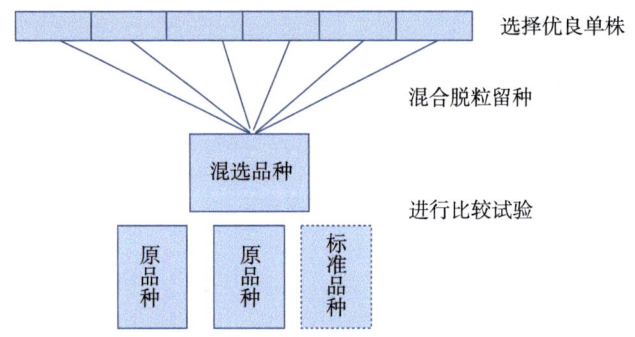

图 8-2　一次混合选择法示意图
Fig. 8-2　Schematic diagram of one-shot hybrid selection method

2. 多次混合选择法（图8-3）

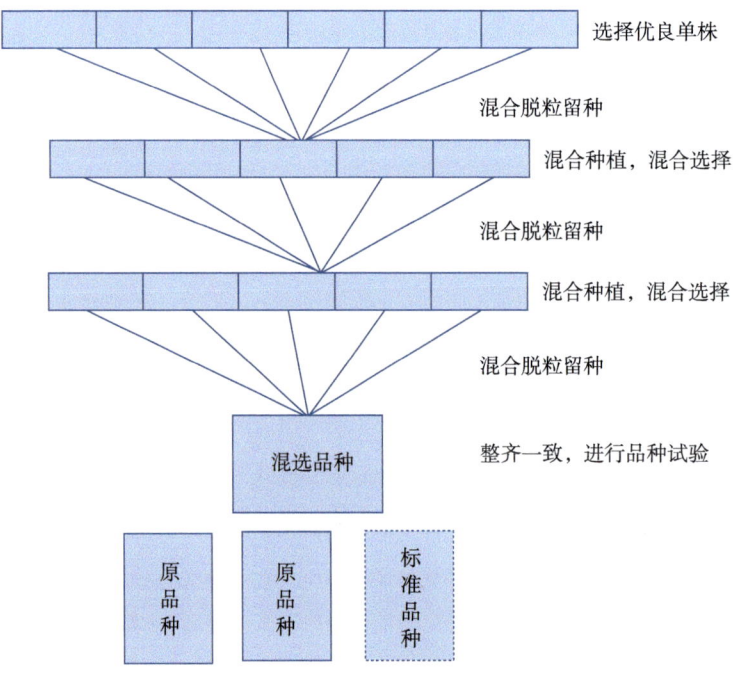

图 8-3　多次混合选择法示意图
Fig. 8-3　Schematic diagram of multiple hybrid selection method

3. 集团混合选择法（图 8-4）

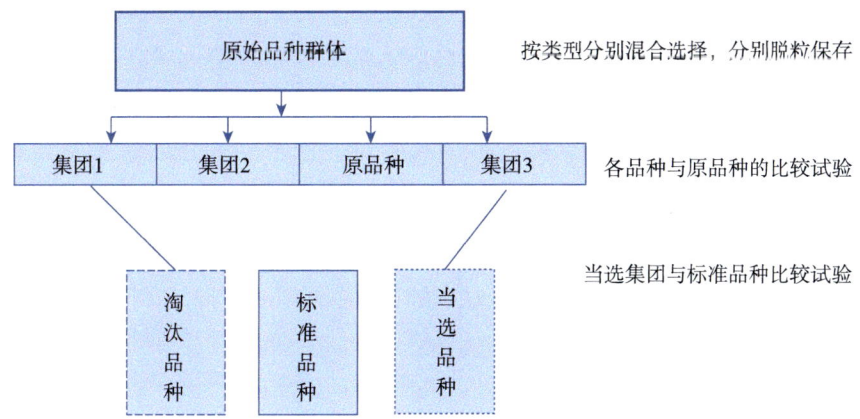

图 8-4　集团混合选择法示意图
Fig. 8-4　Schematic diagram of group hybrid selection method

（三）群体改良

1. Pustovoit 的半分法育种

这个方法是苏联专家 V.S.Pustovoit 于 20 世纪 20 年代研究的改良向日葵群体的方法，被认为是向日葵最成功有效的群体改良方法。其理论思路是尽可能在大的范围内收集和鉴别优良遗传个体，并将这些优良个体组成一个新的优良遗传群体。该方法尤其适用在粒型、粒色变异复杂，其他方法难以改良的食用型向日葵籽粒性状上。这个方法在食用型向日葵上被采用的关键是能否缩短育种年限，降低育种成本。多年的食用型向日葵育种经验和研究表明，这个方法是最有效的食用型向日葵群体改良方法。方法虽然简单明了，但是由于规模大、投入高和育种年限长，我国的向日葵育种单位很少采用。

第 1 年：选定要改良的群体。该群体最好是生产中被广泛种植，但有某些性状和特性需要改良。根据群体性状和育种目标，最好在一个较大的种植区域内进行深入考察，在选中的几个大群体里选择合意的 2 000～3 000 个单株收获单头，分别装袋。这个方法要求基础群体有足够的遗传变异，否则该选择方法没有效果或效果不好。如果基础材料变异过大，尤其是粒形和粒色，最后就很难选择出足够数量的相对一致的优良单头组成一个具有优良遗传性状的新群体。单头收获后，室内考种鉴定单盘粒重、百粒重、瘪粒率、粒色、粒形、出仁率、蛋白质含量等性状，选择 1 000～1 500 个单头编号保存，这个称为 S0 代单头，其他单头淘汰。

第 2 年：从编号为 S0 的每个单头取出部分种子种成单行或双行区，每区 15～30 株，用原群体选择优良单头混合收获的种子作对照，也可用生产上推广的优良品种作对照，每隔两区设 1 个对照，一般设两次重复。试验最好在隔离条件或在原群体的种植区域进行,这样可以考虑降低育种成本,用原品种作对照的收获材料可以作种子自用。生育期内调查记载每个小区性状的一致性、长势、病害抗性等。一般农家品种都有10%左右的分枝,在开花前去除分枝植株,随时去除不良植株、病株。秋季做一次最后的田间鉴定,表现不好的小区在田间直接淘汰;一般根据材料长势和株高留1.5～2.0 m的区头过道,留1.0～1.5 m的区尾,如果区尾不明显,要在收获前整理出可以识别不同小区的区尾。

根据田间表现,选中的小区以小区为单位混合收获,在田间简单去除杂质装袋晾晒。晾晒后对粒形、粒色、皮壳率、百粒重、单盘粒重、容重等性状进行室内考种,根据田间调查记载和考种结果选择100～300个单头。根据生产需要和材料及试验情况决定是否进行下一年的比较试验。如果生产上急用种子,可以不做下一年的比较试验。一般食用型向日葵单头较大,也可以分两部分进行。取入选的一部分S0种子在隔离区内混合种植成一个由优良单头组成的自由交配群体。如果进行下一年的比较,按编号取出入选种子,重复上一年的比较试验,这一轮选择要相对多留些单头,最后入选50～100个单头比较适宜。入选单头过多影响选择质量,入选单头过少难以保留群体良好的遗传变异。因为食用型向日葵群体的许多优良性状是多基因互作的结果,尤其是籽粒大小和对菌核病的抗性。这个方法的优点是能够很好保持群体的遗传变异。根据育种目标,如果要选择产量,试验必须设对照,要注意各区条件的一致性。如果要选择籽粒性状,可以不加对照,而增加选择个体。也可以在第1年的比较试验不加对照,重点选择籽粒性状,第2年的比较试验增加对照,重点选择产量。

第3年:将入选的第1年保存的S0单株种子按编号取出部分单头种子,重复上一年的比较试验。这一年试验最后选择50～100个S0单头。

第4年:将入选的S0单头50～100个混合一起,在隔离区种植成自由交配群体,同时取部分种子进行推广前的产量比较试验。为加快育种进度,如果条件允许,第2年的比较试验之后可以在当年的冬季将入选单头种子送海南繁殖,这样可使育种进度提前一年。第3年在本地扩繁一次,第4年可以有种子出售。

2. 混合选择

混合选择法在食用型向日葵改良中一般用在改良育成后的常规品种。在轻度混杂退化的育成品种中,根据表现型选择100～500个植株,根据育种目标,进行相应性状的鉴定,入选单头种子下一代在隔离条件下种植,群体自由交配,生育期内淘汰不良单株。这个方法简便快捷,短时间内可以获得大量种子。一般用来改良抗病性,改良食用型向日葵的籽粒性状不如半分法的改良效果。

不管哪种方法育成的品种,种子扩繁时要注意,向日葵的自由授粉品种是高度自交不亲和的异交结实群体,全部是由蜜蜂或其他昆虫来传粉,极少靠风力传粉。在隔离区内制种一定要考虑是否有足够的蜂源,如果蜂源不足要考虑人工辅助授粉。

第六节 向日葵杂种优势利用

向日葵是具有强大杂种优势的作物。其杂交种不仅在产量上表现出明显的优势，多数对锈病、霜霉病、黄萎病等具有抗性。而且用不育系生产杂交种比较容易。因此，以胞质雄性不育系为基础配制杂交种的选育，是当前世界上向日葵品种改良的主要方向。世界上有些盛产向日葵的国家，还提出了种子杂交种化。

向日葵杂种优势利用的研究与应用，虽然只有40多年历史，但在向日葵的优质高产上发挥了重大作用。我国向日葵杂种优势利用的研究工作起步较晚，开始于1974年。目前我国大面积推广的向日葵"三系"杂交种，就是用雄性不育系与育性恢复系杂交生产的第一代杂种，简称杂交种。其生长势、生活力、结实率、抗逆性、产量和品质等方面都超过其亲本，并超过一般品种。这种超亲现象称为杂种优势。向日葵杂种优势很强，增产效果显著，一般比普通品种增产15%～40%，能大幅度提高产量和品质。故扩大利用杂交种对发展向日葵生产有极大的促进作用。所谓"三系"是指雄性不育系、雄性不育保持系和育性恢复系（简称不育系、保持系和恢复系）（图8-5）。

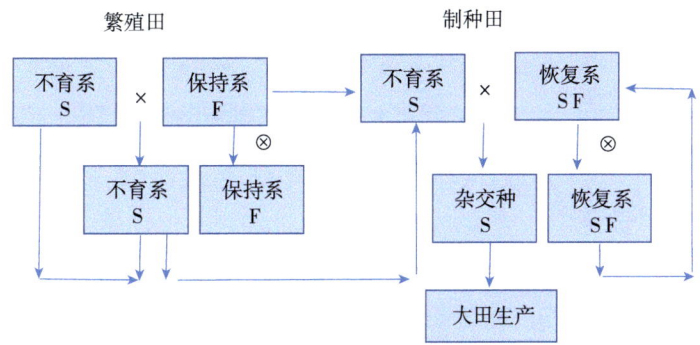

图 8-5 向日葵三系配套繁殖与制种图
Fig. 8-5 Reproduction and seed production of sunflower in three lines

不育系的特点：向日葵雄性不育系的雌蕊发育正常，有授粉结实能力。其雄蕊发育不全，花药干秕，无花粉粒或花粉粒很小无活力，花丝短，开花时花药不伸出管状花外。雌蕊柱头开放时伸出管状花外较长，未授粉时，持续不凋萎的时间比一般长1～2 d（一般可育株雌蕊柱头未授粉时可持续10～12 d不凋萎）。

保持系的特点：雄性不育保持系与不育系的优势几乎一样，唯其花药饱满、花粉正常，自花授粉能有部分结实，用它的花粉授予不育系，所结的种子播下后长出来的植株仍能保持雄性不育株，故称保持系。

恢复系的特点：雄性不育的育性恢复系是一个正常品种，有正常的花药和花粉，用它的花粉授予相应的不育系所结的种子，就是杂种一代。这种能改变母本的不育性为可育性，并有很强的父本优势，即为恢复系。有些恢复系具有分枝性，延长了开花时间，增多了花粉量，有利于提高制种产量。

一、不育系、保持系的选育

先选育保持系，然后回交转育 B 型群体（食用型常规品种目前均为保持型群体）（图 8-6）。

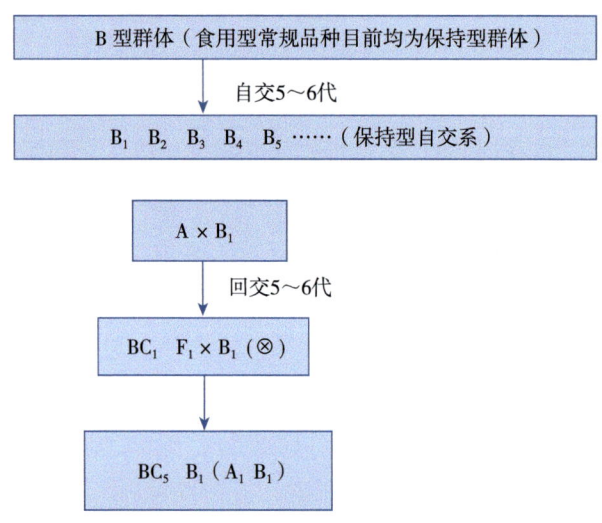

图 8-6 不育系、保持系的选育过程

Fig. 8-6 Breeding process of sterile line and maintainer line

二、恢复系的选育方法

1. 测交筛选

在向日葵杂种优势利用的初始阶段，如果不清楚目前搜集到的向日葵资源对胞质雄性不育的育性恢复情况，应采用测交的方法，同时将试材自交。下一年将这些测交种播种到育性鉴定圃内，开花时记载恢复率。发现有恢复率高、杂种优势强的测交种，其相应的父本材料就可入选，最后可获得稳定的恢复系。

2. 杂交选育

通过有性杂交技术，使亲本材料的遗传基因发生分离和重新组合，从而创造大量新的恢复系材料。杂交亲本的选配原则是选择性状突出、配合力高、抗病性强、亲本间性状能够互补、亲缘关系较远的材料。

3. 回交转育

当一个品种或自交系不具有恢复性，但是综合性状比较优良，可以将恢复基因转移到保持类型的优良材料中，选用配合力高、抗病性强、适应性好的材料作轮回亲本（父本），以恢复系材料人工去雄作母本，进行回交转育。

4. 利用"三系"杂交种进行选育

将向日葵杂交种套袋自交,在其分离后代中选择散粉良好而其他性状也比较理想的植株进行自交,再从分离世代的株系中选择完全是可育植株的株系,淘汰有不育植株的株系。同时可与不育系进行测交,以测定其恢复性和配合力,从而获得新的恢复系。

第七节 向日葵雄性不育系研究

植物雄性不育是指植物不能产生有功能的花粉。雄性不育的表型有多种多样,像雄蕊的缺失、花粉败育、花药不能裂开或是成熟花粉不能萌发,细胞色素氧化酶、合酶等多种酶活性下降,线粒体结构不正常等形态学、遗传学、细胞学以及生物化学等方面的表现。根据其遗传特点,植物雄性不育可分为细胞核雄性不育和细胞质雄性不育两种类型,其中由于两点突出优势而对其研究较多。由于其属于非孟德尔遗传,即母系遗传,该遗传特性会由于恢复系恢复基因的存在丧失不育遗传特性,因此是研究核质互作的理想模型。其次在杂交种生产上的使用,减少了人工去雄的繁重工作,从而使得不育系广泛使用。细胞质雄性不育现象在自然界普遍存在。到目前为止,细胞质雄性不育已在各科包括禾本科、豆科、锦葵科、茄科和菊科等中被发现,如今雄性不育已被广泛应用于农业来生产杂交种。由于细胞质雄性不育在植物杂种优势利用方面具有极其重要的意义,国内外众多学者对其发生机制从不同侧面进行了广泛而深入地研究。

一、细胞质雄性不育

细胞质雄性不育的来源包括天然雄性不育、种间杂交以及异源核质置换、原生质融合以及理化诱变等几种。天然雄性不育的例子如开创杂交水稻之先河的水稻野败型雄性不育系就是在海南一个农场附近发现的。玉米的新型雄性不育系是从美国得克萨斯州德墨西哥六月白品种内选出来的。

向日葵 *H.annuus* 367 也是天然雄性不育例子。细胞质雄性不育的本质就在于核质的不协调,因而当把异源细胞核置换到一种细胞质中后往往产生细胞质雄性不育。杂交以后产生的雄性不育就属于此类型。如向日葵第一个发现的细胞质雄性不育系就是 *Helianthus petiolaris*×*Helianthus annuus* (Leclercq,1969)。种内杂交有时候也能产生雄性不育,如 *H.annuus* ssp.*texanus* 来源的 *CMS-ANT1*。

基于这一原理,育种学家采用异源核质置换、原生质融合以及理化诱变等几种方法也相继成功。分别在小麦、水稻、油菜、高粱、向日葵等作物中培育了大量的雄性不育系,为获得新型雄性不育提供更多有效的手段。现在许多遗传学家还采用花粉囊特异启动子启动表达特殊基因来达到不育的目的。

（一）向日葵细胞质雄性不育表现

向日葵细胞质雄性不育表型表现为，在整个花期不伸出花冠，花冠长度只有正常花的一半，5枚花药分离，花药顶部的舌尖极度萎缩，花丝增粗、有粘连，花药内无内涵物，没有形成花粉，其他性器官均发育正常（图8-7）。

A　　　　　　　　　　　　　　　　B

图 8-7　向日葵可育系与不育系之间的表型比较（A. 可育；B. 不育）
Fig. 8-7　Phenotypic comparison between fertile and sterile sunflower lines（A.fertile；B.sterile）

对于细胞核基因雄性不育作物来说，其性状只受到细胞核基因的调控，和细胞质基因没有关系。在已知的文献及报道中，核雄性不育大多由单隐性基因控制，可育对不育为显性，通常用无性繁殖的手段来保存单基因 *ms* 突变体，该不育系没有保持系，但较易恢复，生产上常用来两系制种。

研究发现核不育型作物其雄性败育的时期并不是固定不变的，可能发生在花药发育的任何一个阶段，而且会随着作物种类的不同发生变化，其败育特征也同样会有所不同。

（二）雄性不育花器的形态特征

植物花粉发常，活力低，不能受精结实是雄性不育的主要特点。研究植物雄性不育株的花器有重要意义，根据花器形态可将其分为3种类型：花冠退化性、雄蕊萎缩型和花粉败育型。主要特征是，雄蕊受影响，花粉活力低，雌蕊不受影响，可以接受正常的花粉，受精结实。

（三）甘肃省向日葵雄性不育系研究

油用型向日葵作为一种抗旱、耐盐碱、耐瘠薄的油料作物，用途广，发展潜力大，优势强，在世界各地广泛种植。由于我国向日葵育种工作起步较晚，资源缺乏，研究技术和研究手段相对落后，所育品种在含油率、品质和抗病性方面与先进国家相比还存在很大差距。向日葵为"三系"杂交种，其杂种优势的利用基于雄性不育系的选育及应用，在杂交种的配制中，父母本亲和力的强弱直接影响着杂交种的繁殖系数和大面积推广应用，对于杂交亲和力的研究在其他作物上已有报道，但对向日葵的杂交亲和性方面的研究报道很少，为了筛选出农艺性状优良、育性稳定、杂交亲和力高的油用型向日葵雄性不育系，我们对近几年所选育6个雄性不育系在兰州试验站进行育性鉴定和亲和力测定分析，为进一步进行杂优利用提供科学依据。

1. 试验地概况

试验地设在兰州市永登县中川镇引大示范灌溉园区，海拔高度1 950 m，年平均气温6.9℃，年平均降水量300～350 mm，年蒸发量1 880 mm，全年平均无霜期139 d。试验地土质为沙壤土，前茬为亚麻，播前测定0～20 cm耕层土壤水解氮25.2 mg/kg，速效磷9.36 mg/kg，速效钾178.6 mg/kg，有机质9.92 g/kg，全盐含量0.51 g/kg，pH值8.53。播前施尿素300 kg/hm^2，磷二胺225 kg/hm^2，现蕾期浇水时追施尿素150 kg/hm^2。

2. 材料与方法

（1）试验材料。试验材料为近几年自选的6个油用型向日葵雄性不育材料，编号分别为07M-1A、07M-2A、07M-3A、07M-4A、07M-6A、F15-2A及相应的保持系07M-1B、07M-2B、07M-3B、07M-4B、07M-6B、F15-2B和5个恢复性自交系y08-425R、y08-426R、y08-429R、y08-431R、A15-1R。

（2）试验方法。试验于2008年4月12日覆膜播种，8月22—28日收获。在田间恢复系、不育系与保持系依次播种，不育系与同型保持系和恢复系相邻种植，恢复系与保持系各播种2行，不育系播种10行，行长6 m，株距25 cm，行距50 cm，不设重复。生育期记载物候期、植物学特征及农艺性状表现，开花后观察育性，统计不育株率。

结实率测定：开花前套袋隔离，每个不育系取10株进行自交，10株与保持系人工杂交，10株与恢复系人工杂交，其余开放异交，并挂牌标记。成熟后统计每个花盘结籽粒数、空秕籽粒数，测定不育系自交结实率、杂交结实率、异交结实率、百粒重和单株平均产量。结实率计算方法：结实率=（总盘粒数－空秕粒数）/总盘粒数×100%。

亲和力测定：亲和力用亲和指数表示，每个不育系另外取5株，每株留取200个小花，其余花用镊子去掉，与恢复系进行人工授粉杂交，并挂牌标记，成熟后统计每个花盘结籽粒数，亲和指数=花期人工授粉结籽数/花期人工授粉花数。

3. 结果与分析

（1）物候期表现。从表8-5可知，6个不育系物候期表现有所不同，但不育系与其同型的保持系物候期表现基本一致，不育系 07M-A 生育期最短，为 112 d，与 F15-2A 生育期 116 d 表现较早熟。07M-4A 生育期最长，为 122 d，与 07M-2A 和 07M-6A 生育期 120 d 表现较晚熟。07M-3A 生育期为 118 d。

表 8-5 6 个不育系物候期表现

Tab. 8-5 Phenological period of 6 cms lines

不育系与相应保持系	播种期（月/日）	出苗期（月/日）	现蕾期（月/日）	开花期（月/日）	成熟期（月/日）	生育期（d）
F15-2A	4/12	4/28	6/17	7/11	8/22	116
F15-2B	4/12	4/28	6/17	7/11	8/22	116
07M-1A	4/12	4/30	6/18	7/12	8/20	112
07M-1B	4/12	4/28	6/17	7/11	8/20	114
07M-2A	4/12	4/30	6/22	7/20	8/28	120
07M-2B	4/12	4/30	6/22	7/20	8/28	120
07M-3A	4/12	4/28	6/17	7/11	8/24	118
07M-3B	4/12	4/28	6/17	7/9	8/24	118
07M-4A	4/12	4/30	6/22	7/19	8/30	122
07M-4B	4/12	4/30	6/22	7/20	8/30	122
07M-6A	4/12	4/30	6/23	7/19	8/28	120
07M-6B	4/12	4/30	6/23	7/18	8/28	120

（2）植物学特征。在田间通过对 6 个油用型向日葵雄性不育系的不育率、结实率、生长势、整齐度、叶片数、叶色、舌状花色、柱头色、粒色、粒形、花盘性状、花盘倾斜度和分枝性等形态特征进行观察记载（表 8-6），6 个不育系之间差异较大。F15-2A 与 07M-1A 开花期 7～8 d，舌状花较短，不弯曲，其保持系花粉量大；07M-2A 开花期 5～6 d，舌状花较短，不弯曲，其保持系花粉量大；07M-3A 开花时期 7～8 d，舌状花较长，弯曲，保持系花粉量一般，成熟后期有轻微黑斑病发生；07M-4A 开花期 5～6 d，舌状花较长，不弯曲，开花期间花盘逐渐由凹变平，保持系花粉量一般；07M-6A 开花期较短 7～8 d，舌状花较长，不弯曲，保持系花粉量较大。6 个不育系育性遗传表现稳定，不育株率为 100%，花柱短，授粉后萎蔫快，无病虫害发生，其相应保持系与不育系植物学特征基本一致。

表 8-6 6 个不育系植物学特征

Tab. 8-6 Botanical characteristics 6 cms lines

不育系与相应保持系	不育率（%）	花盘倾斜度	叶片数（片）	叶色	舌状花色	柱头色	花盘形状	粒色	粒形	生长势	整齐度
F15-2A	100	3	25.0	绿色	橙黄	黄红	微凸	黑灰条纹	中锥	强	整齐
F15-2B	0	3	24.8	绿色	橙黄	黄红	微凸	黑灰条纹	中锥	强	整齐
07M-1A	100	4	30.6	绿色	橙黄	黄红	平	黑灰条纹	短锥	一般	整齐
07M-1B	0	4	30.2	绿色	橙黄	黄红	平	黑灰条纹	短锥	一般	整齐
07M-2A	100	3	30.6	深绿	橙黄	黄红	平	黑色	长锥	强	整齐
07M-2B	0	3	30.3	深绿	橙黄	黄红	平	黑色	长锥	强	整齐
07M-3A	100	3	26.0	深绿	橙黄	黄色	凸	黑灰条纹	中锥	一般	整齐
07M-3B	0	3	24.3	深绿	橙黄	黄色	凸	黑灰条纹	中锥	一般	整齐
07M-4A	100	3	22.4	深绿	橙黄	黄红	平	黑色	长锥	强	整齐
07M-4B	0	3	24.2	深绿	橙黄	黄红	平	黑色	长锥	强	整齐
07M-6A	100	5	31.6	深绿	橙黄	黄色	微凹	黑色	细长锥	强	整齐
07M-6B	0	5	31.2	深绿	橙黄	黄色	微凹	黑色	细长锥	强	整齐

（3）经济症状表现。通过对 6 个不育系主要经济性状进行田间考查和室内考种，结果（表 8-7）如下，6 个不育系中 07M-2A 株高最低，为 124.4 cm，07M-4A 株高最高，为 145.6 cm，其余为 124.5～145.4 cm；单株产量 07M-1B 最低为 39.5 g，07M-1A 最高为 94.0 g，其余为 43.8～86.0 g；皮壳率 F15-2A 最低，为 20.0%，07M-2B 最高，为 32.5%，其余为 21.7%～30%；籽实含油率 F15-2A 最高，为 50.22%，07M-2B 最低，为 37.17%，其余为 39.19%～48.01%。通过表 8-7 数据分析，不育系与保持系的株高表现基本一致，但在单株产量、百粒重、皮壳率、籽实含油率上存在着一定差异。

（4）结实性测定。对 6 个不育系结实性测定（表 8-8），其自交结实率均结实率为 0，异交结实率为 84.24%～92.12%，与保持系杂交其结实率为 83.73%～90.16%，与恢复系杂交其结实率为 77.55%～91.76%。其中 F15-2A 结实性表现最好，作为亲本，杂交制种产量高，有很好的商业开发利用价值。

表 8–7　6 个不育系主要经济性状表现

Tab. 8–7　The main economic characteristics of 6 cms lines

不育系与相应保持系	株高（cm）	花盘直径（cm）	百粒重（g）	皮壳率（%）	单株产量（g）	籽实含油率（%）
F15–2A	124.5	16.3	5.7	20.0	63.1	50.22
F15–2B	126.0	15.6	6.9	21.7	54.6	48.01
07M–1A	126.2	20.6	6.4	22.5	94.0	45.35
07M–1B	126.5	15.0	4.9	26.5	39.5	41.00
07M–2A	124.4	16.1	7.4	30.0	68.0	39.58
07M–2B	129.3	17.0	7.8	32.5	60.0	37.17
07M–3A	134.8	20.8	5.6	27.5	83.3	43.01
07M–3B	135.5	19.1	6.3	28.0	86.0	45.98
07M–4A	145.6	18.1	7.9	28.0	72.1	43.24
07M–4B	145.4	17.8	8.0	28.0	67.8	43.81
07M–6A	135.6	14.5	3.8	25.0	56.9	43.14
07M–6B	135.2	16.5	4.5	26.5	43.8	39.19

表 8–8　6 个不育系结实率测定

Tab. 8–8　Seeding rate of 6 cms line

不育系	自交结实率（%）	异交结实率（%）	与保持系杂交结实率（%）	与恢复系杂交结实率（%）
F15–2A	0	92.12	90.16	91.76
07M–1A	0	91.68	88.48	89.85
07M–2A	0	90.07	85.58	87.62
07M–3A	0	89.78	86.03	87.60
07M–4A	0	84.24	83.73	77.55
07M–6A	0	91.36	85.08	90.32

（5）亲和性表现。试验结果表明（表 8–9），不同不育系材料的杂交亲和力有显著差异，同一不育系与不同恢复系的杂交亲和力也存在差异，6 个不育系与不同恢复系进行杂交，其亲和指数最高 0.929，最低的为 0.697，0＜亲和指数＜1。F15–2A 与 4 个恢复系杂交的亲和指数为 0.858～0.929，平均为 0.905 0；07M–1A 与 5 个恢复系杂交的亲和指数为 0.898 2；07M–2A 与 5 个恢复系杂交的亲和指数为 0.844～0.886，平均为 0.870 6；07M–3A 与 5 个恢复系杂交的亲和指数为 0.724～0.906，平均为 0.861 6；07M–4A 与 5 个恢复系杂交的亲和指数为 0.697～0.860，平均为 0.783 0；07M–6A 与 5 个恢复系杂交的亲和指数为 0.865～0.921，平均为 0.893 0。

表 8-9 6 个不育系杂交亲和性表现

Tab. 8-9 The cross-compatibility of 6 cms lines

不育系	恢复系	授粉花数	结籽粒数	亲和指数	平均
F15-2A	A15-1R	1 000	929	0.929	0.905 0
	Y08-425R	1 000	925	0.925	
	Y08-426R	1 000	858	0.858	
	Y08-429R	1 000	908	0.908	
07M-1A	A15-1R	1 000	863	0.863	0.898 2
	y08-425R	1 000	923	0.923	
	y08-426R	1 000	908	0.908	
	y08-429R	1 000	915	0.915	
	y08-431R	1 000	882	0.882	
07M-2A	A15-1R	1 000	869	0.869	0.870 6
	y08-425R	1 000	871	0.871	
	y08-426R	1 000	886	0.886	
	y08-429R	1 000	844	0.844	
	y08-431R	1 000	883	0.883	
07M-3A	A15-1R	1 000	724	0.724	0.861 6
	y08-425R	1 000	892	0.892	
	y08-426R	1 000	895	0.895	
	y08-429R	1 000	906	0.906	
	y08-431R	1 000	891	0.891	
07M-4A	A15-1R	1 000	725	0.725	0.783 0
	y08-425R	1 000	783	0.783	
	y08-426R	1 000	697	0.697	
	y08-429R	1 000	860	0.860	
	y08-431R	1 000	850	0.850	
07M-6A	A15-1R	1 000	921	0.921	0.893 0
	y08-425R	1 000	899	0.899	
	y08-426R	1 000	902	0.902	
	y08-429R	1 000	865	0.865	
	y08-431R	1 000	878	0.878	

4. 讨论

通过对6个油用型向日葵雄性不育系的农艺性状考查分析，从实验结果来看，F15-2A 综合农业性状表现较好，表现矮秆，较早熟，皮壳率低，籽实含油率高，生长整齐，成熟一致，是一个比较优良的油用型向日葵雄性不育系，其配合力与杂种优势有待进一步研究。

试验所用不育系材料均为甘肃省农业科学院近几年新选育的材料，育性表现稳定，特征明显，具有一定的利用价值，其抗性还需进一步做深入的研究，下一步主要进行组配，通过配合力和杂种优势测定，筛选出配合力高、杂种优势强的组合，以供生产之用。

随着科技的发展与市场需求的多样化，生产上也需要不同类型的向日葵新品种，如油用型、加工剥壳型和嗑食型等。虽然在脂肪酸含量、籽粒形状、大小和蛋白质含量要求有所不同，但不管哪种类型均要求优质高产，抗病虫害，低皮壳率。所以，在育种材料筛选上也要从多方面考虑，对于一些性状表现欠缺的材料要加以改良，利用好其某一突出的性状。

二、向日葵的遗传转化

基因遗传转化是现代植物生物学和农业生物技术领域至关重要的研究方法。目前，已在超过120种植物中进行了外源基因的转化和表达。1987年，Everett 等首次成功地以下胚轴为外植体，以农杆菌为媒介将未知的外源基因转入向日葵基因组中，并以卡那霉素为标记筛选出再生植株。此后，由于向日葵再生体系的不稳定性和外源基因难整合性而停滞了多年，后来通过对再生体系的不断探索和优化，以及向日葵胚培养和原生质体培养等植物再生技术的发展，为其遗传转化带来了新的契机。

2001年，Müller 等以下胚轴为外植体，将 GFP 和 nptⅡ通过农杆菌介导法稳定地转入到向日葵自交系 HA300B 中，转化率达 0.1%。2006年 Mohamed 等以幼嫩的顶端分生组织为外植体，采用农杆菌介导和基因枪法相结合的方法将 GUS 基因转入向日葵的基因组中得到可遗传转化植株，转化率达到 4.1%。大量的研究表明，向日葵遗传转化方法主要有农杆菌介导法、聚乙二醇（Polyethylene glycol，PEG）法、电穿孔法、基因枪法、农杆菌介导和其他方法相结合的遗传转化法等。

聚乙二醇法、电穿孔法、基因枪法均是基因直接转移方法，聚乙二醇法和电穿孔法受向日葵原生质体再生体系的限制，在向日葵遗传转化中应用较少；基因枪法转化的多为多拷贝整合，基因整合过程中易发生重排和高拷贝插入现象，并存在后代遗传不稳定等缺点。

农杆菌介导法作为一种天然的植物基因转化系统，具有转化机理清楚、转化的外源基因结构完整、拷贝数低、整合后的外源基因结构变异小等优点，被广泛用于向日葵的遗传转化中。

三、向日葵的转基因研究

生物技术是一个强有力的遗传改良工具,现阶段利用生物技术的作物遗传改良已从单一性状向两种或更多复合的性状迈进,多基因聚合的分子育种已成为新的研究热点。转基因技术被认为是现代农业史上发展最为迅速、应用最为广泛的作物技术。自1996年转基因作物种植以来,到2011年,全球转基因作物种植面积增长约94倍,这为向日葵的遗传改良与新品种的培育提供了科学依据。

随着向日葵再生体系的不断优化和遗传转化体系的进一步探索,向日葵的转基因研究也取得了较大的进展,主要体现在品质改良、抗病、抗旱耐盐和抗除草剂等方面。

(一)品质改良

目前,向日葵油的硬脂酸含量最高可达46%,这成为提高其浊点的主要限制因素,也难以使向日葵油更好更广地应用于某些工业,但硬脂酸脱氢氧化产物油酸可广泛应用于工业中。Rousselin等试图将蓖麻(*Ricinus communis*)*RcDes*基因转入向日葵,并在向日葵种子中使*RcDes*编码的Δ9-硬脂酸去饱和酶过表达,Δ9-硬脂酸去饱和酶可氧化脱氢底物硬脂酸生成油酸。研究表明,*RcDes*基因已稳定地整合到向日葵基因组中,并在向日葵种子中过表达*RcDes*编码的Δ9-硬脂酸去饱和酶,与非转基因株系向日葵相比,转基因株系向日葵油的硬脂酸含量显著降低,但对这些转基因株系的开发利用还需进一步研究。

番茄红素可以猝灭活性氧类物质,清除体内自由基,活化免疫细胞,具有防癌、抗癌作用。番茄红素的抗氧化性能是天然类胡萝卜素中最强的,其独特的生理功能正越来越受到人们的重视。八氢番茄红素脱氢酶是促进番茄红素合成的关键酶。

植物固醇是一类具有生理活性的物质,能广泛用于医药、食品和饲料中,羟甲基戊二酸单酰辅酶A还原酶是植物固醇合成的限速酶。Dagüstü等将八氢番茄红素脱氢酶基因*crtI*和羟甲基戊二酸单酰辅酶A还原酶基因*Hmgr-CoA*通过农杆菌介导转化向日葵并未获得转基因植株。

(二)抗真菌病害

真菌引起的病害在向日葵生产中普遍存在,如菌核病、霜霉病、锈病和黄萎病等,也是造成向日葵减产和品质降低的主要因素。尽管有一定野生向日葵抗病种质材料,但通过传统改良方法周期较长,通过生物技术方法创制向日葵抗病种质材料为培育抗病向日葵新品种提供了新的思路。而且可以将两个或多个抗病基因同时导入植物中表达,使其表达产物通过协同作用共同防护病原菌入侵,可增强植物的抗病能力。Radonic等用葡聚糖酶基因*ch5B*和几丁质酶基因*gln2*构建双价表达载体*pHGC39*,通过根癌农杆菌介导转化向日葵,经PCR检测已导入基因组,但自T1之后检测不到目的基因。经研究分析，认为应选用比 *Ca MV35S* 更好的启动子。

（三）抗旱耐盐

脯氨酸（Proline）是植物细胞质内渗透调节物质之一，以游离状态广泛存在于植物体中。在稳定生物大分子结构、降低细胞酸性、解除氨毒以及作为能量库调节细胞氧化还原势等方面起重要作用。

在干旱、盐渍等胁迫条件下，许多植物体内脯氨酸大量积累。P5CS（△'- 二氢吡咯 –5- 羧酸合成酶）是具有 γ- 谷氨酰激酶和谷氨酰 γ- 半醛脱氢酶活性，在胁迫条件下，催化谷氨酸合成脯氨酸。

（四）抗除草剂

抗除草剂性状是商业化转基因作物的主要性状。2011 年商业化的抗除草剂转基因作物有大豆、玉米、油菜、棉花、甜菜和苜蓿，种植面积达 9 390 万 hm^2，占全球转基因作物种植面积的 59%。Dong 等以向日葵子叶作为外植体，导入 *bar* 基因，只获得了转化芽。Brar 等将带 *CP4* 基因的 *p WRG4750* 转化向日葵子叶，通过体外再生获得转基因植株，经转基因植株检测转化率达 0.7%，在田间种植的转基因的 R2 在 6～10 叶期用 2 250～4 500 mL/hm^2 草甘膦处理，结果表明处理过的向日葵植株仍可正常发育成熟，56%～79% 花盘发育正常。Neskorodov 等将带有抗除草剂基因的 *pBAR* 转化成熟胚并再生植株，经 Southern 杂交和 ELISA 分析表明 *bar* 基因在两代转基因植株中稳定表达，移栽至温室的转基因植株可抗 3 000 mL/hm^2Basta 除草剂。

第八节　甘肃向日葵育种研究技术资料

一、向日葵育种田间试验观测记载标准

物候期观察

1. 物候期观察

（1）播种期记录。播种的日期，以年、月、日表示。

（2）出苗期。

苗始期：全区有 10% 的幼苗出土。

苗盛期：全区有 50% 的幼苗出土。

出苗日数：自播种的翌日至出苗盛期的天数。

（3）现蕾期。全区有 50% 植株出现花蕾。

（4）开花期。

始花期：全区有10%植株主茎顶端第一朵花开放。

终花期：全区有90%植株停止开花。

（5）成熟期。花盘背面和茎秆中上部变成黄白色，叶片出现黄绿色；籽实充实，外壳坚硬，呈现固有色泽的植株，占全区总株数90%的日期。

（6）收获期。记载实际收获日期。

（7）全生育期。出苗至种子成熟期的天数，减去1 d。

（8）生育期活动积温。从出苗期到成熟期≥5℃日平均气温的累加值。

（9）生育期有效积温。从出苗期到成熟期≥5℃日平均气温减去5℃的累加值。

2. 植物学特征

（1）幼苗整齐度。在2对真叶期目测全区幼苗生育整齐一致的程度，以整、中、不整记载。

（2）幼苗颜色。分深绿、绿、浅绿3种颜色。

（3）幼苗茎色。在第3对真叶期调查子叶下茎色，分深紫色、紫色、淡紫色、绿色4种。

（4）对生叶对数。互生叶出现后调查对生叶数，以"对"表示。

（5）舌状花色。深紫色、紫色、淡紫色、深红色、红色、橙红色、橙黄色、黄色、淡黄色、杂色（指同一花冠具有以黄色为基调的不同色泽）。

（6）柱头色。黄色、淡黄色、黄绿色、紫色。

（7）花药色。深褐色、褐色、淡褐色。

（8）株高。从子叶到茎秆顶端的高度。

（9）分支株率。开花终期调查分支株率，占全区总株数的百分数。

（10）分枝类型（图8-8）。

图8-8　向日葵分枝类型示意图

Fig. 8-8 Branch types of a sunflower

（11）叶片数。现蕾期以后调查，随机取 10 株，取平均值。

（12）叶片锯齿类型（图 8-9）。

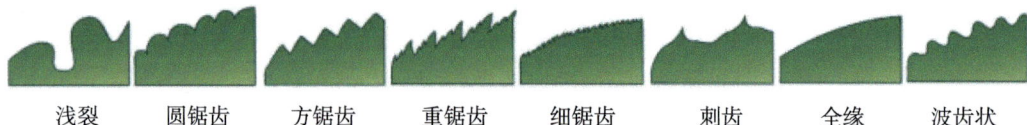

浅裂　　圆锯齿　　方锯齿　　重锯齿　　细锯齿　　刺齿　　全缘　　波齿状

图 8-9　向日葵叶片锯齿类型示意图
Fig. 8-9　Types of serrations on a sunflower blade

（13）叶形（图 8-10）。

椭圆形　　渐尖　　镰状　　尾尖　　卵圆形　　卵形　　心形　　倒卵形　　肾形

图 8-10　向日葵叶形示意图
Fig. 8-10　Pian shape of a sunflower leaf

（14）叶基（图 8-11）。

楔形　　心形　　渐狭　　下延　　偏斜　　圆钝　　圆形

图 8-11　向日葵叶基形态示意图
Fig. 8-11　Schematic diagram of leaf base morphology of sunflower

（15）叶尖（图 8-12）。

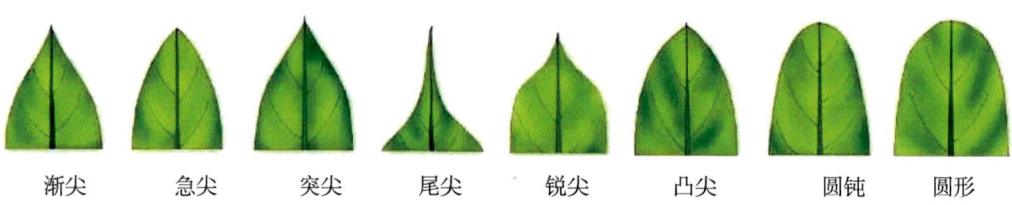

渐尖　　急尖　　突尖　　尾尖　　锐尖　　凸尖　　圆钝　　圆形

图 8-12　向日葵叶尖类型示意图
Fig. 8-12　Types of sunflower leaf tips

（16）茎粗。成熟期前茎秆中部的直径。

（17）花盘直径。成熟期前花盘的直径。

（18）花盘形状（图 8-13）。成熟期前调查，分凸、凹、平 3 种。

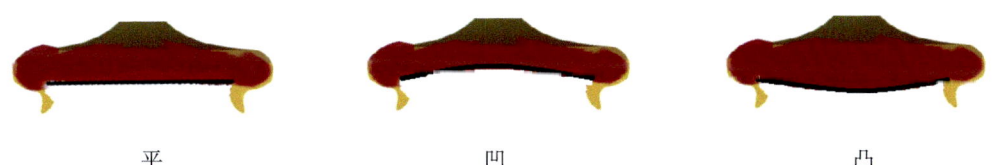

平　　　　　　　　　　凹　　　　　　　　　　凸

图 8-13　向日葵花盘形状类型示意图

Fig. 8-13　Diagram of sunflower disk shape type

（19）花盘倾斜度。成熟期前调查，分为 6 级记载（图 8-14）。

0 级：花盘正面向上与主茎呈 90° 角。

1 级：花盘正面与主茎的延长线呈 45° 角。

2 级：花盘正面与主茎平行。

3 级：植株颈部略弯曲，花盘正面延长线与主茎相交呈 45° 角。

4 级：植株颈部弯曲，花盘正面向下与主茎呈 90° 角。

5 级：植株上部茎秆弯曲，花盘下垂，正面与主茎延长线呈 90° 角。

（20）倒伏株率。植株茎秆倾斜 45° 以上，占全区总株数的百分数。记载倒伏日期和生育阶段，以及产生倒伏原因。

（21）折茎株率。折茎植株占全区总株数的百分数。记载折茎日期和生育阶段，以及产生折茎原因。

（22）病虫为害率。病害按疾病的不同种类调查发病率，描述记载病症；虫害按虫害的不同种类调查受害率。

（23）不育率。管状花雄性完全不育植株，占全区总株数的百分数。

（24）恢复率。管状花雄性完全可育植株，占全区总株数的百分数。

（25）植株生育整齐度。在开花期间目测全区植株生育整齐一致的程度，以整、中、不整表示。

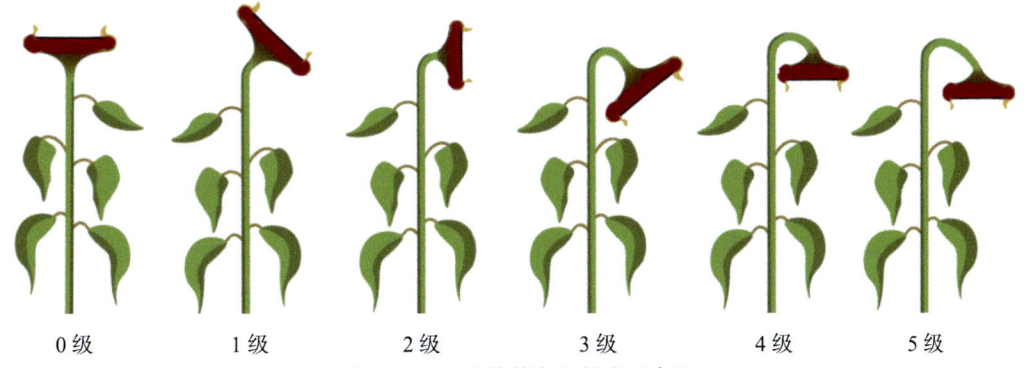

0 级　　　1 级　　　2 级　　　3 级　　　4 级　　　5 级

图 8-14　向日葵花盘倾斜度示意图

Fig. 8-14　Tilt of a sunflower tray

3. 室内考种

（1）主茎花盘籽实重。在成熟时随机收获 10 株，取主茎花盘脱粒风干后称籽实重量，取平均值。

（2）单株籽实重。在成熟时随机收获 10 株脱粒风干后称全株籽实重量，取平均值。

（3）主花盘粒数。在成熟时随机收获 5～10 株，主花盘单独脱粒，查每盘成粒数和空壳粒数。

$$空壳率 = \frac{空壳粒数}{成粒数 + 空壳粒数} \times 100\%$$

（4）粒色。根据籽实外壳实际色泽及花纹情况记载。

（5）粒形。圆锥形、长圆锥形、短圆锥形、卵圆形、长卵圆形。

（6）百粒重。随机取 100 粒风干的种子称重，重复 3 次，取平均值。

（7）皮壳率。

$$皮壳率 = \frac{籽实总重 - 籽仁重}{籽实总重} \times 100\%$$

（8）籽仁含油率。籽仁含油量占所取籽仁重量的百分数。测试方法用残余法，允许误差不超过 0.5%，取平均值。

（9）籽实含油率。籽实含油量占籽仁重量的百分数。

$$籽实含油率（\%）= 籽仁率 \times 籽仁含油率$$

（10）籽仁蛋白质含量（%）。随机取籽实平均样，剥皮测籽仁蛋白质含量。蛋白质含量为 15%～30% 时，相对偏差为 2%；超过 30% 时，相对偏差为 1%。

（11）籽实蛋白质含量。籽实蛋白质含量（%）= 籽仁率 × 籽仁蛋白质含量（%）

（12）实际籽实产量。在成熟期收获脱粒后，自然风干的籽实称重，为小区实际产量。

（13）单位面积产量。在成熟时收获的籽实产量，换算成单位面积产量，以 kg/hm^2 表示。

（14）单位面积产油量。产油量（kg/hm^2）= 单位面积产量 × 籽实含油率。

二、向日葵育种试验设计及操作实例

（一）油用型向日葵杂交组配与繁殖（2021）

1. 试验目的

通过选育优良"三系"材料，即雄性不育系、雄性不育保持系和雄性不育恢复系，为配置优良杂交种提供技术支撑。

2. 试验地点

兰州新区。

3. 试验材料与方法

2020年播种油用型向日葵自交系材料30份（表8-10），根据材料种子数量，播种行数为1行区、2行区、4行区、6行区、8行区、16行区、30行区。行长10 m，于4月20日播，现蕾开花期，通过套袋隔离、人工辅助授粉进行自交、测交和回交，进行培育优良"三系"材料，或进行不育系和恢复系繁殖。

表8-10 油用型向日葵自交系播种材料

Tab. 8-10 Oil sunflower inbred line seeding material

序号	材料名称	序号	材料名称	序号	材料名称
1	XZ10R	11	Y07m4B-3-2	21	y318R
2	y06-115R	12	1606R-1	22	F15-1R2-8
3	XZ5R	13	1606A	23	667A
4	y06-112R	14	562R	24	F15-1R2
5	y08-425R1	15	667A	25	y318♀×667B
6	y06-409R1	16	y318R-1	26	667B
7	y06-139R	17	07M4A	27	F15-2A×667B
8	y06-136R	18	y318R	28	Y07m4A
9	y08-409R2	19	F15-2A	29	BYK6♂
10	y06-109R	20	F15-2B	30	其余参试材料略

4. 参试材料田间种植图（表8-11）

表8-11 参试材料田间种植图

Tab. 8-11 Field planting diagram of test materials

小区面积6 m×5 m=30 m²；株距30 cm，行距60 cm 播期：4月19日

1	2	3	4	5	6	7	8	9	10	11	12
24	23	22	21	20	19	18	17	16	15	14	13
25	26	27	28	29	其	余	参	试	材	料	略

5. 栽培管理

（1）前茬玉米，土质沙壤土。

（2）基肥（种类、数量、质量、施肥时间及方法）。海藻酸复合肥料（硫酸钾海藻酸螯合型）20 kg/亩；施肥时间：4月10日；方法：人工撒施。

（3）整地（时间、机具、质量）。整地时间：2020年4月10日；机具：大型旋耕覆膜一体机；质量：好。

（4）种肥（种类、数量、施肥时间及方法）。无。

（5）播种期。4月19日。

（6）播种方法。人工点播。

（7）追肥（种类、数量、施肥时间及方法）。尿素 15 kg/ 亩，随滴灌施入。

（8）中耕除草（时间、次数、方法和质量）。中耕锄草 2 次，分别为 5 月 14—19 日、6 月 11—13 日。方法：人工除草，质量较好。

（9）灌溉（时间、次数、方法）。滴灌 6 次，分别为 5 月 12 日、5 月 30 日、6 月 14 日、7 月 3 日、7 月 28 日、8 月 6 日。

（10）防治病虫害（对象、时间、药剂名称、用量和方法）。无。

（11）其他。无。

6. 田间记载及田间评选

（1）田间记载项目。播种、出苗、成熟期、抗病性、抗旱性、耐寒性、抗倒伏性（表 8–12，表 8–13）。

表 8–12　参试材料田间记载评价表

Tab. 8–12　Evaluation table of field records of test materials

试材名称	出苗期	现蕾期	开花期	成熟期	生育日数	整齐度	分枝株率	不育株率	株高	茎粗	叶数	盘径	花盘形状	倒伏株率	折茎株率

表 8–13　病害发病指数调查记载表

Tab. 8–13　Disease incidence index survey record table

试材名称	菌核病	黄萎病	黑斑病	褐斑病	锈病	其他

7. 试验结果

通过套袋隔离，人工辅助授粉，共收获繁殖恢复系材料 25 份，不育系材料 4 份，相应保持系材料 3 份，并繁殖不育系 F15-2A 种子 12 kg、07M-4A 种子 5 kg，将作为下一年进行杂交组配或扩繁杂交种种子的亲本材料（表 8–14 至表 8–16）。

表 8–14　室内考种记载表

Tab. 8–14　Records of the indoor test

试材名称	单盘粒重	百粒重	籽仁率	单盘总数	籽粒结实数	结实率（%）

表 8–15　油用型向日葵产量结果记载表

Tab. 8–15　Record table of oil sunflower yield

品种名称	小区产量	折合亩产量	比对照增减	位次

表 8–16　结实率测定

Tab. 8–16　seeding rate of 6 cms line

不育系	自交结实率	异交结实率	与保持系杂交结实率	与恢复系杂交结实率

（二）食用型向日葵组合鉴定试验总结（2021）

1. 试验目的

对组合育性、产量、抗病性进行初步鉴定。

2. 试验地点

兰州新区。

3. 试验材料与方法

共播种2020年组配杂交组合材料28（表8-17），分A、B组，以JK601为对照，随即区组排列，3次重复，小区面积15 m²，6行区，行长5 m。

表 8-17 2021年食用型向日葵组合鉴定试验材料

Tab. 8-17 Test materials for identification of sunflower combinations in 2021

序号	组合名称	序号	组合名称
1	S10-335-2A×9021R	15	S07-153-4-1A×Q14-1R
2	904A×1403R	16	S07-153-4-1A×5061R
3	904A×5061R	17	S0920A×9638-2-9 R
4	S10-335-2A×5061R	18	S10-337A×LKZ-3 R
5	S10-335-2A×2015-1R	19	S07-153-4-1A×L15-2 ♂₁（分枝）
6	S07-153-4-1A×9021R	20	S10-335A×363R
7	ZH52A×1403R	21	601A×L15-2 ♂₁（分枝）
8	S10-335A×2015-1R	22	ZH52A×LKZ-3 R
9	JK601	23	JK601
10	S10-337A×363R	24	ZH52A×2015-1R
11	ZH52A×5061R	25	S10-335-2A×L15-2 ♂₁（分枝）
12	S10-337A×L15-2 ♂₁（分枝）	26	S10-335-2A×5061R
13	S07-153-4-1A×S100	27	S10-335-2A×363R
14	904A×L15-2 ♂₁（分枝）	28	陇葵杂4号

4. 主要考察记载项目

播种期、出苗期、现蕾期、开花期、成熟期、幼苗叶茎色、舌状花色、叶片数、株高、盘径、盘形、倒伏株率、分枝情况、病虫害发生情况等，成熟后取20株进行考种测产。

5. 试验结果与分析

通过表8-18试验A组和B组数据可知，28个试验组合材料生育期116～118 d，株高160～250 cm，盘径20～33 cm，单株产量80～170 g，折合亩产139.5～304.8 kg。其中11个组合材料较对照增，增产幅度为0.919 5%，15个组合材料较对照减产，减产幅度为 0.6%～43.0%。田间调查统计菌核病发病株率 33%～58%，黄萎病发病株率为 2.0%～4.0%，褐斑病发病株率为 2.0%～5.0%。经初步筛选，表现较好的组合 7 个，分别为 S10-335-2A×9021R、S10-335-2A×2015-1R、S10-337A×363R、S10-335A×363R、ZH52A×LKZ-3R、ZH52A×2015-1R、S10-335-2A×L15-2R ♂₁。

（1）组合 S10-335-2A×9021R 生育期 118 d，株高 175 cm，盘径 24 cm，单株产量 160 g，折合亩产 292.5 kg，较对照增产 19.5%。菌核病发病株率 38%，黄萎病发病株率为 2.0%，褐斑病发病株率为 2.0%。

（2）组合 S10-335-2A×2015-1R 生育期 116 d，株高 206 cm，盘径 23 cm，单株产量 150 g，折合亩产 269.7 kg，较对照增产 10.2%。菌核病发病株率 34%，黄萎病发病株率为 4.0%，褐斑病发病株率为 5.0%。

（3）组合 S10-337A×363R 生育期 118 d，株高 225 cm，盘径 25 cm，单株产量 160 g，折合亩产 284.4 kg，较对照增产 16.2%。菌核病发病株率 35%，黄萎病发病株率为 2.0%，褐斑病发病株率为 3.0%。

（4）组合 S10-335A×363R 生育期 117 d，株高 193 cm，盘径 30 cm，单株产量 160 g，折合亩产 288.0 kg，较对照增产 10.6%。菌核病发病株率 47%，黄萎病发病株率为 0，褐斑病发病株率为 0。

（5）组合 ZH52A×LKZ-3R 生育期 117 d，株高 195 cm，盘径 25 cm，单株产量 160 g，折合亩产 290.1 kg，较对照增产 11.4%。菌核病发病株率 52%，黄萎病发病株率为 4%，褐斑病发病株率为 3%。

（6）组合 ZH52A×2015-1R 生育期 118 d，株高 178 cm，盘径 25 cm，单株产量 170 g，折合亩产 304.8 kg，较对照增产 17.1%。菌核病发病株率 50%，黄萎病发病株率为 3%，褐斑病发病株率为 3%。

（7）组合 S10-335-2A×L15-2 ♂₁ 生育期 118 d，株高 180 cm，盘径 30 cm，单株产量 160 g，折合亩产 283.5 kg，较对照增产 8.9%。菌核病发病株率 58%，黄萎病发病株率为 2%，褐斑病发病株率为 0。

以上 7 个组合材料，下一年将继续进行试验，验证其丰产性、抗病性和适应性。

（三）食用型向日葵新品种筛选试验

1. 试验目的

通过多年多点试验，对引进、选育向日葵新品种进行抗逆性、丰产性、适应性鉴定，筛选适宜甘肃向日葵产区种植的优良品种，为甘肃向日葵产业发展提供技术支撑。

2. 试验地点与承担单位

试验共 5 个试验点，分别设在酒泉、民勤、景泰、靖远和天水，承担单位为酒泉市农业科学研究院、民勤县农技中心、景泰县农技中心、靖远县农技中心、天水市农业科学研究所。

第八章 向日葵品种改良

表 8-18　2018 年油用型向日葵杂交组合主要农艺性状表

Tab. 8-18　Main agronomic traits of oil sunflower hybrid combinations in 2018

编号	组合名称	生育期（d）	株高（cm）	叶片数（个）	盘径（cm）	菌核病 根腐（%）	菌核病 茎腐（%）	菌核病 盘腐（%）	菌核病 总数（%）	单株产量（kg）	折合亩产（kg）	较对照（±%）
1	S10-335-2A×9021R	118	175	24	24	14	12	12	38	0.16	292.5	19.5
2	904A×1403R	117	185	27	32	13	14	20	47	0.14	243.3	-0.6
3	904A×5061R	118	165	26	22	15	13	12	40	0.15	273.6	11.8
4	S10-335-2A×5061R	117	180	25	22	17	12	12	41	0.13	235.8	-3.7
5	S10-335-2A×2015-1R	116	206	29	23	12	12	10	34	0.15	269.7	10.2
6	S07-15-3-4-1A×9021R	117	196	28	21	18	10	14	42	0.14	251.7	2.8
7	ZH52A×1403R	118	194	26	31	16	12	12	40	0.13	238.8	-2.5
8	S10-335A×2015-1R	118	208	27	32	14	10	12	36	0.13	237.6	-2.9
9	JK601（CK）	117	206	27	25	15	10	12	37	0.14	244.8	0.0
10	S10-337A×363R	118	225	29	25	13	10	12	35	0.16	284.4	16.2
11	ZH52A×5061R	118	180	26	20	17	12	12	41	0.08	147.9	-39.6
12	S16-337A×L15-2R♂₁	118	186	30	23	16	19	14	49	0.13	240	-2.0
13	S07-153-4-1A×S100	118	160	27	21	15	20	20	55	0.08	139.5	-43.0
14	904A×L15-2R♂₁	118	176	30	28	12	18	13	43	0.13	237.9	-2.8
15	S07-153-4-1A×Q14-1R	117	180	27	27	20	16	12	48	0.12	212.70	-18.3
16	S07-153-4-1A×5061R	117	200	27	27	9	14	12	35	0.13	242.40	-6.9
17	S0920A×9638-2-9R	118	250	27	30	20	12	14	46	0.15	272.70	4.7

续表

编号	组合名称	生育期(d)	株高(cm)	叶片数(个)	盘径(cm)	菌核病 根腐(%)	菌核病 茎腐(%)	菌核病 盘腐(%)	菌核病 总数(%)	单株产量(kg)	折合亩产(kg)	较对照(±%)
18	S10-337A×LKZ-3R	118	200	28	24	4	20	20	44	0.10	171.60	-34.1
19	S07-153-4-1A×L15-2R ♂	117	190	27	22	5	17	13	35	0.14	254.10	-2.4
20	S10-335A×363R	117	193	30	30	7	22	18	47	0.16	288.00	10.6
21	601A×L15-2R ♂₁	117	195	22	33	8	18	12	38	0.12	208.80	-19.8
22	ZH52A×LKZ-3R	117	195	26	25	17	16	19	52	0.16	290.10	11.4
23	TK601（CK）	118	203	28	32	16	22	12	50	0.14	260.40	0.0
24	ZH52A×2015-1R	118	178	28	25	14	17	19	50	0.17	304.80	17.1
25	S10-335-2A×L15-2R ♂₁	118	180	24	30	22	24	12	58	0.16	283.50	8.9
26	S10-335A×5061R	118	170	27	31	15	22	19	56	0.11	206.10	-20.9
27	S10-335-2A×363R	117	181	26	30	1	17	20	38	0.15	262.80	0.9
28	陇葵杂4号	118	173	25	29	1	12	5	33	0.14	248.10	-4.7

3. 试验材料与方法

（1）参试材料与供种单位（表8-19）。

表 8-19 食用型向日葵品种筛选试验材料
Tab.8-19 Screening test materials of sunflower varieties

序号	参试品种名称	供试单位或来源
1	陇葵杂 4 号	甘肃省农业科学院作物研究所
2	GKS1605	甘肃省农业科学院作物研究所
3	A983	酒泉丰源农业发展有限公司
4	GKS1606	甘肃省农业科学院作物研究所
5	HT339	民勤县全盛永泰农业有限公司
6	GKS1608	甘肃省农业科学院作物研究所
7	九洋一号	甘肃九洋农业发展有限公司
8	GKS1609	甘肃省农业科学院作物研究所
9	九洋 331	甘肃九洋农业发展有限公司
10	九洋 3631	甘肃九洋农业发展有限公司
11	TLC53	民勤全盛永泰农业有限公司
12	W0409	民勤全盛永泰农业有限公司
13（CK）	JK601	安徽华夏农业科技股份有限公司

（2）试验设计。试验采用随机区组试验设计，3次重复，6行区，小区面积不小于 20 m²，采取宽窄行种植，宽行 80 cm，窄行 60 cm，株距 40 cm，留苗 2 400 株 / 亩，四周设保护行；试验地要求具有代表性，地势平坦，前茬一致，不重、迎茬，肥力均匀一致，排灌方便，建议前茬选禾本科作物。田间管理按当地大田生产中上等栽培管理水平进行田间管理，只防虫不防病，只除草不去杂。试验观察记载由专人负责，调查记载、考种项目及病害调查记载严格按有关项目要求及标准执行，要求全面翔实。成熟时要求成熟一个收一个，全区收获计产。

4. 试验结果与分析

从表 8-20 试验产量数据看，参试 12 个品种（组合）5 点平均折合产量为 188.94 ～ 293.29 kg/亩，其中有 6 个品种（组合）较对照增产，增产幅度为 2.04% ～ 17.71%；6 个品种（组合）较对照减产，幅度为 3.70% ～ 24.17%。

从表 8-20、表 8-21 数据综合分析，九洋 331、九洋 1 号、九洋 3631、A983 较对照增产显著，增产率分别为 17.71%、17.01%、15.03% 和 14.06%，下一年继续进行试验验证。组合 GKS1605、GKS1608、GKS1609、GKS1606 均较对照减产，组合 GKS1605 较对照减产 3.7%，减产不显著，组合 GKS1606、GKS1608、GKS1609 较对照减产显著。

表 8-20 食用型向日葵品种筛选试验产量表现

Tab. 8-20 Yield performance of sunflower variety screening test

品种名称	景泰			酒泉			民勤			天水			靖远			各试点平均		
	亩产(kg)	增产率(%)	位次	亩产(kg)	增产率(%)	位次	亩产(kg)	增产率(%)	位次	亩产(kg)	增产率(%)	位次	亩产(kg)	增产率(%)	位次	亩产(kg)	增产率(%)	位次
陇葵杂4号	269.73	4.38	6	287.97	-3.2	5	233.45	-26.3	7	174.1	-45.05	2	306	53	4	254.25	2.04	6
GKS1605	250.73	-2.98	8	279.24	-6.14	6	233.45	-26.3	7	168.3	-46.88	6	268	34	6	239.94	-3.70	8
A983	335.65	29.89	2	269.71	-9.34	9	361.29	14	1	144.4	-54.42	9	310	55	3	284.21	14.06	4
GKS1606	227.73	-11.88	11	243.24	-18.24	11	233.45	-26.3	7	125.5	-60.39	10	222	11	8	210.38	-15.57	12
HT339	243.57	-5.75	10	235.83	-20.73	12	275.14	-13.2	5	121.1	-61.78	11	212	6	9	217.53	-12.70	10
GKS1608	207.61	-19.66	13	223.39	-24.91	13	211.22	-33.3	9	98.5	-68.91	13	204	2	10	188.94	-24.17	13
九洋1号	337.53	30.61	1	275.53	-7.38	8	339.06	7	2	169.6	-46.47	5	336	68	1	291.54	17.01	2
GKS1609	248.88	-3.69	9	250.92	-15.66	10	191.76	-39.5	10	145.7	-54.01	8	306	53	4	228.65	-8.23	9
九洋331	307.8	19.11	4	321.85	8.19	1	319.6	0.9	3	221.2	-30.18	1	296	48	5	293.29	17.71	1
W0409	222.61	-13.86	12	277.39	-6.76	7	211.22	-33.3	9	121	-61.81	12	234	17	7	213.24	-14.42	11
九洋3631	319.8	23.75	3	302.8	1.78	3	319.6	0.9	3	170.9	-46.06	4	320	60	2	286.62	15.03	3
TLC53	275.84	6.74	5	311	4.54	2	255.68	-19.3	6	154.4	-51.27	7	296	48	5	258.58	3.78	5
CK(JK601)	258.42	0	7	297.5	0	4	316.83	0	4	173.1	-45.37	3	200	0	11	249.17	0	7

表 8-21 食用型向日葵品种筛选试验农艺性状统计

Tab. 8-21 Statistics of agronomic characters of sunflower varieties screening test

品种名称	生育期（d）	株高（cm）	茎粗（cm）	叶片数（片）	花盘直径（cm）	花盘形状	花盘倾斜度	粒长（mm）	粒宽（mm）	结实率（%）	单株粒重（g）	百粒重（g）	出仁率（%）
陇葵杂4号	113	170.4	2.8	25	20.0	平	4	2.05	0.86	83.18	126.5	17.2	47.07
GKS1605	112	173.72	2.7	25	20.5	平	4	2	0.82	78.40	128.3	16.8	46.49
A983	115	228	3.2	32	24.1	平	4	2.2	0.96	85.59	185.7	17.3	52.21
GKS1606	114	170.84	2.7	25	21.7	凸	3	2.1	0.76	70.41	111.1	16.4	46.78
HT339	112	163.56	2.9	26	20.4	凹	4	2.28	0.91	83.16	137.0	17.8	48.14
GKS1608	114	168.68	2.7	25	20.9	凸	3	2.2	0.94	69.36	110.4	16.4	45.69
九葵1号	114	224	3.3	28	23.0	微凸	4	2.61	1.11	87.39	182.6	21.1	50.01
GKS1609	114	180.44	3.3	27	20.2	平	4	2.1	0.75	80.75	134.7	15.9	46.01
九洋331	116	225.8	2.9	32	21.8	微凸	4	2.42	1.1	86.32	187.4	20.4	49.24
W0409	112	169.64	2.8	23	19.4	凹	4	2.4	0.89	75.48	113.0	15.8	48.39
九洋3631	115	238.64	3.0	33	23.5	平	4	2.4	0.91	82.59	177.2	18.6	48.13
TLC53	116	206.64	3.1	26	23.1	凹	4	2.1	0.85	83.80	158.1	15.9	46.13
CK（JK601）	115	191.4	2.7	28	21.2	平	4	2.15	0.81	85.90	133.9	17.7	46.42

（四）食用型向日葵区域试验

1. 试验目的

鉴定我国各育种单位育成的食用型向日葵杂交种（组合）或国外引进的杂交种（组合）在各主要向日葵产区的生育表现、丰产性、抗逆性及其适应区域，选出适于本地生产应用的杂交种。

2. 供试材料

表 8-22 供试材料及供种单位

Tab. 8-22 Test materials and seed donors

序号	试材名称	选育或供种单位
1	JK118	吉林省白城市农业科学院
2	JK119	吉林省白城市农业科学院
3	L426	辽宁省农业科学院作物所
4	吉食葵 5 号	吉林省农业科学院花生研究所
5	吉食葵 10 号	吉林省农业科学院花生研究所
6	LSK20	黑龙江农业科学院经济作物研究所
7	LSK21	黑龙江农业科学院经济作物研究所
8	龙葵杂 5 号	黑龙江农业科学院经济作物研究所
9	龙葵杂 6 号	黑龙江农业科学院经济作物研究所
10	JK108（CK）	吉林省白城市农业科学院
11	XKS1861	新疆农垦科学院作物研究所
12	XKS1868	新疆农垦科学院作物研究所
13	HZ010	新疆农业科学院经济作物研究所
14	NXS51	宁夏农林科学院农作物研究所
15	GSK17	甘南县向日葵研究所
16	科阳 6 号	内蒙古农牧业科学院
17	科阳 8 号	内蒙古农牧业科学院
18	科阳 9 号	内蒙古农牧业科学院
19	LJ316	巴彦淖尔市农牧业科学院
20	LJ366	巴彦淖尔市农牧业科学院

3. 试验设计

供试品种组合共计 14 个。对照品种名称 JK108，随机区组设计，3 次重复，每小区 8 行，行长 5 m，株行距 0.45 m×0.5 m，小区面积 20 m^2。

4. 栽培管理

（1）前茬玉米，土质壤土。

（2）基肥（种类、数量、质量、施肥时间及方法）。二胺 75 kg/亩；钾肥 5 kg/亩；磷肥 15 kg/亩；时间：3 月 30 日；方法：人工撒施。

（3）整地（时间、机具、质量）。时间：3 月 30 日；农机具：拖拉机；质量：好。

（4）种肥（种类、数量、施肥时间及方法）。无。

（5）播种期。4月20日。

（6）播种方法。人工点播。

（7）追肥（种类、数量、施肥时间及方法）。尿素：10 kg/亩；方法：人工撒施。

（8）中耕除草（时间、次数、方法和质量）。第一次：6月8—12日；第二次：7月29日至8月2日；方法：人工除草，质量较好。

（9）灌溉（时间、次数、方法）。灌溉方法：滴灌；次数：6次，第一次5月12日，第二次5月30日，第三次6月14日，第四次7月3日，第五次7月28日，第六次8月6日。

（10）防治病虫害（对象、时间、药剂名称、用量和方法）。无。

（11）其他。无。

（五）对供试品种的简评

科阳8号生育期为118 d，较对照JK108早1 d；百粒重18.7 g，较对照JK108（18.0 g）重0.7 g；出仁率46.4%，较对照JK108（51.70%）低5.3个百分点；小区产量10.15 kg，折合亩产338.65 kg，较对照JK108（282.36 kg）增产56.29 kg，增产率为19.94%，居参试品种第一。

NXS51生育期为119 d，较对照JK108（119 d）相同；百粒重19.3 g，较对照JK108（18.0 g）重1.3 g；出仁率44.8%，较对照JK108（51.70%）低6.9个百分点；小区产量9.7 kg，折合亩产323.44 kg，较对照JK108（282.36 kg）增产41.08 kg，增产率为14.55%，居参试品种第二。

L426生育期为119 d，对照JK108（119 d）相同；百粒重19.3 g，较对照JK108（18.0 g）重1.3 g；出仁率51.9%，较对照JK108（51.7%）高0.20个百分点；小区产量9.69 kg，折合亩产323.22 kg，较对照JK108（282.36 kg）增产40.86 kg，增产率为14.47%，居参试品种第三。

吉食葵5号生育期为119 d，对照JK108（119 d）相同；百粒重19.1 g，较对照JK108（18.0 g）重1.1 g；出仁率51.7%，与对照JK108（51.7%）相同；小区产量9.48 kg，折合亩产315.99 kg，较对照JK108（282.36 kg）增产33.63 kg，增产率为11.91%，居参试品种第四。

科阳6号生育期为119 d，较对照JK108（119 d）相同；百粒重19.3 g，较对照JK108（18.0 g）重1.3 g；出仁率44.8%，较对照JK108（51.70%）低6.9个百分点；小区产量8.66 kg，折合亩产288.70 kg，较对照JK108（282.36 kg）增产6.34 kg，增产率为2.25%，居参试品种第五。

GSK17生育期为119 d，较对照JK108（119 d）相同；百粒重19.3 g，较对照JK108（18.0 g）重1.3 g；出仁率48.3%，较对照JK108（51.70%）低3.4个百分点；小区产量8.47 kg，折合亩产282.36 kg，较对照JK108（282.36 kg），居参试品种第六。

其他组合较对照均以不同比率减产（表8-23至表8-26）。

表 8-23 田间记载表
Tab. 8-23 Field records

试材名称	出苗期	现蕾期	开花期	成熟期	生育期(d)	整齐度	分枝株率(%)	不育株率(%)	株高(cm)	茎粗(cm)	叶数(片)	花盘直径(cm)	花盘形状	倒伏株率(%)	折茎株率(%)
JK118	5/1	6/17	6/27	8/27	119	整齐	0	0	175.6	3.0	27	24.4	平	0	0
JK119	5/1	6/18	6/29	8/26	118	整齐	0	0	203.9	3.1	26	25.3	平	0	0
L426	5/1	6/17	6/27	8/27	119	整齐	0	0	235.6	3.4	33	28.1	平	0	0
吉食葵5号	5/1	6/17	6/29	8/27	119	整齐	0	0	250.6	3.5	31	28.6	平	0	0
吉食葵10号	5/1	6/17	6/29	8/26	118	整齐	0	0	211.4	3.4	27	26.1	平	0	0
LSK20	5/1	6/17	6/27	8/27	119	整齐	0	0	194.9	3.4	28	22.9	平	0	0
LSK21	5/1	6/19	6/27	8/27	119	整齐	0	0	203.2	3.3	27	25.2	平	0	0
龙葵杂5号	5/1	6/17	6/27	8/27	119	整齐	0	0	187.8	3.3	29	20.0	平	0	0
龙葵杂6号	5/1	6/17	6/27	8/27	119	整齐	0	0	243.1	3.4	33	24.9	平	0	0
JK10（CK）	5/1	6/17	6/28	8/27	119	整齐	0	0	198.1	3.2	27	21.6	平	0	0
XKS1861	5/1	6/17	6/27	8/26	118	整齐	0	0	162.2	2.8	26	23.0	平	0	0
XKS1868	5/1	6/19	7/1	8/27	119	整齐	0	0	150.1	3.0	25	21.3	平	0	0
HZ010	5/1	6/17	6/27	8/26	118	整齐	0	0	222.1	3.7	32	22.4	平	0	0
NXS51	5/1	6/17	6/27	8/27	119	整齐	0	0	235.3	3.3	27	24.0	平	0	0
GSK17	5/1	6/17	7/10	8/27	119	整齐	0	0	181.7	3.2	24	22.6	平	0	0
科阳6号	5/1	6/17	6/27	8/27	119	整齐	0	0	236.6	4.1	29	28.0	平	0	0
科阳8号	5/1	6/17	6/27	8/26	118	整齐	0	0	200.3	3.4	27	26.7	平	0	0

第八章 向日葵品种改良

续表

试材名称	出苗期	现蕾期	开花期	成熟期	生育期(d)	整齐度	分枝株率(%)	不育株率(%)	株高(cm)	茎粗(cm)	叶数(片)	花盘直径(cm)	花盘形状	倒伏株率(%)	折茎株率(%)
科阳9号	5/1	6/19	7/1	8/26	118	整齐	0	0	204.2	2.9	25	21.0	平	0	0
LJ316	5/1	6/17	6/27	8/27	119	整齐	0	0	210.4	3.5	27	23.3	平	0	0
LJ366	5/1	6/19	7/1	8/27	119	整齐	0	0	193.8	4.0	29	26.0	平	0	0

注：表中年、月以"月/日"表示

表8-24 室内考种记载表

Tab. 8-24 Indoor test records g：0.00, %：0.00, cm：0.00

名称	单盘粒重	百粒重(g)	籽仁率(%)	籽粒 单盘总粒数	籽粒 单盘实粒数	结实率(%)	粒色	粒型	粒长(cm)	粒宽(cm)	籽实均匀度	籽实饱满度
JK118	107.67	18.0	48.1	803	598	74.48	黑底白变白条纹	长锥形	2.2	0.9	均匀	饱满
JK119	118.17	17.3	53.8	886	683	77.09	黑底白变白条纹	长锥形	2.2	0.6	均匀	饱满
L426	153.83	19.3	51.9	1 002	797	79.54	黑底白变白条纹	长锥形	2.3	0.8	均匀	饱满
吉食葵5号	149.50	19.1	51.7	993	783	78.85	黑底白变白条纹	长锥形	2.2	0.7	均匀	饱满
吉食葵10号	111.50	18.0	51.9	817	619	75.78	黑底白变白条纹	长锥形	2.2	0.7	均匀	饱满
LSK20	117.00	22.0	45.5	732	532	72.67	黑底白变白条纹	长锥形	2.5	0.7	均匀	饱满
LSK21	87.83	21.3	46.9	622	412	66.26	黑底白变白条纹	长锥形	2.5	0.7	均匀	饱满
龙葵杂5号	108.33	18.0	44.4	808	602	74.50	黑底白变白条纹	长锥形	2.0	0.7	均匀	饱满
龙葵杂6号	102.67	18.0	55.6	773	570	73.75	黑底白条纹	长锥形	2.1	0.5	均匀	饱满
JK108（CK）	119.33	18.0	51.7	859	663	77.18	黑底白变白条纹	长锥形	2.1	0.7	均匀	饱满

续表

名称	单盘粒重	百粒重（g）	籽仁率（%）	籽粒 单盘总粒数	籽粒 单盘实粒数	结实率（%）	粒色	粒型	粒长（cm）	粒宽（cm）	籽实均匀度	籽实饱满度
XKS1861	103.83	18.0	51.9	782	577	73.78	黑底白变白条纹	长锥形	2.4	0.8	均匀	饱满
XKS1868	91.00	16.0	50.0	772	569	73.70	黑底白变白条纹	长锥形	1.8	0.4	均匀	饱满
HZ010	106.17	21.3	53.1	703	498	70.86	黑底白条纹	长锥形	2.1	0.7	均匀	饱满
NXS51	150.00	19.3	44.8	987	777	78.73	黑底白变白条纹	长锥形	2.1	0.7	均匀	饱满
GSK17	125.83	19.3	48.3	850	652	76.71	黑底白变白条纹	长锥形	2.1	0.6	均匀	饱满
科阳6号	129.50	19.3	44.8	871	671	77.04	黑底白变白条纹	长锥形	1.8	0.5	均匀	饱满
科阳8号	158.83	18.7	46.4	1 059	849	80.18	黑底白变白条纹	长锥形	2.2	0.7	均匀	饱满
科阳9号	90.67	18.0	48.1	710	504	70.97	黑底白条纹	长锥形	2.1	0.6	均匀	饱满
LJ316	120.50	15.3	43.5	991	788	79.51	黑底白变白条纹	长锥形	1.8	0.6	均匀	饱满
LJ366	98.17	17.3	46.2	763	567	74.33	黑底白变白条纹	长锥形	1.9	0.6	均匀	饱满

表 8-25 病害调查记载表

Tab. 8-25 Disease survey record sheet

试材名称	菌核病		黄萎病	黑斑病	褐斑病	锈病	其他
	盘腐型	茎、根腐型					
JK118	8%	6%	0%	0%	0%	0%	
JK119	8%	5%	0%	0%	0%	0%	
L426	7%	5%	0%	0%	0%	0%	
吉食葵 5 号	19%	11%	0%	0%	0%	0%	
吉食葵 10 号	11%	11%	0%	0%	0%	0%	
LSK20	16%	9%	0%	0%	0%	0%	
LSK21	13%	9%	0%	0%	0%	0%	
龙葵杂 5 号	16%	9%	0%	0%	0%	0%	
龙葵杂 6 号	10%	7%	0%	0%	0%	0%	
JK108（CK）	13%	9%	0%	0%	0%	0%	
XKS1861	3%	1%	0%	0%	0%	0%	
XKS1868	3%	0%	0%	0%	0%	0%	
HZ010	2%	0%	0%	0%	0%	0%	
NXS51	14%	6%	0%	0%	0%	0%	
GSK17	6%	5%	0%	0%	0%	0%	
科阳 6 号	11%	4%	0%	0%	0%	0%	
科阳 8 号	8%	4%	0%	0%	0%	0%	
科阳 9 号	11%	4%	0%	0%	0%	0%	
LJ316	5%	2%	0%	0%	0%	0%	
LJ366	8%	4%	0%	0%	0%	0%	

注：病害调查记载发注病指数。

表 8-26 单位面积产量及差异比较表产量

Tab. 8-26 Table of Yield and Difference per unit Area

名称	小区产量（20 m²）			总和（kg）	小区平均产量（kg）	亩产量（kg）	比对照（±%）	位次
	I	II	III					
JK118	8.15	6.45	7.55	22.15	7.38	246.23	−12.80	13
JK119	7.73	9.30	6.70	23.73	7.91	263.74	−6.59	8
L426	8.95	10.83	9.30	29.08	9.69	323.22	14.47	3
吉食葵 5 号	9.58	8.70	10.15	28.43	9.48	315.99	11.91	4
吉食葵 10 号	8.25	6.70	7.78	22.73	7.58	252.63	−10.53	10

续表

名称	小区产量（20 m²）			总和（kg）	小区平均产量（kg）	亩产量（kg）	比对照（±%）	位次
	I	II	III					
LSK20	8.58	7.48	7.50	23.55	7.85	261.80	-6.93	9
LSK21	7.48	6.15	8.05	21.68	7.23	240.95	-14.67	15
龙葵杂 5 号	8.33	7.98	5.95	22.25	7.42	247.35	-12.40	12
龙葵杂 6 号	6.50	7.18	7.73	21.40	7.13	237.90	-15.75	16
JK108（CK）	7.50	8.78	9.13	25.40	8.47	282.36	0.00	6
XKS1861	5.85	7.88	8.37	22.10	7.37	245.66	-13.00	14
XKS1868	8.38	8.35	3.12	19.85	6.62	220.61	-21.87	19
HZ010	7.55	6.58	8.32	22.45	7.48	249.51	-11.63	11
NXS51	10.3	9.23	9.52	29.10	9.70	323.44	14.55	2
GSK17	8.58	8.43	8.40	25.40	8.47	282.36	0.00	6
科阳 6 号	9.45	7.80	8.72	25.97	8.66	288.70	2.25	5
科阳 8 号	9.63	10.63	10.21	30.46	10.15	338.65	19.94	1
科阳 9 号	7.18	6.18	6.67	20.02	6.67	222.52	-21.19	18
LJ316	7.55	8.43	8.64	24.62	8.21	273.64	-3.09	7
LJ366	6.90	6.93	7.36	21.19	7.06	235.51	-16.59	17

三、向日葵选育报告（以食用型向日葵杂交种 GKS09-2 为例）

（一）选育目标

近年来，向日葵在甘肃生产效益好，市场需求量大，播种面积在逐年上升，但由于甘肃向日葵育种工作起步比较晚，相对滞后，制约了甘肃向日葵生产的发展，通过本项目的实施，主要目标如下。

通过引进或应用生物技术等方法，进行资源材料创新，培育食用型向日葵雄性不育系及雄性不育恢复系源材料，以提高配合力和改善品质为重点，聚合优质、高产、抗病等性状基因，筛选出配合力高、杂种优势强的食用型向日葵不育系材料 1～2 个，恢复系材料 2～3 个。

利用"三系"组配食用型向日葵杂交组合 5～10 个，育成目标性状突出、综合性状优良、适宜大面积推广的杂交种 1～2 个，百粒重 15 g 以上，出仁率 50% 以上，粗蛋白含量 25%～30%，产量比当地主栽品种增产 5% 以上。

（二）选育经过

食用型向日葵杂交种的选育，首先得培育遗传性状稳定的不育系和恢复系，然后进行组配。不育系繁殖，必须有相应的保持系，因此只有"三系"配套才能繁殖杂交种。甘肃食用型向日葵育种起步晚，资源材料十分有限，由于激烈的市场竞争，优良杂交种的"三系"亲本引进十分困难。

食用型向日葵杂交种由"三系"亲本组配杂交获得，根据遗传规律，自交应该分离出含有不同亲本的遗传物质的个体，从分离后代中，有目标地选择单株进行自交、回交、测交，反复定向选择培育，可以获得不同表现型的自交系。一个优良的不育系，一般表现为育性稳定、配合力高、农艺性状好，与一定恢复系杂交，应有较强的亲和力和较高的繁殖系数。按照选育目标，我们确定的技术路线是：以引进不育系或从资源自交后代不育源（选择综合性状符合育种目标的不育株）为基础，利用现有的自交系进行测交和回交转育，一般每个株行材料选择成对单株5～10对，成对套袋测交，成对种植，选择全不育株，同测交父本进行多代回交转育，父本自交，直到母本不育率达到100%或98%以上，遗传性状稳定，株型基本与父本相似，现蕾开花期基本同期或相近，则育成了新的不育系。按照这一思路，我们进行"三系"选育。

1. 不育系 S0920A 选育

通过2006年引进资源材料，以资源材料美葵自交后代中不育株作母本，以自选自交系0506B作父本，进行杂交，然后回交，经过多代回交和测交筛选，直到2009年培育出性状优良、亲和力较高的不育系S0920A与相应的保持系S0920B（选育方法如图8-15所示）。

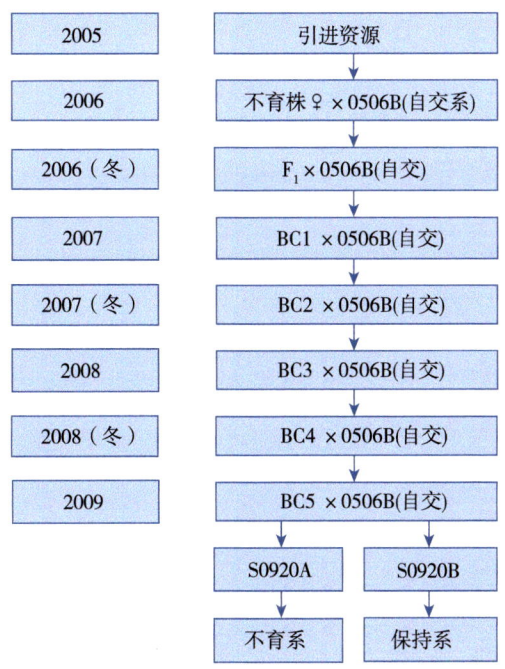

图 8-15　不育系 S0920A 选育过程

Fig. 8-15　Breeding process of sterile line S0920A

2. 恢复系 S0918R 选育（图 8-16）

食用型向日葵杂交种恢复系选育主要是从品种资源自交后代中选择培育，或直接引用组配筛选。选育目标：①具有恢复性基因，遗传性状稳定，农艺性状优良；②与不育系杂交，配合力和亲和力好，具有较高繁殖系数；③分枝性好，部位在中上部，花期花粉量较大。

按照选育目标，利用不育系与分枝型自交系成对进行早代测交，父本自交，每个株行选择 5~10 对，观察育性观察鉴定，选择恢复率较高的父本进行连续自交和复测，直到恢复率达到 100% 或 98% 以上，则可作为恢复系进行组配。2005—2006 年在资源材料自交后代中选择遗传性状比较稳定的分枝性优良单株，2007 年与不育系早代测交，然后进行育性鉴定；2008 年利用资源材料中所筛选的恢复性自交系与不育系相邻种植，每个自交系选择 5~10 株与不育系成对进行人工授粉测交；2008 年冬（三亚）将测交种进行田间种植（南），开花后调查育性及结实情况，选择恢复性好（恢复株率 95% 以上）的材料，2009 年继续与不育系相邻种植，选择分枝优良单株与不育系进行杂交组配，组合通过 2010 年、2011 年田间育性调查与综合农艺性状测试鉴定，0918R 恢复株率达到 98% 以上，而且株型好，配合力较高，花粉量充足（图 8-17）。

"三系"主要经济性状表现（表 8-27）。不育系 S0920A 及保持系 S0920B 为无分枝类型，花盘形状平，基部粗壮，倾斜度 3 级。不育系 S09202A 田间测定不育株率为 100%，遗传性状稳定，株高 156.5 cm，盘径 17.4 cm，叶片数 22 片左右，百粒重 13.6 g，出仁率 48.6%，生育期 108 d；保持系 S0920B 株高 158.2 cm，盘径 16.2 cm，叶片数 21 片，百粒重 12.8 g，出仁率 47.5%，生育期与不育系基本相同，遗传性状稳定，花粉量较大，植株整齐，成熟一致。

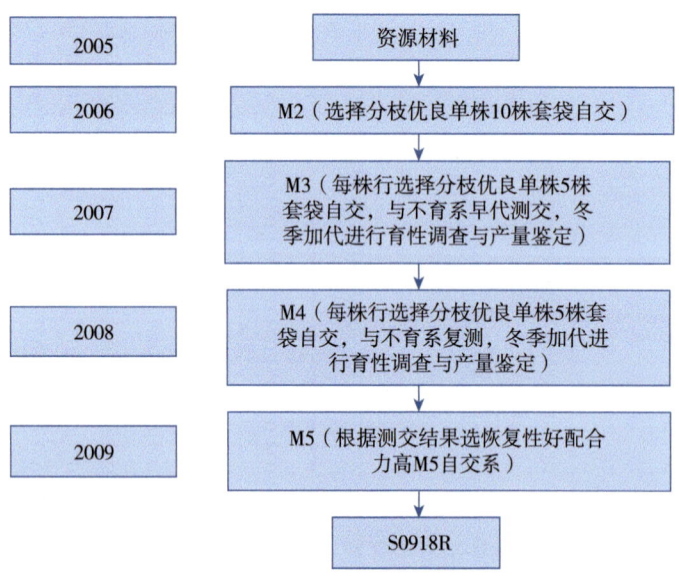

图 8-16 恢复系 S0918RR 选育过程

Fig. 8-16 Breeding process of restorer S0918RR

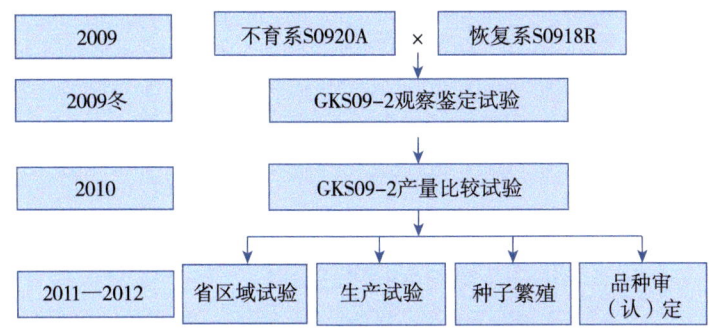

图 8-17　GKS09-2 组配及试验筛选过程

Fig. 8-17　GKS09-2 composition and experimental screening process

恢复系 S0918R 株高 162.1 cm，百粒重 12.2 g，出仁率 57.25%，生育期 105 d，株型较好，为中上部分枝类型，主花盘微凸，花期与 S0920A 基本相同，开花期长，花粉量大，有利于杂交制种。

表 8-27　不育系、保持系和恢复系的主要经济性状表现

Tab. 8-27　Main economic characters of sterile lines,maintainers and restorer lines

自交系（代号）	生育期（d）	株高（cm）	叶片数（个）	花盘直径（cm）	百粒重（g）	出仁率（%）	含油率（%）
S0920A	110	156.5	22	17.4	13.6	48.6	—
S0920B	110	158.2	21	16.2	12.8	47.5	—
S0918R	105	162.1	23	15.6	12.2	57.25	—

3. GKS09-2 组配及试验筛选

2009 年利用 5 个不育系与 4 个恢复系进行杂交组配，共配制杂交组合 20 个，2009 冬进行组合观察鉴定，筛选出 3 个组合参加 2010 年品种（组合）比较试验，通过品比试验，筛选 2 个组合参加 2011 年多点区域试验，其中组合 GKS09-2（S0920A×S0920R）表现杂种优势强，综合农艺性状突出，2012 年继续进行多点区域试验、生产试验，并进行繁种和品种认定。

（三）GKS09-2 主要特征特性

GKS09-2（S0920A×S0918R）为 2009 年夏选配的杂交组合，当年按株行混合收获杂交种，2009 年冬进行南繁田间鉴定，GKS09-2 各小区表现一致，恢复率 100%，无分枝。2010 年进行品种（组合）比较试验，2011—2012 年进行多点区域试验与生产示范，采取地膜覆盖栽培方式，人工点播，密度为 2 700～2 800 株/亩，GKS09-2 生育期 105～115 d，株高 150～175 cm，叶色黄绿，叶片数 22 片左右，无分枝，恢复株率 100%，花盘直径 17.2～21.5 cm，盘形平，舌状花黄色，茎秆健壮，花盘倾斜度为 4 级，粒色黑底白边，百粒重 15.6～20.2 g，出仁率 48.85%～50.01%，籽实粗脂

肪含量46.44%，籽仁粗蛋白含量34.19%，杂种优势强，田间鉴定较抗霜霉病与菌核病，综合性状优良。

四、GKS09-2产量表现

（一）品种比较试验

2010年在永登县秦王川引大灌溉示范园区进行，通过品种比较试验，观察品系（种）主要农艺性状，综合考查产量、品质等经济性状，筛选出表现优良组合。试验材料分别为CL135（美国）、巴葵118（内蒙古）、巴葵138（内蒙古）、辽嗑杂2号（辽宁）、GKS09-1（自选）、GKS09-2（自选）。以LD5009（美国引进）为对照。试验地前茬豌豆，4月27日覆膜点播，随机区组排列，3次重复，小区面积15 m²，生育期结合中耕锄草灌水3次，生育期间主要记载及考查项目为生育时期、农艺性状及主要经济性状。8月下旬至9月初收获。

观察记录项目：播种期、出苗期、现蕾期、开花期、成熟期、整齐度、生长势、花盘倾斜度及病虫害发生等情况。

测定项目：株高、盘径、叶片数、盘粒数、单株产量、小区产量、百粒重、皮壳率、籽实含油率、脂肪酸含量等。

试验结果：GKS09-2表现较好，折合亩产247.57 kg，居参试品种（组合）第一位，较对照LD5009（折合亩产240.01 kg）增产3.15%，增产不显著。其余各品种（组合）均较对照减产，减幅为0.62%～24.32%（表8-28）。

表8-28　2010年食用型向日葵组合比较试验产量表现
Tab. 8-28　Yield performance of sunflower combinations in 2010

品种名称	小区产量（kg）			小区平均产量（kg）	折合亩产（kg）	比对照（±%）	位次	显著性	
	I	II	III					5%	1%
GKS09-2	5.34	6.69	4.67	5.57	247.57	3.15	1	a	A
LD5009（CK）	4.76	6.71	4.73	5.40	240.01	/	2	ab	A
巴葵118	4.01	6.86	5.23	5.37	238.53	-0.62	3	ab	A
GKS09-1	5.12	5.34	4.67	5.04	224.16	-6.60	4	abc	A
辽嗑杂2号	4.25	4.98	3.74	4.32	192.16	-19.94	5	bc	A
CL135	4.17	4.55	3.82	4.18	185.79	-22.59	6	c	A
巴葵138	3.59	4.3	4.37	4.09	181.64	-24.32	7	c	A

（二）区域试验

2011年参加甘肃向日葵区域试验I组，承试单位为天水市农业科学研究所、民勤农技中心、永登农技中心、景泰农技中心、环县种子管理站、酒泉市农业科学研究院，参试材料为 L6358、KS-38、LD7009、DR383、SN2018、LD5009、GKS09-2、DY1221 以 LD5009 为统一对照。各试验点均为随机区组排列，重复 3 次，小区面积为 18 m²，小区长 6 m，宽 3 m，行距 60 cm，株距 40 cm，小区定苗 120 株左右，区距 1 m，试验田间记载项目：播种期、出苗期、现蕾期、开花期、成熟期、病虫害情况、生长势、整齐度、恢复率、分枝性、花盘倾斜度；考种项目：株高、盘径、叶片数、单株产量、结实率、出仁率、小区实际产量等。

通过多点区域试验结果数据（表 8-29）分析，2011 年食用向日葵杂交新组合 GKS09-2 在甘肃向日葵区域试验Ⅰ组 6 个点的试验中，与对照比较 4 点表现增产，2 点表现减产，平均折合亩产量为 309.32 kg，平均较对照增产 6.5%，居Ⅰ组 8 个参试品种（组合）的第 1 位。

2012 年参加甘肃第 2 年向日葵区域试验 A 组，承试单位为天水市农业科学研究所、民勤农技中心、靖远县农技中心、甘肃省农业科学院作物研究所、环县种子管理站、酒泉市农业科学研究院，参试材料为 TH689、L6358、SN2018、DY1221、GKS09-2、TK8640、LD5009、SH913、PR9106、GKS09-1、T902、XH3688、PR9108，以 LD5009 为统一对照。各试验点均为随机区组排列，重复 3 次，6 行区，小区面积 20 m²，重复间设走道，四周设保护行，行距 60 cm，株距 40 cm，试验田间记载项目：播种期、出苗期、现蕾期、开花期、成熟期，病虫害情况，生长势，整齐度，恢复率、分枝性、花盘倾斜度；考种项目：株高、盘径、叶片数、单株产量、结实率、出仁率、小区实际产量等。

通过多点区域试验结果数据（表 8-30）分析，2012 年食用型向日葵杂交新组合 GKS09-2 在甘肃第 2 年向日葵区域试验 A 组 5 个点的试验中，与对照比较 4 点表现增产，1 点表现减产，平均折合亩产量为 215.57 kg，平均较对照增产 8.31%，居Ⅰ组 13 个参试品种（组合）的第 4 位。

2011—2012 年 2 年试验 11 点次，其中 7 点次增产，3 点次减产，增产点次达 63.6%，平均折合亩产 262.45 kg，较对照 LD5009 平均折合亩产 244.70 kg，增产 7.26%。

表 8-29　2011 年甘肃食用型向日葵杂交种（组合）区域试验产量统计

Tab. 8-29　Yield statistics of edible sunflower hybrids (combinations) in Gansu province in 2011

品种	永登 折合亩产(kg)	比CK(±%)	位次	环县 折合亩产(kg)	比CK(±%)	位次	景泰 折合亩产(kg)	比CK(±%)	位次	天水 折合亩产(kg)	比CK(±%)	位次	酒泉 折合亩产(kg)	比CK(±%)	位次	民勤 折合亩产(kg)	比CK(±%)	位次	综合排名 平均亩产(kg)	比CK(±%)	位次
I组																					
L6358	250	-10.7	5	186.7	-7.02	7	346.7	-0.43	2	250	19.7	2	309.8	12.3	1	485.02	13.2	2	304.7	4.9	2
LD7009	224	-20.0	7	199.4	-0.69	5	325.1	-6.63	6	132.3	-36.7	6	233.7	-15.3	5	427.06	-0.3	6	256.93	-11.5	6
KS-38	222	-20.7	8	147.7	-26.4	8	305.6	-12.2	7	101.4	-51.5	8	229.6	-16.8	7	371.9	-13.2	8	229.70	-20.9	8
DR383	253	-9.6	4	190.8	-4.98	6	298.7	-14.2	8	101.6	-51.4	7	220.9	-19.9	8	404.11	-5.7	7	250.67	-13.7	7
SN2018	261	-6.8	3	225.7	12.4	1	342.6	-4.48	4	205.0	-1.8	5	264.6	-4.1	6	445.22	3.9	3	290.69	0.1	4
DY1221	248	-11.4	6	205.7	2.44	3	340.5	-2.21	3	238.6	14.2	3	301.9	9.5	3	438.36	2.3	4	295.51	1.8	3
GKS09-2	267	-4.6	2	211.1	5.13	2	325.8	-6.43	5	253.4	21.3	1	305.3	10.7	2	493.31	15.1	1	309.32	6.5	1
LD5009	280	—	1	200.8	—	4	348.2	—	1	208.9	—	4	275.8	—	4	428.46	—	5	290.36	0.0	5
II组																					
TK8647	299	14.0	1	103.1	-18.5	4	242.5	-18.49	8	157.8	-24.5	11	224.2	-18.7	8	393.63	-5.8	7	236.71	-10.6	7
SC89	269	2.6	4	91	-28.1	5	318.7	7.13	1	124	-40.6	13	228	-17.3	7	380.85	-8.9	8	235.26	-11.2	8
TK8640	272	3.8	3	139.2	10.04	1	305.1	2.55	2	253.7	21.4	1	319.9	16	1	455.34	8.9	3	290.87	9.8	1
PR9108	269	2.6	4	111.2	-12.1	3	268.5	-9.75	7	182	-12.9	8	242.3	-12.1	5	447.12	7.0	4	253.35	-4.3	5
SH913	280	6.8	8	70.4	-44.7	8	287.6	-3.33	6	213	1.96	6	298.9	8.4	3	463.53	10.9	2	268.91	1.6	3
PR9106	267	1.9	5	79.4	-37.2	7	300.4	0.97	3	246.5	18	4	304	10.2	2	479.67	14.7	1	279.50	5.6	2
GKS09-1	206	-21	7	89.5	-29.3	6	295.8	-0.57	5	161.2	-22.8	10	240.9	-12.7	6	438.36	4.9	5	238.63	-9.9	6
LD5009	262	—	6	126.5	—	2	297.5	—	4	208.9	—	4	275.8	—	4	418.05	—	6	264.79	—	4

第八章 向日葵品种改良

表 8-30 食用型向日葵区域试验各示范县产量统计

Tab. 8-30 Yield statistics of each demonstration county in sunflower regional test

品种名称	酒泉 亩产（kg）	酒泉 增产率（%）	酒泉 位次	民勤 亩产（kg）	民勤 增产率（%）	民勤 位次	靖远 亩产（kg）	靖远 增产率（%）	靖远 位次	天水 亩产（kg）	天水 增产率（%）	天水 位次	永登 亩产（kg）	永登 增产率（%）	永登 位次	平均值 亩产（kg）	平均值 增产率（%）	平均值 位次
TH689	256	8.02	5	385.97	18.81	2	274	23.42	1	248.2	3.07	5	143.13	-15.57	11	219.22	10.14	2
L6358*	223	-5.91	11	245.67	-24.38	12	214	-3.60	10	244.5	1.54	7	162.12	-4.37	8	180.56	-9.28	13
SN2018*	251	5.91	7	294.7	-9.29	8	256	15.32	6	249.7	3.70	4	175.09	3.28	4	205.40	3.20	6
DY1221*	254	7.17	6	313.05	-3.64	6	257	15.77	5	234.9	-2.45	9	172.77	1.91	5	206.48	3.74	5
GKS09-1	226	-4.64	10	290.67	-10.53	10	193	-13.06	11	266.8	10.80	2	170.92	0.82	6	190.46	-4.31	11
TK8640*	260	9.70	4	270.56	-16.72	11	180	-18.92	13	218.6	-9.22	12	124.60	-26.50	12	177.24	-10.95	13
PR9108	251	5.91	7	234.35	-27.86	13	266	19.82	3	214.9	-10.76	13	156.56	-7.65	10	188.12	-5.48	10
SH913*	313	32.07	1	414.89	27.71	1	193	-13.06	12	277.9	15.41	1	186.20	9.84	2	236.18	18.66	1
PR9106*	280	18.14	2	316.32	-2.63	5	269	21.17	2	259.4	7.72	3	162.12	-4.37	8	217.50	9.28	3
GKS09-2*	260	9.70	4	374.66	15.33	3	260	17.12	4	229.7	-4.61	11	159.34	-6.01	9	215.57	8.31	4
T902	251	5.91	7	301.24	-7.27	7	228	2.70	8	233.4	-3.07	10	180.65	6.56	3	200.03	0.50	9
XH3688	231	-2.53	9	291.68	-10.22	9	250	12.61	7	248.2	3.07	6	189.45	11.75	1	201.30	1.14	7
LD5009	237	0.00	8	324.87	0.00	4	222	0.00	9	240.8	0.00	8	169.53	0.00	7	199.03	0	8

（三）生产试验

2012年在酒泉、民勤、天水、永登秦川、靖远进行甘肃省向日葵生产试验，参试品种（组合）SH913、DY1221、PR9106、GKS09-2、SL6358、LD5009、TK8640、SN2018，生产试验小区面积200 m²，不设重复，试验统一以LD5009为对照，田间管理同大田。通过2012年的生产试验，GKS09-2平均折合亩产256.43 kg，较对照LD5009增产5.1%，居参试品种（组合）第4位（表8-31）。

表8-31 2012年甘肃省向日葵生产试验产量结果统计

Tab. 8-31 Yield statistics of sunflower production experiment in Gansu Province in 2012

品种名称	酒泉	民勤	天水	永登	靖远	平均值	较对照（±%）	位次
SH913	322	308.15	277.9	217.28	312	287.47	14.3	1
DY1221	247	297.15	280.1	244.57	319	277.56	13.8	2
PR9106	309	242.12	240.1	256.69	257	260.98	7.0	3
GKS09-2	255	220.33	235.7	258.1	313	256.43	5.1	4
SN2018	283	242.37	240.1	223.54	273	252.40	1.8	5
LD5009（CK）	280	209.1	244.6	200.1	286	243.96	0.0	6
TK8640	340	264.4	220.1	221.12	152	239.52	-1.8	7
SL6358	240	220.11	155.6	194.04	222	206.35	-15.4	8

注：该产量结果为折合亩产，单位为kg。

（四）亲本繁育与杂交制种试验

2010年在玉门花海农场进行不育系繁育，面积2亩，父母本比例为2∶6，栽培方式为覆膜点播，试验于4月20日播种，花期人工辅助授粉3次，8月25日成熟收获，平均亩产不育系种子112.5 kg，从田间授粉与结实情况来看，GKS09-2不育系繁殖系数较高。

2011年在酒泉肃州区总寨镇进行食用向日葵交组合GKS09-2杂交制种试验，试验总面积10亩，父母本比例为1∶3，栽培方式为覆膜点播，试验于4月20日播种，花期人工辅助授粉3次，8月28日成熟收获，平均亩产杂交种种子115.6 kg，从试验结果GKS09-2杂交种繁殖系数较高，种子生产成本较低，有利于提高繁种的经济效益。

（五）抗病性鉴定

2012年由甘肃省农业科学院植物保护研究所在天水市汪川良种场进行GKS09-2的抗性鉴定，对照为LD5009。

试验方法：每品种种植100株，行长3 m，行距50 cm。4月10日播种，6月20

日中耕施肥，田间管理同当地大田。

调查方法：5月中旬调查全田黄萎病和病毒病发病情况。8月下旬，每个品种随机调查30株约300叶，逐株、逐叶调查，查记每个品种各种病害发病情况，并计算病叶（株）率及病情指数（表8-32）。

表8-32 供试油用型向日葵品种病害调查表
Tab. 8-32 Disease survey of tested oil sunflower varieties

名称	黄萎病		霜霉病		黑斑病		菌核病		病毒病		白粉病	
	病株数	病株率（%）	病叶率（%）	病情指数	病叶率（%）	病情指数	病株率（%）	病情指数	病株率（%）	病情指数	病株率（%）	病情指数
GKS09-2	3	3	30.67	10.5	13.67	3.50	10.67	2.85	1	0.25	0	0
LD5009	2	2	41	15.92	10.67	2.67	15.67	4.50	0	0.00	0	0

2012年经国家产业体系病虫害防控研究室在内蒙古、宁夏、黑龙江黄萎病抗性鉴定，GKS09-2在内蒙古五原，病情指数为53，表现中感；在宁夏病情指数26.2，表现中抗，在内蒙古赤峰，病情指数29.9，表现中抗；在黑龙江哈尔滨，病情指数为0，表现免疫。

（六）品种分析

经农业部谷物及制品质量监督检验测试中心测定，2012年GKS09-2试样测定结果，籽仁粗脂肪含量为46.44%，脂肪酸组分为：油酸（9-十八碳烯酸）23.53%，亚油酸（9、12-十八碳二烯酸）63.61%，亚麻酸（9、12、15-十八碳三烯酸）0%，棕榈酸（9-十六碳烯酸）7.31%，硬脂酸（十八酸）5.55%。

（七）适宜范围及栽培条件

经2011—2012年试验研究表明，GKS09-2在甘肃兰州、景泰、武威、天水、白银生长整齐，成熟一致，产量表现稳定，病虫鸟害发生少，因此，GKS09-2适宜于在甘肃沿黄灌区、河西、天水及新疆，内蒙向日葵生产地区推广种植。

（八）栽培要点

1. 选好地块，足墒播种

一般在4月中下旬至5月上旬播种，播前要精细整地，耙糖镇压，有条件可覆地膜，进行保温保墒，播种深度一般为2～3 cm，力争一播全苗。

2. 必须使用杂交一代种子，生产者不能自给留种

要轮作倒茬，严忌连茬和重茬，轮作一般3年以上，否则会加重病虫害，影响生产。

3. 合理施肥，适时灌水

一般按 N：P：K 比为 2：1：1 施基肥，现蕾期灌水并追施氮肥 10 kg/ 亩。

（1）选择最佳播期，合理密植，一般行距为 60 cm，株距为 40 cm，亩保苗 2 500 ～ 2 800 株。

（2）加强田间管理，及时间定苗，中耕锄草，苗期控制浇水，进行蹲苗。

（3）做好病、虫、鸟、鼠的为害防治，及时收获、脱粒、摊晒，防止霉烂造成损失。

（九）图片（图 8-18 至图 8-21）

图 8-18　GKS09-2 开花期照片
Fig. 8-18　Photos of GKS09-2 during flowering period

图 8-19　对照 LD5009 开花期照片
Fig. 8-19　Photos of the flowering period of LD5009

图 8-20　GKS09-2 成熟期照片
Fig. 8-20　Photos of GKS09-2 in maturity stage

图 8-21　GKS09-2 籽粒照片
Fig. 8-21　Grain photos of GKS09-2

第九章　甘肃向日葵栽培技术

第一节　测土配方施肥

一、测土配方施肥基本内容

测土配方施肥是根据作物生长阶段所需营养物质和生长环境的供肥性能进行氮、磷、钾及中微量元素的均衡搭配，补充土壤中缺少的营养成分。测土配方施肥的应用可实现粮食作物增产8%～20%，增强作物抗逆性、抗病能力，减少病虫害，促进农产品品质的提升。我国目前农田土壤污染比例上升到了19.4%。从生态建设考虑，化肥的滥施乱用造成了土壤环境污染、微生物生态系统破坏、水体富营养化等问题。同时，不合理的粮食生产活动也会造成土壤环境污染。通过测土配方合理建立肥料配比，可优化施肥结构、减少化肥施用，从而提高土壤熵值，增强耕地基础地力，在减少肥料污染的同时，有效缓解我国农业资源供需与农产品品质不平衡的矛盾，对农业、林业生态环境保护具有前瞻性战略意义。

（一）向日葵的需肥规律

1. 对氮的吸收规律

在苗期时，由于植株生长量少，每日需氮量不多，但苗期也绝对不能缺氮。随着植株生长量日趋增大，每日需氮量也日趋增多。直到蕾期，出现了需氮高峰，蕾期到花期，需氮量占整个生育期吸氮总量的31%。在花期前需氮量已占整个生育期吸氮量的70%，其余的30%是在向日葵开花以后缓慢吸收的。

因此，要保证向日葵的丰产，满足其需氮高峰期对氮素的大量需要是很重要的。

2. 对磷和钾的吸收规律

向日葵生育后期是需磷最多的时期，如果底肥磷不足，后期追施磷肥也会显示出明显的增产效果。向日葵吸收钾的速率比较均衡。苗期、植株旺盛生长期、蕾期到花期、花期到成熟期，这 4 个时期均为 24%～27%，这与一般作物是两头少、中间多不同。

向日葵对磷和钾的吸收规律与对氮的吸收规律不同，没有吸收高峰期，而是持续增长，直到成熟期，每日需磷量才达到最大值。

（二）向日葵测土配方施肥技术

1. 土样采集与分析

测土配方施肥土样的采集检测，主要是了解土壤的供肥能力、土壤酸碱度，为测土施肥提供科学依据。土样的采集是一项基础而又十分关键的重要环节。采集的土壤样品必须具有代表性，在实施测土配方施肥的地块中采集耕层混合土样，要求找到一个灌溉条件、产量水平、pH 值、土壤肥力都比较均匀的地块，采样前要去除地表秸秆、树叶、杂草等。采用组合土样法在种植地块取样，可采用对角线法或均匀分布法取点，取土点的数量可根据地块大小决定。一般取 0～20 cm 耕层土样。

土壤有效养分测定项目包括氮、磷、钾以及土壤速效氮、速效磷、速效钾、有机质及微量元素等。土壤酸碱度测定 pH 值，同时测定土壤全盐量。

2. 精细整地

向日葵植株高大，茎秆粗壮，根系发达，在土壤中分布的面积大而深，整个生育期需水需肥较多，通过根系不断从土壤中吸收水分和养分来满足其生长发育的需要，所以要求土壤具有较好的通气、透水性。应做到精细整地，逐步深耕，打破土壤碱化层，增加土壤通透性，为向日葵充分吸收水分和养分创造良好的土壤条件。采取秋翻、春耙，用机引五铧犁深翻 20～25 cm，秋翻经过冬春的风吹日晒以及雨雪冻融作用，可以熟化土壤，改善土壤的团粒结构，有利于养分的释放和储水。经过深翻的地块要求土块细碎，地面平整，上实下虚，以利于保墒出苗。

旋耕适于土壤疏松无大颗粒石子的土壤，对于较多根茬和秸秆的地块采取重耙，在土壤质地疏松地块耙深可达 12 cm，在土壤质地坚硬的地块耙深 15 cm，旋耕或耙后三犁起垄。

3. 精选良种与种子处理

选用优良品种是一项重要增产措施。向日葵有油用型向日葵和食用型向日葵之分，应根据土壤条件和当地气候条件，选择高产、抗病、耐盐碱的优良品种，充分发挥种子内在因素，可以减轻病虫害，提高产量与品质。

播前晒种 1～2 d，能加强种子内酶的活性，增强生活力，提高发芽势和发芽率，达到发芽快、出苗齐的效果。同时，晒种还有促进后熟的作用。提前浸种可以缩短种子在土壤中的吸水膨胀时间，及早出苗。

4. 适时播种

充分利用雨热资源分布，可以减少病虫害发生，应根据当地无霜期长短、气候条件和所采用品种生育期的长短来确定适宜的播种时间。

根据土壤类型和土壤水分来确定播种深度，盐碱地以及土壤黏重的土地，播种深度宜浅，一般为 3 cm 左右。播后及时镇压，以防跑墒。种植向日葵应特别注意保苗，主要是根据种植品种植株的高矮和土壤肥力状况确定种植密度，一般油用型向日葵保苗（3.5～4.0）×10^4 株/hm^2，食用型向日葵保苗（2.0～2.3）×10^4 株/hm^2，做到合理密植，充分利用光能和土壤肥力。

5. 及时铲趟

向日葵本身具有发育早、生长快的特点，在 1 对真叶时开始疏苗，结合除草进行，灭草效果可达 87%～92%；2 对真叶时定苗，尽量留壮苗，做到生育期间两铲三趟，可以及时消除杂草，打破土壤板结层，增加土壤空气含量，提高地温，有利于肥料分解和吸收，促进根系发育。一定要在现蕾前封垄，防止生育后期倒伏，封垄时最好于锄后 5～7 d 进行，避免过早或过晚，为后期植株生长发育创造条件。

6. 适时灌水

向日葵是一种深根作物，从出苗至现蕾是比较抗旱阶段。现蕾至开花是向日葵生长最快的时期，这一时期蒸发量大，又是花盘发育、籽实形成的关键时期，对水分要求很高，应根据土壤的墒情分别在现蕾期、盛花期及时灌水，促使向日葵籽粒饱满，提高产量。

7. 配方施肥

根据土壤检测分析数据，充分了解土壤肥力状况、向日葵需肥特点和需肥规律以及外界条件，根据肥料本身的特性，氮、磷、钾肥配合使用，使地力均衡，有利于养分的平衡吸收，适时适量进行合理施肥，减少肥料的损失。

氮肥能使向日葵生长旺盛，使茎叶呈现浓绿色，光合作用效率高，从而促进花盘膨大，小花数增多，为增产打下基础。氮肥不足，茎细，叶黄，下部叶片早期变黄，花盘较小，植株早衰，产量降低；但氮肥施入过多时，苗期易造成茎叶徒长，后期贪青晚熟。磷肥在向日葵整个生育期都具有重要作用，特别是生育后期需要较多。缺磷时影响细胞分裂增殖，植株生长就会受到抑制。增施磷肥，增强保水能力，有利于根的呼吸作用，增强了对干旱倒伏的抵抗力，植株生长健壮，叶片肥大，小花多，籽粒饱满，可以提高向日葵产量。

向日葵是喜钾作物，钾肥是保证向日葵正常生长的重要元素，它能使向日葵茎秆粗壮，提高向日葵抗病、抗倒伏能力。植株缺钾时，生长缓慢，叶片变黄，抗逆能力减弱。

在中等肥力的土壤采用配方施肥，氮、磷、钾肥比例为 1∶2∶1，施氮肥 30 kg/hm^2、磷肥 60 kg/hm^2、钾肥 30 kg/hm^2，或施用向日葵复合肥 300～400 kg/hm^2，作底肥一次性施入。

追肥是向日葵栽培中的一项重要措施，向日葵是需肥较多的植物，单靠基肥和种肥不能满足现蕾后期对养分的需求，所以增施追肥很重要，追肥量和追肥时间因各地土壤类型和肥力水平而不同。追肥时间应根据土壤供肥能力、气候条件、施用基肥和种肥数量等确定，但主要应根据向日葵不同生育时期需肥情况来确定，还要和田间管理措施结合起来。

8. 病虫害防治

播种时，用50%扑海因按种子量的0.3%～0.4%拌种，可防治立枯型菌核病。葵螟在葵盘上为害后，受害部分遇雨发霉腐烂，严重影响产量和品质，可使用20%氰戊菊酯乳油或90%敌百虫500倍液喷洒防治。草地螟1～3龄期抗药性差，可选用50%辛硫磷乳油1 500倍液、2.5%溴氰菊酯乳油2 500倍液防治，低龄幼虫喷施药液浓度小些，高龄幼虫喷施药液浓度要大些。向日葵霜霉病采用58%瑞毒霉锰锌可湿性粉剂1 000倍液或72%杜邦克露700～800倍液喷施防治。

9. 适时收获

向日葵的收获时期较一般作物要求严格，只有适时收获，才能丰产丰收。收获时期的确定，取决于成熟度。当向日葵花盘的背面变黄褐色时，果皮坚硬，茎秆变黄，中上部叶片褪绿变黄，即为生理成熟期，但此时籽实中的含水量略高，不宜收获，向日葵最佳收获时期为生理成熟后5～8 d。向日葵在阴雨天不能收获，因为葵盘和种子含水量大，得不到晾晒，容易捂堆，造成花盘霉烂，降低葵花籽质量。因此，收获时要选择晴天，以便晾晒和降低葵花籽水分含量。

第二节　向日葵的缺素症状

一、缺氮症状及防治措施

（一）缺氮症状

苗期向日葵生长缓慢，植株纤细瘦弱，叶片小且薄，呈黄绿色或浅绿色。生育中期缺氮，下部叶片早期变黄，花盘小，营养器官生长明显变差，造成植株早衰，籽粒不饱满，产量低，籽实蛋白质、含油率下降。

（二）防治措施

每公顷施用15～20 t农家肥作基肥。在向日葵现蕾期每公顷追施尿素150 kg，或在向日葵现蕾开花期至灌浆期每公顷喷施1%尿素水溶液900 L。

二、缺磷症状及防治措施

（一）缺磷症状

向日葵生育迟缓，植株矮小，根系不发达，下部叶片变窄，呈青绿色或紫色。茎秆细弱，花序弱，小花数减少，花盘小，花期延迟。向日葵抗逆性降低，易遭受病害和冻害。

（二）防治措施

每公顷施用种肥磷酸二铵 150～300 kg，或 0.2% 磷酸二氢钾水溶液叶面喷施 2～3 次。

三、缺钾症状及防治措施

（一）缺钾症状

植株生长缓慢矮小，叶片变黄，叶上出现褐色的斑点，斑点最后干枯成薄片破碎脱落。缺钾症状首先表现在向日葵下部叶片上，叶缘黄化，严重时焦枯，叶片干枯脱落；结实率低，产量和品质下降，茎秆细弱，易折、易倒伏。

（二）防治措施

施用农家肥和硫酸钾，或含钾复合肥作基肥。或 0.2% 溶液进行叶面喷施，每隔 7 d 喷 1 次，共喷 2～3 次。在严重缺钾的土壤上，每公顷施 100～150 kg 硫酸钾作基肥。

四、缺钙症状及防治措施

（一）缺钙症状

在开花期前后均出现茎弯曲现象，顶端生长萎缩，新叶褐变、皱缩。

（二）防治措施

由于向日葵具有耐盐碱特性，种植向日葵要适当增加钙肥用量，每公顷施用过磷酸钙 300 kg。

五、缺镁症状及防治措施

（一）缺镁症状

向日葵缺镁，中下部叶片均匀褪绿黄化，叶脉间明显失绿，出现清晰网纹，有多种色泽斑点，叶脉仍保持绿色。

（二）防治措施

镁肥应尽量早施用。缺镁的中性和碱性土壤施用硫酸镁作基肥，每公顷用量50 kg（以氧化镁计算），或叶面喷施1%～2%硫酸镁，每隔7 d 1次，连续喷施2～3次。

六、缺硫症状及防治措施

（一）缺硫症状

向日葵缺硫幼芽生长受抑、黄化，植株矮小，上位叶黄化，叶和花序色淡，节间缩短。

（二）防治措施

增施有机肥料，提高土壤的供硫能力。合理选用含硫化肥，如硫酸铵、硫酸钾等。

七、缺硼症状及防治措施

（一）缺硼症状

向日葵含硼量很高（80 mg/kg），需硼量大，对缺硼非常敏感，若缺硼幼苗期就会出现缺硼症状。主要表现为子叶增厚变大，颜色变深，脆而易折，并萎蔫下垂呈"个"字形（正常的子叶上挺，呈"Y"形）。顶芽发育停滞，严重时顶芽枯死。主根生长和侧根发育均受抑，根系粗短，呈灰褐色，根尖坏死。

生育中后期缺硼会出现下部叶片变厚、扭皱不平、脆而易折，叶色变深，上部新叶小且萎缩、卷曲，甚至坏死，叶肉失绿，叶脉突出；节段、节间缩短，下部茎易开裂，开裂处组织呈水渍状坏死；花序发育不良，花盘畸形，易折茎，瘪粒增多，结实率明显下降等症状（图9-1，图9-2）。

图 9–1　缺镁的向日葵叶片　　　　　　　图 9–2　缺硼的向日葵茎
Fig. 9–1　Magnesium deficient sunflower leaves　　Fig. 9–2　Stem of sunflower lacking boron

种植向日葵的土壤有效硼诊断指标为：有效硼的临界指标小于 0.5 mg/kg 为严重缺乏；0.5～1.0 mg/kg 为缺乏；大于 1.0 mg/kg 为正常。

（二）防治措施

种植向日葵的土壤多为碱性土壤，缺硼的土壤适量施用硼肥，增产效果十分明显。

1. 基肥

用硼砂作基肥，施用量 5.0～10 kg/hm²。

2. 浸种

用 0.01%～0.03% 硼砂或硼酸溶液浸种，浸种时间取决于向日葵种子大小，一般为 12～24 h。

3. 叶面喷施

用 0.1%～0.2% 的硼砂或硼酸溶液进行叶面喷施，每公顷用量 3.0～4.5 kg。

八、缺铜症状及防治措施

（一）缺铜症状

向日葵缺铜会幼叶萎蔫，叶片畸形，并出现失绿黄化症状，易枯死。生殖生长受阻，种子发育不良或不能正常地形成种子。氮肥施用过多，会导致生育后期植株叶色浓绿，群体过于茂盛而出现倒伏倾向，易发生缺铜不实。

（二）防治措施

1. 增施有机肥料

对于贫瘠的酸性土壤上发生的铜营养缺乏症，应增施有机肥料，施优质农家肥，提高土壤的供铜能力。

2. 控制氮肥用量

在供铜能力较弱的土壤上，要严格控制氮肥用量，防止因氮肥过量而促发或加重缺铜症。

九、缺锌症状及防治措施

（一）缺锌症状

向日葵缺锌，会出现植株矮小，叶片的伸长生长受抑；叶片失绿黄化，有的可转变为红褐色；严重时叶尖发红枯萎。缺锌若持续到生育中后期，茎秆的上部叶片会出现各种花斑，花盘变小变形，生殖生长受阻，籽实不饱满，空壳多，减产明显。

施肥不当，过量施用磷肥、氮肥或大量施用未腐熟的有机肥，会影响向日葵对锌的吸收和造成向日葵体内养分不平衡，诱发缺锌。碱性土壤种植向日葵易出现锌缺乏症状。

（二）防治措施

1. 合理施肥

在低锌土壤上要严格控制磷肥和氮肥的用量，避免一次性大量施用化学磷肥，尤其是过磷酸钙；在缺磷土壤上则要做到磷肥与锌肥配合施用；还应避免磷肥的过分集中，防止局部磷、锌比例的失调而诱发缺锌。

2. 增施锌肥

用硫酸锌作基肥，用量 15～30 kg/hm^2，或用 0.15%～0.30% 的硫酸锌水溶液进行叶面喷施（锌肥用量为 2.0～3.0 kg/hm^2），生育期间连续喷施 2～3 次，每次间隔 5～7 d。

十、缺钼症状及防治措施

（一）缺钼症状

向日葵缺钼，会出现植株矮小，生长缓慢，叶片畸形，叶片失绿黄化、皱缩，伴有坏死斑，叶缘萎蔫干枯，上卷成杯形（图9-3）。

图 9-3　缺钼的向日葵叶片
Fig. 9-3　Sunflower leaves lacking molybdenum

（二）防治措施

增施有机肥，提高土壤供钼水平，增施磷、钾肥，促进向日葵根系的发育，增强对钼的吸收。在苗期和生殖生长初期，用 0.05% ～ 0.20% 的钼酸铵水溶液对叶面各喷施 1 ～ 2 次。

第三节　甘肃向日葵营养施肥技术研究

一、钾肥不同施用量对油用向日葵经济性状及产量的影响

钾是植物所需三大主要营养元素之一，对作物有重要的营养和生理作用。长期以来人们习惯在向日葵施肥上偏重于氮肥、磷肥的投入，而忽略了钾肥施用，通过对小麦、马铃薯、黄瓜、油菜等不同作物施用钾肥的试验研究表明，钾肥能提高作物产量和改善籽实品质。钾还可以活化植物体中的酶，促进新陈代谢、增强保水吸水能力、提高光合作用与光合产物的运转能力，还可以提高作物抗旱、抗病、抗寒抗盐碱和抗倒伏能力。近年来通过试验研究表明，在不同地区种植向日葵适量施用钾肥增产效果明显，增产率达到 15% ～ 30%。施钾肥使向日葵蛋白质含量降低，但提高脂肪酸的含量和改善油的品质，张君等研究表明，每千克钾（K_2O）增产向日葵 7.17 kg，施用钾肥的肥料利用率（K_2O）为 35.3%，生产 1 t 向日葵吸收 K_2O 73.9 kg。本试验设在兰州市永登县秦王川引大灌区盐碱地，主要是通过盐碱地钾肥不同施用量对油用型向日葵产量及含油率的效应研究，旨在为盐碱地油用型向日葵的高产、优质栽培及科学有效施肥提供理论依据。

（一）材料与方法

1. 试验地概况

试验地设在兰州市永登县秦王川引大灌溉示范园区，海拔高度 1 950 m，年平均气温 6.9 ℃，年平均降水量 300 ～ 350 mm，年蒸发量 1 880 mm，全年平均无霜期 139 d。试验地土质为沙壤土，前茬为大麦，播前测定 0 ～ 20 cm 耕层土壤水解氮 26.6 mg/kg，速效磷 6.39 mg/kg，速效钾 130.11 mg/kg，有机质 10.03 g/kg，全盐含量 0.45 g/kg，pH 值 8.87。

2. 供试材料

供试油用型向日葵品种为陇葵杂 2 号，由甘肃省农业科学院作物研究所选育；供试钾肥为氯化钾（K_2O 含量为 60%），由甘肃省农业科学院土壤肥料与节水农业研究所提供。

3. 试验设计与方法

试验共设 6 个处理，氮肥和磷肥施量相同，氮（N）为 180 kg/hm²，其中 1/3 作追肥；磷（P）为 120 kg/hm²。钾肥（K_2O）处理 1 为 0，处理 2 为 45 kg/hm²，处理 3 为 67.5 kg/hm²，处理 4 为 90 kg/hm²，处理 5 为 112.5 kg/hm²，处理 6 为 135 kg/hm²。小区面积 30 m²，随机区组排列，每处理重复 3 次。

向日葵于 4 月 24 日播种，在成熟期（8 月 26 日）每小区随机取样 10 株进行考种，测定单盘粒数、单盘粒重、百粒重、出仁率，计算理论产量。取 5 株送实验室测定籽实含油率、干物质及全钾含量，用 Excel 与 DPS 进行数据处理分析。

（二）结果与分析

1. 钾肥对油用型向日葵干物质积累影响

通过成熟期对油用型向日葵根、茎、叶、花盘和籽粒干物质的测定，从表 9-1 数据可知，随着钾肥施用量增加，各器官干物质的量与经济系数基本呈先增后降趋势，当钾肥施用量（处理 4）为 90 kg/hm² 时，各器官干物质量达到最大，其根、茎、叶、花盘和籽粒的干物质量分别较对照增加 1.46 g、17.27 g、6.98 g、11.64 g 和 19.91 g，经济系数较对照提高 0.024。

表 9-1　各器官干物质积累影响
Tab. 9-1　Effect of dry matter accumulation in each organ

处理	根（g）	茎（g）	叶（g）	花盘（g）	籽粒（g）	经济系数
1（CK）	9.82	72.49	22.68	17.52	40.61	0.265
2	10.35	78.47	23.52	17.33	47.47	0.285
3	10.07	78.88	23.37	20.40	49.17	0.286
4	11.28	89.76	29.66	29.16	60.52	0.289
5	10.66	69.54	26.38	25.14	46.16	0.276
6	9.97	69.61	22.29	26.80	40.42	0.254

2. 钾肥对油用型向日葵主要经济性状的影响

通过对油用型向日葵主要经济性状单株产量、单盘粒数、百粒重、出仁率和籽仁含油率的测定（表 9-2）可知，油用型向日葵施钾后，比对照（不施钾）单株产量提高 1.02～8.5 g，盘粒数增加 16.4～137.0 粒，百粒重增加 0.03～0.26 g，出仁率提高 0.9～3.5 个百分点，籽实含油率提高了 0.56～1.57 个百分点，总体呈先增后减趋势；当钾肥施用量为 90 kg/hm² 时（处理 4），综合经济性状表现达到最大值，单株产量、单盘粒数、百粒重、出仁率、籽仁含油率分别为 70.89 g、1 143.3 粒、6.30 g、75.20%、64.17%。通过方差分析，处理 4 单株产量、单盘粒数、出仁率与对照（不施钾）比较增产达显著水平，从表 9-2 试验结果说明适当增施钾肥有利于提高油用型向日葵产量与改善油用型向日葵品质。

表 9-2 不同施钾处理油用型向日葵经济性状表现

Tab. 9-2 Economic properties of oil sunflower treated with different potassium application

处理	单株产量（g）	单盘粒数（粒）	百粒重（g）	出仁率（%）	籽仁含油率（%）
1（CK）	62.39bB	1 006.3bB	6.08aA	71.7bA	62.60aA
2	63.41bB	1 022.7bB	6.11aA	72.6abA	63.16aA
3	66.53abAB	1 073.0abAB	6.22aA	73.5abA	63.19aA
4	70.89aA	1 143.3aA	6.30aA	75.2aA	64.17aA
5	67.21abAB	1 084.0ab AB	6.34aA	74.3abA	63.78aA
6	64.58bAB	1 041.7bAB	6.16aA	72.9abA	63.52aA

3. 不同处理油用型向日葵各器官钾物质含量

从表9-3测定数据可以看出，油用型向日葵不同器官钾的含量有所不同，钾含量：花盘＞茎＞叶片＞根＞籽粒。成熟期不同处理植株中花盘含钾量占全株的33.21%～37.83%，茎秆含钾量占全株的28.73%～33.23%，叶片含钾量占全株的17.55%～22.49%，根含钾量占全株的6.93%～9.54%，籽粒含钾量占全株的5.77%～6.31%。同一器官不同处理其钾的含量也有所变化，随施钾量的增加其含量增大。适当增施钾肥，有利于提高植株各器官中钾的含钾量占全株的含量，促进光合作用和新陈代谢作用。

表 9-3 不同施钾处理油用型向日葵各器官钾的含量

Tab. 9-3 Potassium content in various organs of oil sunflower treated with different POTASSIUM application

处理	根		茎		叶片		花盘		籽粒		全株
	含钾量（mg/kg）	占全株（%）	含钾量（mg/kg）	占全株（%）	含钾量（mg/kg）	占全株（%）	含钾量（mg/kg）	占全株（%）	含钾量（mg/kg）	占全株（%）	含钾量（mg/kg）
1（CK）	0.78	6.93	3.38	30.02	2.13	18.92	4.26	37.83	0.71	6.31	11.26
2	1	8.01	4.02	32.21	2.19	17.55	4.55	36.46	0.72	5.77	12.48
3	0.92	7.06	4.33	33.23	2.44	18.73	4.56	35.00	0.78	5.99	13.03
4	1.23	9.54	3.81	29.56	2.47	19.16	4.62	35.84	0.76	5.90	12.89
5	1.14	8.76	3.74	28.73	2.79	21.43	4.54	34.87	0.81	6.22	13.02
6	1.05	7.98	3.97	30.17	2.96	22.49	4.37	33.21	0.81	6.16	13.16
平均	1.02	8.05	3.87	30.65	2.50	19.71	4.48	35.53	0.765	6.06	12.64

4. 钾肥对油用型向日葵产量的影响

从表9-4数据分析可知，引大灌区盐碱地不同施钾处理对油用型向日葵产量影响不同，适当增施钾肥能提高油用型向日葵籽粒产量，不同施钾处理与对照（不施钾）比较，均可提高油用型向日葵籽粒产量，提高幅度为 6.11%～15.47%，通过各处理间比较，处理 4 折合产量最高，为 3 906.86 kg/hm²，较对照增产达到 15.47%，增产达极显著水平；处理 5 折合产量 3 880.19 kg/hm²，较对照增产达到 14.68%，增产达极显著水平；处理 3 与处理 6 折合产量分别为 3 753.52 kg/hm² 和 3 703.52 kg/hm²，较对照增产 10.94% 和 9.46%，增产达显著水平；处理 2 折合产量为 3 590.18 kg/hm²，较对照增产 6.11%，增产不显著。

表 9-4　不同施钾处理油用型向日葵籽粒产量表现

Tab. 9-4　Grain yield of oil sunflower under different potassium application treatments

处理	小区产量（kg/30 m²）			平均值	折合产量（kg/hm²）	单位面积增产量（kg）	较对照（±%）	显著水平		位次
	I	II	III					5%	1%	
1（CK）	10.24	9.85	10.37	10.15	3 383.5	—	—	c	B	6
2	10.52	11.23	10.57	10.77	3 590.18	206.68	6.11	bc	AB	5
3	11.41	10.68	11.68	11.26	3 753.52	370.02	10.94	ab	AB	3
4	11.56	11.9	11.71	11.72	3 906.86	523.36	15.47	a	A	1
5	11.53	11.28	11.62	11.48	3 880.19	496.69	14.68	ab	A	2
6	11.12	10.95	11.26	11.11	3 703.52	320.02	9.46	ab	AB	4

5. 经济效益分析

通过表 9-5 不同施钾处理经济效益分析，处理 4 新增产量与纯收入最高，其新增产量为 523.36 kg/hm²，新增经济效益 2 407.46 元 /hm²，除去施钾肥投入 495 元 /hm²，新增纯收入 1 912.46 元 /hm²；处理 5 次之，其新增产量为 496.69 kg/hm²，新增经济效益 2 284.77 元 /hm²，除去施钾肥投入 618.75 元 /hm²，新增纯收入 1 666.02 元 /hm²；处理 3 居第三，其新增产量为 370.02 kg/hm²，新增经济效益 1 702.09 元 /hm²，除去施钾肥投入 371.25 元 /hm²，新增纯收入 1 330.84 元 /hm²；处理 2 与处理 6 纯收入分别为 703.23 元 /hm² 和 729.59 元 /hm²。

表 9-5　不同施钾处理经济效益计算

Tab. 9-5　Economic benefit calculation of different potassium application treatments

处理	折合产量（kg/hm²）	新增产量（kg）	新增收入（元）	施 K₂O 量（kg）	施肥量（kg）	施肥投入（元）	新增纯收入（元）
1（CK）	3 383.5	—	0	0	0	0	0
2	3 590.18	206.68	950.73	45	75	247.5	703.23
3	3 753.52	370.02	1 702.09	67.5	112.5	371.25	1 330.84
4	3 906.86	523.36	2 407.46	90	150	495	1 912.46

续表

处理	折合产量 (kg/hm²)	新增产量 (kg)	新增收入 (元)	施 K₂O 量 (kg)	施肥量 (kg)	施肥投入 (元)	新增纯收入 (元)
5	3 880.19	496.69	2 284.77	112.5	187.5	618.75	1 666.02
6	3 703.52	320.02	1 472.09	135	225	742.5	729.59

（三）结论

不同施肥处理下向日葵从成熟期各营养器官的钾素吸收量不同，钾素吸收量花盘＞茎＞叶片＞根＞籽粒。处理4的钾素吸收量均高于其他处理，合理平衡施肥可有效提高向日葵的钾素吸收量。适当增施钾肥，切实能够改善油用型向日葵经济性状，增加干物质积累，提高籽粒产量和含油率，本试验增产最高达到15.5%。通过经济效益分析，在引大灌区盐碱地，增施钾肥（K₂O）90 kg/hm² 时油用型向日葵增产量与经济效益达到最高。因此，90 kg/hm² 可作为增施钾肥的参考标准。

二、油用型向日葵后期喷施微肥效果试验研究

植物除了通过根系吸收养分外，叶片也能吸收养分，叶面施肥又称根外追肥或叶面喷肥，这种施肥是农业生产上经常采用的一种施肥方法，叶面喷肥可使养分吸收运转加快，避免土壤对某些养分的固定作用，提高养分利用率，且施肥量少为植物提供各种营养元素，改善植物营养状况，尤其是适宜于植物生长后期各种营养的补充。叶面肥在蔬菜、小麦、大豆等作物上应用研究已有报道，但在向日葵上的应用研究报道甚少。为了探索叶面肥对油用型向日葵的增产效果，2008年我们在国家向日葵现代产业技术体系兰州综合试验站进行了叶面肥喷施试验，旨在为叶面肥在甘肃大面积推广应用和油用型向日葵高产提供科学依据。

（一）试验地概况

试验地设在国家向日葵现代产业技术体系兰州综合试验站，海拔高度1 950 m，年平均气温6.9℃，年平均降水量300～350 mm，年蒸发量1 880 mm，全年平均无霜期139 d。试验地土质为沙壤土，前茬为大麦，播前测定0～20 cm耕层土壤水解氮25.2 mg/kg，速效磷5.40 mg/kg，速效钾149.91 mg/kg，有机质10.83 g/kg，全盐含量0.60 g/kg，pH值8.53。播前施尿素300 kg/hm²，磷二胺225 kg/hm²，现蕾期浇水时追施尿素150 kg/hm²。

（二）试验材料与方法

1. 供试材料

供试油用型向日葵品种为甘肃省农业科学院引进的油用型向日葵杂交种法A15，

为甘肃主栽品种。供试叶面肥为万代富（湖南正旺农肥科技有限公司生产）、高纯硼（西安澳新农化学有限公司生产）、三天灵（潍坊润华生物化工有限公司生产）、磷酸二氢钾（石家庄利丰化工厂生产）。

2. 试验方法

试验于4月12日播种，8月26日收获，小区面积为12 m^2，每种微肥设3个处理浓度（表9-6），每浓度重复3次，以清水为对照，现蕾后（6月28日）开始喷施第1次，每次相隔10 d，共喷施3次。

表9-6 喷施微肥及浓度

Tab. 9-6 Application of micro fertilizer and concentration

编号	微肥名称	有效成分及含量	CK	1	2	3
A	万代富	N:16%, K_2O:9.0%	清水	1 000 倍液	700 倍液	500 倍液
B	高纯硼	$Na_2B_4O_7 \cdot 10H_2O$:98%	清水	1 200 倍液	1 000 倍液	800 倍液
C	三天灵	B、Zn、Ca、Fe ≥ 10g/L	清水	1 000 倍液	800 倍液	500 倍液
D	多元微肥—磷酸二氢钾	N、P_2O_5、Mg、B、Zn ≥ 78%、磷酸二氢钾 ≥ 98%	清水	1 000 倍液	800 倍液	500 倍液

（三）试验结果与分析

喷施时间为7—9时，17—19时。成熟后每小区随机取10株测定盘径、盘粒数、单株产量与结实率，计算平均值，然后统计测定小区实际产量，考查百粒重、皮壳率和籽实含油率。

1. 不同微肥处理浓度对产量构成因素影响

经初步试验研究结果（表9-7）表明，在油用型向日葵现蕾后期在叶面喷施微肥对油用型向日葵产量构成因素产生一定影响，不同微肥不同浓度产生的效果有所不同。通过3种处理浓度试验，4种微肥在油用型向日葵现蕾后期进行叶面喷施对盘径、单株产量、盘粒数、百粒重和结实率均具有一定的促进作用。万代富1 000倍液较700倍液与500倍液效果好，较对照盘径增大0.7 cm，单株产量增加5.0 g，百粒重增加0.4 g，结实率提高1.65%，皮壳率升高0.5%，籽实含油率下降0.07%；高纯硼1 200倍液较1 000倍液和800倍液效果好，较对照盘径增大0.9 cm，单株产量增加5.4 g，百粒重增加0.3 g，结实率提高2.03%，皮壳率升高0.34%，籽实含油率升高0.27%；三天灵1 000倍液较800倍液和500倍液效果好，较对照盘径增大0.7 cm，单株产量增加4.7 g，百粒重增加0.2 g，结实率提高1.83%，皮壳率降低1.66%，籽实含油率升高1.14%；多元微肥—磷酸二氢钾500倍液较1 000倍液与800倍液效果好，较对照盘径增大0.6 cm，单株产量增加3.4 g，百粒重增加0.4 g，结实率提高1.8%，皮壳率升高1.67%，籽实含油率下降0.73%。

表 9-7 不同微肥处理浓度对产量构成因素影响
Tab. 9-7 Effects of different concentrations of micro fertilizer on yield components

微肥代号	处理浓度	花盘直径（cm）	单株产量（g）	单盘粒数（粒）	百粒重（g）	结实率（%）	皮壳率（%）	籽实含油率（%）
A	A1	17.0	68.1	1 333.5	5.3	88.95	21.00	50.16
	A2	16.8	66.2	1 293.2	5.1	86.84	22.33	49.56
	A3	16.5	64.7	1 292.4	5.0	87.24	19.84	50.63
B	B1	17.2	68.5	1 342.7	5.2	89.33	20.84	50.50
	B2	16.8	63.3	1 306.6	5.1	88.71	21.33	49.35
	B3	16.5	63.1	1 286.5	4.8	88.03	21.67	50.13
C	C1	17.0	67.8	1 327.3	5.1	89.13	18.84	51.37
	C2	16.9	67.6	1 377.3	4.9	88.08	20.33	51.22
	C3	16.7	64.4	1 272.2	5.1	87.14	20.33	50.92
D	D1	16.5	62.3	1 275.6	5.1	87.36	22.00	49.21
	D2	16.6	64.9	1 298.6	4.9	88.2	21.84	49.76
	D3	16.9	66.5	1 331.7	5.3	89.10	22.17	49.50
CK	清水	16.3	63.1	1 256.5	4.9	87.30	20.50	50.23

2. 不同微肥处理浓度对油用型向日葵产量影响

从产量试验结果（表 9-8）分析，在油用型向日葵现蕾后期喷施 4 种微肥对提高油用型向日葵产量均有一定促进作用，但喷施浓度不同其增产效果不同。试验结果通过 DPS 软件分析，高纯硼 1 200 倍液，多元微肥—磷酸二氢钾 500 倍液，三天灵 1 000 倍液，万代富 1 000 倍液，较对照增产达显著水平。高纯硼 1 200 倍液与多元微肥—磷酸二氢钾 500 倍液较对照增产达极显著水平。增产效果：高纯硼 1 200 倍液＞多元微肥—磷酸二氢钾 500 倍液＞三天灵 1 000 倍液＞万代富 1 000 倍液。

表 9-8 不同处理小区产量表现
Tab.9-8 Yield performance of different treatment plots

微肥代号	处理	小区产量（kg）			平均（kg）	折合产量（kg/hm²）	较对照（±%）	显著性	
		Ⅰ	Ⅱ	Ⅲ				5%	1%
A	A1	4.8	5.2	4.1	4.71	3 922.5	7.0	abc	AB
	A2	4.7	5.1	4.0	4.60	3 834.0	4.5	abcd	AB
	A3	4.6	5.0	3.9	4.50	3 750.0	2.3	cd	AB

续表

微肥代号	处理	小区产量（kg）			平均（kg）	折合产量（kg/hm²）	较对照（±%）	显著性	
		Ⅰ	Ⅱ	Ⅲ				5%	1%
B	B1	4.8	5.2	4.5	4.83	4 027.5	9.8	a	A
	B2	4.6	5.0	4.3	4.63	3 861.0	5.3	abcd	AB
	B3	4.5	5.0	4.0	4.50	3 750.0	2.3	cd	AB
C	C1	4.7	5.3	4.2	4.73	3 945.0	7.6	abc	AB
	C2	4.6	5.1	4.1	4.60	3 834.0	4.5	abcd	AB
	C3	4.6	4.9	4.0	4.50	3 750.0	2.3	cd	AB
D	D1	4.6	4.8	4.2	4.53	3 778.5	3.0	bcd	AB
	D2	4.5	5.1	4.2	4.60	3 834.0	4.5	abcd	AB
	D3	4.6	5.4	4.3	4.77	3 972.0	8.3	ab	A
CK	清水	4.5	5.0	3.7	4.40	3 667.5	0.0	d	B

3. 不同微肥处理浓度对油用型向日葵生产经济效益的影响

通过投入产出经济效益分析（表9-9）可知，处理A1、B1、C1、D3增产和增值效果比较明显，较对照分别增加产量255.0 kg/hm²、360.0 kg/hm²、277.5 kg/hm²、304.5 kg/hm²，增加产值1 020.0元/hm²、1 440.0元/hm²、1 110.0元/hm²和1 218.0元/hm²，产投比分别为8.5∶1、11.4∶1、10.1∶1和8.7∶1。由此可见，油用型向日葵现蕾后适当喷施微肥，虽然增加了肥料和用工投入，但与增加经济收入相比较，其增产、增值效果还是十分显著的。

表9-9 油用型向日葵后期喷施不同微肥对经济效益的分析
Tab. 9-9 Analysis of economic benefits of spraying different micro fertilizer on oil sunflower in late stage

微肥代号	处理	新增投入		新增收入		产投比
		肥料（元/hm²）	用工（元/hm²）	增产量（kg/hm²）	增产值（元/hm²）	
A	A1	60.0	60.0	255.0	1 020.00	8.5∶1
	A2	80.0	60.0	166.5	666.00	4.8∶1
	A3	120.0	60.0	82.5	330.00	1.8∶1
B	B1	66.0	60.0	360.0	1 440.00	11.4∶1
	B2	80.0	60.0	193.5	774.00	5.5∶1
	B3	100.0	60.0	82.5	330.00	2.1∶1

续表

微肥代号	处理	新增投入		新增收入		产投比
		肥料 （元/hm²）	用工 （元/hm²）	增产量 （kg/hm²）	增产值 （元/hm²）	
C	C1	50.0	60.0	277.5	1 110.00	10.1∶1
	C2	60.0	60.0	166.5	666.00	5.6∶1
	C3	80.0	60.0	82.5	330.00	2.4∶1
D	D1	40.0	60.0	111.0	444.00	4.4∶1
	D2	50.0	60.0	166.5	666.00	6.1∶1
	D3	80.0	60.0	304.5	1 218.00	8.7∶1
CK	清水	—	—	—	—	—

（四）结论

向日葵栽培施肥是一个系统工程，不同的地方土壤环境其栽培技术和施肥水平有所不同，微肥中含有硼、铁、锌、镁等微量元素，向日葵现蕾后进入生殖生长阶段，从现蕾开花到灌浆，是需水肥量较大的时期，在这一时期，合理施用微量元素肥料，有助于促进产量构成因素的生长发育，提高产量和品质，增加经济效益。

目前，市场生产销售的微肥种类很多，在作物生产中应用也越来越广泛，但作为向日葵专用叶面肥很少，本试验仅初步做了4种微肥的独立肥效试验研究，试验结果表明，微量元素肥料的种类、施用浓度对油用型向日葵的产量和品质的影响不同，本试验每种微肥设3个不同处理浓度，高纯硼1 200倍液、多元微肥—磷酸二氢钾500倍液、三天灵1 000倍液、万代富1 000倍液增产效果较好，而且高纯硼1 200倍液＞多元微肥—磷酸二氢钾500倍液＞三天灵1 000倍液＞万代富1 000倍液。

第四节　甘肃向日葵栽培研究技术资料

一、向日葵盐碱地保苗增效栽培技术

向日葵全球播种面积达到2.52×10^7 hm²，总产量4.14×10^7 t，为第四大油料作物。我国向日葵种植面积9.30×10^5 hm²，居世界第6位，总产量2.38×10^6 t，居世界第3位，仅次于乌克兰和俄罗斯。甘肃有中度盐碱地4.07×10^5 hm²，向日葵抗盐碱、抗旱，耐瘠薄，适应能力强，可作为改良盐碱地的先锋作物，在中度盐碱地推广种植，对提高盐碱地经济效益和保护生态环境具有重要意义。

盐碱会延长向日葵出苗时间，不同盐碱度对向日葵萌发和出苗有较大影响，通过覆膜和增施有机肥可以降低土表层盐碱度，提高出苗率。为了更好利用盐碱地资源，充分发挥盐碱地种植油用型向日葵的经济效益，通过油用型向日葵盐碱地保苗增效栽培试验，总结出油用型向日葵盐碱地保苗增效栽培技术。

（一）选地秋翻培肥

选择地势平坦、灌排方便、肥力中等、全盐质量分数<5 g/kg、pH 值<8.5 的盐碱地。秋季深耕深翻，以有效地控制土壤返盐，并结合翻地施入腐熟羊粪或牛粪（3.75～4.50）×10^4 kg/hm² 进行土壤培肥，增加土壤有机质，疏松土壤。

（二）播前灌溉

盐碱地冬灌容易返盐碱，春灌较好。一般以4月下旬或5月上旬，播前7 d 灌水为宜，可以将耕层土壤中的盐分压到底层，也可通过排水沟将盐碱排出，减少地表土层盐碱含量，待地表稍干时及时耙耱。

（三）播前除草

结合耙耱平地，用48%氟乐灵乳油2 250～3 000 mL/hm² 兑水600～750 kg 搅拌均匀后喷洒于土表，以防除稗草、野燕麦、马唐、狗尾草、牛筋草、千金子、马齿苋、藜等杂草。边喷药边耙地，耙后覆膜，3～5 d 后播种。覆膜封闭除草效果较好。

（四）科学施肥

随着肥料生产技术的进步和成本的降低，一些新型肥料品种在生产上开始使用，如含有 K、S 和 Mg 的硫酸钾镁（K_2O 22%）、含有 Zn 的美可锌（N 12%，P_2O_5 42%）、缓释肥料、水溶肥料以及其他功能性肥料。根据特色油料产业技术体系土肥与栽培岗位科学家段玉提出的《向日葵控肥增效技术规程》（DB15/T 1909—2020）推荐用量（表9-10）进行施肥。

表9-10 向日葵推荐施肥量查对表
Tab. 9-10 Checking table of recommended fertilizer application amount for Sunflowe

目标产量（kg/hm²）	推荐氮（N）量（kg/hm²）					推荐磷（P_2O_5）量（kg/hm²）					推荐钾（K_2O）量（kg/hm²）					
	碱解氮 TN（mg/hm²）					土壤有效磷 P（mg/hm²）					土壤速效钾 K（mg/hm²）					
	无测试值	50	100	150	200	无测试值	5	10	15	20	无测试值	50	100	150	200	250
2 250	107	90	56	22	16	107	60	65	48	39	28	51	82	77	69	60
3 000	139	131	98	81	57	139	76	86	69	61	53	71	133	119	105	91
3 750	170	173	139	119	98	170	92	108	91	82	74	92	184	156	142	123
4 500	200	248	180	146	113	200	106	138	129	104	96	114	234	193	179	165

一般施磷肥 100%、钾肥 70%、氮肥 60% 作基肥，现蕾期至开花期追施剩余 30% 钾肥与 40% 氮肥硼肥对向日葵有较好的增产效果，土壤有效硼质量分数低于 0.4 mg/kg 时应增施硼肥。可在播前用硼砂与种子按质量比为 3∶10 的比例混合进行拌种，或开花前喷施 1～2 g/kg 硼砂水溶液。

（五）选用良种

应选用抗旱、丰产、稳产、含油率高、抗逆性强、综合性状好的中晚熟油用向日葵杂交种陇杂葵 1 号、BT10、F10-8 等。种子质量要达到国家规定标准。

（六）播种

播前晒种 2～3 d，提高发芽势和发芽率。采取宽窄行种植，宽行 60 cm，窄行 40 cm，株距 30 cm，留苗 67 500 株/hm²。

按株距进行等距打孔人工点播或用人工点播器播种。播深 2～3 cm，每穴 2 粒，播后浅覆土（以细沙为最好，防止板结），播量 7.5 kg/hm²。

（七）田间管理

1. 查苗补苗

出苗时及时逐行检查，根据缺苗情况采取补救措施，成片成行缺苗要补种，缺苗少的可移栽补苗。

2. 间苗定苗

在出苗后、2 对真叶时间苗，3 对真叶时定苗，并结合间定苗进行中耕除草。覆膜穴播时，要防止播种后遇雨板结，及时放苗围土。

3. 中耕锄草

中耕锄草 2～3 次，第 1 次结合间定苗进行，第 2 次在定苗后现蕾封垄前进行。

4. 合理灌水

油用向日葵最大需水期是现蕾期至开花期，一般需灌水 2～3 次。苗期比较抗旱，覆膜种植时底墒好，可在现蕾时浇头水，盛花期浇二水。成熟期要浅浇或少浇水，选择晴天无风天气浇水，以防浇水后遇风倒伏。

（八）病虫害防治

1. 虫害

油用向日葵播后和幼苗期的主要虫害是地老虎、蝼蛄、金针虫。可用 48% 毒死蜱乳油 1 500 倍液浇灌于根部，或 48% 毒死蜱乳油 750 mL/hm² 兑水 750 L，喷施土表进行防治，或直接灌水防治，以减轻为害，提高保苗率。

2. 病害

（1）物理防治。油用型向日葵病害主要有菌核病、黄萎病、锈病等，主要采取以下防治措施：一是选用抗病品种。一般要求轮作 3 年以上，前茬以禾本科作物较宜。二是田间发现发病植株后，及时清除病株残体，深埋或烧毁以减少菌源。三是播前晾晒，并针对当地多发病害选择药剂拌种。

（2）化学防治。菌核病发病期用 50％菌核净可湿性粉剂 500～1 000 倍液，或 50％腐霉剂可湿性粉剂 1 000～1 500 倍液，或 50％多菌灵可湿性粉剂 1 000 倍液等喷洒植株茎基部或花盘背面等发病部位，每隔 7 d 喷 1 次，连喷 2～3 次。

黄萎病发病初期用 20％萎锈灵乳油 400 倍液灌根，每株灌药液 500 mL；或选用 50％多菌灵可湿性粉剂 500 倍液，或 70％甲基硫菌灵可湿性粉剂 800～1 000 倍液进行叶面喷雾防治。锈病发病初期用 70％代森锰锌可湿性粉剂 600 倍液喷雾，或 25％萎锈灵可湿性粉剂 400～600 倍液，或 20％萎锈灵乳油 400～600 倍液喷雾。

（九）收获

一般在开花后 45～50 d、花盘背部发黄、苞叶呈黄褐色、下部叶片干枯脱落时可进行收获。收获期间花盘不能大量长时堆积，要及时摊开晾晒，以防发热霉烂。脱粒后必须及时晒干，除去杂质以及秕粒，存放时要避免受潮和鼠害。

二、油用型向日葵覆膜栽培试验研究

地膜覆盖栽培技术已广泛应用于小麦、玉米、甜菜及蔬菜等多种作物，一般可使作物增产 20％～30％。油用型向日葵作为新兴的油料作物，在我国种植面积逐年扩大，为了探索油用型向日葵增产、增收的栽培技术措施。于 2001 年在甘肃省农业科学院武威黄羊镇试验场进行了油用型向日葵覆膜穴播栽培试验研究。

（一）材料与方法

供试油用型向日葵品种为陇葵杂 1 号。试验设在甘肃省农业科学院武威黄羊镇试验农场，试验地海拔 1 740 m，前茬作物为甜菜，土壤肥力中等。试验设覆膜穴播和露地穴播（CK）两个处理。小区面积 18 m^2（3 m×6 m），对比排列，重复 3 次。两处理均采用人工点播，总带幅 100 cm。覆膜穴播处理覆宽 75 cm 的地膜，膜面宽 60 cm，膜间距 40 cm。每带种 2 行，每小区 3 带（6 行），株距 25 cm，行距 50 cm，点播深度 3～5 cm，每穴播种子 2～3 粒，定苗密度为 80 000 株/hm^2。要求地平、膜直、墒好，点播后用沙封住膜孔，以防散热、跑墒。露地穴播处理的播种量、每小区行数、株行距、密度及田间管理与覆膜穴播相同。于现蕾前（出苗后 40 d）对两处理分别取 10 株样测定株高、茎粗、叶片数、叶面积及植株鲜重与干重，成熟后两处理分别取 10 株样测盘径、单株产量，均取平均值。收获后取样测定百粒重、出仁率、种仁含油率、籽实含油率；按小区单收计产，并进行经济效益分析。

（二）结果与分析

1. 不同处理油用型向日葵的生物学性状表现

试验结果（表9-11）表明，覆膜穴播油用型向日葵比露地穴播出苗提早 5 d，并且在同期内生长势明显增强。与对照相比，其茎粗增加 7.2 mm，叶片数增加 7.6 个，叶面积增加 1 395.0 cm^2，植株鲜重增加 220.8 g，干重增加 14.8 g。

表 9-11　地膜油用向日葵营养生长期（现蕾前）生物学性状表现

Tab. 9-11 Biological characteristics of film oil sunflower during vegetativegrowth period (before budding)

处理	播期	出苗期	株高（cm）	茎粗（mm）	叶片数（个）	叶面积（cm^2）	植株鲜重（g）	植株干重（g）
覆膜	3/31	4/12	56.6	18.6	24.2	1 891.1	295.2	24.2
露地（CK）	3/31	4/17	25.4	11.4	16.6	496.1	74.4	9.4

注：表中日期均以"月/日"表示。

2. 产量构成性状表现及含油率

从表9-12可知，地膜油用型向日葵不仅营养生长旺盛，而且其产量构成性状也明显优于对照。其盘径较对照增大 4.6 cm，单株产量增加 21.5 g，百粒重增加 0.7 g，出仁率提高 3.74 个百分点，籽实含油率提高 3.09 个百分点。

表 9-12　不同处理油用型向日葵经济性状及含油率

Tab. 9-12 Economic properties and oil content of oil sunflower with different treatments

处理	盘径（cm）	单株产量（g）	百粒重（g）	出仁率（%）	籽实含油率（%）
覆膜	19.4	54	6.3	79.32	47.74
露地（CK）	14.8	32.5	5.6	75.58	44.65

3. 产量表现及经济效益分析

试验结果（表9-13）表明，覆膜处理平均折合产量为 4 961.1 kg/hm^2，比露地对照增产 888.9 kg/hm^2，增产率为 21.83%，增产效果显著。经对不同处理进行经济效益分析，油用型向日葵覆膜种植后，其产值比露地种植高 1 177.8 元/hm^2。虽然覆膜种植增加了覆膜、放苗等工序，但其所增加的用工投入与露地栽培时中耕、锄草的投入相当，因此在种子、农药等其他成本相同的情况下，仅增加了地膜费用，扣除地膜成本后，地膜油用型向日葵比露地油用型向日葵的产值增加 14.4%。

表 9–13 不同处理产量及经济效益分析
Tab. 9–13 Yield and economic benefit analysis of different treatments

处理	小区产量（18 m²）（kg）				折合产量（kg/hm²）	较对照（±%）	产值（元/hm²）	地膜成本（元/hm²）	较对照增值（元/hm²）
	Ⅰ	Ⅱ	Ⅲ	平均					
覆膜	8.9	8.7	9.2	8.93 4	4 961.1	21.83	9 322.2	600.0	1 177.8
露地	7.2	7.8	7.0	7.33	4 072.2		8 144.4		

（三）小结与讨论

试验结果表明，覆膜栽培不但能促进油用型向日葵营养体的发育，而且可使油用型向日葵的盘径增大，百粒重、产量、出仁率、种仁含油率、籽实含油率均较露地提高，经济效益显著。油用型向日葵覆膜栽培虽然是增产、增收的有效措施，但仅为 1 年的试验结果，而且对其覆膜栽培中的适宜播期、合理密度及施肥技术等配套栽培技术尚需进一步试验研究。

第十章 甘肃向日葵主要气象灾害及其防御研究

第一节 干 旱

干旱是全球最常见、最广泛的自然灾害，其发生频率高、持续时间长、影响范围广及对农业生产、生态环境和社会经济发展影响深远。世界气象组织的统计数据表明，气象灾害约占自然灾害的70%，而干旱灾害又占气象灾害的50%左右。

每年因干旱造成的全球经济损失平均高达80多亿美元，远远超过了其他气象灾害。尤其在气候变暖背景下，全球干旱灾害发生逐渐呈常态化趋势，特大干旱事件发生的频率和强度不断增加，干旱灾害的异常性更加突出，破坏性更加明显。

我国是大陆性气候，气候波动性大，社会经济、农业生产和生态环境对气候条件的依赖性强，是世界上干旱灾害发生最为频繁和严重的国家之一。同时，我国处于东亚季风2类子系统——"东亚热带季风（南海季风）"和"东亚副热带季风"的重叠影响区，而且在全球变暖影响下这两类季风系统正在发生深刻变化，严重影响着我国干旱灾害的发展趋势和分布格局。

一、干旱的定义

20世纪70年代以来，东亚大气环流系统从对流层到平流层都发生了明显的年代际转折，我国气候格局呈现出北方易遭旱灾、南方旱涝并发的特征，大范围的干旱灾害连年频发，每年造成的粮食减产从数百万吨增加3 000多万吨。

干旱灾害正严重威胁着我国粮食和生态安全，已成为制约我国社会经济可持续发展的重要因素之一。干旱是一个复杂的自然现象，至今尚无统一的定义。一般来说，干旱是自然生态系统中所发生的水分供不应求现象。水，万物之本源，其变化牵动着整个自然生态系统。近年来，水资源危机一直处于全球风险的前五位，水资源危机的影响力比粮食危机和传染病危机还要高。水资源短缺是我国的基本国情，也是我国经济社会可持续发展和生态文明建设的突出瓶颈，我国人口占世界的20%，拥有的水资源量占世界6%，人均水资源量仅为世界平均水平的1/4，被列为13个贫水国之一，水资源空间分布不均，与土地、人口和生产力布局严重错位。

干旱是世界上危害最为严重的自然灾害之一。它作为一种在全球范围内频繁发生的慢性自然灾害，对人类生产生活、社会经济发展、生态环境等影响之大、范围之广、持续之久、危害之深，均超出了其他任何一种自然灾害。据测算，全球每年因干旱灾害造成的经济损失高达60亿～80亿美元。而农业则是受干旱影响最为严重的一个领域，干旱可以导致一系列与农业生产、农民生活、农村生态环境等紧密相关的问题，甚至引发粮食安全、饮水安全、生态安全、国家安全等重大问题。如1968—1973年发生在非洲的世界性特大干旱，涉及36个国家，受灾人口2 500万，逃荒者逾1 000万人，累计死亡人数达200万以上，仅撒哈拉地区死亡人数就超过150万。

在全球范围内，我国是一个干旱灾害频繁的国家。有记载的5次世界性特大旱灾就有3次发生在中国。旱灾的频繁发生抑制了经济的高速增长，扰乱了人们正常的生产生活秩序，破坏了生态环境的可持续发展。旱灾对于我国农业造成的影响尤为严重。据资料测算，我国农业平均每年因旱受灾面积2.18×10^7 hm^2，其中成灾面积1.25×10^7 hm^2，年均因旱损失粮食1.58×10^8 t，占各种自然灾害造成粮食损失的60%。其中2010年春节发生在西南五省的世纪特大干旱，造成5 000多万人受灾，农作物受灾面积近500万 hm^2，其中40万 hm^{2}良田颗粒无收，425万人、1 584万头大牲畜因旱饮水困难。

二、干旱对向日葵生长的影响

1. 干旱胁迫对向日葵种子萌发的影响

种子萌发是指植物种子从相对静止的状态转变为生理代谢旺盛的生长发育阶段，是植物生命周期的初始阶段，也是最重要的阶段，对外界环境极为敏感。种子能否萌发受多个生态因素如水分、温度、氧气、光照、土壤酸碱度和生物条件等的综合影响。其中，水分是种子萌发的最为重要的条件，对种子萌发起到关键性作用。种子萌发时只有吸收充足的水分后，种子中的生理作用才能够开始进行，大量营养物质才能在酶的作用下，为植物种子萌发提供所需的营养和能量。

但是，水分过多或不足都不利于种子的萌发。水分过多，会间接造成细胞内供氧不足，不仅使发芽力下降，有时还导致幼苗形态异常；水分供应不足则影响各种酶的活性，无法满足物质代谢的需求，种子的发芽率、发芽指数和活力指数也随之降低，造成萌发量的减少，影响幼苗的成苗率。

2. 干旱对向日葵生理特性和生长发育的影响

干旱胁迫不仅可以直接影响植物的生长，还可通过对植物生理特性的影响而间接影响生长。植物叶、茎及整株呼吸速率与其受到的干旱胁迫程度呈负相关。在干旱胁迫下，叶片中的相对含水量和水势会逐渐降低，保卫细胞失水，导致气孔关闭，阻止叶片吸收外界二氧化碳，同时光合反应中各种酶的活性也受到很大程度的影响，从而抑制光合作用的速率，无法为生长提供能量的呼吸作用而间接影响生长，而且干旱程度越深、作用时间越长造成的抑制效果越明显，使得植株生长减弱（图10-1）。

干旱胁迫还会使原生质膜透性增加，引起大量的无机离子和氨基酸、可溶性糖等小分子被动向组织外渗漏，活性氧产生和清除系统的动态平衡也会被打破，活性氧不能被及时清除，从而引起生物膜的脂质产生过氧化作用，最终引发膜系统的崩溃，严重时可导致植物死亡。干旱胁迫的加剧会使植物胞内核酸酶活性升高，DNA 和 RNA 的含量降低，ATP 参与蛋白质的合成受阻，渗透调节物质、活性氧和丙二酸迅速累积，超氧化物歧化酶、过氧化物酶、过氧化氨酶活性增强，这些都会抑制植物正常的生长。

图 10-1　干旱胁迫下与正常水肥环境下向日葵花期长势对比
Fig. 10-1　Comparison of flowering growth of sunflower under drought stress and normal water and fertilizer environment

三、应对向日葵干旱的措施

1. 干旱灾害风险管理

干旱灾害风险管理是降低和控制干旱灾害影响的重要手段，也是现代干旱防灾减灾体系的重要组成部分，是干旱防灾减灾过程实现从被动向主动、从救灾向防灾、从临时应急向全程防御的重大转变。

干旱灾害风险管理强调对干旱灾害风险采取评估、缓解、转移、分担和应急准备等一系列积极主动的措施，体现了在干旱灾害发生前就对干旱灾害进行预警、准备和防控的管理理念，可以减少人类社会对干旱灾害的脆弱性，提高人类社会对干旱灾害的适应能力，可以达到有效控制干旱灾害风险的目的。

干旱灾害风险管理主要包括：通过干旱灾害风险评估，对干旱灾害风险进行科学预警和预防；通过影响致灾因子、调整承灾体、改善孕灾环境、提高防灾能力，对干旱灾害风险进行有效控制和管理。

目前，对干旱灾害基本以危机管理为主，从干旱灾害危机管理转向干旱灾害风险管理将会面临较大的技术挑战。不仅需要具备对干旱灾害风险客观评估的技术能力，而且还需要建立一套干旱灾害风险管理的政策体系及配套的干旱灾害风险预防和控制的技术措施。其技术复杂性不仅在于干旱灾害风险管理需要，同时遵循自然规律和经济规律及政治需求和社会环境的约束，并且还在于干旱灾害风险评估同时受干旱致灾因子、承载体、孕灾环境和干旱防御能力等多因素综合控制及其相互作用的影响，具有突出的动态性和非线性。

2. 集雨抗旱理论与技术

通过揭示甘肃集雨补灌的农业生态气象机理，确定了适于甘肃集雨的气候指标及不同材料集雨面的径流系数与降水强度的关系，为高效集雨提供了理论依据。研究表明，在甘肃年平均降水量为 $300 \sim 600$ mm 的气候区集雨补灌效益最为显著；三合土、夯实土和自然土等集水面径流系数与降雨强度均遵循指数变化规律，平均径流系数仅为 $5\% \sim 18\%$；而塑料、水泥集水面径流系数与降雨强度遵循对数变化规律，平均径流系数高 $72\% \sim 77\%$，能够显著提高雨水集流效果。这为雨水资源的有效利用及集雨抗旱提供了可靠的技术指标。

3. 综合抗旱理论与技术

通过大量田间试验，给出了不同气候条件下西北地区作物垄沟覆膜种植方式的集雨区与种植区的最佳面积比及垄沟深度和宽度的最佳结构比等指标，开发了田间垄沟集雨、地膜覆盖、抗旱品种和集雨补灌之间的最佳组合技术，为应对农业干旱提供了实用技术。

应用"覆膜垄上穴播"或"覆膜垄间种植"技术，并在向日葵全生育期补充灌溉 $40 \sim 59$ mm，产量可提高 $15\% \sim 20\%$；如果组合不同垄作和补充灌溉技术，向日葵产量可提高 $17.7\% \sim 30.0\%$。同时，还通过对覆膜垄沟集雨、控灌节水、集雨补灌、压砂补灌、秋季覆膜、早春覆膜、一膜两季、留膜留茬越冬及露水收集利用等抗旱技术进行系统的技术试验，揭示了这些抗旱技术对水分循环的影响机理，并评估了其抗旱增墒的实际效果。

四、干旱研究技术资料

（一）PEG 模拟干旱胁迫下油用型向日葵种质资源萌发期抗旱性评价

向日葵（*Helianthus annuus* L.）属菊科（Compositae）向日葵属（*Helianthus*）一年生草本油料作物。油用型向日葵作为我国第四大油料作物，在农作物中占据着重要地位，播种面积达到 80×10^4 hm^2，超过总面积的 60%。油用型向日葵适合我国的新疆、甘肃、内蒙古、黑龙江、山东、河北等相对干旱、盐碱性大的地区大面积播种。种子萌发期作为植物生长的最初阶段，是胁迫的敏感期，易受外界环境干扰，也是进行作物抗旱性研究的重要时期。

聚乙二醇（Polyethylene glycol 6000，PEG-6000）是一种亲水性很强的惰性高分子聚合物，常用作干旱胁迫剂。PEG-6000作为干旱胁迫研究常用手段在小麦、水稻、燕麦及其他物种的抗旱性选择中广泛应用，发芽势、发芽率、发芽指数、芽长、根长和根芽比等是研究抗旱性的常用指标。

前人研究表明，20%PEG-6000可模拟油用型向日葵抗旱性筛选的中等干旱程度的胁迫条件。因此，本研究以70个油用型向日葵种质为材料，用20%PEG-6000模拟干旱对玉米萌芽期进行抗旱性筛选，为不同油用型向日葵高产抗旱品种的早期鉴定与筛选提供理论依据。

1. 材料与方法

供试向日葵种质资源为经过田间筛选的较为抗旱的油用型向日葵种质资源。品种名称如下：Y07M4A×1606R、陇葵杂2号、九洋918、Y07M4A×07M4B-3-2、TK3361、NKP218、Y07M4A×Y318R-1、GK16-1、JY6006、F15-2A×F15-1R-5-2-1、法A18、M-175、GK16-3、TH186、陇葵杂6号、内葵杂4号、YF-168、F15-2A、F15-2A×F15-1R-5-3、F15-2A×1606R、内葵杂5号、F15-2A×F15-1R-2-2-1、1606A×1606R、YK18-5、新葵杂3号、YK18-11、YK18-10、NKP218、GE825、F53、YF168、M175、先瑞4号、07M4A×F15-1R-5-2-2、PR2301、Q5160、667A×1606R、1606R、F15-2A×F15-1R1、TK3359、NSY22、HZ011、YK17-1、W606、667A×F15-1R-2-8、TK3303、AD904、F60、XKY1502、Q5160、HM0998、T305、YK18-2、SK02、FK01、NSY22、1606A×F15-1R-6-1、Y07M4A、九洋616、NSY21、P31、T305、9706R、新葵25号、LKZ-13、先瑞3号、陇葵杂3号、陇葵杂5号、九洋矮大头、XKY1612，编号为1～70。

2. 试验方法

试验于2019年12月8—14日于甘肃省农业科学院作物研究所实验室进行。选取均匀一致、无病虫害的健康种子，用1%的次氯酸钠溶液浸种消毒10 min，无菌水冲洗3次，室温下水分平衡15 h，待用。发芽试验参照农作物种子检验相关国家标准及文献资料进行。

每个培养皿中放置3层滤纸作为发芽床，在每个培养皿中整齐（按一定相同的密度）摆放50粒种子，处理用25 mL 20%PEG-6000来模拟干旱胁迫条件，对照用等量的无菌水进行处理，每个处理设置3个重复，置于人工智能气候培养箱中，温度设置为恒温25℃，进行3 d暗处理，之后设定光照周期为12 h/12 h（光期/暗期），光强为2 500 lx进行培养。为保持胁迫浓度，每天定时更换20%PEG-6000溶液和无菌水。种子发芽期间，每天观察种子萌发情况并记录发芽粒数，直到第10天发芽试验结束。种子发芽标准：胚根突破种皮2 mm为发芽种子。

干旱发芽试验（CT）：采用20%的PEG-6000溶液作为培养试剂，其他处理同标准发芽试验。

3. 测定项目

（1）萌发指标。供试材料培养至第1粒种子萌发（鉴定发芽标准为胚根长2 mm）开始，每天在同一时间调查记录每个培养皿中的发芽种子数，持续记录7 d后计算发芽势（GE）和发芽率（GR）。在第8天，从每个培养皿中随机地选取20株长势相当的幼苗进行形态指标测定，测量种子的胚芽长（SL）、胚根长度（RL）、胚根数（RN）和鲜重（FW）等性状。

（2）抗旱指标。

抗旱系数 = 干旱胁迫下指标的均值 / 对照指标的均值

综合抗旱系数 = 品种所有测定指标抗旱系数的加权平均值

采用标准差系数赋予权重法对70个品种油用型向日葵种子萌发期抗旱性进行综合评价，若所用指标与抗旱性正相关，用公式；反之，则用 $U(X_{ij})=1-[(X_{ij}-X_{j\min})]/[X_{j\max}-X_{j\min}]$。式中，$Y_{ij}$ 为 i 个油用型向日葵品种的 j 指标的隶属函数值；X_{ij} 为 i 个油用型向日葵品种的 j 指标的平均值；$X_{j\min}$ 为 i 个油用型向日葵品种的 j 指标平均值的最小值；$X_{j\min}$ 为 i 个油用型向日葵品种的 j 指标平均值的最大值。

$$D = \sum_{j=1}^{N} [U(X_j)(Ir_jI/\sum_{j=1}^{n} Ir_jI)], j=1,2,3\cdots\cdots$$

计算标准差系数 V_j，式中，$U(X_j)$ 为第 j 个指标的隶属函数值；X_{ij} 为第 i 个材料第 j 个指标的抗旱系数；$X_{j\max}$ 和 $X_{j\min}$ 分别为各供试材料中第 j 个指标抗旱系数的最大值和最小值；r_j 为第 j 个指标与综合抗旱系数间的相关系数；为指标权数，表示第 j 个指标在测定指标中的重要程度。

（二）结果与分析

1. 干旱胁迫对油用型向日葵萌发期生长的影响

由表10-1可看出，在20%PEG-6000的胁迫处理下，萌发期PEG-6000处理后油用型向日葵的生长受到了不同程度的抑制，对各项指标的抑制程度也不同。鲜重、胚芽长、发芽率降低幅度较大，对干旱胁迫的反应较敏感；而主胚根长、胚根数降低幅度较小，表明干旱胁迫下，营养物质优先向根中转移。

表10-1 PEG-6000模拟干旱胁迫对油用型向日葵萌发期生长的影响

Tab. 10-1 Effects of PEG-6000 as a drought stress simulation on sunflower growth at germination stage

处理	指标	发芽势	发芽率（%）	胚芽长（cm）	主胚根长（cm）	胚根数	鲜重（kg）
干旱胁迫	最大值	0.680	0.680	11.691	11.691	52.753	30.850
	最小值	0.041	0.041	2.005	2.000	9.000	0.920
	平均值	0.455	0.447	7.640	7.682	28.268	11.853
	变异系数	0.448	0.448	0.254	0.245	0.319	0.570

续表

处理	指标	发芽势	发芽率（%）	胚芽长（cm）	主胚根长（cm）	胚根数	鲜重（kg）
对照	最大值	0.940	1.000	16.467	17.133	64.333	43.450
	最小值	0.048	0.060	2.010	1.533	12.000	1.296
	平均值	0.494	0.604	10.758	8.616	34.545	17.019
	变异系数	0.411	0.411	0.255	0.413	0.314	0.541

进一步分析处理与对照的变异系数发现，6个性状处理的变异系数均明显大于对照，表明萌发期的干旱胁迫增大了品种间差异。依据同一指标不同品种的胁迫系数平均值将各指标对干旱逆境的敏感程度排序如下：鲜重＞胚芽长＞发芽率＞胚根数＞主胚根长＞发芽势。从各项指标干旱胁迫系数看，同一品种不同指标或同一指标不同品种的干旱胁迫系数变化幅度和指标抗旱系数的变异都较大，很难直接用某一指标胁迫系数来判断品种的抗旱性。因此需要进行多指标综合分析才能较准确的把握品种的抗旱性。

2. 主成分分析筛选苗期抗旱性综合评价指标

本试验中，球形检验sig.值为0.000，小于0.05，说明变量之间存在相关性；KMO检验统计量为0.235，说明变量之间的偏相关性较强，适合做因子分析。对干旱胁迫下测得的数据经主成分分析，选取特征值＞1的4个主成分，得到如表10-2所示的结果。可以看出，前4个主成分的累积方差贡献率达89.890%，表明前4个主成分已经把70个油用型向日葵品种7个抗旱性描述指标89.890%的信息反映出来，因此选用前4个主成分描述变异（表10-2）。

表10-2 各成分得分系数及贡献率

Tab. 10-2 Coefficients, eigenvalues and contribution rates of different comprehensive indexes

主成分	X1	X2	X3	X4	X5	X6	特征值	贡献率（%）	累计贡献率（%）
1	0.137	0.731	0.750	0.726	0.332	0.083	2.525	36.070	36.070
2	−0.765	−0.334	0.435	0.050	0.698	0.195	1.469	20.979	57.049
3	0.498	−0.464	0.465	−0.656	−0.077	0.067	1.297	18.533	75.582
4	−0.036	−0.033	−0.127	0.005	−0.231	0.963	1.002	14.308	89.890

注：表中X1、X2、X3、X4、X5、X6、X7分别表示鲜重、胚根数、主胚根长、胚芽长、发芽率、发芽势。

根据各成分得分系数，获得主成分函数为：

第一主成分 $F1$ 为：$F1=0.137X1+0.731X2+0.750X3+0.726X4+0.332X5+0.083X6$，根据累计贡献率和特征向量在生物学中的意义，可见，第一主成分主要支配胚根数、主胚根长和胚芽长，说明胚根数、主胚根长、胚芽长对第一主成分贡献较大，因此可初步判断第一主成分反映的是油用型向日葵品种在干旱胁迫下根部及胚芽的生长情况。

第二主成分 $F2$ 为：$F2=-0.765X1-0.334X2+0.435X3+0.050X4+0.698X5+0.195X6$，可见第二主成分主要支配主胚根长、胚芽长、发芽率和发芽势，且主胚根长、胚芽长、发芽率和发芽势在0.01水平上显著相关，故称第二主成分为发芽势。说明在干旱条件下，油用型向日葵品种的发芽势是比较明显的抗旱指标。

第三主成分 $F3$ 为：$F3=0.498X1-0.464X2+0.465X3-0.656X4-0.077X5+0.067X6$，可见第三主成分中载荷较高的性状主要支配鲜重、主胚根长，这2个性状皆与植株地上部生长与地下部生长状况有关，说明在干旱条件下，植株地上部与地下部的变化是比较明显的抗旱指标。

第四主成分 $F4$ 为：$F4=-0.036X1-0.033X2-0.127X3+0.005X4-0.2316X5+0.963X6$，可见第四主成分中主要支配发芽势，更进一步说明在干旱条件下，发芽势是非常重要的抗旱指标。

由上述4个函数可以看出，植株根部生长情况、鲜重和发芽势这3个公因子可解释干旱胁迫下向日葵苗期生长情况，因此根部生长情况、鲜重和发芽势可作为向日葵苗期抗旱性鉴定评价的综合指标。

3. 油用型向日葵萌发期抗旱性综合评价

依据各指标的抗旱系数求得隶属函数值，再根据其权重求得加权抗旱系数，使用加权隶属函数法求得萌发期抗旱能力 D 值。通过隶属函数值大小判断油用型向日葵抗旱性的强弱并从高到低进行排列，隶属函数值越大的油用型向日葵品种其抗旱能力越强，从而可以挑选出抗旱性最优的油用型向日葵品种。由表10-3可以看出，D 值的变化范围为0.163～0.829，D 值>0.6的材料包括Y07M4A×1606R、陇葵杂2号、九洋918、Y07M4A×07M4B-3-2、TK3361、GK16-1、JY6006、F15-2A×F15-1R-5-2-1、法A18、GK16-3、TH186、F15-2A、内葵杂5号、F15-2A×F15-1R-2-2-1、1606A×1606R、YK18-5、新葵杂3号、YK18-11、YK18-10、F53、YF168、M175、07M4A×F15-1R-5-2-2、PR2301、667A×1606R、F15-2A×F15-1R1、TK3359、NSY22、W606、YK18-2、FK01、NSY22、TK3303、1606A×F15-1R-6-1、Y07M4A、九洋616、NSY21、T305、9706R、先瑞3号、九洋矮大头；D 值<0.6的材料包括NKP218、Y07M4A×Y318R-1、M-175、陇葵杂6号、内葵杂4号、YF-168、F15-2A×F15-1R-5-3、F15-2A×1606R、NKP218、GE825、先瑞4号、Q5160、HZ011、YK17-1、667A×F15-1R-2-8、AD904、F60、XKY1502、Q5160、HM0998、T305、SK02、P31、新葵25号等29个种质。这些材料对干旱胁迫反应较迟钝，为油用型向日葵萌发期抗旱性强的种质。

表 10-3 70 份油用型向日葵种质在萌发期 20%PEG-6000 胁迫下的抗旱性综合评价

Tab. 10-3 Evaluation of drought resistant of 70 Sunflower varieties stressed by 20%PEG-6000 at the germination stage

品种	综合抗旱系数	D 值	品种	综合抗旱系数	D 值	品种	综合抗旱系数	D 值
Y07M4A×1606R	4.389	0.726	新葵杂 3 号	4.699	0.730	XKY1502	4.933	0.584
陇葵杂 2 号	4.546	0.800	YK18-11	4.804	0.657	Q5160	4.907	0.597
九洋 918	4.589	0.800	YK18-10	4.398	0.734	HM0998	4.961	0.571
Y07M4A×07M4B-3-2	4.506	0.777	NKP218	5.738	0.163	T305	5.018	0.545
TK3361	4.363	0.701	GE825	4.957	0.575	YK18-2	4.512	0.800
NKP218	5.926	0.316	F53	4.367	0.696	SK02	4.997	0.553
Y07M4A×Y318R-1	5.762	0.341	YF168	4.703	0.728	FK01	4.714	0.635
GK16-1	4.485	0.800	M175	4.526	0.800	NSY22	4.745	0.698
JY6006	4.354	0.686	先瑞 4 号	5.034	0.483	1606A×F15-1R-6-1	4.644	0.778
F15-2A×F15-1R-5-2-1	4.874	0.615	07M4A×F15-1R-5-2-2	4.673	0.754	Y07M4A	4.383	0.721
法 A18	4.421	0.766	PR2301	4.77	0.680	九洋 616	4.599	0.800
M-175	5.895	0.321	Q5160	5.022	0.501	NSY21	4.361	0.829
GK16-3	4.291	0.615	667A×1606R	4.377	0.715	P31	4.231	0.543
TH186	4.634	0.662	1606R	4.247	0.563	T305	4.719	0.714
陇葵杂 6 号	5.725	0.348	F15-2A×F15-1R1	4.808	0.654	9706R	4.577	0.800
内葵杂 4 号	5.311	0.441	TK3359	4.568	0.800	新葵 25 号	5.555	0.381
YF-168	5.257	0.457	NSY22	4.83	0.641	LKZ-13	4.982	0.562
F15-2A	4.308	0.638	HZ011	4.31	0.173	先瑞 3 号	4.562	0.800
F15-2A×F15-1R-5-3	5.185	0.480	YK17-1	5.009	0.550	陇葵杂 3 号	3.328	0.251
F15-2A×1606R	5.74	0.344	W606	4.469	0.800	陇葵杂 5 号	5.279	0.451
内葵杂 5 号	4.601	0.800	667A×F15-1R-2-8	5.01	0.549	XKY1612	4.802	0.544
F15-2A×F15-1R-2-2-1	4.375	0.713	TK3303	4.738	0.702	九洋矮大头	5.014	0.660

续表

品种	综合抗旱系数	D值	品种	综合抗旱系数	D值	品种	综合抗旱系数	D值
1606A×1606R	4.596	0.800	AD904	3.986	0.470	YK18-5	4.398	0.740
F60	4.874	0.555						

4. 聚类分析

基于油用型向日葵萌发期的发芽率（GR）、发芽势（GE）、胚芽长度（CL）、胚根长度（RL）、胚根数（RN）和抗旱系数，对供试材料进行欧氏距离（UPGMA）聚类分析。结果显示，在遗传距离约为15处，可将供试材料分为两类，第一类为萌发期抗旱种质，第二类为萌发期干旱敏感种质。在遗传距离约为5处，可将第一类分为2个亚群，亚群Ⅰ为萌发期高度抗旱种质，包括9706R、先瑞3号、陇葵杂2号、YK18-2、九洋616、TK3359、W606、1606A×1606R、M-175、GK16-1、内葵杂5号、九洋918、NSY21、Y07M4A×07M4B-3-2、1606A×F15-1R-6-1、法A18、Y07M4A×F15-1R-5-2、TK3361、YK3303、F53、NSY22、JY6006、PR2301、667A×1606R、T305、F15-2A×F15-1R-2-2、Y07M4A、新葵杂3号、YF-168、Y07M4A×1606R、YK18-5、YK18-10共32份种质；亚群Ⅱ为萌发期抗旱种质，包括P31、XKY1602、T305、YK17-1、667A×F15-1R-2-8、F60、SK02、1606R、LKZ-13、GE825、HM0998、F15-2A、FK01、NSY22、TH186、九洋矮大头、YJ18-11、F15-2A×F15-1R-5-2、GK16-3、XKY1502、Q5160共22份种质。其中，供试油用型向日葵材料的77%为抗旱种质，其中45.71%是高度抗旱种质，31.42%为抗旱种质，敏感型种质占比为23%。UPGMA聚类分析结果与D值评价结果高度吻合（图10-2）。

（三）结论与讨论

油用型向日葵主产区主要为我国的新疆、甘肃、内蒙古、黑龙江、山东、河北等地区，均属于我国主要的干旱和半干旱地区，确定不同向日葵种质资源的抗旱性，筛选出具有较强抗旱能力的油用型向日葵种质资源具有十分重要的意义。

种子萌发期作为作物适应干旱胁迫最为关键时期，其发芽率高低、幼苗生长、萌发期生理进程均关乎植物后期生长发育，对作物在萌发期进行抗旱筛选具有重要意义。植物抗旱性是复杂的数量性状，受多基因共同控制，与植物类型、基因型和环境因子等性状密切相关。同时，植物在受到干旱胁迫时，抵御适应干旱的途径和方式也是多种多样。已有的研究表明，单一指标具有片面性，不能作为鉴定品种（系）抗旱性的指标。近年来学者们常利用综合评价法进行鉴定筛选，其中最常用的就是标准差系数赋予权重法。这种方法考虑了不同指标的权重，消除了品种（系）间固有差异，真实反映其抗旱性，还能定量地鉴定出每个材料的抗旱能力，已在多种作物抗旱性鉴

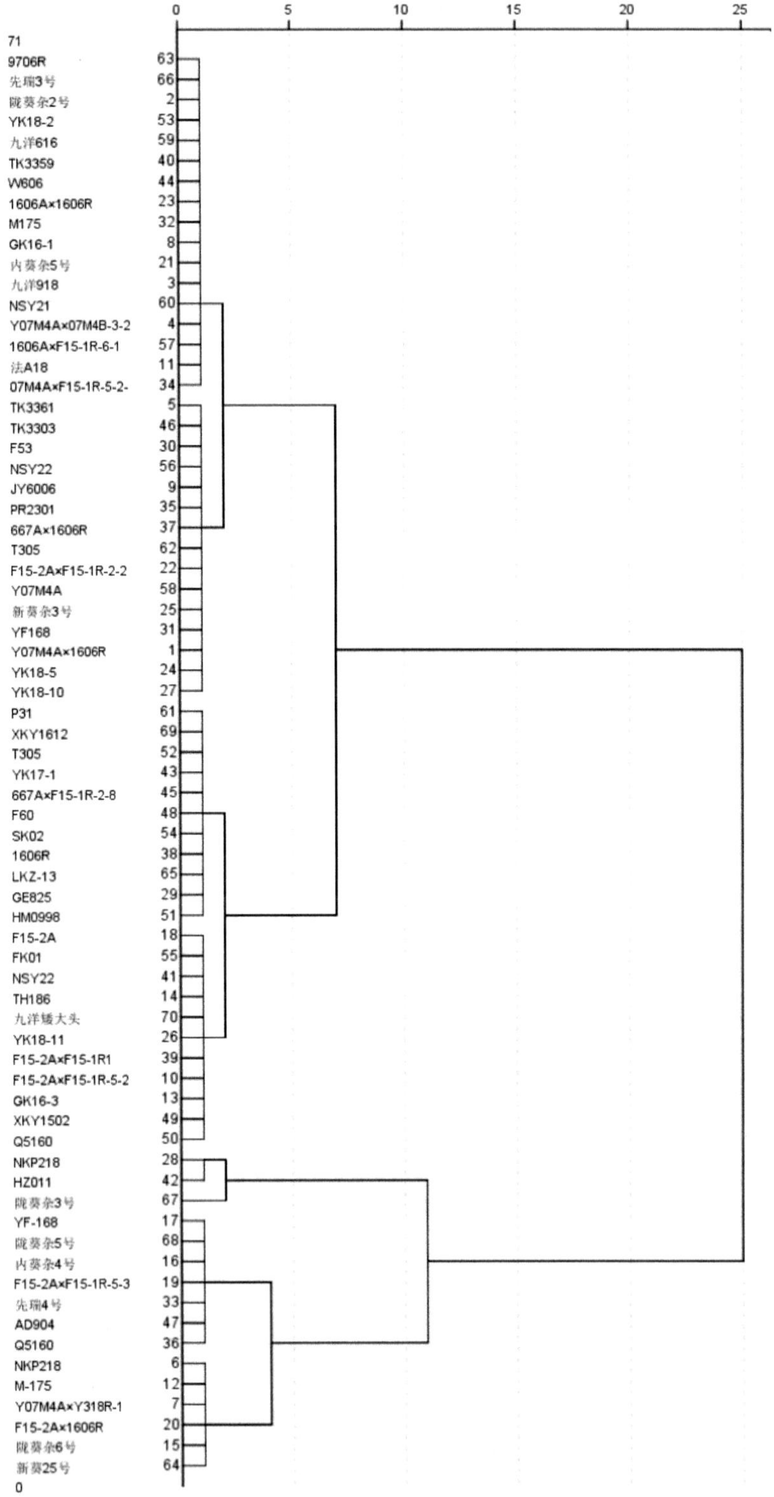

图 10-2 70 份油用型向日葵材料抗旱系数 UPGMA 聚类分析

Fig. 10-2 Cluster analysis of 70 maize sunflower based on drought resistance coefficient with UPGMA

定中应用。试验结果表明,在20%PEG-6000溶液模拟中度干旱胁迫处理不同程度地抑制了供试材料的生长。其中,根部及胚芽的抑制程度最高,且PEG-6000胁迫处理加大了不同品种间的差异。根据各测定性状的抗旱系数分布,显示鲜重在供试材料间的差异较大,前人研究认为,根系发达的品种抗旱性较强,胚根数和胚根长是萌发期评价抗旱性较好的指标,并且油用型向日葵萌芽期发芽率、发芽势和鲜重等指标均能用来评价品种抗旱性。本研究所采用的隶属函数法被广泛用于作物的抗旱性评价,能够比较综合的评价品种的抗旱性。采用能够综合评价抗旱性的D值法与能够体现材料间遗传关系的UPGMA聚类分析两者间的有机结合,对供试材料进行了全面的抗旱等级划分和抗旱性评价。本试验选用鲜重、胚芽长、发芽率、胚根数、主胚根长、发芽势6个指标,应用加权隶属函数法和D值对6个指标进行了综合性评价,筛选出NKP218、Y07M4A×Y318R-1、M-175、陇葵杂6号、内葵杂4号、YF-168、F15-2A×F15-1R-5-3、F15-2A×1606R、NKP218、GE825、先瑞4号、Q5160、HZ011、YK17-1、667A×F15-1R-2-8、AD904、F60、XKY1502、Q5160、HM0998、T305、SK02、P31、新葵25号共24份高度抗旱种质。通过UPGMA聚类将供试材料分为高度抗旱、抗旱、敏感、高度敏感4个类群,筛选出的较为抗旱的品种包括9706R、先瑞3号、陇葵杂2号、YK18-2、九洋616、TK3359、W606、1606A×1606R、M-175、GK16-1、内葵杂5号、九洋918、NSY21、Y07M4A×07M4B-3-2、1606A×F15-1R-6-1、法A18、Y07M4A×F15-1R-5-2、TK3361、YK3303、F53、NSY22、JY6006、PR2301、667A×1606R、T305、F15-2A×F15-1R-2-2、Y07M4A、新葵杂3号、YF-168、Y07M4A×1606R、YK18-5、YK18-10,其结果与D值排序高度吻合。

第二节 冻 害

一、冻害的定义

温度是作物生长发育的主要环境因子,作物存在3个基点温度,即最低温度、最适温度和最高温度。低于最低温度作物将会受到低温灾害(包括冻害、冷害、霜冻害和寒害)。冻害指的是农作物遭受0℃以下的低温时,作物组织器官结冰导致植株受害或死亡的灾害。冻害和霜冻都属于零下低温灾害,而冷害和寒害属于零上低温灾害。冻害和霜冻是不同的灾害类型,冻害一般发生在作物停止生长或缓慢生长的越冬期,霜冻发生在作物活跃生长期。冻害可造成植株死亡,引起农作物减产以及经济损失(表10-4)。

表 10-4　冻害与冷害、霜冻害和寒害的区别

Tab. 10-4　Didfferent between freezing injury,colddamage,frost and chilling injuey

类型	温度条件	发生时期	生理反应	危害作物	作物状态	危害后果
冻害	<0℃	冬季或早春深秋	细胞脱水结冰	冬作物、果树	越冬期、停止生长期	植株部分或全株死亡，减产或绝收
寒害	0～10℃	冬季	生理机能障碍	热带、亚热带作物	缓慢生长	植株伤害、减产或严重减产
冷害	10～23℃	温暖期	生长发育障碍	喜温作物	积极生长	花器官受害或延迟生育减产
霜冻	<0℃	较温暖期	短时间脱水结冰	冬作物、果树、蔬菜	正常生长	植株花果受冻减产或严重减产

二、冻害的危害及症状

霜冻是甘肃最重要的农业气象灾害之一，其发生的早晚与轻重对甘肃农业生产影响巨大，不仅会造成重大经济损失，也会受其影响，延迟播种，极大地降低经济效益。其主要影响作物是向日葵、玉米及一些瓜菜作物，由于向日葵是双子叶植物，比玉米更易受冻而受影响最大（图 10-3）。

图 10-3　覆膜能有效降低霜冻危害

Fig. 10-3　Film mulching can effectively reduce frost damage

向日葵是喜温作物，虽然较耐低温，但在向日葵幼苗期，遇到地面最低温度≤1℃（最低气温为 4～5℃）的天气条件时，叶片就会受到轻微冻害。主要表现为：叶片发黑，受冻部分逐渐枯萎，由于生长点尚未受冻，如果天气晴好，在 5～7 d 后，幼苗就

能恢复生长，某些叶片只有部分叶片受冻，未受冻部分尚能正常进行光合作用。在地面最低温度≤-1℃（最低气温为1～3℃）时，幼苗即可受冻而死。向日葵幼苗极易受冻害，但植株苗越小，受冻害相对越轻，其主要原因是，向日葵为穴播作物，在向日葵播种时，其穴周围会有一些播种时挖出的虚土，形成一道天然屏障，在其刚出苗时，由于植株较小，其周围的虚土就会遮挡住冷风的吹拂，从而避免受冻或减轻冻害。因此，此时幼苗并不是耐冻，而是受到保护而减轻了低温的影响。

向日葵受冻与否和霜冻天气的降温幅度也有较大关系。据资料及调查统计，一般降温在8～10℃时，即可造成向日葵幼苗受冻，而降温幅度在8℃以下时不会受冻。如地面最低温度在0℃以下时，降温幅度越大，受冻越重。

春季植株较小，气温观测点较高，与植株相距较远，而地面温度对植株的影响是最直接的。秋霜冻发生时，向日葵植株高大，易受冻害影响的部位偏上，最低气温的变化影响对向日葵最为直接。为此，我们在考虑向日葵霜冻指标时，将春季霜冻的主要指标定为地面最低温度，即在地面最低温度≤1℃时，为轻霜冻指标，在地面最低温度≤-1℃时为重霜冻指标。将秋季霜冻的主要指标仍然定为最低气温，即最低气温≤2℃时为轻霜冻，≤0℃时为重霜冻。

甘肃向日葵品种较多，长中短日期的品种都有，长日期品种一般3月下旬至4月上旬播种，4月下旬至5月上旬出苗；中日期品种一般4月中旬至下旬播种，5月上旬出苗；短日期品种一般5月下旬播种，6月上旬出苗。从霜冻的终霜冻结束日期来看，霜冻主要对中长日期的向日葵品种造成危害，对短日期品种基本没有影响。由于短日期品种均为杂交品种，虽然产量较高，但种子较贵，价格不高，中长日期品种，特别是长日期的常规品种种植面积仍然较大。因此，霜冻仍然是向日葵生产中的主要气象灾害。

第三节　土壤盐渍化

土壤盐渍化是目前世界上最为严重的环境问题之一，也是限制农田高效利用和导致农业生产力水平低下的直接影响因素。盐渍土广泛分布于世界100多个国家和地区，面积达 1.0×10^9 hm^2。我国盐渍土面积较大，各种盐渍土总面积约为 9.9×10^7 hm^2，其中现代盐渍土约 3.7×10^7 hm^2，残余盐渍土约 4.5×10^7 hm^2，其他各类潜在盐渍土 1.7×10^7 hm^2，现有耕地中，盐渍化耕地面积达 9.21×10^6 hm^2，占全国耕地面积的6.62%。

我国盐渍土主要集中在西北、华北、东北及沿海地区，其中西北6省区（陕、甘、宁、青、新、蒙）盐渍土面积占全国盐渍土总面积的69.03%。盐渍土是我国重要的后备耕地资源，其对粮食安全的支撑作用无论是过去、现在、还是将来，均是不可忽视的。然而，目前尚有80%左右的盐渍土未得到利用，有着巨大的开发潜力（图10-4）。

土壤盐渍化是造成我国中低产田的重要原因之一，土壤中盐分含量过高会引起土壤物理和化学性质的改变，将直接影响土壤结构、导水导气和供水供肥能力，使作物生长环境发生退化，严重影响作物出苗、保苗及其生长过程，从而导致作物减产，并会降低作物品质。因此，进行盐渍土开发和改良不但有利于提升耕地数量和质量，也会提高农产品产量和品质。随着日益增长的人口对粮食等农产品的需求及耕地承载压力的不断扩大，全面高效利用盐渍土是保障我国耕地和粮食双重安全的重要途径之一。

图 10-4　盐渍化的土壤
Fig. 10-4　Salinized soil

一、土壤盐渍化的形成

盐渍土的形成是自然和人为等多方面因素综合作用的结果。可以概括为以下几个原因。

1. 气候条件

大陆性气候区，冬季严寒少雪，夏季高温干热，干旱多风，降雨稀少，蒸发强烈，蒸降比较大，蒸发量为降水量的 10 倍左右，溶解在水中的盐分容易在土壤表层积聚，尤其在春季，地表水分蒸发强烈，地下水中的盐分随毛管水上升而聚集在土壤表层。

2. 土壤质地与地理条件

土壤通常含有较多的可溶盐且质地较轻，结构疏松，孔隙度较大，毛细管性能较强，利于地下水垂向运移，并携带可溶盐向上层土壤层中运移聚集。地势不平，水溶性盐随水从高处向低处移动，容易在低洼地带汇水聚盐。

3. 地下水埋藏浅

地下水埋深较浅（1～2 m），且矿化度较高，地下水的运动属于垂直入渗蒸发型，地下径流运动滞缓，加上蒸发作用强烈，带到土壤层中的盐分相应较多。

4. 灌溉水含盐，灌溉行为不当

灌溉量大，排水条件差，大面积开荒、兴修水利、大水漫灌，改变了盐分循环规律。加之人类活动对植被的破坏，渠道渗漏，清淤工作滞后以及农田整地方式粗放，种植品种单一化等，均加剧了灌区盐碱地的形成。脆弱的生态再加上人为活动的影响，使地表裸露、地下水位上升、土壤的理化性状下降，当地下水位小于 2.5 m 的临界深度时，潜水参与蒸发，此时植物所排水量微乎其微，水分只能由土体表面蒸发，水走盐留，从而导致土壤的次生盐渍化。

二、土壤盐渍化的危害及症状

（一）盐害

向日葵是世界上主要油料经济作物之一。作为耐盐的植物，它不仅耐干旱、耐瘠薄，而且还具有较强的耐盐碱能力。同时，它还能使土壤脱盐，具有改良土壤和生物制碱的作用。因此，向日葵耐盐机制的研究对于提高植物的耐盐性，从而更加合理、有效地利用盐渍化土壤、增加盐渍土壤的农作物的产量，具有十分重要的意义。

盐胁迫促使向日葵有机渗透调节物质脯氨酸和游离氨基酸积累。向日葵对盐分的适应主要取决于盐分在根系和茎秆的积累。NaCl 胁迫处理可不同程度地减少向日葵叶片、茎、根中的 K^+ 含量，增加 Na^+ 的吸收，有效诱导向日葵中 Pro 积累来参与渗透调节。油用型向日葵杂交种比食用型向日葵具有较强的耐盐碱性，油用型向日葵杂交种的耐盐碱性与其根部外皮层栓质化和茎叶中的通气组织密切相关。盐逆境对向日葵叶面积的影响大于对株高的影响，使质膜特有的选择性功能丧失，低盐胁迫伤害主要是气孔因素造成的，高盐胁迫伤害则主要来自非气孔因素。丙二醛、膜透性可以反映油用型向日葵受盐胁迫的生理状况。株高、叶面积可以作为油用型向日葵植株受盐胁迫时的表型指标。油用型向日葵耐盐能力强，可以在土壤盐含量 8.5 g/kg 以下的环境中生长，但土壤中盐含量大于 5.5 g/kg 时产量下降显著。油用型向日葵苗期对盐分较敏感，全生育期土壤盐分含量高于 5 g/kg 时，严重抑制作物生长，最高减产率可达 45.152%（表 10–5）。

表 10–5　几种作物和牧草地上部收获中盐分和 Na^+ 的去除

Tab. 10–5 Removal of salt and Na^+ from several crops and the upper part of grazing grassland

植物种类	幼苗（干物质）（t/hm²）	除盐（kg/hm²）	除钠（kg/hm²）
苏丹草	5.0	72	2
向日葵	9.2	172	4
苜蓿	11.3	178	26
苋菜	5.0	182	3
日本小米	8.2	224	46
盐生灌木	2.0	500	–
卡拉草	10.0	800	–

（二）金属毒害

近年来，随着工农业生产的迅速发展，农田土壤中重金属污染日益严重。我国受重金属污染的耕地面积近 2.0×10^7 hm^2，约占耕地面积的 1/5，其中镉（Cd）污染耕地面积占 1.33×10^4 hm^2，其次是铅（Pb）、锌（Zn）、铜（Cu）、汞（Hg）等。重金属污染不仅范围广、易累积，而且隐蔽性和毒性强，能影响作物的正常生长发育，直接导致粮食减产，并可通过食物链影响人类健康。我国每年因土壤重金属污染导致的粮食减产超过 1.0×10^7 万 t，被重金属污染的粮食多达 1.2×10^7 t，合计经济损失至少 2.0×10^{10} 元。

重金属胁迫会影响作物正常生长发育。如 Cd 能破坏叶片的叶绿素结构，降低叶绿素含量，使叶片受到严重伤害，致使生长缓慢，植株矮小，根系生长受到抑制。Cd 对根的抑制效应大于芽。研究显示，Cd 胁迫明显抑制了向日葵的幼苗生长和叶绿素合成，使游离 Pro 和 MDA 含量显著增加，可溶性蛋白含量和 POD 活性与胁迫浓度呈明显的倒"U"形关系。随着 Cd 浓度增加，幼苗对 Cd 的吸收显著增加，根中积累的 Cd 含量明显高于叶和茎。

Pb、Cu 对向日葵生长表现出"抑"现象，低浓度促进生长，高浓度则抑制生长。随着 Pb 浓度增加，叶绿素含量逐渐下降，游离 Pro 积累量呈增多趋势。Pb、Cu 可抑制幼苗根系活力，刺激茎叶 Pro 生成，改变茎、叶、根蛋白质含量分配水平。且 Pb-Cu 交互作用对幼苗的营养生长和生理生化反应具有协同作用。

三、土壤盐渍化的防治

盐渍化耕地大多位于干旱半干旱区，这些区域往往水资源短缺，土壤类型和气候环境复杂多变，受人类影响明显，利用不当易导致土壤退化和生产力水平降低。多年来，在农业生产中，为了提高盐渍化耕地生产力水平，科技工作者多从物理、化学、生物和综合措施等多方面不断研究和探索盐渍土的改良方法，运用不同的灌排水利措施、田间和耕作管理以及生物农艺措施与方法来调控土壤水盐动态。

许多学者认为，"治盐"的根本是"治水"。随着农田水利措施的完善和水资源的减少，也有很多学者提出，要组合多种措施，建立更为系统的调控土壤水盐运移的技术措施。有学者综合分析了灌溉、耕作、施肥等各因素在土壤水盐动态调控方面的作用后，提出通过水肥盐优化调控措施可提高盐渍土壤生产能力。也有学者研究表明，耕作与施肥措施结合可调控农田土壤水盐状况，促进作物增产。不同学者对各措施的作用有不同的看法，随着农机具的发展，耕作水盐调控措施，包括土地平整、覆盖、深松、开沟、起垄等，因其操作便利、效果显著、成本低廉、可行性强而逐渐成为我国盐碱地改良采用的重点措施。

耕作水盐调控措施主要是针对盐渍土不良的物理性质，对土壤颗粒进行重新排列，改善土壤结构、孔隙度等特性，协调土壤中水、肥、气、热之间的关系，从而影响土壤的化学及生物学特性，逐步提升土壤质量，为作物生长发育提供良好的土壤环境，实现作物高产、稳产。正确的耕作措施对盐渍土改良的成功与否非常关键。研究表明，土地平整可促进脱盐，田面高度差超过 8～12 cm 的不平整土地，脱盐率低 15%～42%。有学者提出，覆盖可有效阻止水分与大气间的直接交流，减少蒸发，减弱土表水分上行，抑制盐分表聚，是盐渍土改良的一种重要手段。研究发现，深松耕可切断土壤毛管，抑制土壤深层的盐分上返，改善土壤理化性状，建立新的耕作层，其效果一般能持续 5 年左右。

第四节 风雹灾害

我国是受风灾害影响较多和较严重的国家。在冬春季节，随冷空气暴发而南下的偏北风能达 7～8 级。内蒙古、东北、甘肃、河北、河南北部、陕西北部、山西北部等地都是大风经常出现的地方。而夏季，大范围强风主要由台风造成。在我国沿海，大风常常出现在黄海、渤海和东海海面。根据中国气象局的规定，瞬时风速达到或超过 17.2 m/s 的风为大风，容易造成建筑物倒塌，农作物大面积倒伏。

冰雹是一种严重的自然灾害，出现的范围较小，时间短，但其来势猛，强度大，常常砸毁大片农作物、果园。我国冰雹分布的特征是：山区多于平原，内陆多于沿海，中纬度多于高纬度。冰雹经常出现在春暖以后到秋凉时节，尤其以春夏之交和夏秋之交为多，冬季很少降雹。就日分布来说，各地的冰雹多半在午后发生，而夜间和清晨一般较少。

根据气象台站记载的雹日和有关雹灾材料的不完全统计，平均每 4 年就有一年雹灾较重的年份。雹灾频繁对农牧业危害严重且风雹灾害分布较分散。风雹灾害影响范围小、破坏性大，所以研究风雹灾害是非常必要的。

一、风雹灾害发生的年际变化

1978—2010 年我国平均每年受灾面积为 $4.74×10^6$ hm^2，成灾面积为 $2.42×10^6$ hm^2，其中受灾面积超过多年平均值的有 17 年，占总年数的 51%。

从 1978—2010 年全国风雹历年受灾面积变化图，可以看出受灾面积和成灾面积整体呈减少趋势。近 60 年内我国风雹受灾面积的最大值的年份是 2002 年，2002 年，风雹灾害比常年偏重，主要发生在浙江、江西、重庆、四川、湖南、湖北、广东、河南、北京等省（市），农作物受灾面积 $7.48×10^6$ hm^2，成灾面积 $3.83×10^6$ hm^2。其次为 1993 年，全年风雹灾发生范围广，受灾面积大，损失严重，农作受灾面积 $6.60×10^6$ hm^2，成灾面积 $3.60×10^6$ hm^2。1980 年位居第 3，受灾面积为 $6.48×10^6$ hm^2（表 10-6）。

表 10-6　各省 1978—2010 年风雹平均受灾、成灾面积统计表（姚亚庆，2016）
Tab.10-6 Statistic table of the hail according to the province（city,district）during 1978-2010

名称	受灾面积（万 hm²）	成灾面积（万 hm²）	受灾率（%）	成灾率（%）	名称	受灾面积（万 hm²）	成灾面积（万 hm²）	受灾率（%）	成灾率（%）
河北	46.61	262.1	5.3	3.0	浙江	88.6	35.6	2.3	0.9
山西	18.91	106.6	4.8	2.7	安徽	157.2	73.8	1.9	0.9
内蒙古	25.85	150.8	4.9	2.8	福建	49.9	21.4	1.9	0.8
辽宁	13.53	84.9	3.6	2.3	江西	111.5	52.0	2.0	0.9
吉林	22.38	110.4	5.1	2.5	山东	418.6	185.5	3.9	1.7
黑龙江	28.09	135.1	3.0	1.4	河南	315.6	169.2	2.5	1.4
江苏	24.44	119.9	3.0	1.5	湖北	186.5	94.1	2.5	1.3
湖南	15.63	71.6	2.0	0.9	广东	184.5	89.2	3.4	1.6
广西	8.48	48.3	1.5	0.9	四川	304.0	142.8	2.7	1.5
贵州	15.64	82.7	4.0	2.1	云南	145.7	73.8	2.9	1.5
西藏	0.97	4.5	4.3	2.0	陕西	164.6	88.4	3.6	1.9
甘肃	168.85	108.9	4.6	3.0	青海	48.7	30.2	9.3	5.8
宁夏	4.32	24.8	4.4	2.5	新疆	152.5	77.9	4.6	2.3

二、风雹灾害发生的年代际变化

我国 1978—2010 年风雹受灾面积和成灾面积年代际变化趋势，在各年代，全国平均受灾面积依次为 5.27×10^6 hm²、4.36×10^6 hm²、4.43×10^6 hm²，成灾面积依次为 2.62×10^6 hm²、2.36×10^6 hm²、2.22×10^6 hm²。可以看出，风雹灾害在 20 世纪 80 年代受灾面积大，90 年代至 21 世纪元年呈持平状态。总的来说，我国风雹灾害受灾面积自 20 世纪 80 年代至 21 世纪元年呈减少趋势。

三、我国风雹灾害的空间分布特征

1978—2010 年我国平均每年受灾面积为 $4\,741 \times 10^3$ hm²，成灾面积为 $2\,419 \times 10^3$ hm²，成灾面积占受灾面积的 52%。按 33 年平均情况计算，以各省（市、区）受灾面积占全国总受灾面积的百分率来看，百分率最高的是河北，占全国受灾面积总数的 9.8%，其次是山东，占 8.8%，河南占 6.7%，位居第 3 位。

四、风雹灾害的预防及补救措施

甘肃是我国主要多雹区之一，冰雹发生危害范围较小，但是危害强度大，一旦发生，对向日葵生长发育影响极大甚至绝产。甘肃降雹主要集中在 5 月、6 月和 9 月，此时正值向日葵幼苗生长及灌浆的关键时期，冰雹不仅直接损伤茎叶、砸伤花盘，还能通过降低温度、造成土壤板结，产生间接危害，7、8月冰雹对向日葵多为毁灭性灾害，易造成绝产（图10-5）。

防御对策：在多雹地区选种抗灾性强、早熟品种，避免遭受雹灾的损失；增加防雹高炮的利用，能有效抑制冰雹云的发生和发展，减少雹灾发生次数；雹灾后，应立即扶直植株，中耕培土，提高地温，增施磷素化肥，使受灾植株尽快恢复正常，以降低灾害损失。

图 10-5　花期冰雹灾害
Fig. 10-5　Hail disaster during flowering

甘肃地域广阔，地形复杂，大风发生次数多、范围广、强度大，总体呈现南多北少、平原多山区少的趋势。地形因素与大风的空间分布密切相关。大风灾害对向日葵种植影响较大。甘肃大风主要发生在冬春季节，随着冷空气的出现大范围的大风区，一般5～6级，甚至7～8级。春季大风暴发不仅加速土壤水分蒸发，还将耕地表面土层吹走，使作物遭遇播种期干旱或将幼苗连根拔走，造成大面积缺苗。夏、秋季大风，常伴随阴雨天气，风力强、危害范围大，抑制昆虫授粉、植株营养生长，造成空秕粒增多、成熟度不良。夏末秋初正是向日葵接近成熟之时，此时遭遇大风可导致植株倒伏、花盘脱落，严重影响收获造成减产（图10-6）。

防御对策：在大风易发区选种抗倒伏、低矮品种，以对抗大风摧残。实行垄作种植，早期培土、高培土，加固根系，以提高作物大风防御能力。营造农田防风林，减轻大风危害。关注天气预报，对成熟植株及时收割。

图 10-6　风灾引起的向日葵植株倒伏
Fig. 10-6　Sunflower plant collapse caused by wind disaster

第十一章 向日葵机械化

第一节 向日葵机械化整地

一、机械灭茬技术

机械灭茬技术是对传统耕作技术——翻、耙、压耕作模式的重大改革,是利用旋耕机、灭茬机与其配套的拖拉机所进行的一次性耕作作业技术。

(一)机具种类

按作业模式分为灭茬机、旋耕机、旋耕灭茬机、深松旋耕灭茬机等。

(二)作业特点

1. 能够创造疏松绵软、细碎平整的活土层,改善土壤团粒结构

利用灭茬机作业,能够创造疏松绵软、结构疏松、土层细碎、平整肥活、不含生土的耕层结构,使土壤固相、液相、气相比例适当且持久,土壤紧密适中,其水、肥、气、热等相互协调,适应向日葵生长发育的需求。

2. 创造种子生长发育的良好环境

播前实施机械灭茬作业,可以创造一个良好的发芽种床或苗床,尤其对旱作农业来说,要求播种部位的土壤比较紧密,以利保墒,促进种子萌发,而覆盖的土层则要求松软,以利于透水透气,促进发芽出苗,即所谓的"硬床软被"。破碎田间残茬杂草,掩埋肥料,消除寄生在土壤或残茬上的病虫害,增加有机质含量。设墒沟,不打乱地界。

二、联合整地技术

采用联合整地机械能一次完成翻地、旋耕、起垄作业,提高效率两倍,降低作业成本20%，而且根茬粉碎还田以后，可以提高土壤有机质含量，改善土壤结构，起到培肥地力、提高粮食产量的作用。实施这一技术，关键要掌握和运用好技术实施要点和机械操作规程，才能为保证项目作业质量、提高作业效率、延长机具使用寿命提供可靠的保证（图11-1）。其技术实施要点如下。

图11-1　机械化整地
Fig. 11-1　Mechanized ground preparation

1. 选择适合的作业地块

机械深松灭茬联合整地应选择坡度6°以下的地块进行，面积应大于0.33 hm^2，垄长在50 m以上，地里石块少，直径不超过2 cm，垄距为50～70 cm。

2. 整地条件

为保证机械整地的作业质量，留茬高度应控制为15～18 cm，最高不能超过20 cm。土壤中需含一定量的纤维素和有机质，但不是越多越好，应按农艺部门的要求，秸秆还田一年还田一次，还田量约为单产的1/3即可，过多将直接影响下茬作物的栽种及其根系的发育，破坏土壤的结构，导致作物减产。

3. 选择适宜的作业期

留茬呈绿色时为最佳作业期，这个时期根茬含糖分、水分较多，容易切碎。因此，最好选择秋季作业。

4. 土壤湿度应适宜

土壤含水率在18%～20%时作业最好，用肉眼看，地表有1 cm左右干土层，过干、过湿都将影响作业质量。

5. 质量标准的检查

（1）根茬或茎秆粉碎的长度应控制在5 cm以下，延长线5 m以内大于或等于5 m的根茬不超过5根。站立或漏切的根茬不超过根茬总数的1%。

（2）作业深度。中小型深松灭茬联合整地机作业深度应达到13～15 cm；大型深松灭茬联合整地机作业深度应达到 15~20 cm。

（3）碎土率应大于 98%，直径大于 2 cm 的硬土块不超过 5%，碎茬和土壤应均匀混合。

（4）起垄高度。工作部件入土深度要达到 60%，起垄高度要达到 15~18 cm。

6. 作业效率

中小型作业机械日作业时间 8 h，完成作业量应达到 2.0~3.3 hm^2。大型作业机械日作业量不低于 6.7 hm^2，一个秋季的作业时间不低于 25 d，春季作业时间不低于 15 d。根据这个生产效率，按计划作业面积可以算出需要配备的作业机械的数量。

7. 旋耕刀与灭茬刀片的配备

中小型作业机械作业 40 hm^2 左右应更换 1 组刀片，大型作业机械作业 80 hm^2 左右应更换 1 组刀片，以保证作业质量。

三、机械深松技术

1. 机械深松原理

机械深松技术是指在不破坏土壤结构和地表植被的前提下，用机械对深层土壤进行疏松，其目的是打破铧式犁耕翻或机组压碾土壤形成的坚硬犁底层，以提高天然降雨入渗率，增加土壤蓄水保墒能力，从而为作物生长发育创造良好的水分应用环境，促进作物增产。机械化深松按作业性质可分为局部深松和全面深松两种，按作业机具结构可分为凿式深松、铲式深松、振动深松等。不同深松机具因结构特点不一，作业性能也有一定差异，适用的土壤及耕地类型也有一定的变化。一般来讲，以松土、打破犁底层作业为目的的常采用全面深松法，以打破犁底层、蓄水为主要目的的常采用局部深松法。有些种类的机具兼有局部深松和全面深松的特点，如全方位深松机、振动深松机等，具有犁耕阻力小、松土效果好、蓄水保墒能力强、松土深度大等特点，近年来被广泛应用。

2. 机械深松的技术特点

不打乱土层，对地表覆盖面破坏最小，故能保护土壤水分。间隔作业创造了虚实并存的土壤耕层结构，有利于作物根系生长发育。深松犁阻力较小，减小动能消耗。

四、保护性耕作技术

保护性耕作技术是在能够保证种子发芽的前提下，通过少耕、免耕、化学除草技术措施的应用，尽可能保持作物残茬覆盖地表，减少土壤水蚀、风蚀，实现农业可持续发展的一项农业耕作技术。保护性耕作技术有利于旱区保水保土、增产增收和保护环境，其主要内容是高留茬和秸秆还田。

（一）秸秆残茬处理技术

农作物秸秆经机械作业处理后留在地表做覆盖物，是保护性耕作技术体系的核心，秸秆的处理方法主要有以下4种方式。

1. 粉碎秸秆处理

粉碎前茬作物秸秆后抛撒，使秸秆均匀地覆盖在地表。

2. 直立秸秆处理

在风沙大的地区，收获后对秸秆不做处理，秸秆直立在地里，播种时将秸秆按播种机行走方向撞压，使其倒伏在地表。

3. 留根茬处理

在使用作物秸秆的地区，作物收获时，留根茬高度到30 cm。

4. 粉碎浅旋处理

在风沙较大的地区，秸秆粉碎后，用旋耕机浅旋表土，使作物秸秆与旋耕层土壤混合。

（二）秸秆还田机械化技术

机械秸秆还田技术是指用55.15 kW（75马力）或58.82 kW（80马力）拖拉机配秸秆还田机将收获后的秸秆就地粉碎并均匀抛撒在地表后，随即用旋耕机旋耕、圆盘耙、灭茬机、深松机进行残茬处理，以保持秸秆残茬合理分布和创造良好种床条件的技术。秸秆还田技术，是保护性耕作技术体系中的重要环节，也是目前国家大力提倡的节本增效机械化生产技术。秸秆还田机械化技术的实施，不仅抢农时、抢积温，及时处理大量秸秆就地还田，而且可以减少化肥的使用量，增加土壤有机质含量，改善土壤结构和蓄水抗旱能力，是提高产量和合理利用秸秆资源的有效途径。

第二节　向日葵机械化田间管理

我国农作物田间管理农机化作业项目很多，有间苗、中耕、除草、施肥、施药、灌溉等（图11-2，图11-3）。各地的气候、作物、土壤、农艺等条件不同，田间管理项目也不同。这些项目可以单独进行，有时也可以联合作业。

在传统的精耕细作手工业生产方式的农业中，田间管理耗费工时，农业机械化作业，则可以节省大量的人力物力。由于农作物正处于生长阶段，机械进入田间比较困难，而且伤苗率比较高，所以合理简化田间管理工艺方案是实现生产过程机械化的一种有效途径。

图 11-2　向日葵播前打药机打药
Fig. 11-2　Sunflower dosing machine dosing before sowing

一、选择适当的中耕拖拉机

在农机化田间管理作业中，需用两种类型的拖拉机，一种是钻行的，一种是跨行的。钻行作业需选用小型拖拉机，它的外轮廓宽度受限于作物行距，如果在向日葵及玉米田间作业时还受限于株高、行距等因素。

小型钻行作业拖拉机只适应于低水平劳动生产率的农户，例如菜田、大棚以及小面积作物使用。跨行作业一般选用较大的拖拉机，特别是大规模高水平的劳动生产单位，选用专用的中耕拖拉机是有利的。

图 11-3　田间无人机打药
Fig. 11-3　Drone medicine in field

1. 拖拉机的行走装置要适当

无论是轮式拖拉机还是履带式拖拉机，应该能在作物行间顺利通过，而且最好能行走在行间的中线上。因此，拖拉机轮距尺寸的调整和拖拉机行走装置的宽度应该与当地农作物行距相匹配。

2. 拖拉机底盘与地面的间隙应能保证农作物不受损伤

拖拉机在中耕作业时，要在植物上方通过，特别是一些高棵作物中耕时，很容易掰断作物的秸秆。为了避免这类情况，应选用高架中耕拖拉机，但是，这种拖拉机价格较高且行走不稳定，选用时应该权衡利弊，起码在坡度较大的耕地上不宜选用。

3. 尽可能减少地头的伤苗率

中耕机组的地头伤苗现象很难避免，这也是妨碍机械中耕作业推广的主要原因之一。在地块短小而且高产的情况下，由于伤苗率太高而引起的粮食减产更为严重。外国曾经使用过前轮为单轮的三轮式拖拉机，这种拖拉机转弯半径较小，轮迹占地面积也较小，中耕作业的伤苗率很小，但是它不能跨奇数行作业，而且行走时稳定性也差。

二、如何确定机械化中耕作业工艺

机械化中耕作业常结合间苗、除草、松土、施肥、培土等项目一起进行，最常用的是松土和除草。在传统的精耕细作农业中，比较重视中耕作业，仅仅除草一项就消耗了大量的人力。

现代化除草剂的使用，对于田间杂草防治有了明显的效果。在一些发达国家的农业生产中除草剂代替了中耕。在我国能否以除草剂代替中耕尚有待于进一步的研究。

因为中耕的基本功能不只是消灭杂草，还有疏松土壤、提高地温、防止旱涝以及促使微生物活动等功效。所以，在施用除草剂的情况下，应该依据当地的具体条件来确定农作物的中耕项目。

特别是在甘肃省的旱田作物种植地区，完全免去中耕是不恰当的，对于原茬播种的作物是必须要中耕的，还有些作物是需要中耕培土作业的。为了保证中耕作业质量，必须正确选用中耕机的犁铲。当中耕机以除草为主要目的时，应选用适当的除草铲。例如，窄行农作物幼苗时中耕应选用单翼锄铲；宽行2～3次除草时应选用双翼锄铲；稠地封垄时应选用培土铲；深松时应选用深松铲（图11-4）。

图 11-4 适宜机械化中耕的向日葵田
Fig. 11-4 Sunflower field suitable for mechanized cultivation

三、注意事项

机械化田间管理作业虽然看似简单，但是在总体农机化作业中比较复杂，特别是对驾驶人员的操作技术要求也很高。在农作物种植的时候就要考虑中耕作业时的诸多问题，在甘肃农村大面积实行农机化作业的条件下，机械化中耕作业无非是节约人力物力的重要措施。在春播之前就要设计好从播种、中耕到收获等一整套农机化作业方案。特别是垄距、行距、垄向乃至于作物的种类、面积、地块等，都要为机械化中耕作业创造便利条件，以免届时限制农机化作业效率。

1. 尽量减少地头中耕伤苗

机械化中耕作业时，可采用与梭行播种四大圈相应的中耕行走方法，因为这种行走方式在作业时可以不用升起工作部件，避免错行伤苗。即使不采取上述方法，也要与播种时的行走方式相同，否则是无法进行中耕作业的。

另外，中耕机组的幅宽应等于播种机组作业幅宽，或者等于其幅宽的一半，这样可以减少压垄压苗现象，驾驶员操作也比较方便。

2. 中耕机组速度不宜过快

机械化中耕作业速度一般在 6～7 km/h，在杂草多且土壤板结的地块，一般以 4～5 km/h 为宜。倘若发动机超负荷时要及时换挡，不应用减少耕深的办法来勉强工作。

机械化田间作业方案制定是比较复杂的，但是一种方案制定完后，可以连年使用或参考。如果有不当之处，临时调整即可。

第三节　向日葵机械化收割

我国向日葵种植面积较大，但机械化收获水平很低且机械化进程缓慢。我国目前向日葵收获主要包括人工收获、分段收获和联合收获等模式，其中人工收获为主要收获模式，分段收获和联合收获属于机械收获，发展水平较低。

一、人工收获

人工收获指收割、晾晒、脱粒、清选、秸秆处理等一系列步骤全由人工完成，这些作业过程中劳动强度大，效率低。尤其是晾晒阶段，需要良好的天气，遇到阴雨天气，向日葵籽由于没有充分晾晒，发霉变质会给农民带来很大损失。此外，人工作业步骤多，一旦其中的某一个环节延误都会导致整个周期延长。目前，农村青年人口大量外出，收获季节人工的缺失，促使人工成本大大上涨，导致向日葵种植经济效益降低（图 11-5）。

图 11-5 向日葵人工收获
Fig. 11-5 Artificial harvesting of sunflower

二、分段收获

分段收获又称半机械化收获，把割晒与捡拾脱粒、清选分成两个阶段完成，主要工序通过向日葵割晒机和向日葵捡拾脱粒机完成，收获过程延长。分段收获前阶段只进行割晒，对作物的成熟度及其一致性、株型等不敏感，因此适应性强、适收期长，有利于提高单机收获作业量，增加作业收入。分段收获在割晒环节也存在损失，但这些损失可以被其潜在的产量弥补，从而实现高产低损，尤其是可以降低阴雨天气对收获的影响。

（一）向日葵割晒机

向日葵割晒机是向日葵分段收获的主要装备之一，目前我国还没有专有的向日葵割晒机，主要运用油菜割晒机来实现作业，代表机型有湖南农业大学和南京农业机械化研究所分别研制的 4SY-2.2 型油菜割晒机和 4SY-2.0 型油菜割晒机。这些机型主要实现油菜的割晒，同时也能实现向日葵、大豆等作物的割晒。作业时，往复切割器将向日葵切倒，在拨禾轮的作用下推向割台，在单带式输送器作用下，将其铺放在地上。

（二）向日葵捡拾脱粒机

向日葵捡拾脱粒机是分段收获的另一个主要装备。国内向日葵捡拾脱粒机主要在现有联合收割机上进行改装，增加针对向日葵的捡拾器，目前向日葵捡拾器主要是在油菜捡拾器的基础上针对向日葵的物理特性改装而来，安装在向日葵联合收获机割台的前面。

向日葵分段收获整个收获过程中需要配合相当多的人力完成打捆、运输、脱粒和清选等环节，存在人力损耗多，成本大，作业周期长等缺点。

三、联合收获

向日葵联合收获即当向日葵处于完熟期时（外观形态指标是叶片全部枯黄，茎秆开始变黑，花盘霉变发黑，花盘背面呈黄褐色）在田间一次性完成其收割、输送、脱粒、分离清选等作业工序的收获方式。其特点是效率高，省工省时，尤其在气候条件不好的情况下，有利于进行抢收。但这种方式对收获时机要求较严，要合适时期，不能过早或过迟。收获过早，会导致籽粒含水量高、品质差、出油率低等问题；收获过晚，因过于成熟，向日葵籽易炸裂脱落，造成损失，影响产量。因此向日葵机械化收获最佳的收获期是向日葵到八成熟，即接近完熟期。

我国向日葵机械化收获起步较晚，向日葵联合收获机的研制仍处于起步阶段，目前获得国家准入资格而商品化的向日葵联合收获机较少，市场上已有的向日葵联合收获机主要在稻麦联合收割机的基础上增设向日葵专用的工作部件，如中收自走轮式谷物联合收割机，针对向日葵的特性设计了适用向日葵的拨禾轮，从而可以实现收获水稻、玉米同时可以兼收向日葵，该机型的优点是利用率高可以收获多种作物，由于不同作物的差异性，存在飞溅损失、脱粒不彻底、向日葵损伤大、损失率大等问题（图11-6）。

图 11-6　联合收割机收获向日葵
Fig. 11-6 Combine harvester harvesting sunflowers

第十二章　甘肃向日葵主要病虫草害及其综合防治

目前全球已发现的向日葵病害有 90 多种，我国已报道的向日葵病害有 30 多种，其中，有许多病害在生产中造成严重为害，如向日葵上的四大病害（黑茎病、锈病、菌核病和霜霉病）在我国都有分布。主要包括：胡萝卜软腐果胶杆菌（*Pectobacterium carotovorum* subsp.*carotovorum*）和黑腐果胶杆菌（*P.atrosepticum*）引起的向日葵细菌性腐烂；葡枝根霉（*Rhizopus stolonifer*）、少根根霉（*R.arrhizus*）和小孢根霉（*R.microsporus*）引起的向日葵黑根霉盘腐；核盘菌（*Sclerotinia sclerotiorum*）和小核盘菌（*Sclerotina minor*）引起的向日葵菌核病；菜豆壳球孢菌（*Macrophomina phaseolina*）引起的向日葵巧克力炭腐病；向日葵单轴霉（*Plasmopara halstedii*）引起的向日葵霜霉病；镰刀菌（*Fusarium* sp.）引起的向日葵枯萎病；茎点霉属（*Phoma macdonaldii*）引起的向日葵黑茎病；向日葵茎溃疡病病菌（*Diaporthe helianthi*）引起的向日葵茎溃疡病；大丽轮枝孢菌（*Verticllium dahliae*）引起的向日葵黄萎病；白锈菌属（*Albugo*）引起的向日葵白锈病；链格孢菌（*Alternaria* sp.）引起的向日葵黑斑病；丁香假单胞菌（*Pseudomonas syringae*）引起的向日葵黄化病和向日葵叶斑病；菊科白粉菌（*Erysiphe cichoracearum*）引起的向日葵白粉病；向日葵柄锈菌（*Puccinia helianthi*）引起的向日葵锈病；壳针孢菌引起的向日葵褐斑病；寄生性植物列当（*Orobanche cumana* Wallr）引起的向日葵列当；病毒 NMRV 和 SMV 引起的向日葵病毒病。

第一节　甘肃向日葵主要病害

一、霜霉病

（一）分布与为害

向日葵霜霉病是向日葵上发生较重的病害。19世纪末在美国首先发现，以后向其他种植向日葵的国家蔓延，在苏联、南斯拉夫、保加利亚、罗马尼亚和北美的美国、加拿大发生普遍，达90%以上，造成严重减产甚至绝收。我国于20世纪60年代初在新疆发现。目前，黑龙江、吉林向日葵种植区均有发生，而且随种植面积扩大，不能长期轮作，造成逐年发展趋势。

（二）症状与病原

1. 症状

根据发生时期和症状又将其分为如下4种类型。

（1）矮化型。即植株严重矮化，节间缩短，根系发育不良，叶褪绿或在叶片上出现沿主脉或侧脉褪绿的"花叶型"斑。若遇降雨或高湿，在病叶背面则出现浓密的白色霉层。这种病株往往不能形成花盘，常提前枯死。系病原苗期侵入、系统扩展所致。

（2）叶斑型。即植株生长发育良好，只在叶正面或沿主脉出现大型多角形的褪绿斑，而在叶片病部的背面则出现白色致密的霉层，是生长期病菌再次侵染病原局部扩展所致。

（3）花果被害型。主要发生在向日葵生长发育的后期，即开花后病原菌侵入花器和子房，引起部分花干枯和胚的死亡。这种病株常籽粒不实，种子秕瘦，其千粒重严重下降，花盘常不弯垂，也无向阳性。这种葵盘上的种子常严重带菌。

（4）潜隐型。其特点是外部症状不明显，病原菌局限在植株地下部分，而有时也侵染到地面以上25～30 cm处，使茎呈淡绿色，髓部周围细胞呈淡褐色。据苏联研究，该类型是植株对病原菌产生抗性的表现。

2. 病原

向日葵霜霉病病原为霍尔斯单轴霉［*Plasmopara halstedii*（Farlow）Berlese&de Toni］，属鞭毛菌亚门（Mastigomycotina）、卵菌纲（Oomycetes）、霜霉目（Peronosporales）、霜霉科（Peronosporaceae）、单轴霉属（*Plasmopara*），该病原菌可以寄生于菊科的100多种植物上。

（三）发病机理与流行规律

1. 侵染循环

该菌主要以卵孢子在寄主病残体和土壤中越冬，成为当地最重要的初次侵染来源。

也可以菌丝体在种子上越冬,成为远距离传播和病区迅速扩大的重要途径。春天种子萌发后,土中经过休眠的卵孢子,在土壤湿度充足时就萌发产生孢子囊,由根毛侵入,侵染适温为 10～15℃。菌丝进入幼苗顶端分生组织附近,呈系统性扩展,全株显症。

田间病株形成的孢子囊借风雨传播,由气孔侵入,引起再次侵染。由于菌丝扩展受叶脉限制,呈现局部性症状;在向日葵生长早期,有些再侵染,若侵入幼嫩组织的生长点,也可引起系统性症状。土壤卵孢子可存活 6 年以上。长期连作卵孢子会越积越多。

2. 发病条件

该菌的孢子囊在 8～28℃均可萌发,但萌发的最适温度为 5～10℃,超过 30℃孢子囊不能萌发。只有当湿度接近 100% 时,孢子囊才能形成,干燥情况下孢子囊则很快失去生活力。故播种后低温高湿、阴雨连绵最有利于病害发生。如果播后 3～14 d 有充足的雨水或湿度,发病率将明显增高。若春季气候干旱少雨,空气干燥病害则发生较轻。

3. 土壤连作

土壤中的卵孢子数量多,则发病重;轮作病轻。不同品种抗病性有明显差异。寄主的生育期是决定向日葵系统侵染的主要因素,国外学者认为根系侵染的临界期是从种子发芽到 6～8 片真叶,国内也证明苗期是该病侵染的主要时期。

(四)防治技术与措施

1. 农业防治

培育和种植抗病品种,一般野生种的抗性都较强。卵孢子可在土壤中保持 6 年以上,连作会使向日葵霜霉病日益严重,故轮作是防治霜霉病的重要措施。以禾本科作物或豆科作物为前作,可减轻发病。一般轮作 8 年以上可彻底清除霜霉病的为害。轮作 4 年病情也会明显减轻;选用健康种子播种,严禁从病区引种或病田留种。留种田必须在 2～5 片真叶期、开花前和收获前拔除病株;病株和病盘均带出田外深埋,消灭自生病苗,以减少初次侵染源;加强栽培管理,如深翻土地等。增施磷肥,合理施用氮肥。适期播种,不要播种过深,尽量缩短幼苗出土期都可减轻发生(表 12-1)。

表 12-1 向日葵品种抗病性对幼苗霜霉病症状表现的影响(商鸿生,2014)
Tab.12-1 Effect of sunflower varieties' disease resistance on seedling downy mildew symptom

品种抗病性程度	症状	病原菌扩展范围
感病	幼苗猝倒,下胚轴、上胚轴、子叶和真叶上产生孢子囊,叶片褪绿	整株
中度抗病	下胚轴和子叶上产生孢子囊	根、下胚轴和子叶

续表

品种抗病性程度	症状	病原菌扩展范围
抗病	下胚轴上油病斑和（或）孢子囊形成	根和下胚轴
高度抗病	无症状	无病菌侵染

2. 药剂防治

（1）用58%甲霜灵可湿性粉剂按种子量0.2%拌种。

（2）发病初期用72.2%霜霉威水剂600～800倍液，或75%百菌清可湿性粉剂500～600倍液，或77%氢氧化铜可湿性粉剂800～1000倍液喷雾防治，隔7～10 d防治1次，连续防治2～3次。

二、白锈病

（一）分布与为害

向日葵白锈病是2000年入侵新疆伊犁河谷特克斯县、新源县的一种外来检疫性新病害，具有流行速度快、为害性大、防治困难等特点。其病原菌为 *Albugo tragopogonis* (Persoon.) Schroeter，是国际上关注的检疫性有害生物，主要侵染向日葵叶片，也可侵染叶柄、茎秆、花盘萼片，严重时造成叶片大量干枯脱落，受害茎秆倒伏，花盘萼片干枯，直接影响向日葵的产量、品质及商品价值。

在我国，向日葵白锈病仅在新疆发生，近年来有逐步向全国蔓延的趋势，严重威胁我国向日葵产业的健康发展，已被列入《中华人民共和国进境植物检疫性有害生物名录》（2007年5月修订）中。国外对向日葵白锈病进行了较广泛的研究，已有30余年的研究历史。我国对向日葵白锈病的研究起步较晚，已有的研究成果主要涉及其发生分布、病原菌形态、流行规律、生物学特性、致病性、寄主抗病性、PCR检测技术和综合防控技术等方面。

（二）症状与病原

向日葵白锈病症状多样性与白锈病菌侵染部位、侵染时期、环境条件、寄主抗病性等关系密切。依据寄主叶片的反应和症状特点将向日葵白锈病症状归纳为叶片疱斑型、散点型、叶脉型、叶边型，茎秆黑色水肿型和破裂型。

叶片疱斑型：为淡黄色疱斑型，该症状是向日葵田白锈病的主要症状。主要为害中下部叶片，严重时可蔓延至上部叶片。叶正面呈淡黄色疱状凸起病斑，病斑直径最大20 cm，最小3 cm，平均8 cm，叶片背面相对应的部位产生白色至灰白色的疱状斑，疱状斑可相互汇合，形成大病斑块，后期渐变为淡黄白色，内有白色粉末状的孢子囊和孢囊梗。病斑多时可连接成片，造成叶片发黄变褐而枯死并脱落，对产量影响很大。

散点型：发生在叶片上，叶正面病斑呈淡黄色斑块，背面有许多白色疱状点（较小的孢子堆），孢子堆在叶背散生，大小 0.11～1 cm，白色有光泽，内有白色粉状物（孢子囊和孢囊梗）。严重时病斑连接成片，造成叶片发黄变褐而枯死，对产量影响大（图 12-1）。

叶脉型：也称沿叶脉斑点型，发生在叶片上，在向日葵叶片正面沿叶脉形成淡黄色病斑，对应背面有许多疱状点——白色小孢子堆，沿叶脉形成，后期局部症状坏死，叶片变褐枯死，影响光合作用，对产量影响较大。

叶边型：从叶片边缘向内侵染形成浅白色的病斑，造成叶片四周边缘向内卷曲，内有白色孢囊层，后期叶片边缘变褐枯死。

茎秆黑色水肿型（图 12-2）：也称黑色水肿型，发生在较细、瘦弱的向日葵茎秆上，病斑一般分布在离地面 50～80 cm，前期受害部位表现为暗黑色水浸状斑并形成肿大，后期在病茎肿大部位失水并凹陷，在凹陷处产生白色粉末状孢囊层，严重时可造成茎秆折断。

图 12-1　白锈病散点型　　　　　　　　图 12-2　茎秆黑色水肿型
Fig. 12-1　White rust scatter pattern　　　Fig. 12-2　Stem-black edematous type

一般发生在叶柄中部，叶柄被害部位呈现暗黑色水浸状，后期产生白色疱状物，即病菌孢子囊和孢囊梗，影响灌浆，形成瘪粒。

茎秆破裂型：发生在较粗的向日葵茎秆上，在茎秆基部向上 0～50 cm 范围内形成褐色擦伤状病斑，造成茎秆纵向破裂，病株倒伏，倒伏率高达 30% 以上，造成严重的经济损失。

向日葵花萼萼片受害后，前期受害部位表现为暗黑色水浸状，后期萼片多产生扭曲、畸形，从花萼尖向内逐渐干枯，其上产生白色疱状物（孢子囊和孢囊梗）（图 12-3）。

图 12-3　花萼症状
Fig. 12-3　Calyx symptoms

（三）发病机理与流行规律

向日葵白锈病以卵孢子存在于种子上，随同种子远距离传播，同时卵孢子主要在病残体（叶片）上越冬，少部分在土壤中越冬，为向日葵白锈病的主要初次侵染来源；其次带有卵孢子病残体的农家肥，也是初次侵染来源。翌年向日葵播种出苗后，土壤中病残体和种子上卵孢子萌发，在适宜的环境条件下萌发产生游动孢子，游动孢子从向日葵叶片背面气孔入侵，在气孔下腔内变为静止孢子，静止孢子萌发后产生胞间菌丝和吸器，胞间菌丝在向日葵叶片细胞间蔓延，以不规则形吸器穿透向日葵叶片的细胞壁，在向日葵叶片表皮下形成孢子堆，突破表皮外露，病斑上产生孢子囊和孢囊梗，依靠风、雨传播，田间再侵染频繁。病菌近地面传播依靠游动孢子随水流动而扩散，田间游离水是该菌扩散的一个重要因素，叶面生成的孢子囊随风雨吹溅作短距离扩散。卵孢子一般在 7 月底至 8 月初产生。

（四）防治技术与措施

1. 加强植物检疫

加强对向日葵种子调运的检疫，禁止从疫区调运向日葵种子，防止病菌传播蔓延。

2. 农业防治

选用抗病性较强的品种，如 TK311、陇葵杂系列品种等；清理病残体；实行轮作倒茬，与小麦等禾本科作物轮作；合理密植，每亩保苗 5 000～5 500 株；适时晚播；合理施肥，增施有机肥等。

3. 物理防治

发病初期，摘除发病叶片，集中销毁。

4. 化学防治

（1）种子处理。选用25% 甲霜灵WP、64% 噁霜灵·代森锰锌WP，按种子量的0.3%的比例或用每100 kg 向日葵种子用35% 金捕隆悬浮种衣剂200 mL 进行拌种，先用少量水将药剂溶化，再均匀喷洒在待处理的向日葵种子上，边喷洒边搅拌，直至种子表面湿润为止，摊开阴干后播种。经试验，向日葵现蕾期时25% 甲霜灵WP 防效为60.6%，35% 金捕隆悬浮种衣剂200 mL 防效为59.8%，64% 噁霜灵WP 防效为52.5%。向日葵初花期25% 甲霜灵WP 防效为58.9%，35% 金捕隆悬浮种衣剂200 mL 防效为57.0%，64% 噁霜灵WP 防效为54.9%。

（2）茎叶处理。在发病前选用80% 代森锰锌WP 600倍液或75% 百菌清（达科宁）WP 800倍液；病害发病初期，选用72% 霜脲锰锌（杜邦克露）WP 1 500倍液、64% 噁霜灵·代森锰锌WP 1 000倍液、58% 甲霜灵锰锌WP 800～1 000倍液、50% 氟吗啉锰锌WP 2 000倍液等药剂进行喷雾防治，每隔7～10 d 喷1次，连喷2次。

三、菌核病

向日葵菌核病又叫白腐病，是由 *Sclerotinia sclerotiorum*（Lib.）de Bary 侵染导致的一种世界性普遍发生的向日葵病害，能够造成向日葵茎部的腐烂、茎秆折断、花盘腐烂等症状。

（一）分布与为害

我国向日葵菌核病在东北、华北和西北等种植地区为害十分严重，其发病株率可高达10%～30%。一般地块由向日葵菌核病造成的会减产10%～30%，严重地高达60%。向日葵菌核病是目前向日葵生产中为害极为严重的一种病害，对向日葵产量和品质会造成很大影响。

（二）症状与病原

向日葵菌核病在整个生育期均可发病，可侵染植株的各个部位，造成茎秆、茎基、花盘及种仁腐烂。常见的症状类型有根茎腐型、茎腐型、盘腐型和叶腐型4种。以盘腐型和根茎腐型对向日葵产量和品质为害最为严重。下面重点介绍盘腐型症状对向日葵的影响，也是本地造成严重经济损失的一种病害。盘腐型症状最初出现在花盘的背面，当花盘受到病菌侵染后，首先在花盘背面产生褐色水渍状圆形斑，随后扩展蔓延并使整个花盘受害，花盘的组织变软并腐烂。当环境中的湿度很大时，在侵染的花盘上可以看到白色绒毛状菌丝生长。菌丝能在花盘中的籽实之间蔓延，最后形成网状的黑色菌核。严重的向日葵菌核病盘腐症状可以导致向日葵颗粒无收（图12-4）。

向日葵菌核病的病原菌为核盘菌，属子囊菌亚门、盘菌纲、核盘菌目、核盘菌属。

其菌丝体绒毛状白色，能够侵染向日葵根茎部，造成根茎腐烂。在营养缺乏和环境条件恶劣条件下形成黑色的菌核，菌核在适宜的温度和湿度条件下萌发形成多个子囊盘，子囊盘内生有子囊和子囊孢子（图12-5）。

图 12-4　花期向日葵菌核病
Fig. 12-4　Sclerotinia of sunflower at flowering stage

图 12-5　苗期菌核病症状及根部菌核病症状
Fig. 12-5　Sclerotia symptoms and root sclerotia at seedling stage

（三）发病机理与流行规律

向日葵菌核可以在土壤中、病残体及种子间越冬。种子内的菌丝及种子间夹杂着菌核也是该病的主要初侵染源之一。种子带菌率一般为3%～13%。带菌的种子播种后，轻者可侵染幼苗根部或根茎部形成根茎腐型症状，重者可以导致向日葵幼苗的死亡。土壤中残留的菌核在一定的湿度条件下可以直接萌发形成菌丝，并通过直接或伤口处侵入的方式来侵染向日葵根茎部，造成典型的根茎腐烂症状。当土壤中的温度为20℃、相对湿度为80%时，菌核最易萌发形成子囊盘。子囊盘中的子囊孢子弹射出来后，能够随风、气流传播到向日葵的茎或花盘造成茎腐及盘腐症状。当发病部位形成菌核成熟后，又可以落入土壤中作为翌年的初侵染来源。

向日葵菌核病的发生和降水量、温度及光照均有相关性。在向日葵播种后，如果温度适宜，土壤潮湿，菌核萌发形成菌丝体后能侵染寄主植物的根部或根颈部，引起根或根颈部腐烂。向日葵菌核病菌核萌发形成子囊盘最适温度在10～25℃，最适宜土壤相对湿度为80%～90%。菌核是否萌发形成子囊盘主要与7月下旬和8月上旬的降水量有极高的相关性，因此，和温度相比，湿度是决定菌核是否萌发形成子囊盘的主要因素。

土壤中残留的菌核一般在1～3 cm土层中极易萌发形成子囊盘。当菌核被埋入土中7 cm以上则很难萌发出土。当遇到连续降雨及降水量较大的年份，土层5 cm以上的菌核极易萌发形成子囊盘并出土。出土后的子囊盘中的子囊孢子成熟后从子囊中弹出，借助气流传播，落到向日葵的茎秆和花盘上，在高湿度的条件下萌发并完全侵入，并造成典型的茎腐或盘腐症状。向日葵的花期与子囊孢子的弹射期是否吻合及吻合时间的长短也会影响向日葵菌核病特别是盘腐症状的发病程度。环境条件适宜时，落在向日葵花盘上的子囊孢子可以萌发形成菌丝体，菌丝体蔓延到整个花盘需要10～20 d。因此，适当晚播，使花期和雨季错开，能够降低向日葵菌核病盘腐的发生程度。

有灌溉条件的地块可以进行冬季灌水处理，能使菌核病的发病率降低40%～50%。此外，低洼、潮湿、通风不良地、连作的发病重，偏施氮肥会加重病害的发生；施用磷肥、钾肥辅以微量元素，不仅能够提高籽仁率，同时还可以增强向日葵整体抗病性。

（四）防治技术与措施

由于自然界缺少向日葵菌核病的抗源材料，因此，针对向日葵菌核病，目前主要采取以农业措施为辅、以化学防治为主的方式防治。具体技术措施如下。

1. 建立无病留种田

向日葵种子经过脱粒后，菌核可混杂在种子中间进行传播。因此，向日葵制种和繁育基地要进行严格的产地检查。如制种田有菌核病发生，一律不能作种用。另外，也不能从有菌核病发生地区引种。

2. 选用适合本地区种植的耐菌核病品种

食用型向日葵品种可以选择龙食葵2号、赤葵2号、巴葵118、T33、JK518、科阳1号等；油用型向日葵可以选择7K512、法国A18、CY101、S31、白葵6号、NC209等。

3. 与禾本科作物实行轮作

菌核病发生的地块，土壤中残留了大量的菌核，菌核在土壤中可存活数年，但一般在 3 年后活力大大降低，所以采用禾本科作物作为向日葵轮作对象进行轮作换茬，能大大降低菌核病的发生概率，轮作的时间越长，效果越好。

4. 深耕土壤

由于菌核在 5 cm 以下的土层不易萌发，因此，向日葵地块一定要进行深松深耕，将地面上菌核翻入深土层中使其不能萌发。

5. 适当推迟播种期

在保证向日葵成熟的前提下，适当推迟播种期，能降低向日葵菌核病的发生程度。

6. 大小垄种植

在原等行距基础上，隔 2 垄去掉 1 垄，使大行距达到 80 cm，小行距达到 40 cm。通过大小垄种植不仅改善地块的通风和透光，还能降低田间湿度，减轻菌核病的发生。同时，大小垄种植还能充分利用边行效应增加产量，便于在花期进行化学农药的喷施。

7. 搞好田间卫生

收获后一定将发病株、残枝败叶、发病的花盘彻底清除出田间深埋或烧掉，以减少翌年的初次侵染来源。

8. 合理使用肥料

建议氮、磷、钾肥的施入要适中，适量减少氮肥的使用量，增加磷肥和钾肥的使用量，不仅可以使向日葵幼苗茁壮，植株生长健康，同时还可以提高向日葵的整体抗性水平。

9. 生物防治

由于种子夹带和土壤中残留的菌核是翌年初次侵染的主要来源，因此，利用生防制剂来抑制土壤中菌核的萌发是一种非常有效的防治方法。目前，枯草芽孢杆菌对向日葵菌核病有一定的防效，在播种时与种子混合后一起播种。

10. 药剂防治

（1）种子处理。播种前用 10% 盐水进行选种，除去菌核、病粒、秕粒。洗净晒干后选用 50% 腐霉利可湿性粉剂或 50% 菌核净可湿性粉剂（用量为种子量的 0.3%～0.5%）进行拌种，或用 2.5% 适乐时种衣剂处理（药剂与种子比例为 1∶50）。同时 25% 戊唑醇水乳剂和 20% 苯醚甲环唑水乳剂也可以用来拌种，以防治核盘菌对向日葵根茎部位的侵染。

（2）花期及时喷药。当向日葵现蕾开花后如遇连雨天，或本身就是重病连茬地块，应及早用药防治。药剂可用 50% 腐霉利可湿性粉剂 800～1 000 倍液，或 50% 多菌灵可湿性粉剂 500 倍液，或 40% 菌核净可湿性粉剂 500 倍液于盛花期喷施。每隔 7 d 1 次，连喷药 2～3 次，对向日葵盘腐病的防治效果显著。

播种时可以选用 50% 腐霉利可湿性粉剂（用量以 0.25 kg/亩），与细干土配成毒土，然后随种子施入垄沟或穴中。配置毒土时，所需要的细干土量依据当地的播种方式和器械的情况自行确定。

四、黑茎病

（一）分布与为害

1964年，向日葵黑茎病首次在加拿大被报道，20世纪70年代后期在欧洲被发现，1984年在美国发生，目前该病已蔓延至世界许多地区。欧洲的匈牙利、法国、乌克兰、保加利亚、俄罗斯、罗马尼亚、意大利、南斯拉夫，美洲的加拿大、美国、阿根廷，亚洲的巴基斯坦、伊朗、哈萨克斯坦、伊拉克，以及大洋洲的澳大利亚等均有分布，其在法国的为害尤为严重。

2005年，在我国新疆新源县首次发现向日葵黑茎病，推测可能是由进口向日葵种子携带传入我国。直至2010年，天津出入境检验检疫局在进境阿根廷和法国的向日葵种子中夹杂的植物病残体上截获其无性态 *P.macdonaldii*，由此可判断该病菌为外来入侵我国的一种病原真菌。向日葵黑茎病病原菌在新疆、内蒙古、河北、吉林的向日葵上都有发生和为害。此外，向日葵黑茎病除在新疆北疆各地州均有发生外，在我国西北各省区和黑龙江的部分区域也有发生。

向日葵黑茎病在欧美等国家大量发生为害，导致产量损失达10%～30%，严重的病田发病率达100%，产量损失达60%以上，造成毁灭性为害。该病害降低向日葵种子的含油量和千粒重，也可影响葵花籽油的亚油酸、脂肪酸和油酸等组成，破坏油脂品质。该病菌侵染的向日葵叶片中矿物质与正常的其他组织相比，Mg、Zn和Cu含量较高，P、Ca和K的含量较低，碳水化合物、蛋白质、邻二羟基苯酚和抗坏血酸的含量也相应较低，导致向日葵抗逆性降低。

目前向日葵黑茎病菌已被欧美许多国家列为植物检疫性有害生物。在我国，2010年6月该病菌被新疆维吾尔自治区农业厅列入新疆维吾尔自治区农业植物检疫性有害生物。2010年10月被农业部、国家质量监督检验检疫总局增列入《中华人民共和国进境植物检疫性有害生物名录》。

（二）症状与病原

向日葵黑茎病为害向日葵地上各部位，此病最初在向日葵叶柄基部出现很小的褐色病斑，逐渐发展成较大的椭圆形或不规则形黑褐色病斑。后迅速向茎秆上部扩展，严重时与其他病斑连成片，环绕茎秆，形成黑色大斑，甚至导致茎秆全部变黑，造成叶片萎蔫干枯、植株倒伏。其为害叶片症状有叶片基部侵入型、叶尖侵入型、叶片一边侵入型等，叶柄症状有坏死斑型和斑点型，茎秆症状有椭圆形、湿腐型、次生型、开裂型、缢缩型、褐色不规则形、褐色斑点型等病斑，花盘症状有大小不等的褐色或黑褐色病斑，自生苗症状形成水渍状病斑并逐步发展为相连绕茎致幼苗死亡等（图 12-6）。

图 12-6　向日葵黑茎病
Fig. 12-6 Sunflower black stem disease

向日葵黑茎病菌为我国进境植物检疫性有害生物，其病原菌有性态（*Leptosphaeria lindquistii* Frezzi）属子囊菌亚门（Ascomycotina）腔菌纲（Loculoascomycetes）格孢腔菌目（Pleosporales）格孢腔菌科（Pleosporaceae）小球腔菌属（*Leptosphaeria*），其无性态（*Phoma macdonaldii* Boerma）属半知菌亚门（Deuteromycotina）腔孢纲（Coelomycetes）球壳孢目（Sphaeropsidales）茎点霉属（*Phoma*）。

（三）发病机理与流行规律

向日葵黑茎病菌主要依靠种子、病残体上的菌丝、子囊孢子和分生孢子越冬并作远距离传播。国内有报道向日葵种子表面、种壳和内种皮及植株残体中均可带菌。该病流行速度快、为害严重，主要依靠种子、雨水飞溅进行传播。也有学者报道该病菌依靠雨水飞溅和昆虫活动传播，国内传播介体为大青叶蝉（*Cicadella viridis*）、小绿叶蝉（*Empoasca flavescens*）；国外传播介体为向日葵茎象甲，其体内与体表携带该病原菌的孢子，成虫取食叶片引起叶斑，幼虫通过蛀食隧道而传病。该病菌的分生孢子也可通过萌发的芽管直接形成侵入钉而侵入或通过气孔直接进入。

向日葵整个生长季节均可侵染与发病，但在夏末之前未出现明显茎部病斑，发病轻。开花后发病最重，尤其是花期和花后多雨高湿，易使病害发生与扩散。该病害循环以被感染的植物病残体中的孢子囊或菌丝体形式越冬。在翌年适宜的温、湿度条件下，其成熟的无性孢子借助雨水冲刷、昆虫作用向周围植物扩散，侵染向日葵基秆或叶柄，使其染病。

向日葵黑茎病菌的寄主范围很窄，主要是向日葵，我国伊犁河谷存在向日葵黑茎病菌的野生寄主刺儿菜（*Cirsium arvense*）、苍耳（*Xanthium strumarium*）和飞蓬

（*Erigeron acris*）等，也会间接影响该病害的发生与为害。

（四）防治技术与措施

1. 抗病育种

目前世界尚未发现完全抵抗向日葵黑茎病的品种，但向日葵重组自交系对该病具有部分抗性，且对其他向日葵病害如霜霉病也有一定的抵抗能力。向日葵品种间抗病性存在明显差异，高感品种有 DK3951、KWS204、康地 101 和 M0314 等，中感品种有西亚 218、Q805 和 5208 等，中抗品种有新葵杂 10 号、食用型向日葵 SH36 和金葵谷 60066 等，高抗品种有食用型向日葵 SH363、ZH9023 和食用型向日葵 SH38 等。在分子育种方面澳大利亚昆士兰大学利用十字花科植物和其黑茎病致病菌的互动关系，通过克隆和测序获得其抗性基因。此外，在病害控制上重点以抗病品种控制该病为害与蔓延。

2. 适期晚播

病害发生主要取决于向日葵播期的不同气候，调节播期避开病害发生最佳条件能使其免受病害侵害，但播期过晚会使生长期不足造成减产。播期越早，向日葵黑茎病发病越严重，产量越低；播期越晚，发病越轻，产量越高；适时晚播有利于减轻该病的发生与为害。

3. 合理轮作

实行轮作倒茬是最经济有效的防治措施，此外及时清除向日葵茎秆或进行深翻，都可有效降低土壤中的病菌量，减少翌年菌源传播。向日葵黑茎病能在土壤中存活，连作易造成该病发生。向日葵与小麦等禾本科作物轮作 5 年及以上可有效降低土壤中该病病菌数量，减轻该病的发生与为害，取得了较好的防治效果。目前也有报道向日葵与高粱轮作，土壤根际微生物多样性显著增加，将有助于向日葵的增产。

4. 田间管理

国外报道氮肥过量投入会使向日葵茎部和头部的病斑增多，合理控制肥料的使用可减少该病原菌的入侵与为害。每年向日葵收获后深耕能减少表层土壤的病原菌，暴露于空气中的病原菌的萌发率和侵染发病率更高。在一定灌溉和施肥条件下，种植密度对向日葵植株因黑茎病造成果实过早成熟的发生并无显著影响；过度密植而比较细瘦的植株，在氮素含量高的情况下对该病病原菌最为敏感。在合理施肥和灌水同等条件下种植密度与向日葵黑茎病的发生程度未见相关性。

5. 物理防治

采用 52℃热水处理向日葵黑茎病病原菌超过 3 min 后其全被杀死，但处理向日葵种子 15 min，不影响向日葵种子的发芽，因此采用热水处理方法可有效控制向日葵黑茎病。采用灯光诱杀该病原菌的传播介体，切断传播来源，可间接控制其传播蔓延。

6. 化学防治

（1）药剂拌种。采用"福美双+硫酸镁、硫酸锌或多菌灵+异菌脲"进行拌种，或用克菌丹、福美双进行种子包衣可有效控制种传病害。采用拌种药剂2.5%咯菌腈FS 11.25 mL/hm²、2.5%咯菌腈FS 9 mL/hm²或50%多菌灵WP 13.5 g/hm²防治向日葵黑茎病的效果达71.7%~83.4%，出苗后35 d防效最好，随着出苗时间的延长，防效也趋于降低。

（2）茎叶处理。国内外已选出化学杀菌剂如百菌清、代森锰锌、环唑醇、甲基硫菌灵、多菌灵、咯菌腈、异菌脲、萎锈灵、福美双、丙环唑、己唑醇、戊菌唑等药剂防治向日葵黑茎病，并取得较好的防效。生产上使用10%苯醚甲环唑WG 1 000倍液、50%多菌灵WP 500倍液、70%甲基硫菌灵WP 800倍液时能有效控制其发生与为害。

（3）混合处理。采用25 g/L咯菌腈FS拌种、22.5%啶氧菌酯SC进行茎叶处理，以及使用25 g/L咯菌腈FS拌种、10%氟硅唑EW进行茎叶处理的组合防治效果较好，增产效果显著。使用2.5%咯菌腈FS拌种+覆膜+2遍茎叶喷雾（第1遍茎叶喷雾22.5%杜邦阿砣SC 150 mL/hm²+64%噁霜灵WP 150 mL/hm²，兑水225 L/hm²；第2遍茎叶喷雾70%甲基硫菌灵WP 300 mL/hm²+64%噁霜灵WP150 mL/hm²，兑水225 L/hm²），对向日葵黑茎病防效最好，向日葵产量较高。

（4）其他措施。采用32 g/m³溴甲烷熏蒸处理向日葵种子24 h可100%杀灭向日葵黑茎病菌等，且不影响种子萌发，现已全面禁用。也有相关报道采用3%啶虫脒EC 2 000倍液或10%吡虫啉WP 1 000倍液等药剂对向日葵田边地头进行喷雾防治该病的传播昆虫介体，可控制其传播蔓延。

五、锈病

（一）分布与为害

锈病是向日葵的重要病害之一，在世界各地普遍发生，严重影响向日葵的产量和含油量。随着我国向日葵种植面积不断扩大，向日葵锈病的发生逐年加重，给向日葵生产带来的为害日趋严重。向日葵锈病分布范围广，主要分布在我国东北三省、内蒙古、新疆、甘肃等地。锈菌侵染向日葵后，被侵染的叶片背面会产生大量孢子堆，从而阻止了叶片光合作用并增强了蒸腾作用，使叶片失水、提前干枯，严重影响植物的生长发育，空壳率增加，降低了含油量和产量。

（二）症状与病原

柄锈菌（*Puccinia helianthi* Schw.）属于担子菌门（Basidiomycota）冬孢菌纲（Teliomycetes）锈菌目（Uredinales）柄锈菌属（*Puccinia*），由其引起的向日葵锈病是

一种严重的真菌病害。向日葵锈病主要为害向日葵植株地上部分的各个器官，特别是叶片受害最重。在向日葵的各生育期均可受害，其寄主植物除向日葵外，还有小花葵、菊芋以及向日葵属的其他植物。病菌可侵染叶片、叶柄、茎秆、葵盘等多个部位，染病后都可形成铁锈斑状孢子堆。春季，叶片染病在叶的正面和反面生出黄褐色斑点，在这些斑点上可微微看见有褐色的小点（性孢子器）露出，此后在病斑处的叶背面长出许多黄色小粒（锈子腔）。

春末夏初，开始在叶背出现圆形或近似圆形的褐色小疱斑，以后病部表皮破裂后散出黄褐色粉末（病原菌的夏孢子堆和夏孢子），易于飞散传播。以后夏孢子堆逐渐扩展至全叶乃至整个植株上，秋季

图 12-7　向日葵锈病
Fig. 12-7　Sunflower rust

逐渐形成黑色裸露的小疱，其中充满大量黑色粉末（病菌冬孢子堆和冬孢子），严重时导致叶片早期干枯。叶片正反面有大量圆形至椭圆形的褐色孢子堆，孢子堆破裂散出冬孢子，翌年再次侵染（图 12-7）。

（三）发病机理与流行规律

向日葵锈病是一种流行性病害，在寒冷地区病菌以冬孢子在病残体上（叶柄、茎秆、葵盘等）越冬。翌年条件适宜时，越冬后的冬孢子在病株残留物上发芽形成担孢子。担孢子飞落到向日葵幼苗上侵染幼叶（子叶及真叶）。经过一周多的时间，在叶正面和背面形成黄褐色的性孢子器，经过 $10 \sim 15 \, d$ 后，在病斑背面产生黄色的锈子腔，器内锈孢子飞散传播，萌发后也从叶片侵入，形成夏孢子堆和夏孢子，夏孢子借气流多次侵染，接近收获时，在产生夏孢子堆的地方，形成冬孢子堆，又以冬孢子越冬。

在南方温暖地区病菌在多年生向日葵或菊芋上以菌丝越冬，越冬后繁殖进行再侵染。一般 7 月初开始发病可见到锈孢子腔，7 月中旬出现夏孢子堆，7 月下旬病害迅速发展，8 月中旬大流行而且病情指数上升最快，到 8 月底葵花开始收获。

（四）防治技术与措施

1. 选用抗病品种

向日葵品种之间对锈病的抗性存在着明显差异，一般早熟品种发病轻，中熟品种发病重；油用型品种发病轻，食用型品种发病重。多年生野生种高抗锈病，可作为抗原材料培育抗病品种。一定要根据当地的实际情况，选用抗病或耐病品种。常选用品种有四季花葵或油用型向日葵等。

2. 消灭菌源

收获后彻底消除田间病残体，深翻土地，将遗留在地面上的残枝病叶翻入深土层 25 cm 以下，可减少大量越冬菌源，减轻翌年的发病率。

3. 加强栽培管理

应实行 3～5 年的轮作和秋季深翻土地。及时中耕，合理增施磷肥，提高植株的抗病能力。

4. 药剂防治

化学防治有两个关键时期。

（1）药剂拌种。在苗期锈孢子的侵入期，选用 25% 三唑酮可湿性粉剂按种子质量 0.2% 进行拌种；或用 25% 羟锈宁可湿性粉剂 100 g 干拌 50 kg 向日葵种子，可大大降低发病指数。

（2）发病初期喷药。常用药剂种类及其使用浓度有：20% 萎锈灵乳油 400～600 倍液；80% 代森锌可湿性粉剂 600～800 倍液，药液中加 150 g 洗衣粉，可提高药效；喷洒 70% 代森锰锌可湿性粉剂 1 000 倍液加 20% 三唑酮可湿性粉剂 2 000 倍液；或选用 15% 三唑酮可湿性粉剂 1 000～1 500 倍液或 12.5% 禾果利可湿性粉剂 2 500 倍液；也可选用 30% 固体石硫合剂 150～200 倍液进行喷洒，每隔 10～15 d 喷 1 次，连续喷洒 2～3 次，可收到很好的效果。

六、黑斑病

（一）分布与为害

向日葵黑斑病首次发现于 1943 年的乌干达，随后在印度、中国、日本、美国、伊朗、巴西、阿根廷、土耳其等国陆续发现。我国向日葵黑斑病是 1966 年在吉林首次发现，现今黑斑病在向日葵产区已经普遍发生，尤以东北三省等地为害严重。一般年份减产 10%～20%，流行年份减产可达 50%，特别严重地块可致绝收。我国对向日葵黑斑病研究集中在 20 世纪 80 年代，对病害发生、流行条件及田间综合防治方法研究较多，种传毒素及致病机制的研究较少。

（二）症状与病原

黑斑病致病菌可侵染向日葵多部位，引起向日葵叶片、茎部、花朵及果实等多部位发病，其中以叶片为害为主。叶部病斑初期圆形，暗褐色，直径 5～20 mm。病斑中心灰白色，具同心轮纹，边缘有黄绿色晕圈，病害发生后期相邻病斑易汇合。叶柄、茎部病斑黑褐色，圆形、椭圆形或梭形，沿茎秆由下向上蔓延，病斑扩大后可汇合。气候湿润时，病斑上常见一层灰褐色霉状物（图 12-8）。

向日葵黑斑病病原菌属链格孢菌（*Alternaria helianthi*），可引起叶斑、茎斑及盘腐。目前，向日葵黑斑病病原报道已有 8 种，分别为：*A.alternata*、*A.helianthi*、*A.helianthicola*、*A.leucanthemi*、*A.helianthinficiens*、*A.protenta*、*A.zinniae* 和 *A.longissima*。近年全球各地陆续发现当地未见新病原，2012 年美国南部路易斯安那州首次发现 *A.helianthi* 引起向日葵叶部及茎部病害；同年，另一小种 *A.helianthinficiens* 在克罗地亚发现；2018 年南非首见 *A.alternata* 引发向日葵叶部病害报道。

图 12-8　向日葵黑斑病
Fig. 12-8　Black spot of sunflower

我国至今报道发现黑斑病病原菌有 4 种，未见关于 *A.helianthicola*、*A.protenta*、*A.longissima*、*A.helianthinficiens* 种的报道。*A.helianthi* 为国内优势小种。随着时间变化，向日葵黑斑病的优势菌株可能也发生了变化，分离的菌株中未发现曾报道的优势菌种 *A.helianthi*。

（三）发病机理与流行规律

黑斑病病菌在枯柄、落叶、根茬等病残体及种子上越冬。春季空气湿度大时，借助风、雨、气流侵染向日葵植株，潜育期短且在高温多湿的季节里迅速流行。黑斑病的发病时期起始于向日葵开花 15 d 后的乳熟期至成熟前，当条件满足 7～10 d 内连续 2 d 降雨 0.1 mm 以上，同时日平均温度高于 19℃，大气平均相对湿度高于 80% 且持续 3 d 以上；或湿度高于 75%，同时温度高于 20℃持续 3 d 以上；或湿度高于 70%，同时温度高于 19℃持续 7 d 以上，则病害在田间极易发生。如气候条件持续处于湿度低于 70%（主要），且温度低于 15℃水平，向日葵黑斑病田间发生较少且无大流行为害，若相对湿度高于 80% 的天数达 14 d 以上，病害则会大面积发生流行。

（四）防治技术与措施

1. 选育抗病品种

现世界范围内向日葵黑斑病无完全免疫品种，所以抗性品种选育仍为向日葵黑斑病的重要研究方向。经试验发现配子体选择与孢子体选择相结合，可作为改善向日葵品种部分抗性群体的有效手段。由于向日葵黑斑病的抗病育种缺乏抗病材料。牛庆杰等尝试向日葵远缘杂交，优良群体作为母本，多年野生品种作为父本，后代群体在田间的黑斑病自然发病率极低，后代群体携有耐黑斑病基因。有研究指出，*OPC5-B*、*OPC5-K*、*OPC5-KJ*、*OPA12-D* 和 *OPA15-A* 等位基因与向日葵链格孢菌抗性密切相关。在我国河北发现 G101 等品种表现出较强的抗病力。

2. 农田管理

农田实际操作中，应该大面积轮作、倒茬，与禾谷类作物合理轮作，减少重茬，尤其是一年 2 季的省份更应该重视。向日葵种植地块之间相距 500 m 以上最佳，根据当地气候情况适时调整播期，适时晚播 7～10 d 田间发病率降低。秋整地土壤深翻，清理田间病源，彻底清除病残体。日常农田管理中，需加强田间管理，向日葵生长后期进行培土、精细管理，增加土壤透气性，提高根系的吸收能力，及时排除田间积水，注意增施磷、钾肥，防止黑斑病的病菌滋生。人工脱叶也是一种挽回向日葵产量损失及防治黑斑病的有效措施，此方法虽然简单，但具体脱叶时间、脱叶方式需根据产地、作物等的不同而进行与之对应的试验操作。

3. 化学防治

化学药剂对向日葵黑斑病的防治效果较好，播种前对种子进行处理及在向日葵发病后，及时对其叶片进行药剂叶面喷施，都可有效防治病害，是当前较为经济有效的综合管理向日葵黑斑病的方法。100 μL/L 苯醚甲环唑、咪鲜胺、啶斑肟或三唑酮处理种子可减少幼苗病害（$P < 0.05$）；向日葵花期喷洒甲基硫菌灵 500 倍液，间隔 10 d 喷洒 2 次，防效稳定；多菌灵 + 代森锰锌 2.0 g/L 对作物黑斑病等叶部病害有防治作用。杀菌剂中，喷洒丙环唑和联合杀菌剂（多菌灵 + 代森锰锌）对处理向日葵黑斑病有较好的效果，进一步证实了唑类化合物具有抗真菌作用。多菌灵与嘧菌酯、噻虫嗪、异菌脲和己唑醇等多种药剂混施效果较好；克菌丹与氯氧铜对 *A.helianthi* 菌丝生长有抑制作用。

4. 物理防治

由于向日葵的叶、茎秆、种子表皮、种仁和种皮经试验发现均可带菌，所以清除病原菌、消灭菌源等工作较为重要，而且病残体需要深埋地下 150 d 以上才使致病性完全丧失。试验发现 50～60℃热水浸种 20 min 进行高温杀菌，也可有效控制由种子携带的向日葵黑斑病菌。

5. 生物防治

生物制剂中，10% 的印度楝种子提取物对病原菌菌丝生长的抑制率为 43.74%，楝叶提取物抑制率为 25.26%，印度楝种子及叶提取物对菌丝生长均有抑制效果。在抑制菌丝生长试验中，生物制剂绿色木霉（*Trichderma viride*）抑制效果得到公认，其抑制效果最佳且稳定，绿色木霉的突变体（TVM1）亦有较好抑制效果。

七、褐斑病

（一）分布与为害

向日葵褐斑病又称斑枯病，该病在我国发生范围很广，在苗期、成株期均可发病，前期可以造成幼苗死亡，后期常造成叶片过早枯死，对产量影响很大。子叶和幼苗染病，叶片上生近圆形褐色病斑，外围生有黄色晕圈，病斑背面灰白色。成株染病，病斑呈多角形，褐色，也有黄色晕圈，后期病斑上生出小黑点，即病菌分生孢子器。多雨潮湿，病斑易脱落或穿孔，发病重的病斑融合，整个叶片枯死；茎和叶柄染病病斑为褐色的狭长条状斑。

（二）症状与病原

幼苗子叶上有褐色圆形病斑。幼叶上的病斑近圆形，直径 2～6 mm，正面为褐色，背面灰白色。成株叶片上有不规则或多角形的褐色病斑，病斑周围有时有黄色晕环，有时中央呈灰色，长出黑色散生的细小黑点（即病原菌的分生孢子器），严重时病斑相连成片，以致整叶枯死。叶柄和茎上发病均呈褐色的狭条斑，上面着生的分生孢子器数量很少（图 12-9）。

图 12-9　向日葵褐斑病
Fig. 12-9 Brown spot on sunflower

向日葵褐斑病病菌学名（*Septoria helianthin* Ell.et Kell.），属半知菌类、球壳孢目、球壳孢科、壳针孢属，是一种真菌病害。叶片上小黑点即病菌分生孢生器。分生孢子器散于叶片两面，褐色，突出表皮，球形或近球形，直径96～128 μm。分生孢子无色透明，鞭形，微弯，基部钝圆至圆锥形，顶端略尖，2～5个隔膜，大小（35～72）μm×（2.5～3.2）μm。

（三）发病机理与流行规律

该病菌主要以分生在植物病残体内越冬，所以带菌的植物病残体是重用的初次侵染来源。种子也可带菌。春天，病残体上的分生孢子器吸水膨胀后，大量分生孢子就以白色黏液滴状态从分生孢子器内涌出，借风雨传播，侵染幼苗叶片。在一个生长季节内分生孢子可发生多次再侵染。多雨年份，湿度大发病重。秋季便以分生孢子器在病组织内越冬。

该病的发生与气候条件有密切的关系。其分生孢子在5～35℃下均可萌发，在18～21℃时病害的潜育期7～9 d，温度升高潜育期缩短，再侵染频繁。故自然条件下该病在新疆主要在生长中后期发生。由于向日葵在生育前期较后期抗病，嫩叶比老叶抗病，所以在田间植株上该病均自下而上发病，严重时病叶层层脱落，其枯死和脱落的叶片吸水后，分生孢子器便很快释放出分生孢子进行再侵染，因此每次降雨之后，病情往往加重。另外，干旱的气候，由于降低了向日葵的抗病性，病情也会加重。

（四）防治技术与措施

1. 农业防治

褐斑病初次侵染来源主要是遗留在田间的病残体，及时拔除病株，带出田外进行深埋，收获后应及时清除病残体，并进行烧毁或深埋，以促进其腐烂分解，减少翌年初次侵染来源。与禾本科、豆科等作物进行3年以上轮作。增施基肥，适当追肥，进行配方施肥，使植株生长健壮，提高植株的抗病能力，减轻病害的发生。干旱时及时灌水，也能减轻病害的发生。

2. 化学防治

用70%甲基硫菌灵可湿性粉剂按种子重量0.2%拌种，或50%多菌灵可湿性粉剂按种子重量0.3%拌种。病情严重的地块，在施基肥时将50%的腐霉剂可湿性粉剂3 kg/亩混入基肥中施入土壤中。发病初期，及时防治。用50%多菌灵可湿性粉剂800～1 000倍液，或用70%甲基硫菌灵可湿性粉剂1 000～1 500倍液，或用30%碱式硫酸铜（绿得保）胶悬剂400～500倍液，药剂交替使用，间隔7～10 d防治1次，连续防治2次或3次。

八、黄萎病

向日葵黄萎病是向日葵上普遍发生的一种真菌病害，广泛分布于欧洲、亚洲、美洲等地，发病面积逐年扩大，且发病率不断上升，在美洲地区部分地块的发病株率可达 40% 以上该病在我国向日葵主产区均有发生不同程度的发生，如内蒙古地区向日葵黄萎病发生面积占总播种面积的 7% 左右。宁夏部分地区病害发生面积甚至占播种面积的 46.9%。由于向日葵黄萎病是典型的土传病害，培育抗病品种将是控制黄萎病发生的最根本的防治途径。

（一）分布与为害

向日葵黄萎病是一种在向日葵上发生严重的土传病害。近年来，随着向日葵种植结构的不合理化以及国内品种资源多、乱、杂，使得向日葵黄萎病发生日趋严重，给向日葵生产造成了严重影响。黄萎病是向日葵上发生的一种常见病害，分布广泛，在世界各向日葵种植区均有发生，美洲地区部分重病田，其发病率可达 40% 以上。调查发现，该病在我国东北及华北等向日葵产区均有发生，宁夏引黄灌区及固原地区向日葵产区黄萎病发生较重，发病率最高达 46.7%。

该病菌可侵染棉花、向日葵、茄子和番茄等 600 多种植物，具有分布范围广、为害程度重、寄主种类多、传播途径多、植物体外存活时间长等特点。我国 2001 年开始发现向日葵黄萎病，现在全国向日葵主产区均有发生，且呈现出暴发流行态势。据调查，我国向日葵老产区发病最重，如内蒙古巴彦淖尔地区、黑龙江齐齐哈尔地区和宁夏固原地区等（信息来源于向日葵产业体系数据库）。内蒙古和新疆向日葵黄萎病发生面积占播种面积的 10% 左右，部分地区严重时可达 70% 以上。

（二）症状与病原

向日葵黄萎病在田间的症状多从植株下层叶片显症表现为组织膨压失调，病斑形状不规则，但边缘呈浸润状，黄化，褪绿叶组织迅速扩大，向叶内的脉间组织发展呈现出组织坏死，变褐干枯的典型症状。随着时间的推移，病斑逐渐向叶内发展，最后叶片除主脉及其两侧叶组织勉强仍保持绿黄色外其余组织均变为褐色，焦脆坏死，病叶皱缩变形。剖开病葵观察，维管束变褐。

引起黄萎病的病原菌主要有大丽轮枝菌（*Verticillium dahliae* Kleb.）（VD）和黑白轮枝菌（*Verticillium alboatrum* R&B.）两个种，它们属于半知菌亚门真菌。据报道其他轮枝菌如变黑轮枝菌（*Verticillium nigrescenspethyhr.*）、云状轮枝菌（*Verticillium nubilumpethyhr*）、三体轮枝菌（*Verticillium tricorpus* Isaac）等人工接种棉花时也可以诱发黄萎病的发生，但它们的致病力很弱。大丽轮枝菌（*Verticillium dahliae* Kleb.）（VD）和黑白轮枝菌（*Verticillium alboatrum* R&B.）同时也是其他多种作物黄萎病的病原菌如茄子黄萎病。

向日葵黄萎病的病原菌主要为大丽轮枝菌（*Verticillium dahliae* Kleb.）（VD）。大丽菌轮枝菌，菌丝体初无色，有分隔，老熟时加粗变褐，大多能产生黑色微菌核。菌丝上生长直立无色的轮状孢子梗，一般为2～4轮生，每轮着生3～5个小枝，多者为7枝，呈辐射状。分生孢子呈现卵圆形，单细胞，大小不一，此菌生长最适温度为22.5℃。但在30℃高温下虽能生长但生长缓慢。黄萎病菌的致死温度与培养时间有关，40℃时病原菌在7 d内死亡；45℃时，12 h内死亡；50℃时，3 h内死亡；55℃时，1 h内死亡；60℃时，则15 min内死亡。菌丝和分生孢子在47℃温水中，5 min均死亡。

向日葵黄萎病会出现在向日葵的各个生长时期，一般幼苗期发病不是很明显，成株期发病比较明显。通常从开花期开始显现症状，在之后的生长期随着温度的不断变化。黄萎病的症状表现为刚开始是植株的底层叶片或叶尖组织膨胀、失调等，随后叶片中部组织呈不规则形状，随着时间的推移，叶片颜色慢慢发生变化，由浅绿色慢慢变黄，再继续变成褐色，此时病情是由下向上发展，最后导致整株死亡。研究人员对死亡植株进行解剖发现，向日葵秆部的维管束没有发生颜色变化，发病重的植株下部叶片全部干枯死亡，中位叶呈斑驳状，严重的在开花前就已经枯死，湿度较大时导致叶两面及茎部产生白霉。

（三）发病机理与流行规律

关于黄萎病的致病机制，目前有几种不同的学说，但以导管堵塞和毒害寄主植物细胞为最多。棉花黄萎病病株的导管常因菌丝及孢子的大量繁殖刺激邻近的薄壁细胞产生胶状物质入侵填体而被堵塞，进而使水分运输受阻，导致植株萎蔫。但也有人指出，正常的次生木质部的潜在输水能力远远超过植株的总需水量，即使把茎部维管束柱横切去一半，植株也并不萎蔫。因此，病菌侵入植株后引起导管堵塞，只是导致植株萎蔫的部分原因，主要原因是病菌在植株体内产生毒素作用的结果。

向日葵黄萎病的传播介质是土，尤其是由真菌引起的土传染病害，病原菌可以在种子、土壤及植株残体中存活，且在土壤中可长期存活，但是种子中的病菌只能存活在果皮上。如果遇到排水不好的低洼地或接连耕种多年的连茬地，遇到种植密度过大以及成株时期低温多雨的情况，黄萎病的发病概率会更大。其病菌可从植株的幼根或伤口直接进入，开始在叶片上由下至上慢慢显现，通常温度为10～30℃均有发病的可能，最适宜发病的温度为23℃。

（四）防治技术与措施

1. 采用抗病品种

为预防病虫害的发生，应选择抗病能力强的向日葵品种进行种植。目前，研究人员通过杂交和侧交的方法培育出了抗黄萎病的向日葵新品种，市面上抗黄萎病的向日葵品种主要有 JK601、JK102 和 JK103 等。

2. 化学防治

（1）叶面喷洒。在向日葵黄萎病发病初期，应选用 50% 多菌灵可湿性粉剂 500 倍液、50% 退菌特可湿性粉剂 500 倍液、65% 代森锰锌等，喷洒叶面进行防治。

（2）拌种。拌种是利用药物对种子进行搅拌或浸泡的方式，可用 80% 抗菌剂 402 乳油 1 000 倍液浸泡种子 3 h，浸泡后晾干播种。也可使用 50% 多菌灵进行拌种，通常按种子质量的 5% 进行搅拌。

3. 生物防治

生物防治是当前防治向日葵黄萎病的一种理想方式。相对于农药等化学防治方式，采用生物防治可以有效降低在黄萎病防治过程中对环境的污染与破坏，从而有效避免对粮食生产安全带来的隐患。生物防治本质上符合我国生态农业、绿色农业及有机农业的发展理念。通过相关研究表明，在向日葵开花盛期至收获前期，可以使用从土壤中筛选出来的拮抗微生物盾壳霉和枯草芽孢杆菌粉剂等生物制剂进行防治，可以取得较为明显的效果。

4. 综合防治

首先，选择高质量的抗病种子，通过精心管理，保证向日葵的生长环境安全健康，提高向日葵的抗病能力。其次，加强田间管理。例如，通过翻耕土地，减少越冬菌源等，降低向日葵的发病概率；在向日葵的不同生长阶段进行科学的水肥管理，提高植株的抗病能力；对于秋收后的病残体，应及时进行清除并做到妥善处理；采取轮作种植方式，提高土壤的肥力，有效降低向日葵黄萎病的发病概率。

第二节　甘肃向日葵抗病研究技术资料

一、向日葵种质资源在甘肃的抗病性鉴定

向日葵菌核病广泛分布于亚洲、美洲、欧洲等地区。向日葵菌核病主要以侵染根茎部及花盘为主，核盘菌通过侵染茎基部能够引起向日葵茎部腐烂和全株性的萎蔫，侵染茎秆会引起茎部腐烂，侵染花盘会造成花盘的腐烂症状，从而对向日葵的产量和品质造成很大的影响。向日葵黑斑病由链格孢菌（*Alterna helianthi*）引起的，在其各生育阶段均可侵染发病，一般在开花后发生加重，向日葵受害后严重影响植株的正常生长，造成向日葵生育后期叶片大面积枯死，使植株早衰，籽实不饱满。向日葵褐斑病又叫斑枯病，由壳针孢菌（*Septoria helianthin* Ell.et Kell.）引起。苗期、成株期均可发病，秋季发病普遍，发病时植株早衰，提早成熟。向日葵褐斑病主要为害叶片，苗期叶片上病斑圆形，褐色，外围有黄色晕圈，病斑背面灰白色，直径 2～6 mm；成株叶片病斑为不规则多角形，褐色，也有黄色晕圈，直径 6～17 mm；后期病斑上生出

小黑点，即为病菌的分生孢子器。向日葵锈病病菌在叶片上会产生大量孢子堆，导致叶片表皮破裂，光合作用受阻，蒸腾作用加强，失水过多致使叶片提早脱落。患病植株因养分和水分的大量消耗，生长发育受到抑制，空壳率增加，果实瘦小，经济价值降低。

甘肃属温带干旱型大陆气候，每年日照时数为2 652 h，日照百分率60%，年≥0℃的活动积温3 614.8℃，≥10℃的有效积温3 038℃，无霜期191 d，区域土壤、气候条件非常适宜向日葵的生长需求，也是向日葵的主产区之一，明确向日葵品种的抗病性对向日葵生产有重要意义。为此，我们通过本试验初步鉴定目前甘肃生产中主栽的向日葵品种的抗病的水平，筛选出适于甘肃独特气候条件种植的抗病性的向日葵品种，为后续的向日葵抗病育种提供参考。

（一）材料与方法

1. 供试材料

供试向日葵品种来自国家向日葵产业技术体系各育种岗位各试验站以及购买的商业化品种。详细信息见表12-2。

表12-2 供试向日葵品种资源信息

Tab.12-2 Resource information of sunflower varieties tested

序号	品种	类型	供种单位
1	新食葵27	食用型向日葵	酒泉嘉瑞种业有限责任公司
2	T363	食用型向日葵	酒泉市新丰田农业科技发展有限公司
3	金葵613	食用型向日葵	甘肃金辉胜农业有限公司
4	JK601	食用型向日葵	安徽华夏农业科技股份有限公司
5	三瑞7号	食用型向日葵	三瑞农业科技股份有限公司
6	三瑞3号	食用型向日葵	三瑞农业科技股份有限公司
7	JH810	食用型向日葵	甘肃金辉胜农业有限公司
8	金葵688	食用型向日葵	甘肃金辉胜农业有限公司
9	先瑞10号	食用型向日葵	酒泉市同庆种业有限责任公司
10	先葵311	食用型向日葵	甘肃先农国际农业发展有限公司
11	T901	食用型向日葵	酒泉市新丰田农业科技发展有限公司
12	亿丰3号	食用型向日葵	酒泉亿丰农业发展有限公司
13	JK103	食用型向日葵	安徽华夏农业科技股份有限公司
14	X3939	食用型向日葵	北京金色谷雨种业科技有限公司

续表

序号	品种	类型	供种单位
15	T6081	食用型向日葵	武威天马高新农业科技有限责任公司
16	同庆 3 号	食用型向日葵	酒泉市同庆种业有限责任公司
17	AD636	食用型向日葵	甘肃安达种业有限责任公司
18	T6088	食用型向日葵	武威天马高新农业科技有限责任公司
19	T902	食用型向日葵	酒泉市新丰田农业科技发展有限公司
20	金硕 1 号	食用型向日葵	武威天马高新农业科技有限责任公司
21	YF601	食用型向日葵	酒泉亿丰农业发展有限公司
22	YF363	食用型向日葵	酒泉亿丰农业发展有限公司
23	先葵 363	食用型向日葵	甘肃先农国际农业发展有限公司
24	AD630	食用型向日葵	甘肃安达种业有限责任公司
25	先农 562	油用型向日葵	甘肃先农国际农业发展有限公司
26	S606	油用型向日葵	新疆农垦研究院粮食作物研究所
27	AD904	油用型向日葵	甘肃安达种业有限责任公司
28	辽葵杂 12 号	油用型向日葵	辽宁省农业科学院作物研究所
29	HZ011	油用型向日葵	新疆农业科学院
30	YK17-1	油用型向日葵	白城市农业科学院
31	YK18-1	油用型向日葵	白城市农业科学院
32	YK18-2	油用型向日葵	白城市农业科学院
33	XKY1606	油用型向日葵	新疆农垦科学院粮食作物研究所
34	XKY1612	油用型向日葵	新疆农垦科学院粮食作物研究所
35	XKY1502	油用型向日葵	新疆农垦科学院粮食作物研究所
36	NXY21	油用型向日葵	宁夏农林科学院
37	NXY22	油用型向日葵	宁夏农林科学院
38	NK175	油用型向日葵	内蒙古农牧业科学院
39	陇葵杂 6 号	油用型向日葵	甘肃省农业科学院作物研究所

2. 试验方法

试验甘肃白银市景泰县条山农场，试验地选取自然发病圃，土质为沙壤土，水肥条件良好，肥力中等，灌溉方便，前茬作物玉米。试验采用随机区组试验设计，3 次重复，小区面积 30 m^2，行距 50 cm，食用型向日葵株距 40 cm，油用型向日葵株距

30 cm。4月17—20日覆膜播种，施入海藻酸复合肥料（22%N，10%P_2O_5，10%K_2O）（硫酸钾海藻酸螯合型）300 kg/hm^2作基肥。生育期间追施尿素225 kg/hm^2，灌水2次，中耕锄草2次，8月20—25日收获。生育期在田间自然发病条件下，对供试品种发病株进行统计并计算发病株率，采用spss19.0进行数据分析。

病株率=（发病株数/调查总株数）×100%

（二）结果与分析

1. 不同向日葵品种对菌核病的抗性鉴定

由图12-10可以看出，食用型向日葵品种菌核病发病率差异较大，其中新食葵27菌核病发病率最低，为7%；其次为JK103，发病率11%；T902居第三，发病率13%；T901发病率最高，达60%，其余品种发病率为14%～58%，说明新食葵27、JK103、T902对菌核病抗性较高。由图12-11可以看出，油用型向日葵品种菌核病发病率差异也较大，其中S606菌核病发病率最高，为50%。NXY21发病率最低，为13%，其次为陇葵杂6号、XKY1502，发病率分别为14%、15%，其余品种发病率变化幅度为21%～48%。说明XKY1502、NXY21、陇葵杂6号对菌核病抗性较高。综合比较，油用型向日葵品种较食用型向日葵品种菌核病发病率低，初步说明油用型向日葵品种相较于食用型向日葵品种有较高的菌核病抗性。

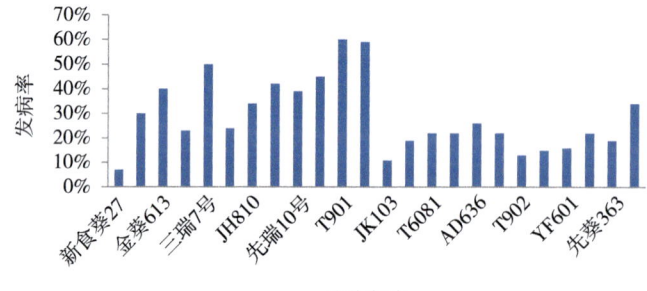

图12-10 食用型向日葵品种菌核病发病率统计

Fig. 12-10 Incidence statistics of sclerotinia of edible sunflower varieties

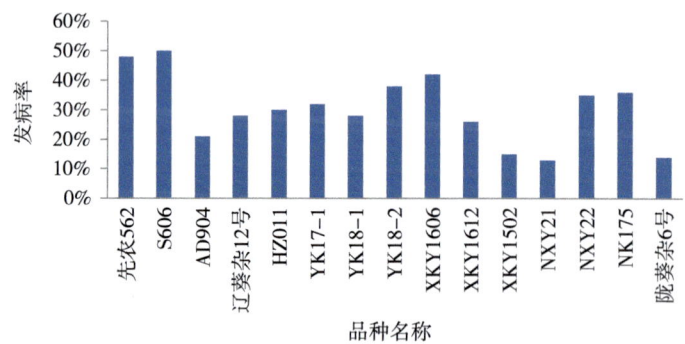

图12-11 油用型向日葵品种菌核病发病率

Fig. 12-11 Incidence of sclerotinia sclerotinia in oil sunflower varieties

2. 不同向日葵品种对黄萎病、黑斑病及锈病的抗性鉴定

由表 12-3 可以看出，食用型向日葵品种黄萎病、黑斑病、褐斑病及锈病的发病率均较菌核病发病率低，说明菌核病仍是向日葵的主要病害。其中新食葵 27、T363、金葵 613、JK601、三瑞 7 号及三瑞 3 号未发现黄萎病发病株，说明以上品种在甘肃境内有很好的黄萎病抗病能力。YF601 是所有参试食用型向日葵中唯一有黑斑病发病株的品种，说明该品种对黑斑病抗性较低，同时说明甘肃向日葵黑斑病发病率较低。T363、金葵 613、三瑞 3 号、JH810、金葵 688 未发现褐斑病病株，说明这几个品种有较强的褐斑病抗病性。锈病也是向日葵的一种主要病害，但在甘肃该病发病率较低，参试品种中新食葵 27、三瑞 3 号、JH810、金葵 688、先葵 311、亿丰 3 号、JK103、T6081、同庆 3 号、T6088、T902、金硕 1 号、YF363、先葵 363、AD630 均未发病。

表 12-3 食用型向日葵品种黄萎病、黑斑病、锈病发病率（%）

Tab. 12-3 Incidence of verticillium wilt,black spot and rust of edible sunflower varietie（%）

品种	黄萎病	黑斑病	褐斑病	锈病
新食葵 27	0	0	3	0
T363	0	0	0	2
金葵 613	0	0	0	4
JK601	0	0	2	2
三瑞 7 号	0	0	4	10
三瑞 3 号	0	0	0	0
JH810	4	0	0	0
金葵 688	2	0	0	0
先瑞 10 号	2	0	4	12
先葵 311	3	0	2	0
T901	4	0	3	2
亿丰 3 号	2	0	2	0
JK103	4	0	3	0
X3939	3	0	3	4
T6081	2	0	3	0
同庆 3 号	2	0	4	0
AD636	2	0	3	10
T6088	2	0	3	0

续表

品种	黄萎病	黑斑病	褐斑病	锈病
T902	2	0	2	0
金硕 1 号	2	0	4	0
YF601	2	5	2	1
YF363	2	0	4	0
先葵 363	3	0	5	0
AD630	2	0	2	0

由表 12-4 可以看出，油用型向日葵品种均发现黄萎病发病株，发病率为 1%～9%，说明尽管发病率较低，但参试品种中没有黄萎病抗性品种。

表 12-4　油用型向日葵品种黄萎病、黑斑病、锈病发病率（%）

Tab. 12-4　Incidence of verticillium wilt, black spot and rust of oil used sunflower（%）

品种	黄萎病	黑斑病	褐斑病	锈病
先农 562	2	0	2	0
S606	2	0	2	0
AD904	6	4	2	0
辽葵杂 12 号	6	0	2	0
HZ011	5	0	1	0
YK17-1	3	0	5	1
YK18-1	3	2	2	0
YK18-2	5	0	2	0
XKY1606	9	0	0	2
XKY1612	5	6	0	0
XKY1502	2	0	2	0
NXY21	2	0	3	0
NXY22	7	9	0	0
NK175	1	0	0	2
陇葵杂 6 号	6	0	3	0

品种 AD904、YK18-1、XKY1612、NXY22 的黑斑病发病率分别为 4%、2%、6%、9%，其余品种均未发现发病株，有较强的黑斑病抗病性。XKY1606、XKY1612、NXY22、NK175 均未发现褐斑病病株，说明以上 4 个品种有较强的褐斑病抗病性。YK17-1、XKY1606、NK175 锈病发病率分别为 1%、2%、2%，其他品种未发现锈病感病株。

（三）小结与讨论

对 39 份向日葵种质资源主要病害（菌核病、黄萎病、黑斑病、褐斑病、锈病）进行了观察统计，从而分析在甘肃的适应性及抗病性。结果发现，食用型向日葵品种新食葵 27、JK103、T902 的田间菌核病发病率较低，抗性较高；油用型向日葵品种 XKY1502、NXY21、陇葵杂 6 号田间菌核病发病率较低，对菌核病抗性较高。向日葵品种黄萎病、黑斑病、褐斑病及锈病的发病率均较菌核病发病率低，说明菌核病仍是向日葵的主要病害。

不同的供试材料由于其遗传背景的差异而导致其抗性水平有一定的差异，这与 ADAM T 等的研究结果一致。而且油用型向日葵品种较食用向日葵品种菌核病发病率低，初步说明油用型向日葵品种相较于食用型向日葵品种有较高的菌核病抗性。菌核病是向日葵难于防治且发病率较高的病害，试验所选的 39 个品种对菌核病的抗性都不高或易感。向日葵黄萎病属于土传病害，给防治带来了一定的困难。食用型向日葵品种中 YF601 是所有参试食用型向日葵中唯一有黑斑病发病株的品种，说明该品种对黑斑病抗性较低，同时说明甘肃向日葵黑斑病发病率较低。

二、通过播期调节防控向日葵菌核病试验研究

向日葵菌核病病原菌［*Sclerotinia sclerotiorum*（Lib.）de Bary］又称向日葵核盘菌，属子囊菌亚门真菌。核盘菌是一种非寄主特异性真菌病原菌，可以侵染多种重要经济作物在内的 450 多种植物，如大豆、油菜、向日葵、花生、洋葱、苜蓿和黄瓜等，向日葵菌核病是一种严重的世界性病害之一。试验研究表明，田间菌核萌发和子囊盘形成主要与温度、湿度和深度密切相关，温度一般在 5～30℃条件下均能萌发，但最适宜温度为 10～25℃；对土壤湿度要求相对比较严格，湿度过高菌核易腐烂，土壤相对湿度为 80%～90% 较适宜，土壤深度一般为 0～2 cm 较易萌发。我国向日葵菌核病主要发生在东北三省、山西、内蒙古、宁夏、甘肃、新疆、陕西等向日葵主产区，侵染向日葵根、茎叶、花盘等部位，常伴有根腐、茎腐、叶腐、盘腐症状，为害根部、茎秆、花盘，造成向日葵根、茎叶、花盘腐烂，致使整株死亡，导致向日葵减产或绝收，严重影响向日葵产量和品质以及产业的发展。本试验通过播期调节试验研究，选择适宜播期，减轻向日葵菌核病的为害，以提高向日葵的产量和质量。

（一）试验概况

试验地设在向日葵主产区甘肃民勤县薛百镇张麻村，连续种植向日葵3年以上地块，前茬向日葵菌核病发病率40%。属于向日葵菌核病发生较严重的冬灌沙壤地，海拔1 380 m，气候干旱少雨，日照充足，土壤肥力中上，播前施复合肥20 kg/亩，磷二铵15 kg/亩，硫酸钾10 kg/亩，现蕾开花期结合灌水追施尿素10 kg/亩。

（二）材料与方法

1. 供试品种

供试品种为陇葵杂4号，试验共设置5个处理（播种期）：处理1为4月20日，处理2为5月1日，处理3为5月10日，处理4为5月20日，处理5为5月30日。当地正常播期为4月中旬，每个播期重复3次，随机区组排列。小区种面积33 m^2，6行区，行长10 m，行距0.55 m，株距0.38 m。试验地四周设有2 m保护行，小区之间起垄分隔。施肥与灌溉及田间管理同大田。调查菌核病在苗期、现蕾期、盛花期、成熟期的发病情况，并进行小区测产和考种。

2. 调查项目及方法

（1）取样数目。调查小区所有植株。

（2）调查方法。调查发病率和病情指数，测定产量和评定质量。

（3）计算方法。

发病率=[发病株数/调查总株数]×100%

病情指数=[∑(各级病株数×调查苗数)/(调查总苗数×发病最重的级数)]×100

（4）调查时间。盛花期。

（5）记录播种量、播种日期、品种、地力情况、土壤类型、施肥与灌溉等有关的基本数据。

（三）试验结果与分析

1. 苗期发病情况

由表12-5可知，苗期发病率处理1最高为5%；处理2次之，发病率为2%；处理3发病率为0.5%；处理4的发病率为0.2%；处理5的发病率最低，为0。通过DPS进行方差分析，处理1、处理2与其他处理苗期发病率均达极显著水平；处理3苗期发病率与处理4达显著水平，与处理5达极显著水平；处理4苗期发病率与处理5不显著。

表 12-5　不同病情处理向日葵菌核病发病情况

Tab. 12-5 Incidence of sunflower sclerotinia sclerotinia with different diseases

编号	小区株数				发病率（%）											
					苗期				开花期				成熟期			
	Ⅰ	Ⅱ	Ⅲ	平均	Ⅰ	Ⅱ	Ⅲ	平均	Ⅰ	Ⅱ	Ⅲ	平均	Ⅰ	Ⅱ	Ⅲ	平均
1	155	156	157	156aA	4.8	5	5.2	5aA	39	39	42	40aA	46	48	44	46aA
2	157	155	156	156aA	1.8	2.1	2.1	2bB	28	29	33	30bB	38	39	37	38bB
3	158	156	157	156aA	0.4	0.4	0.7	0.5cC	8	9	10	9cC	34	35	36	35cB
4	155	156	157	156aA	0.2	0.3	0.1	0.2dCD	7	4	7	6cCD	28	24	26	26dC
5	157	155	154	155aA	0	0	0	0dD	1.8	2.1	2.1	2dD	22	23	21	22eC

2. 开花期发病情况

由表 12-5 可知，开花期发病率较高，处理 1 的最高为 40%；处理 2 的发病率次之，为 30%；处理 3 的发病率为 9%；处理 4 的发病率为 6%；处理 5 的发病率最低，为 2%。通过 DPS 进行方差分析，处理 1、处理 2 开花期发病率与其他处理比较均达极显著水平；处理 3 开花期发病率与处理 4 比较不显著，与处理 5 比较达极显著水平；处理 4 开花期发病率与处理 5 比较达显著水平。

通过表 12-6 向日葵盛花期病情的调查记载数据可知，4 月 20 日播种发病最严重，发病株率达到 40.38%，病情指数为 49.52；5 月 1 日播种发病株率为 28.85%，病情指数为 37.98；5 月 10 日播种发病株率为 9.55%，病情指数为 18.47；5 月 20 日播种发病株率为 5.77%，病情指数为 8.17；5 月 30 日播种发病株率为 1.94%，病情指数为 3.23。由此可见，通过调节播期，可有效降低向日葵菌核病的为害程度。

表 12-6　不同播期处理盛花期病情记载表

Tab. 12-6 Disease records at flowering stage under different sowing dates

编号	播种期（月/日）	调查株数（株）	菌核病病情				病株率（%）	病情指数
			Ⅰ级	Ⅱ级	Ⅲ级	发病总株数		
1	4/20	156	14	26	23	63	40.38	49.52
2	5/1	156	14	20	11	45	28.85	37.98
3	5/10	157	4	8	3	15	9.55	18.47
4	5/20	156	2	6	1	9	5.77	8.17
5	5/30	155	1	2	0	3	1.94	3.23

3. 成熟期发病情况

由表 12-5 可知，成熟期发病表现最严重，处理 1 成熟期发病率最高，为 46%；处理 2 次之，为 38%；处理 3 为 35%；处理 4 为 26%；处理 5 为 22%。通过 DPS 进行方差分析：处理 1 成熟期发病率与其他处理比较均达极显著水平；处理 2 成熟期发病率与处理 3 比较达显著水平，与处理 4、处理 5 比较达极显著水平；处理 3 成熟期发病率与处理 4、处理 5 比较达极显著水平；处理 4 成熟期发病率与处理 5 比较达显著水平。

4. 各处理产量表现

通过表 12-7 数据可知，5 月 20 日播种千粒重和小区产量均最高，分别为 140 g 和 12.3 kg，5 月 30 日播种次之，千粒重和小区产量分别为 120 g 和 12.1 kg，4 月 20 日播种千粒重和小区产量最低，分别为 92 g 和 4.0 kg。通过图 12-12 可以看出，随着播期的推迟，菌核病的发生程度逐步降低，在 5 月 20 日向日葵菌核病发病率较低为 6%，产量达最高为 249.5 kg/亩，因此最适宜播期为 5 月 20 日。

表 12-7 不同播期处理产量表现
Tab. 12-7 Yield performance of different sowing dates

处理	播期（月/日）	千粒重（g）				小区产量（kg/33m²）				折合亩产（kg）			
		I	II	III	平均	I	II	III	平均	I	II	III	平均
1	4/20	92	93	91	92aA	4	4	4.1	4aA	80.8	80.6	83	81.3aA
2	5/1	103	104	102	103bB	6.7	6.7	6.7	6.7bB	136	136	135	135.7bB
3	5/10	108	109	110	109cC	7.9	7.8	7.9	7.8cC	159	157	159	158.3cC
4	5/20	139	142	139	140dD	12.2	12.4	12	12.3dD	247	251	251	249.7dD
5	5/30	119	122	119	120eE	11.9	12.2	12	12.1eE	240	247	245	244.0eE

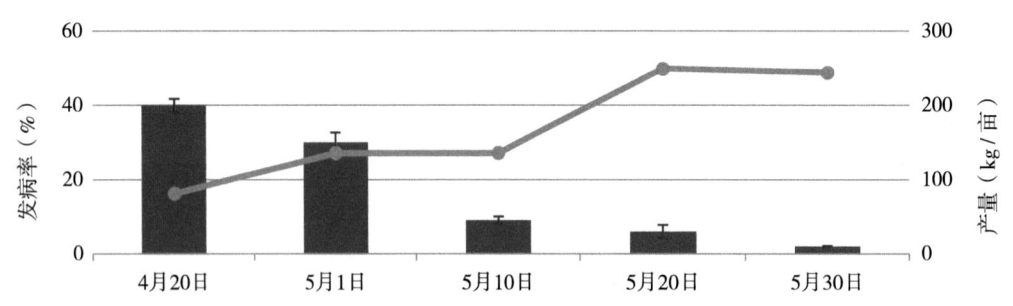

图 12-12 2017 年播期试验对向日葵菌核病及产量的影响
Fig. 12-12 Effect of sowing date test in 2017 on sclerotinia sclerotinia and yield of sunflower

（四）结论与讨论

通过在民勤播期调节试验表明，播期调节可以减轻向日葵菌核病的为害，随着播期的推迟，菌核病的发病率和病情指数逐步降低，产量呈先增加后降低趋势，5 月 20

日左右为最适宜播期。

通过近年来甘肃向日葵菌核病发病情况的调查和统计，甘肃向日葵产区平均发病率达到10%以上，有些严重地块发病率达到30%以上，气候、品种、选茬、播种期等均与发病程度密切相关，在向日葵菌核病发生较严重的产区，必须注重这些因素，及早采取综合防治措施为好。

第三节 西北向日葵主要虫害

一、向日葵螟

向日葵螟又叫葵螟，以幼虫为害花盘、萼片和籽粒。花盘被害率一般在20%～50%，重者100%。籽粒被害率一般在10%以上，重者达80%以上。受害花盘一般有幼虫1～5头，最多达100多头。幼虫蛀入花盘吃掉种仁，并蛀成许多隧道，还将咬下的碎屑和粪便填充隧道里造成污染，遇雨后造成花盘及籽粒发霉腐烂，不但严重影响产量，同时还严重影响葵花质量。

（一）分布与为害

向日葵螟一年发生1～2代，以1代幼虫为害最为严重。以老熟幼虫在土壤5～15 cm深处做茧越冬，翌年7月上旬化蛹，蛹期6～7 d。第1代成虫7月中下旬开始羽化，7月末8月初为羽化盛期，成虫有趋光性，白天潜伏在向日葵田附近的荒草地里，受惊后可作短距离飞翔。19时开始活动，8—9时活动量最大，在花盘上取食花蜜，并在花药圈内壁产卵。8月上旬为成虫产卵盛期，卵多散产在葵花花盘上的开花区内，在花药圈内壁、花柱和花冠内壁着卵量最多，筒状花和舌状花上着卵很少。产卵盛期在8月上旬，卵期3～4 d。幼虫有4个龄期，1代幼虫经过19～22 d即老熟，多数幼虫老熟后入土作茧越冬，一部分幼虫老熟后落入土中吐丝做茧化蛹，8月中下旬是葵螟的为害盛期，由越冬代成虫产卵到出现第1代成虫共历时36 d左右，1～2龄幼虫主要取食花粉、花的内部结构和花冠，从3龄开始蛀入种皮内为害种仁或将内部全部吃空。1头幼虫可转粒为害7～12粒。在葵花成熟前老熟幼虫从籽粒中钻出，大部分陆续脱盘落地做茧越冬。越冬茧在土中0～5 cm处最多。另有少部分幼虫随收葵花盘带入晒场。蛹经12～16 d即羽化为1代成虫。1代成虫出现期8月28日至9月8日，盛期9月4—6日，2代幼虫发生在9月中旬，一般为害不重。

（二）防治技术与措施

采取综合防治措施，控制向日葵螟不为害成灾，总体为害损失率控制在10%以下，并确保向日葵产品质量安全。

1. 农业技术措施

选用抗虫品种，硬壳品种受害轻，小粒黑色油用种较食用种受害轻。第 1～2 代幼虫老熟后从向日葵盘上吐丝落地，潜入 15～20 cm 深土层中越冬。收获后用大型耕作机械进行秋深翻并冬灌，将大量越冬虫茧翻压入土 25 cm 以下。春季在葵螟成虫出土前进行整地镇压，可阻止向日葵螟幼虫出土，减少大量越冬虫源。适时播种，将向日葵开花期与葵螟成虫盛发期错开，以减轻葵螟对向日葵花盘的为害。

2. 物理技术措施

频振式杀虫灯诱杀成虫：在通电条件较为方便的田间或村边，每隔 120 m 安置一盏频振式杀虫灯，每盏灯控制面积为 50～60 亩。从成虫羽化始期开始，一般在 5 月中下旬开灯到 8 月底结束，开灯 3 个月。天黑开灯，天亮关灯。各地可根据本地区向日葵螟化蛹羽化进度确定具体开灯时期。光控自动频振式杀虫灯可不考虑开闭时间等。

3. 生物技术措施

（1）防治成虫。在 7 月末 8 月初成虫盛发期的 20—21 时，用喷烟机施放烟雾剂 1～2 次。使用的烟雾药剂有 80% 敌敌畏乳油，每公顷用药 1.5 kg。

（2）防治幼虫。要抓住幼虫尚未蛀入籽粒里的关键时期即 8 月上旬用药剂治。可用 90% 敌百虫晶体 500 倍液进行喷雾，每公顷喷药液 750 kg，也可用 5% 高效氯氰菊酯乳油，或 2.5% 溴氰菊酯乳油 2 000 倍液，每公顷喷药液 600～750 mL。也可生物制剂 Bt 乳剂 300 倍液，每株花盘喷洒 40～50 mL，防虫效果在 90% 以上。在第一次用药后 5 d 再喷 1 次，防虫效果在 100%。喷药时要注意在成虫产卵高峰期喷药。喷药前要通知养蜂户管理好蜜蜂，以防蜜蜂中毒。

（3）赤眼蜂防治。在葵螟成虫盛期放第一遍蜂，隔 3～4 d 放第二次蜂，每亩放蜂量 15 000～20 000 头。

二、草地螟

草地螟（*Loxostege sticticalis*）又称黄绿条螟、甜菜网螟，属磷翅目螟蛾科，在世界上属于一种重大农业迁飞害虫，具有集中迁移为害、间歇性暴发以及来势凶猛、密度大等特点，对农牧业常常造成破坏性打击。草地螟幼虫具有群集、杂食及突发性等特点，可为害 35 个科 200 余种植物。

（一）形态特征与生物学特性

1. 卵

草地螟卵一般呈椭圆形，长 0.8～1.2 mm 不等，颜色为灰白色或黄色，表面光滑，多为 3～12 个，一起形成卵块，呈覆瓦状排列。草地螟成虫喜欢将卵产在藜科、旋花科植物的茎、叶背面等部位。

2. 幼虫

草地螟幼虫共有5个龄期。1龄期颜色为淡绿色，头壳黑褐色，虫体长1.16～3.82 mm，体背有许多暗褐色纹，第2胸节和第3胸节的背部各有黑斑一对，腹节背部每节各有黑斑2对。2龄期幼虫蜕皮后颜色变为淡黄色，在啃食植物叶片后颜色逐渐变为黄绿色，末期变为灰绿色，胸盾颜色为黑色，各体节两侧有黑色的刚毛瘤。3龄期幼虫颜色为灰绿色，体侧有单色纵带，周身有毛瘤。4龄期幼虫头壳颜色为黑色，体躯颜色为黑绿色，两侧纵带明显，臀板部有8根刚毛。5龄期颜色为灰黑色，头部有白色"Y"形纹，体背部两侧有鲜黄色线条2条，背线两侧每节有6个暗黑色肉瘤，且呈三角形排列，肉瘤中央生有1根毛根部为白色的刚毛，肉瘤周围有同心的白环。草地螟各龄期体长和形态差异均较明显，3龄期后幼虫具有暴食性，一旦发现已处于4～5龄暴食期，往往会造成牧草减产和绝收。

3. 蛹

草地螟蛹长一般为8～15 mm，蛹初期颜色为乳黄色，随着蛹化逐渐变为黄色直至黄褐色，近羽化时又变为黑灰色，腹端两侧呈圆形中间凹，各圆突上着生2对臀刺。

4. 茧

草地螟茧呈长筒形，长为20～40 mm，宽为2.7～4.8 mm，竖立在土中。茧上部有一羽化孔，口径略小于茧的直径，并有薄丝封口。茧下端略窄，底部钝圆。茧外黏附细沙土，呈土色。

5. 成虫

草地螟成虫体长为8～12 mm，翅展12～28 mm不等。前翅颜色为灰褐色至暗褐色，翅部中央稍近前方有一近似方形淡黄色或浅褐色斑，翅外缘颜色为黄白色，且有一连串的淡黄色小点连成的条纹。后翅部颜色为黄褐色或灰色，沿外缘有类似前翅外缘的条斑两条平行的黑色波状条纹，成虫静止时双翅叠合成三角形，触角呈鞭状。

（二）迁飞特点

1. 环境因素

草地螟迁飞原因已有大量学者做了较多研究，草地螟3龄期前幼虫虫体小，取食量极小，不容易被发现，处于4～5龄暴食期的草地螟较容易被发现。因此，掌握草地螟幼虫各龄时期的形态学特征对于在生产实践中做好防治具有重要意义。草地螟属于兼性迁飞昆虫，草地螟成虫迁飞的目的是为自身和后代寻找易生环境，迁飞行为会受到温度、湿度、气流、降雨、幼虫密度或滞育状态、蛾龄、生殖状态等环境生理因子调控，在不适合的环境条件下形成成虫迁飞。草地螟成虫具有较强的迁飞能力，在室内可以连续飞行24 h，飞行距离往往大于100 km；在野外成虫的迁飞距离最远可大于1 200 km，在我国的华北地区，草地螟成虫越冬向东北地区迁飞，而在东北一带成虫则可向华北地区迁飞，导致华北与东北地区草地螟发生为害区互为虫源地。有学者研究发现,在草地螟迁飞的原因和目标对策中得出,平均温度为21℃左右,相对湿度60%~80%的场所,适合成虫生殖和后代存活。再次证明了温度和湿度是草地螟成虫迁入与迁出的显著环境因素。

草地螟成虫开始交配以及交配持续时间也会受到温度湿度影响。温度为22~26℃、湿度60%~80%的环境下,成虫交配的频次比较高,在其他温度湿度条件下交配次数较低。成虫产卵量与温湿度之间有着密切关系。研究发现,在湿度相同、温度不同的条件下,草地螟产卵量以22℃条件下最大,在温度超过这个数值时产卵量便会下降;在温度相同、湿度不同的条件下,产卵量以相对湿度60%~80%条件下最高。再次证明,温度为22~26℃、相对湿度60%~80%条件是草地螟生活与繁育最佳条件。

2. 迁飞和繁育顺序

草地螟的生活习性为先迁飞后生殖,草地螟的迁飞是一个艰难而漫长的过程。根据雌蛾卵巢发育等级判断草地螟的迁飞特性。以迁入为主时,雌蛾卵巢发育处于Ⅲ级和Ⅳ级为主。若以迁出为主草地螟卵巢发育处于Ⅰ级和Ⅱ级为主。

3. 迁飞时间段

草地螟成虫在零时10分至3时30分时段诱虫数量较高。在常规气象条件下上述时间段为草地螟成虫迁飞活跃时间。

4. 虫源来源

草地螟属于外来虫害迁入和本地虫源混合种群,既有外来迁入种群又有本地原有种群。

5. 成虫食物来源

草地螟成虫口器为虹吸式口器,在迁飞过程中主要采食花蜜及露水,以囤积迁飞时所需能量(脂肪),且为繁殖做准备。成虫迁飞时多沿河谷湿润且有丰富蜜源植物的区域扩散。

(三)为害特点

草地螟3龄期以内很难被发现,常常躲藏在植物的顶端幼嫩部位即花苞、幼芽等位置,吐丝结网。幼虫机警好动,受到外来刺激时表现为较强的应激性,直接掉落到地面,或吐丝掉落地面。3龄期后具备一定的爬行转移能力,4~5龄期幼虫具有暴食性,能扩散为害作物,取食叶肉,残留表皮。白天取食,晚间和雨天不活动。

(四)防治指标

草地螟为害指标为15头/m^2。草地螟幼虫以藜为食物来源,草地螟成虫后卵期和幼虫期最短,雌雄蛹重最重,雌雄蛾寿命长,产卵前期历时短,产卵时间段长,产卵量多。以藜为食物来源有利于草地螟种群增长。

（五）防治方法

1. 物理防除

草地螟成虫具有强烈的趋光性，夜间可采用太阳能黑光灯诱杀成虫。在迁飞路径上等距离设置黑光灯也是跟踪其迁飞路线的重要手段。黑光灯设置地点因无高大建筑物或树木遮挡，灯管下端与地表面垂直距离 1.5 m。幼虫迁移时采取挖沟，设立拦虫沟施用杀虫药剂，防止幼虫扩散蔓延为害。

2. 药物选择

在生产实践中一旦发现低龄幼虫时，应选用低毒高效药剂进行防治，最佳防治时间为幼虫在 3 龄期以前，主要采用 2.5% 高效氯氟氰菊酯 30 mL/亩或 20% 氰马乳油 30 mL/亩等。

3. 农业防治

在发现草地螟虫茧的地域，应及时翻耕土地，灌溉恶化越冬场所，增加越冬老熟幼虫死亡率。发现成虫产卵高峰区域铲除附着虫卵的杂草，集中焚烧，重点对田间藜科植物进行铲除。

4. 天敌控制

草地螟的天敌主要有步甲、草蛉、蚂蚁、瓢虫、芫菁、鸟类等，以上都是生物防治体系中的重要组成部分。当寄生性天敌在寄主不同期寄生时，其所受的影响随之不同。对于草地螟的防治可引进寄生蜂、赤眼蜂、伞裙追寄蝇的方式防治，防治效果可以达到 72%～80%。

三、蛴螬

（一）形态特征

蛴螬是金龟甲的幼虫，是鞘翅目金龟甲总科幼虫的总称，别名白土蚕、核桃虫。蛴螬体肥大，较一般虫类大，体型弯曲呈"C"形，多为白色，少数为黄白色。上颚显著，腹部肿胀，体壁较柔软多皱，体表疏生细毛；头大而圆，多为黄褐色，生有左右对称的刚毛。有假死和负趋光性，并对未腐熟的粪肥有趋性，喜欢生活在肥根类植物种植地。

（二）为害症状

蛴螬口器属于咀嚼式，食性较杂，可为害向日葵、大豆等多种农作物、牧草、果树和林木。蛴螬喜食萌发的种子，幼苗的根、茎。苗期咬断幼苗的根、茎，断口整齐平截，地上部幼苗枯死，造成田间大量缺苗断垄或幼苗生长不良，使杂草大量出生，过多的消耗土壤养分，增加了化除成本或为下年种植作物留下隐患。成株期主要取食向日葵的须根和主根，虫量多时，可将须根和主根外皮吃光、咬断。蛴螬地下部食物不足时，夜间出土活动，为害近地面茎秆表皮，造成地上部植株黄瘦，生长停滞，减产或绝收。后期为害造成百粒重降低，不仅影响产量，而且降低商品性。蛴螬成虫喜食叶片、嫩芽，造成叶片残缺不全，加重为害。

（三）发生规律

蛴螬属鞘翅目（Coleoptera）金龟甲总科（Scarabaeoidea），是世界上公认的重要地下害虫，可为害多种植物，是近几年为害最重、给农业生产造成巨大损失的一大类群。蛴螬在我国分布很广，各地均有发生，但以我国北方发生较普遍。我国蛴螬的种类有1 000多种。

蛴螬是一类生活史较长的昆虫，每年发生代数因种、因地而异。一般1年1代，或2～3年1代。蛴螬发生最重的季节主要是春季和秋季。蛴螬的发生规律与土壤湿度密切相关，连续阴雨天气、土壤湿度大，蛴螬发生严重；有时虽然温度适宜，但土壤干燥，则死亡率高。低温、降雨天气，很少活动；闷热、无雨天气，夜间活动最盛。连作地块，发生较重；轮作田块，发生较轻。蛴螬在土壤中的活动与土壤温度关系密切，特别是影响蛴螬在土壤内的垂直活动。

（四）防治方法

1. 农业防治

结合灌水消灭低龄幼虫。3年内没有深耕的地块在秋种前可以进行深耕，深耕同时捡拾幼虫，同时不施用未腐熟的有机肥，以降低虫口数量。

2. 物理防治

在成虫发生期利用成虫趋光和假死习性，采用风吸式太阳能杀虫灯进行诱杀，可兼治其他具趋光性和假死性害虫。

3. 化学防治

（1）药剂拌种。可用25%辛硫磷微胶囊剂0.5 kg/亩，拌种250 kg/亩，残效期约2个月，保苗率为90%以上；50%辛硫磷乳油0.5 kg/亩加水25 kg/亩，拌种400～500 kg/亩，均有良好的保苗防虫效果。拌种简单有效，可保护种子和幼苗免遭地下害虫的为害。

（2）土壤处理。可采用喷洒药液、施用毒土和颗粒剂于地表、播种沟或与肥料混合使用，但以颗粒剂效果较好。常规农药有5%辛硫磷颗粒剂2.5 kg/亩。

4. 撒施毒饵

以1 kg/亩拌入50%辛硫磷乳油0.25 kg/亩，随种子混播于穴内。如播后仍发现蛴螬为害时，可在为害处补撒毒饵，撒后用锄浅耕，效果更好，也能兼治蝼蛄、金针虫等其他地下害虫。

四、蝼蛄

蝼蛄（*Grylltalpa unispina* Saussure），属于直翅目、蝼蛄科，成虫和若虫均在地下活动，啃食小苗根。成虫、若虫均可以为害林木，果树及农作物幼苗根部及接近地面的嫩茎，被害部分呈丝状残缺，致使幼苗枯死，并喜食刚播下的种子。成虫、若虫均在土中活动，取食播下的种子、幼芽或将幼苗咬断致死，受害的根部呈乱麻状。

由于蝼蛄的活动将表土层窜成许多隧道，使苗根脱离土壤，致使幼苗因失水而枯死，严重时造成缺苗断垄。在温室，由于气温高，蝼蛄活动早，加之幼苗集中，受害更重。

（一）形态特征

成虫体肥大，粗壮 40～50 mm，长圆筒形，黄褐色、黑褐色，触角丝状，比体短。前足极为扁平，为开掘足，前翅三角形，后翅卷曲成筒状，置于前翅下。腹末有 2 根尾须，上生许多细毛，产卵器不外露。卵长 1.6～1.8 mm，椭圆形，黄白色至黄褐色。若虫共 12 龄，5 龄若虫体色，体形与成虫相似。

（二）生活史及习性

华北蝼蛄在阿勒泰地区 2～3 年完成 1 代，以成虫、若虫在土壤深层（60～70 cm）处越冬。翌年 5 月上旬开始为害到 8 月，7 月上旬至 8 月产卵，卵 20 多天孵化幼虫后逐步越冬，蝼蛄产卵时在土内作一土室产卵其中。华北蝼蛄产卵深度 10～20 mm，每室有卵 50～80 粒，雌虫产卵量在 400 粒以上。蝼蛄夜晚取食，为害和交尾，有趋光性，在黑光灯下，可诱到大量的成虫，飞翔力弱，一般在灯光附近地面较多。6 月下旬至 7 月上旬开始产卵，7 月下旬至 8 月中旬为产卵盛期。7、8 月若虫大量孵化，9 月中旬、10 月上旬陆续迁入深层开始越冬。

土壤中大量施用未腐熟的厩肥、堆肥，易导致蝼蛄发生。蝼蛄的发生与土壤关系很大，华北蝼蛄在轻度盐碱地、沙壤土地发生较多。

（三）防控措施

1. 林业技术防治

苗圃地施用腐熟的厩肥作底肥，可减轻其为害；苗圃地周围种植蓖麻，对华北蝼蛄有一定麻醉作用。成虫盛发期采用灯光诱集、马粪诱集和人工捕捉。

2. 人工防治

深耕、中耕可减轻蝼蛄为害，施用充分腐熟有机肥，药剂处理土壤或药剂处理种子。当田间每平方米有蝼蛄 0.3～0.5 头时，即为中等发生，高于 0.5 头为严重发生，应该进行防治，播种时施用毒谷。

3. 物理防治

利用黑光灯、马粪进行诱杀等措施可以减少害虫来源。

4. 生物防治

大力保护戴胜等食虫鸟类，苗圃地人工养鸡等。

5. 化学防治

在幼虫期间使用 10% 吡虫啉可湿性粉剂毒杀幼虫。药剂处理土壤，每亩沟施 5% 辛硫磷颗粒剂 0.25 kg 或 1 000 m^2 用地亚农、倍硫磷 5 kg，或用甲萘威 1～1.5 kg，或 5% 氯丹粉剂 2 kg 掺细土 25～50 kg 制成毒土，在苗圃整地时，均匀撒施地面，随即翻入土中 10～20 cm，效果较好。成虫盛发期喷药，使用 25% 甲萘威粉 1 000～1 500 倍液消灭成虫。

五、地老虎

（一）生活习性

1. 幼虫

刚孵化的幼虫至 3 龄前，喜欢在幼苗叶背和叶心幼嫩组织部位昼夜取食而不藏入土中，且 3 龄地老虎幼虫对药物抗性弱、相对集中，不易飞迁扩散，因此，此时是用化学药剂防治的最佳时机；3 龄后的幼虫有假死性和互相残杀的特性，白天潜伏在浅土中，夜间活动取食，咬断幼苗平地面处的嫩茎，拖入穴中；5～6 龄进入暴食期，为害性较大；老熟幼虫有假死习性，受惊缩成"C"形，老熟幼虫潜入土内筑室化蛹。

2. 成虫

成虫昼伏夜出，尤其在黄昏后活动最活跃，并交配产卵，卵产在 5 cm 以下矮小杂草上。成虫对黑光灯及糖醋酒等趋性较强，可利用此特性进行诱杀。

3. 为害特点

刚孵化的幼虫常常群集在幼苗的心叶或叶背上取食，把叶片咬成小缺刻或选吃叶肉剩余叶脉呈网孔状。3 龄后幼虫将植株幼苗近地面的茎咬断，还常将咬断的幼苗拖入洞中，其上部叶片往往露在穴外，顺着拖入洞中的幼苗，轻轻扒开泥土，会发现蜷缩的地老虎幼虫。

4. 形态特征

成虫体长 16～23 mm，翅展 42～54 mm。卵扁圆形，高约 0.5 mm，宽约 0.3 mm，初产乳白色，后变成黄色。幼虫体长 37～50 mm，头宽 3.0～3.5 mm。头部黄褐色至暗褐色，体呈深灰色，表皮粗糙，上有大小不同的小黑点，腹部末节臀板呈淡黄色，有 2 条黑线，幼虫共分

图 12-13 地老虎幼虫
Fig. 12-13 Ground tiger larva

6龄。蛹红褐色或深褐色，体长 18～24 mm（图 12-13）。

（二）发生规律

地老虎喜温暖、潮湿环境，高温不利于地老虎的生长和繁殖。地老虎从10月到翌年4月都有发生和为害，长江以南每年发生4～5代，南方越冬代成虫2月出现。地老虎的发生与农作物种植结构及播种期、耕作制度有关，前茬种植玉米、蔬菜的，采用淹灌或喷灌的，土壤湿度大，有利于成虫产卵，虫害发生重。

（三）综合防治要点

根据1～3龄地老虎幼虫对光源不敏感，也不会进入土壤中，昼夜在作物上啃食根茎叶幼嫩处进食；4～6龄地老虎幼虫具有趋光性，昼伏夜出进食为害；成虫黄昏后活动活跃并交配产卵的生活习性，特制订如下综合防治方法。

1. 农业防治

及时清除田间附近的杂草和前茬遗留的枯枝败叶，可以防止地老虎成虫产卵。

2. 糖醋酒诱杀成虫

地老虎嗜好糖醋气味，可利用这一生活习性配制"糖醋合剂"诱杀。取糖 0.5 kg、醋 1.0 kg、白酒 0.1 kg、水 7.5 kg，加入 90% 敌百虫晶体 15～25 g 调匀，用器皿盛放在行沟开阔处，于黄昏后成虫活动产卵期诱杀。

3. 撒毒土（毒饵）毒杀幼虫

可以在已经发现地老虎入土躲藏的田块，找一些细沙、细土与 40% 辛硫磷乳油 3.0～7.5 L/hm² 搅拌均匀，撒在玉米行间的垄沟内，然后在上面盖上一层薄土，能起到渗透毒杀的效果。或用 90% 敌百虫晶体 750～1 500 g 与炒香的麦麸 2.5～3.0 kg，加少量水搅拌成毒饵，在玉米地行间挖小坑投入适量毒饵，并用少量青草覆盖诱杀。

4. 灌根

结合浇水，使用 40% 辛硫磷乳油 6.0～7.5 L/hm² 随水流进入到田间，渗透土壤中防治躲在地里的地老虎；或使用 40% 辛硫磷乳油 1 000 倍液，用喷雾器的喷头对准玉米根部喷施。

5. 药剂喷雾

地老虎 1～3 龄幼虫期抗药性差，且暴露在寄主植物或地面上，是药剂防治时期。可用 10% 高效氯氟氰菊酯乳油 750 倍液、10% 噻虫嗪可分散水粒剂 750 倍液 +10% 高效氯氟氰菊酯乳油 500 倍液、2.7% 氯氟氰菊酯乳油 +5.3% 吡虫啉微乳剂 500 倍液或 20% 联苯菊酯水乳剂 750 倍液喷雾，每亩用 50 kg。

六、向日葵潜叶蝇

向日葵潜叶蝇是向日葵苗期的重要害虫，除为害向日葵外，还可为害豌豆、油菜、甘蓝等植物。主要为害向日葵幼苗的子叶和第一对真叶。幼虫在叶内潜食叶肉，使叶上形成弯曲的灰白色隧道，造成子叶枯萎（图12-14）。

成虫体长2～4 mm，翅展5.5～6.0 mm，暗灰色。复眼椭圆形，红褐色。触角3节，黑色。翅半透明，有紫色闪光，翅很长，翅脉深褐色。足黑色，各足腿节末端黄色。

向日葵潜叶蝇每年发生5代左右。蛹在杂草的叶组织中越冬。4月下旬羽化为成虫，成虫活跃，白天活动，吸食糖蜜和叶片汁液，将卵产于叶表皮下刺伤的叶肉内。5月上旬可见幼虫，幼虫取食叶肉，留下表皮。幼虫老熟后于隧道末端化蛹。

图 12-14　向日葵潜叶蝇为害叶片
Fig. 12-14　Leaf miner of Sunflower damage leaves

防治方法

1. 农业防治

（1）清除杂草。秋末或春初清除沟边杂草，可以减轻其为害。

（2）浅水勤灌。成虫产卵盛期，保持水层4～5 cm，浅水勤灌，可有效减少产卵量，降低其为害。

2. 食饵诱杀成虫

设置糖醋诱蝇盘诱杀成虫。糖醋诱蝇盘配方：红糖或白糖10 g，白酒10 mL，食醋20 mL，80%敌敌畏乳油2 mL，水400 mL。诱液剂量应逐日补足，视诱集时间3～5 d更新1次。

3. 药剂防治幼虫

可用氯虫苯甲酰胺、噻虫嗪、吡虫啉、短稳杆菌等药剂，按照药剂使用说明进行田间喷雾防治幼虫。

七、双斑萤叶甲

（一）形态特征

双斑萤叶甲（*Monolepta hieroglyphica*）属鞘翅目叶甲科，以成虫取食叶片和花穗为害。成虫长卵圆形，棕褐色，具有光泽。体长3.6～4.8 mm。头、胸红褐色，触角灰褐色。鞘翅基半部黑色，每个鞘翅基部具有一个淡黄色斑，四周黑色，鞘翅端半部黄色。胸部腹面黑色，腹部腹面黄褐色，体毛灰白色。幼虫体长6～8 mm，白色至黄白色，11节，头和臀板褐色，前胸和背板浅褐色，有3对胸足，体表有成对排列的不明显的毛瘤。

（二）生活习性

双斑萤叶甲的成虫能飞善跳，具有突发性、群聚性、迁飞性，着重为害植物嫩叶部分。对光照、温度的强弱反应敏感，中午光照强、温度高，活动频繁、为害严重。早晨至夜晚光照较弱、温度低，活动能力低，为害小。

（三）为害特点

双斑萤叶甲取食性复杂，主要为害玉米、谷子、高粱、大豆、花生、马铃薯和杂草等。双斑萤叶成虫刚迁入农田时呈现点片为害，逐渐向外扩散，随后迁飞到相邻的农田为害。主要在7—9月发生为害，啃食叶片，经常集中于一棵植株，从上到下取食，中下部叶片被害后，造成网状叶脉或孔洞，影响玉米进行光合作用。进入8月主要咬食玉米雌穗花丝阻碍植物授粉，同时也取食灌浆期的籽粒，造成籽粒破碎，引起穗腐。为害严重时可造成玉米大面积减产甚至绝收。

（四）发生规律

双斑萤叶甲每年发生一代，以卵在土中越冬，翌年5月上中旬孵化，幼虫在土中生活，取食作物或杂草的根。经过30～40 d在土中化蛹，蛹期一般7～10 d。成虫先在田边杂草上生活，后迁到玉米田。到7月上旬开始增多，7月中下旬进入成虫盛发期，持续为害向日葵到9月。成虫主要为害向日葵叶片，受到打扰惊吓后迅速跳跃或起飞。卵散产或数粒黏在一起，卵耐干旱，即使卵壳干瘪，经吸水后仍可恢复原形。

（五）农业防治

1. 实行秋翻地、清除杂草

由于双斑萤叶甲以散产卵在表土下越冬，通过秋翻整地可以破坏双斑萤叶甲的越冬环境，给害虫卵造成创伤，不利于翌年正常孵化。在田间地边生长的稗草等禾本科杂草，是双斑萤叶甲取食滋生、寄生的场所，要及时清除田边杂草，减少越冬寄主植物，达到降低虫源基数的效果。

2. 改良土壤、合理施肥

增施有机肥和进行秋后秸秆还田，增加土壤有机质的含量，改善土壤理化条件，使黏重的土壤变为疏松土壤，在此基础上增施磷钾肥，从而创造一个不利于双斑萤叶甲生存的土壤环境，而有利于作物生长的土壤环境，增强植株的抗逆性。对为害严重的农田及时补肥，促进农作物生长。

3. 合理轮作、调整种植结构

双斑萤叶甲主要为害玉米、谷子、高粱等禾本科作物和杂草，也为害向日葵、花生、马铃薯等作物。结合农业种植结构调整，尽量减少玉米的种植面积，改种一些双斑萤叶甲不能为害的经济作物，既提高经济效益，又有效地抑制了害虫的为害。

4. 合理密植、提高通风透光度

向日葵田块种植密度过大、田间郁蔽、通风透光性差，利于该虫发生，在生产上通过选择适宜的叶片平展型向日葵品种，降低田间向日葵种植密度，提高通风透光度，以创造一个不利于该虫发生的生态环境。

5. 生物防治

在农田地边种植生态带（如小麦、苜蓿等）以草养害。合理使用农药，保护利用瓢虫、蜘蛛等天敌。

6. 化学药剂防治

（1）防治方式。该虫成虫具有一定短距离迁飞性、聚集性、突发性，加大防治难度，要做到及时防治，要采取统防统治，达到良好的防治效果。

（2）防治指标。可放宽防治指标，减少防治次数，在玉米抽雄、吐丝期，百株虫口 300 头、被害株率 30% 时进行防治。在向日葵其余生育期间，当百株虫量达 500 头时应进行防治。

（3）防治方法。选用 4.5% 高效氯氟氰菊酯乳油 1 500～2 000 倍液、20% 氰戊菊酯乳油 1 500 倍液、20% 吡虫啉乳油 3 000 倍液，于卵孵化高峰期用药喷雾。在大发生情况下，于 14 d 后，重复用药 1 次。着重喷在雌穗周围，喷药时间在 9 时之前、15 时之后。间隔 5～7 d 再喷药防治 1 次。严禁在中午高温时间作业，以防人体中毒。注意轮流用药，产生抗药性。

八、桃蛀螟

桃蛀螟（*Conogethes punctiferalis* Guenée），属于鳞翅目螟蛾科多斑野螟属，是一种为害极其严重的农林害虫，其寄主十分广泛。目前已知的寄主植物超过 100 种，主要以幼虫蛀食为主，不单为害玉米、向日葵、高粱等经济作物，还为害桃、杏、李、苹果、板栗等果树。因为桃蛀螟分布领域广、食性杂，导致不同地理种群和不同寄主的桃蛀螟会产生一定水平的遗传分化。早在 20 世纪 70 年代，就有学者将桃蛀螟按照幼虫取食差异及成虫形态分为果树型（Fruit-feeding）和针叶型（Pinaceae-feeding），果树型主要取食被子植物，而针叶型主要取食马尾松、雪松等裸子植物。

桃蛀螟以幼虫蛀食种子，取食种仁进行为害。北方主要以第 2 代幼虫为主。幼虫孵化后即蛀食种子，取食种仁，并在花盘中穿行造成许多虫道，雨季常致使整个花盘腐烂。受害花盘上可见堆积的黄褐色虫粪，幼虫老熟后即在花盘上或茎秆内化蛹，或以老熟幼虫越冬。受害严重的地块花盘被害率高达 100%，导致雨季花盘腐烂，甚至颗粒无收。北方 1 年 2～3 代。均以老熟幼虫在向日葵的残株内结茧越冬。成虫昼伏夜出，对黑光灯有一定的趋性。

（一）桃蛀螟的形态特征

1. 成虫

体长 10～15 mm，翅展 20～26 mm，全体黄色至橙黄色，体背、前翅、后翅散生大小不一的黑色斑点，似豹纹。雄蛾腹部末端有黑色毛丛，雌蛾腹部末端圆锥形。

2. 卵

长 0.6～0.8 mm，宽 0.4～0.6 mm，椭圆形，具有细密而不规则的网状纹。随时间推移，颜色由初产时乳白色或米黄色渐变为橘黄色，孵化前期变为红褐色，可以此推测产卵时间。

3. 幼虫

体长 18～25 mm，体背多为淡褐色、浅灰色、浅灰蓝色、暗红色等颜色，腹面为淡绿色。头暗褐色，前胸盾片褐色，臀板灰褐色，各体节毛片明显，灰褐至黑褐色，背面的毛片较大，第 1～8 腹节气门以上各具 6 个，成二横列，前 4 后 2。气门椭圆形，围气门片黑褐色突起。腹足趾钩不规则的 3 序环。

4. 蛹

长 11～14 mm，纺锤形。初为浅黄绿色，渐变为黄褐至深褐色。头、胸和腹部 1～8 节背面密布细小突起，第 5～7 腹节前后缘有一条刺突。腹部末端有 6 条臀刺。

桃蛀螟在中国每年发生代数存在较大差异。如华北地区 2～3 代，华东地区 3～4 代，西北地区 3～5 代，华中地区 5 代，华南地区 5～6 代。该虫主要以老熟幼虫在树翘皮裂缝、枝杈、树洞、干僵果内、贮果场、土块下、石缝、园艺地布及覆盖物、板栗壳、玉米和高粱秸秆、杂草堆等处结茧化蛹越冬。华北地区，越冬代幼虫一般在 3 月下旬开始化蛹，4 月中下旬开始羽化，5 月下旬至 6 月上旬进入羽化盛期。每日多集中在 7—10 时羽化，以 8—9 时数量最多且最为集中。成虫白天常静息在叶背、枝叶稠密处或石榴、桃等果实上，夜间飞出完成交配、产卵、取食等活动，成虫通过取食花蜜、露水及成熟果实汁液补充营养。5 月中旬田间可见虫卵，盛期在 5 月下旬至 6 月上旬，一直到 9 月下旬，均可见虫卵，世代重叠严重。成虫产卵多集中在 20—22 时，多单产于石榴萼筒、板栗壳及其他果树果实的果与果、果与枝、叶相接触处。卵期 3～4 d，初孵化幼虫在萼筒内、梗或果面处吐丝蛀食果皮，2 龄后蛀入果内取食，蛀孔处常见排出细丝缀合的褐色颗粒状粪便。随蛀食时间的延长，果内可见虫粪，并伴有腐烂、霉变特征。幼虫 5 龄，经 15～20 d 老熟。

（二）防治措施

1. 药剂防治

在幼虫孵化盛期，喷洒 50% 双硫磷乳剂 1 000 倍液；25% 杀虫脒水剂 200～500 倍液；75% 辛硫 2 000 倍液；60% 磷胺 1 000～2 000 倍液，杀虫效果均在 90% 左右，但这些药物对蜜蜂有害，使用时应慎重，以免对蜜蜂造成药害。

2. 生物防治

可采用 8 000 IU/μL 苏云金芽孢杆菌悬浮剂 500～1 000 倍药液进行喷雾处理，也可采用白僵菌、绿僵菌、姬蜂、赤眼蜂、啄木鸟等进行防治，降低桃蛀螟为害程度。

九、西花蓟马

西花蓟马 [*Frankliniella occidentalis*（Pergande）]，也叫苜蓿蓟马，隶属缨翅目（Thysanoptera）锯尾亚目（Terebrantia）蓟马科（Thripidae）花蓟马属（*Frankliniella*），英文通用名为 western flower thrips。原产于北美洲，最早主要分布在美国西部，20 世纪 40 年代已对美国西部的花卉产业造成重大损失，70 年代后期，西花蓟马随着国际贸易的日益频繁而迅速扩散并广泛分布于欧洲、非洲、亚洲、美洲、大洋洲等的 69 个国家和地区，成为世界性的危险性入侵害虫。

西花蓟马是一种多食性害虫，寄主范围极为广泛，以锉吸式口器取食，同时传播多种病毒，严重影响花卉、水果、作物的产量和品质，再加上该虫个体微小，为害隐蔽，为植物检疫和预防增加了极大难度。

（一）西花蓟马在中国的发生及传播

我国农业部于 1996 年将西花蓟马列为进境植物检疫潜在的危险性害虫，2000 年首届中国昆明国际花卉节中，在参展的缅甸盆景中首次发现了西花蓟马，2003 年在北京温室的辣椒上，2004 年在云南临沧市、2007 年 5 月在山东青岛三叶草上、新疆乌鲁木齐县板房沟乡，随后在浙江、贵州、江苏、西藏、吉林等地陆续发现其为害。

（二）西花蓟马主要特征

西花蓟马属渐变态昆虫，整个发育过程经卵、若虫、蛹和成虫 4 个虫态阶段。卵肾形，白色。1 龄若虫个体微小，活动缓慢，体色白色。2 龄若虫活动敏捷，体色浅黄色。成虫颜色变化较多，由浅黄色至深褐色，体长 1.4～1.8 mm，活动敏捷，善于跳跃，雌虫较雄虫个体大、颜色深，触角 8 节。

各虫态发育期受温度影响较大，通常雌成虫寿命长于雄成虫。该虫可进行有性生殖，也可孤雌生殖，雌虫可用产卵器刺破植物叶片并将卵产在叶肉组织中。两颊后部稍收缩，头宽略大于头长，头长短于前胸长，触角 8 节，第 3、第 4 节各有一叉状感器；触角第 3 节基部粗细较均匀，中间没有明显加粗；3 个单眼三角形排列，单眼间鬃与复眼眼后鬃大小、粗细相近；翅相对较长，前翅前脉鬃、后脉鬃排列完整均匀；前胸背板分别具有一对较长的前缘长鬃和前缘角鬃，且大小相似；后胸盾片后方具有一对钟形感觉孔；腹部中央淡黄色，通常具有灰褐色斑点，有的完全呈褐色，雌虫腹部第 8 节背板梳状栉不间断等主要特征可明显区别于其他近缘种。

（三）西花蓟马的为害特征

西花蓟马是一种多食性害虫，其寄主范围广，包括菊科、葫芦科、茄科、豆科、十字花科等在内的60多科500多种植物，几乎涉及所有的开花植物。而且随着西花蓟马的向外扩散，其寄主植物种类一直在持续增加，即有明显的寄主谱扩张现象。西花蓟马为害方式多样，采用锉吸式口器穿刺并挫伤花、叶组织，吸食汁液，导致叶片枯死、花朵凋落、花蕊畸变、果实表面伤痕，严重影响园艺作物的产量和品质，而且可作为病毒载体传播番茄斑萎病毒、花生环斑病毒、菊花茎坏死病毒等，加重了对植物的为害。

（四）西花蓟马的防治

应以预防为主，采用多种防治策略尽可能压低虫口基数，减轻其对作物造成的为害。

1. 农业防治

最好在夏季7月彻底清除田间杂草、作物，翻耕后高温闷棚30 d左右，在此期间及时清除田间新长出的植物。

2. 物理防治

加盖防虫网，并在温室门内外挂两个门帘，门帘两面均挂粘虫色板。温室内悬挂黄色、蓝色粘虫板，色板上添加引诱剂效果更好，可诱杀成虫，压低虫口基数。

3. 生物防治

保护天敌也是害虫防治的有效措施之一，小花蝽能取食西花蓟马，施药时尽量选择对天敌影响较小的药剂，并可在西花蓟马发生初期适量释放天敌，可有效控制西花蓟马的发生。

4. 化学防治

化学药剂防治尽可能避开害虫天敌种群的高峰期以及尽可能研究出合理用药的剂量、次数和间隔期，延缓害虫抗药性的产生。甲基毒死蜱、马拉硫磷、阿维菌素类等对西花蓟马具有较好的防效。

十、斑须蝽

（一）斑须蝽在我国的发生及传播

斑须蝽（*Dolycoris baccarum* L.）属半翅目（Hemiptera）蝽科（Pentatomidae）植食性昆虫，又称细毛蝽、斑角蝽、臭大姐等，广泛分布于我国和古北区、新北区、东洋区各国，是我国近年来为害加重的农业害虫之一，成虫和若虫均能取食为害多种苗木和农作物，刺吸寄主茎叶及穗部汁液。茎叶被害后，通常出现黄褐小斑，严重时叶片卷曲并干枯，枝茎凋萎，从而影响植物的正常生长发育，使其产量下降，品质降低，在农业、林业方面造成一定程度的经济损失。

斑须蝽分布区域广泛，是蝽科昆虫分布最广的种类之一，国外主要分布于朝鲜、蒙古、俄罗斯、捷克、南斯拉夫、日本、印度、巴基斯坦、土耳其、叙利亚、埃及、阿拉伯、北欧、北美等国家和地区。国内从东北三省到南方海南岛地区，从东部沿海各省到西部新疆地区均有分布。斑须蝽发生代数受多种因素的相互影响，主要有温度、光照、水分和寄主植物等，同时这些环境因素对斑须蝽的生长发育和繁殖有着不同程度的影响。据报道，斑须蝽在黑龙江、吉林地区一年发生 1～2 代，在辽宁、内蒙古、甘肃地区一年发生 2 代，在山东、河南、安徽、陕西、山西地区一年发生 3 代，在江西一年发生 3～4 代。

（二）斑须蝽的形态特征

斑须蝽属于不全变态类昆虫，经历卵、5 个龄期的若虫以及成虫完成一个世代。若虫和成虫有恶臭味，在受到捕食者的干扰或攻击时，会从臭腺中释放出大量强烈气味和刺激性的挥发性物质，也因此得名"臭虫"。成虫以刺吸式口器吸食寄主植物的营养物质，才能正常产卵繁殖，产卵多在穗部或植株上部叶片背面、花蕾及幼嫩部位。在甘肃，正常情况下，卵到成虫的世代发育历期在 37～42 d，成虫后 5～7 d 内交尾产卵，产卵多在白天。卵粒为圆筒形，排列成块，每块 10～30 粒，多达 40 余粒，初产时呈浅黄色，2～3 d 后出现红色眼点，近孵化时呈黄灰色，卵壳上有网纹。4～6 d 内孵化为 1 龄若虫，初孵幼虫一般聚集在卵壳上或卵壳周围不食不动，2 龄后分散取食，此后活动活泼。幼龄若虫有假死现象，成虫喜光喜温，通常在阳光充足、温度适宜时，活动频繁。在甘肃，4 月初开始出现，不久后交尾产卵，5 月末到 6 月中旬为产卵盛期，10 月上中旬陆续以成虫越冬，主要越冬场所为越冬菜叶缝隙、树皮、枯枝落叶、储藏窖及房屋缝隙等。

（三）斑须蝽的防治

针对斑须蝽发生情况日趋严重，可采取人工防治、化学防治、生物防治等措施控制其为害程度。人工防治主要包括人工摘除卵块、人工捕捉斑须蝽若虫和成虫、人工清除田间杂草以及残枝落叶，以减少斑须蝽活动场所和越冬场所。化学防治主要是通过喷洒杀虫剂等化学药剂达到防治效果，虽见效快，但存在化学残留、污染环境等现象。生物防治技术具有安全、无污染的特点，是控制农作物发生虫害、减少化学农药使用的重要途径之一，因此日益得到重视。总体来说，在斑须蝽的防治中，应采用综合防治或兼治措施，即采用人工、生物、化学相协调的综合防治措施，做到安全、经济、有效的防治。

第四节 甘肃向日葵害虫与天敌研究

天敌是影响害虫种群数量变动最重要的生物因子，充分利用节肢动物群落系统的自我调控能力，可降低农田虫害发生强度和大发生频率。向日葵是我国北方地区主要的油料作物。

甘肃中部干旱地区基于优越的自然条件和较低的生产成本，已成为省内外向日葵良种繁育和商品生产基地。实际调查统计，2010—2014年累计种植面积已达 8.7×10^4 hm² 左右，获得了很好的经济效益。但生产规模迅速扩大，伴随的生物胁迫范围和程度在不断增加，尤以螟类和地老虎等虫灾频发，影响向日葵产量和品质，造成较大的经济损失，已成为该地区向日葵产业发展的限制因素。

向日葵螟（*Homoeosoma nebulellum*）又称欧洲向日葵螟，简称葵螟，是为害向日葵籽仁最猖獗的害虫。我国向日葵主栽区内蒙古、黑龙江、吉林、新疆和宁夏等地均有发生，近年呈间歇性发生态势。螟黄赤眼蜂（*Trichogramma chilonis*）是向日葵螟寄生性优势天敌昆虫，近年来已被广泛应用于多种植物的害虫防治，并取得了显著的生态效益和经济效益。

草地螟（*Loxostege sticticalis*）是为害我国北方农牧区的重要迁飞性害虫，具有间歇性暴发为害和时空分布不确定性的特点，主要为害向日葵、甜菜（*Beta vulgaris*）、大豆（*Glycine max*）、马铃薯（*Solanum tuberosum*）、麻类等多种作物。我国自20世纪50年代以来发生了3次周期性大暴发，给农牧业生产造成极大损失。自2011年以来在我国一直处于总体轻发状态。但由于草地螟的发生为害规律较复杂，随着全球性的气候复杂变化，发生为害区域差异明显，主要表现为局部地区幼虫大范围严重发生或集中为害。伞裙追寄蝇（*Exorista civilis*）和双斑截尾寄蝇（*Nemorilla maculosa*）是草地螟的两种优势寄生天敌，主要选择5龄幼虫的胸部寄生，对寄主种群有重要的调控作用。

为害向日葵的地老虎类害虫主要是小地老虎（*Agrotis ipsilon*）和黄地老虎（*Agrotis segetum*），在我国每年发生2~4代，以老熟幼虫土中越冬。甘肃地区小地老虎发生相对较重，是地老虎中分布最广、为害最大的种类。食性杂，可取食小麦（*Triticum aestivum*）、水稻（*Oryza sativa*）、玉米（*Zea mays*）、棉花（*Gossypium hirsutum*）、高粱（*Sorghum bicolor*）、白菜（*Brassica rapa*）、甜菜、大豆、烟草等多种作物。小地老虎与其他夜蛾科害虫一样，对许多化学农药已经产生了较高水平抗性，又属迁飞性害虫，存在暴发成灾现象，这无疑增大了防治的难度。

国内外学者对它的天敌研究较为全面，得出的结论是：中华虎甲（*Cicindela chinensis*）能有效控制免耕地小地老虎，伏虎茧蜂（*Meteorus rubens*）是小地老虎寄生天敌中较有优势的种群。

近年来,保护和提高自然天敌的作用已成为农作物害虫生物防治的主要途径。国内外学者对向日葵虫害的生物学特性、田间为害及综合防控做了较详细的研究,但甘肃地区特殊生境下昆虫种群动态未见相关文献报道。本文选择中部干旱地区向日葵规模种植典型区域,于 2010—2013 年对田间主要害虫及优势天敌种群动态定点监测,研究油用型向日葵田生态系统昆虫发生的趋势和特点,旨在为当地虫害的预测预报和田间综合防治提供参考。

一、材料与方法

1. 监测样地选取

试验地设在甘肃兰州市永登县中川镇甘肃省农业科学院秦王川试验站(北纬 36°17′,东经 103°29′),海拔高度 2 198 m。地处兰州市北部,属陇中北部温带干旱区,年均降水量 290 mm,平均气温 9.1℃,年均日照时数为 2 659 h,无霜期 120～128 d。干旱少雨,气候干燥,属典型的温带干旱大陆性季风气候。总面积为 2.4 hm²,沙壤土,肥力中等。周边均为油用型向日葵田。

2. 材料

向日葵品种为陇葵杂 2 号(甘肃省农业科学院作物研究所提供)。

3. 试验设计与管理

试验小区面积不小于 0.07 hm²,4 次重复。3 月下旬至 4 月上旬覆膜穴播,行株距 50 cm×25 cm,留苗数 7.95×10^4 株 /hm²,5 月上旬和 6 月上中旬避开田间调查进行中耕除草,9 月下旬收获。试验区内全年不施农药防治病虫害,确保生物种群相对稳定性,以便清楚地监测害虫及其天敌的自然消长规律。

4. 方法

小区调查采用对角线 5 点顺序抽样法,运用扫网法采集昆虫。先用采样框(2.0 m×2.5 m×2.0 m)罩住取样点向日葵后,捕虫网采集框内的全部节肢动物,带回实验室分离统计虫量。自向日葵出苗开始至收获,每 5 d 调查 1 次,每点取向日葵 40 株,共 200 株,按调查日期统计虫量(地老虎自 3 月中下旬开始调查)。结合佳多虫情测报灯诱集监测成虫的发生期;时间生态位分析数据于 2011—2013 年 5—8 月采集,自 5 月 2 日起开始第一次调查,每 5 d 统计数据,利用 DPS 数据处理系统和 Excel 进行数据统计分析。

5. 生态位分析

生态位宽度用标准化 Hurlbert(1978)的生态位宽度指数。

$$B'=1/\sum_{i=1}^{n}\frac{p_j^2}{a_j}, \quad B'_A=\frac{B'-a_{\min}}{1-a_{\min}}$$

式中，B' = 物种的生态位指数，p_j = 物种利用资源 j 的个体比例；a_j = 资源 j 可利用的项目数（$\sum a_j = 1.0$）；n = 可能的资源状态总数；B'_A = 标准化的生态位宽度指数；$a_{\min}$ = 资源中最小值。

生态位重叠指数用 Pianka（1973）公式解得：

$$O_{jk} = \sum_{i=1}^{n} P_{ij}P_{ik} \Big/ \sqrt{\sum_{i=1}^{n} P_{ij}^2 \sum_{i=1}^{n} P_{ik}^2}$$

式中，O_{jk} 为物种 k 对物种 j 的生态位重叠；P_{ij}、P_{ik} 为由物种 k 或物种 j 所利用的整个资源中的第 i 种资源所占比例；n 为资源状态总数。

二、结果与分析

1. 向日葵螟及其优势天敌的田间发生动态

2010—2013 年主要虫害及天敌种群的全年田间发生情况见表 12-8。结果显示，油用向日葵初花期为 6 月下旬至 7 月上旬，与昆虫发生期基本一致。从 5 月 2 日到 9 月 29 日（31 个观察日）100 株的蛾（虫）总量上看，2011—2012 年蛾量较 2010 年和 2013 年少，害虫种群数量是天敌 5.9～27.8 倍。田间昆虫数量年际间无显著差异，总体呈轻发态势。

表 12-8 油用型向日葵田主要害虫及优势天敌的田间发生情况
Tab. 12-8 Occurrence (per 100 plants) of insects in sunflower field

年份	害虫	天敌	害虫	天敌		害虫		天敌	
	向日葵螟	螟黄赤眼蜂	草地螟	伞裙追寄蝇	双斑截尾寄蝇	黄地老虎	小地老虎	中华虎甲	伏虎茧蜂
2010	369.2	49.3	387.9	64.8	50.5	145.4	290.7	29.2	38.2
2011	254.5	41.2	322.8	38.1	23.9	70.8	116.5	26.0	37.0
2012	363.4	26.6	345.7	47.8	39.9	84.6	272.2	19.6	34.8
2013	593.0	60.8	408.4	61.9	39.0	203.0	339.2	25.6	46.4

一方面是由于越冬和迁飞虫源基数小；另一方面是气候条件不利，试验区属高海拔冷凉气候类型，春末夏初气温偏低，不利于越冬代成虫羽化，夏季高温、干旱少雨，影响成虫产卵寄生。

向日葵螟在陇中旱区一年发生 2 代，有两次成虫发生盛期，峰谷明显。越冬代成虫始见于 5 月上中旬，羽化盛期从 6 月中旬到 7 月下旬，持续时间较长，蛾峰值较高；第二个成虫发生盛期在 8 月上中旬至 9 月上旬，持续时间较短，蛾峰值较低，9 月下旬逐渐消退，以幼虫越冬。2013 年越冬代蛾峰值分别是 2010—2012 年的 1.3 倍、3.2 倍和 1.6 倍，显著高于前 3 年；越冬代成虫发生盛期与向日葵初花期一致或略晚。这是由于向日葵螟3～5日龄的雌虫求偶交配最为活跃，且交配当天即可产卵，所以越冬代产卵盛期与向日葵花期吻合度高，1代幼虫为害较重。

甘肃地区螟黄赤眼蜂属于平原活动型，一年发生3～5代，对向日葵螟有较明显地跟随效应。7月上旬至8月上旬是每年的成虫高发期，峰期7月下旬至8月中旬，平均峰值为0.03～0.07只/株。对当代螟防治效果不理想，2代螟田间成虫数量明显减少，因螟黄赤眼蜂成虫在向日葵螟1代幼虫期产卵寄生数量较多，对2代葵螟种群数量起到了关键的防控作用。

2. 草地螟及其优势天敌的田间发生动态

温湿条件是影响草地螟种群数量年际变化的重要因素。甘肃中部地区春季气温偏低，6—8月气温高，干旱少雨，空气干燥，早晚温差大。对草地螟常年种群消长动态起到了调控作用。当地草地螟年发生2代，越冬代成虫羽化始见于5月上旬，6月上旬至7月上旬是发蛾盛期，蛾峰大，持续时间较短。2012年6月21日和2013年6月6日单日发蛾量最大（平均蛾量均为0.4头/株），随后迅速减小，田间仅查到零星幼虫。7月中旬到8月下旬是1代草地螟成虫盛期，蛾量少，持续时间较长。

2011年发生较轻，年际间存在错峰现象。甘肃非草地螟主要越冬区，无境外虫源迁入，境内主要虫源地越冬范围小、基数低，因此并未受到2008年草地螟大发生并严重为害的影响，总体发生水平较低，其中1代幼虫在甘肃境内发生偏轻。据田间调查，2009年甘肃河西与中部旱区草地螟平均越冬活茧密度为0.04～0.09头/m^2，2012年为0.02～0.06头/m^2，越冬幼虫密度小，成活率低，发生数量少。境内外有效虫源基数小，冬、春、夏季连旱、高温、降水分布与为害虫态不匹配等不利条件是造成本地区草地螟越冬代成虫始见期晚、盛发期短、峰次少，2代幼虫发生较轻且常年一致、蛾峰值较低的主要外因。

伞裙追寄蝇和双斑截尾寄蝇均属大卵生寄生蝇，均选择草地螟末龄幼虫寄生，随幼虫一起越冬，翌年草地螟羽化前后开始羽化，生活史上的同步性，保证了自然条件下对草地螟的可持续调控作用。结果表明，陇中旱区2010—2013年2种优势寄生天敌的时间格局相似，但存在错峰现象，在草地螟防治中表现跟随效应。2010—2012年成虫盛发期有两个明显峰值，时间集中且峰值接近，分别在6月中下旬与8月上中旬；2013年与前3年存在明显错峰现象，两次发生峰值相差很大，两种寄生蝇越冬代成虫日发生量分别是1代发生量的6.8倍与2.3倍，且蛾发生期较草地螟成虫高发期推后25～30 d。这是因为2012年气候干旱造成草地螟越冬幼虫密度小，而寄生蝇又选择其他鳞翅目昆虫幼虫寄生引起的。

3. 向日葵田地老虎种群数量及优势天敌发生动态

小地老虎在甘肃中部地区一年完整发生3代，越冬代蛾峰值出现在4月17—27日，达到全年成虫羽化最高峰，平均日蛾量为0.2～0.3头/株，有世代重叠现象；生产上1代幼虫为害严重，之后两代数量骤减，8月下旬逐渐消退。老熟幼虫或蛹在土内越冬，翌年早春3月中旬成虫羽化始见，一般在4月中下旬和6月下旬至7月上旬出现两个发蛾盛期。傍晚至前半夜活动最盛，并有趋光性。5、6龄幼虫食量最大，一夜能咬断向日葵幼苗2～4株，4—5月是第1代幼虫为害严重时期。结果表明，该地区黄地老虎一年发生为3～4代，2010—2012年发蛾期基本一致，越冬代4月7日至6月1日，1代6月4日至8月5日，2代8月7日至9月底；2013年全年发生4代，越冬代与1代发生与其他年份一致，2代和3代自8月上旬至9月下旬连续发生，1代蛾量大，蛾峰期在6月下旬至7月中旬，平均蛾峰值0.2头/株。

中华虎甲和伏虎茧蜂是小地老虎优势捕食性天敌，前者主要分布在陕西、甘肃、河北等地，陇中旱区一年发生完整1代，后者一年发生4～6代。两者数量均较少，平均最大峰值分别为0.01头/株和0.02头/株。中华虎甲5月上旬始见，至8月中旬消退，成虫发生历期70～100 d，表现为连续的4个阶段，即初见期、波动上升期、盛期、下降消退期；伏虎茧蜂（2013年除外）在4月中旬至9月中旬均有少量出现，8月中旬数量骤增，达到全年最高峰值，月底数量又迅速减少，回到谷底。两种天敌在2010—2012年发生期存在错峰，对小地老虎均有明显跟随现象，自然情况下有持续控制作用。

4. 主要昆虫季节性动态类型的初步划分

根据向日葵田间昆虫季节性动态消长过程，可将昆虫初步划分为单峰型、双峰型、三峰型与多峰型4种类型。中华虎甲为典型单峰型，向日葵螟、螟黄赤眼蜂、草地螟、伞裙追寄蝇及双斑截尾寄蝇等均属于双峰型，小地老虎与黄地老虎属于三峰型，伏虎茧蜂则属于多峰型。

根据昆虫发生峰期与向日葵花期吻合程度又划分成3种类型：前峰型，草地螟、伞裙追寄蝇、双斑截尾寄蝇、小地老虎及中华虎甲等，成虫发生高峰在6月中下旬，油用型向日葵正值蕾期，其中虎甲表现为单峰，峰值过后显著下降；中峰型，向日葵螟、黄地老虎，成虫发生高峰在7月上中旬，向日葵正处盛花期；后峰型，如螟黄赤眼蜂、伏虎茧蜂，成虫发生高峰在7月下旬至8月中旬，正值向日葵灌浆期，这一划分从时间上表明昆虫对向日葵为害的时期选择及天敌对向日葵害虫的跟随防控效应。

以上昆虫种群动态类型的初步划分，将有利于在向日葵不同生长期针对性地采取相应的措施监测，助增相应的天敌防治。

5. 干旱区油用型向日葵田昆虫的时间生态位

2011年至2013年6—8月，以种为单位调查统计油用型向日葵田害虫和主要天敌种群，估算时间生态位，评价天敌对猎物的时间跟随作用和控制效果。研究表明，时间生态位上，同一害虫的时间生态位宽度指数年际差异较大，尤以向日葵螟最为突出，2011年最大（0.539 7），2012年与2013年较小（为0.109 2和0.201 1）；天敌也表现同样的时间生态位变化，但伏虎茧蜂相对保持较大，3年时间生态位宽带变化范围在0.256 9～0.296 6，说明在油用型向日葵田小生境中，绝大多数昆虫存在明显的季节性种群动态消长。生态位重叠指数显示，向日葵螟与螟黄赤眼蜂3年的指数值高于它与伞裙追寄蝇、双斑截尾寄蝇、中华虎甲、伏虎茧蜂等天敌的指数值，表明螟黄赤眼蜂较其他天敌对葵螟有明显跟随现象，对螟虫的种群控制作用较大，是向日葵螟幼虫期的优势寄生蜂，应加以保护；中华虎甲与伏虎茧蜂的重叠指数最大，主要是由于这两种天敌对小地老虎的作用虫期基本一致，在时间上具有同步性，存在一定的种间资源竞争。

总体来讲，甘肃中部旱区害虫的时间生态位宽度均值（2011 年 0.427 1；2012 年 0.323 1；2013 年 0.328 7）均高于主要天敌的生态位宽度均值（2011 年 0.312 1；2012 年 0.293 0；2013 年 0.279 2），说明植食昆虫较天敌在时间上占有较大优势，具有较强利用向日葵田资源的能力；生态位重叠指数较大且基本接近，表明天敌与害虫季节活动大部分一致。同时，害虫之间、天敌之间也表现出对生境资源的竞争（表 12-9）。

表 12-9 2011—2013 年油用型向日葵田害虫与主要天敌生态位宽度与重叠指数
Tab. 12-9 Niche breadth and overlap index of pests and main natural enemies in oil sunflower fields from 2011 to 2013

年份	类型	Ⅰ	Ⅱ	Ⅲ	Ⅳ	Ⅴ	Ⅵ	Ⅶ	Ⅷ	Ⅸ
2011	Ⅰ	0.539 7	0.867 1	0.726 0	0.682 0	0.765 6	0.645 5	0.568 1	0.714 9	0.676 9
	Ⅱ		0.444 5	0.958 4	0.916 5	0.946 8	0.838 2	0.763 3	0.932 1	0.883 1
	Ⅲ			0.370 0	0.967 1	0.928 0	0.902 7	0.876 2	0.900 2	0.817 4
	Ⅳ				0.354 3	0.961 8	0.971 8	0.928 3	0.921 7	0.838 5
	Ⅴ					0.386 8	0.921 5	0.818 4	0.977 0	0.935 7
	Ⅵ						0.275 1	0.967 5	0.847 4	0.749 4
	Ⅶ							0.273 1	0.726 1	0.591 5
	Ⅷ								0.368 8	0.982 3
	Ⅸ									0.256 9
2012	Ⅰ	0.109 2	0.701 9	0.379 6	0.239 5	0.262 5	0.124 4	0.113 7	0.202 3	0.205 1
	Ⅱ		0.511 3	0.890 8	0.808 3	0.822 9	0.680 0	0.759 6	0.822 3	0.805 0
	Ⅲ			0.379 1	0.948 4	0.947 8	0.820 6	0.933 4	0.966 3	0.929 2
	Ⅳ				0.292 6	0.843 8	0.670 8	0.976 2	0.928 3	0.844 3
	Ⅴ					0.312 6	0.956 9	0.876 7	0.973 2	0.990 5
	Ⅵ						0.190 2	0.747 4	0.892 7	0.955 9
	Ⅶ							0.342 1	0.950 7	0.884 0
	Ⅷ								0.323 5	0.982 2
	Ⅸ									0.296 6

续表

年份	类型	Ⅰ	Ⅱ	Ⅲ	Ⅳ	Ⅴ	Ⅵ	Ⅶ	Ⅷ	Ⅸ
2013	Ⅰ	0.2011	0.8406	0.4120	0.6814	0.4016	0.2623	0.4063	0.3049	0.3032
	Ⅱ		0.4167	0.7768	0.9674	0.7324	0.6676	0.8281	0.7663	0.7678
	Ⅲ			0.2459	0.8691	0.5048	0.5471	0.8475	0.9246	0.8800
	Ⅳ				0.4503	0.8012	0.7758	0.9267	0.8970	0.8988
	Ⅴ					0.2859	0.9813	0.8560	0.7537	0.8180
	Ⅵ						0.2460	0.8837	0.8045	0.8635
	Ⅶ							0.3394	0.9628	0.9758
	Ⅷ								0.2619	0.9937
	Ⅸ									0.2628

注：对角线数值为生态位宽度指数值，右上角数值为生态位重叠指数值。Ⅰ：向日葵螟；Ⅱ：草地螟；Ⅲ：黄地老虎；Ⅳ：小地老虎；Ⅴ：螟黄赤眼蜂；Ⅵ：伞裙追寄蝇；Ⅶ：双斑截尾寄蝇；Ⅷ：中华虎甲；Ⅸ：伏虎茧蜂，下同。

三、讨论与结论

在甘肃中部旱区向日葵田小生境中，昆虫种群消长动态与寄主植物的生育期关系密切，寄主植物的开花灌浆期是害虫的发生高峰期，与已有报道基本一致。研究结果显示，昆虫当代种群大小与前一代的种群大小有关。若以年为单位进行动态分析，相同季节同样显示一定的周期性消长过程，这表明，气候因子对昆虫种群动态有一定影响，但是系统内因是种群动态变化更重要的因子，虽然不适温度、干旱等气候条件对昆虫种群动态有影响，但也是通过影响系统内因如寄主、害虫和天敌起作用。草地螟是为害最大、发生范围最广的迁飞性害虫。在天敌研究中，笔者认为草地螟寄生天敌对调控寄主种群有重要作用。其中寄生蝇对下一代草地螟种群有重要调控作用，甚至是下个世代草地螟发生数量的关键因素，寄生蝇成虫产卵期与1代草地螟幼虫发生期相吻合，寄生率高达40%左右。而寄生蜂主要对寄主当代种群有重要调控作用。

伞群追寄蝇和双斑截尾寄蝇均是寄主蛹期化蛹后羽化的优势寄生蝇种类，寄生优势相当。分析其原因，主要是寄生蝇成虫对寄主幼虫不同龄期、不同时间寄生而使天敌发育迟缓所致。

到目前为止，小地老虎在北方的越冬问题缺乏系统的研究报道，笔者对甘肃中部干旱地区向日葵田初步调查显示，同一年份小地老虎成虫发生数量较黄地老虎呈倍数增长，且发生期相对提前15～30 d。1代老龄幼虫为害严重，是防治的重点时期，而黄地老虎幼虫以3龄以后为害最重。中华虎甲与伏虎茧蜂在小地老虎的防治中跟随现象最为明显，但是数量相对太少，因此笔者也认为，针对小地老虎这种多食、暴食性迁飞害虫，尽可能保护助长天敌自然控制效能，扬长避短，综合应用各种控制手段（如线虫、Bt组合）因时因地进行防治，以达到安全有效、持续控制小地老虎的目的。不同的时间尺度下系统的昆虫种群动态是不尽相同的，较短时间尺度下的系统规律性较差，相反，较长时间尺度下的系统昆虫行为规律更加平稳。

向日葵田生境系统昆虫种群动态消长也说明了这一点，以年为单位分析，系统动态更加平稳，如2011年与2013年昆虫田间动态消长明显与2010年与2012年不同，更多地体现受外部因素影响。同时生态位分析表明，在时间维度上，天敌与害虫季节活动性基本一致，害虫较天敌具有较强利用环境资源的能力。害虫之间、天敌之间表现出对生境资源利用的较大竞争。相对而言，干旱区向日葵田小生境更易受外界环境、气候等物理因素干扰，草地螟与伞裙追寄蝇和双斑截尾寄蝇之间存在或多或少生态位分离，季节活动性有一定差异，这与前人的研究结果不尽相同，同时昆虫的主要天敌在捕食或者寄生过程中竞争更显激烈。

本文针对甘肃向日葵生产需求，开展主要害虫及优势天敌田间动态研究与时间生态位分析，试验连续4年定点田间监测。结果表明，昆虫动态的年际变化曲线相似度较高，规律性较强。生态位指数也从侧面解释了向日葵田小生境昆虫的季节性动态消长过程以及它们之间的跟随与竞争，说明这一研究方法可行，结论客观、科学地反映了昆虫种群动态，具有典型性和代表性；但存在区域与生境局限性，还需开展甘肃不同生态区域、不同生境昆虫群落结构的时空动态变化系统研究，揭示群落内复杂的种内种间关系及寄主物候期和环境因子的影响。

第五节　甘肃向日葵主要草害及其综合防治

杂草一般是指农田中非有意识栽培的植物。从广义上来说，杂草就是指长错了地方的植物。它们不是栽培的植物，也不是野生植物。虽然杂草结籽多而且随成熟随脱落等保持了野生的特性，但由于杂草伴随作物生长受到人为种植措施的影响，使其也具有一些栽培植物特性。因此，它们是对农业生产和人类活动有着诸多种影响的一类植物。世界上的高等植物大约有30万种，在这其中杂草有3.5万多种，而能在农田中发生的杂草种类大约有8 000种，能造成经济损失的杂草有1 800多种，在主要粮食作物田发生的杂草有200多种。我国幅员辽阔，各地区气候差异很大，生物多样性繁多。

20世纪80年代在我国27个省进行了全国性的杂草普查，通过调查共发现有580种杂草可以侵入农田给农业生产带来损失，在这其中为害严重并且难以进行防除的杂草有15种。20世纪90年代末李扬汉在其主编的《中国杂草志》中通过调查进一步明确我国农田杂草有1 290种，其中恶性杂草有38种。

农田杂草是在长期适应当地的作物、耕作、栽培、气候、土壤等生态环境及社会条件下生存下来的，能从不同方面影响作物的产量和品质。它们与农作物竞争土壤水分、肥料和光照，侵占地上部与地下部的空间，影响农作物的光合作用，干扰农作物的正常生产，竞争的最终结果就是严重降低作物的产量和品质。除了对作物的直接影响外，杂草还可以造成很多为害。由于杂草的抗逆性强，不少害虫和病原菌在杂草上寄生或越冬，杂草充当了作物病虫害的中间寄主。由于杂草发生量大，特别是水稻秧田和蔬菜苗床，除草会加大用工量，造成生产成本的增加。一些杂草种子是有毒的，人畜吃到会引起中毒。如果水渠边长了大量的杂草，还会对水利设施造成影响。联合国粮农组织曾经做过调查，由于病虫草害的暴发每年会给全球作物造成亿美元的损失。草害造成的损失达 2.04×10^{10} 亿美元，超过了病虫害成为给作物产量造成损失的首要因素。在我国，据统计，全国农田草害发生面积在 14 亿亩次以上，估计由于杂草为害减产粮食 300 多万吨。

一、列当

列当属列当科（Orobanchaceae），一年生草本植物或多年生草本或灌木。除了钟萼草属（*Lindenbergia*）、地黄属（*Rehmannia*）和崖白菜属（*Triaenophora*），几乎所有列当科植物都是寄生植物，主要寄生于寄主植物的根部。除少数非寄生种类，该科还包含了各种类型的寄生植物：兼性寄生、专性寄生；半寄生和全寄生。其中，独角金属（*Striga*）和列当属（*Orobanche*）的寄生植物。因其对农田作物的为害成为世界上研究最广泛的寄生植物。例如，向日葵列当（*Orobanche cumana*）可造成向日葵 80% 以上的产量损失。在撒哈拉以南的非洲地区，多达 60% 的谷物和豆科作物的耕地被一种或多种独角金属植物入侵（图 12-15）。

图 12-15 向日葵列当开花期
Fig. 12-15 Flowering of *O.cumana*

（一）向日葵列当的起源与历史

向日葵列当（*Orobanche cumana*）是一种自身无法进行光合作用的全寄生植物，专性寄生于向日葵的根部。一株成熟的向日葵列当可产生 5 万～ 50 万粒微小如尘埃的种子，这些种子可以在土壤中保持活力长达 10 年，从而增加其找到寄主的可能性。向日葵列当主要分布于欧洲和亚洲地区，特别是西班牙、法国、土耳其、俄罗斯、乌克兰、以色列、哈萨克斯坦和中国。然而，无论是在向日葵的起源中心北美，还是在南美洲大面积的向日葵种植区，都没有向日葵列当的报道（图 12-16）。

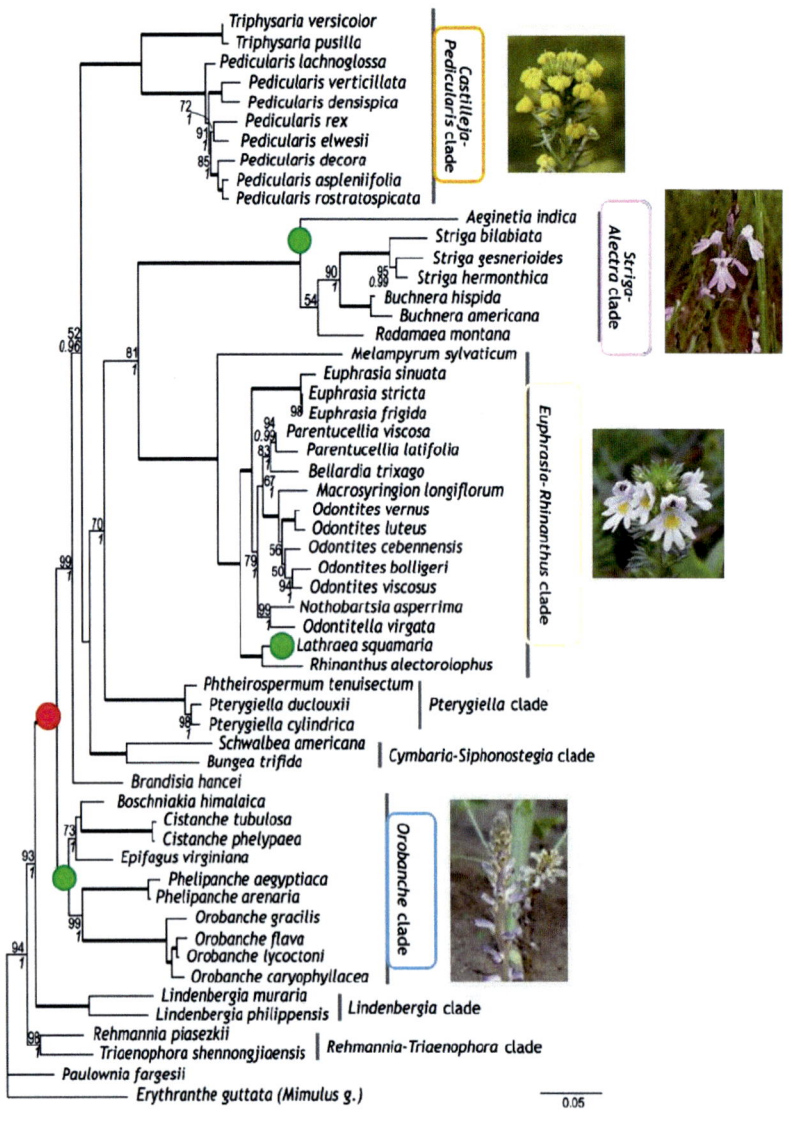

红色圆点表示非寄生植物向寄生植物过渡；绿色圆点表示半寄生植物向全寄生植物过渡。利用 10 个基因位点的数据推断列当科系统进化关系（极大似然法），数据来源自 Li et al.。

图 12-16 列当科系统发育树

Fig. 12-16 Phylogenetic relationships within Orobanchaceae.

向日葵列当作为寄生性杂草，严重为害向日葵的生长发育，是欧亚地区向日葵产量的一个重要限制因素。向日葵列当被认为是起源于保加利亚的本土植物，主要寄生于当地野生的菊科驱蛔蒿（*Artemisia maritima*）上。而向日葵属（*Helianthus*）包括我们熟悉的物种向日葵则起源于北美。1866年，俄罗斯沃罗涅日（Voronezh）出现了第一个关于向日葵列当大量入侵向日葵的报道。1935年，东欧保加利亚首次报道了向日葵列当寄生于在向日葵。1940—1941年，罗马尼亚首次报道了向日葵列当的出现。随后的1958年，西欧的西班牙首次出现了向日葵列当，接着是20世纪70年代在亚洲的中国北方的内蒙古，2007年在法国，包括法国南部比利牛斯省（Midi-Pyrenees）和西部普瓦图—夏朗德大区（Poitou-Charentes）。

（二）向日葵列当生活史

向日葵列当的生活史可分为4个阶段。第一阶段，向日葵根系分泌物触发列当种子的萌发。在第二阶段，列当的胚根通过吸器附着、侵入和连接向日葵根部的维管系统。第三阶段，一旦在向日葵和列当之间架起了桥梁，列当就会长出块茎。在第四阶段后期，列当从地下冒出于土壤表面，随后开花，花呈淡紫色或淡蓝色。种子成熟后，随风而散。

二、田旋花

田旋花（*Convolvulus arvensis* L.）属旋花科旋花属多年生草本植物。目前，常形成单优势群落，为害向日葵田生态系统。田旋花以种子随风、随水传播，其翻切的根芽也能繁殖。由于田旋花具有发达的根系，种子具有休眠特性，抗逆能力极强，有较强的耐瘠薄、耐旱和耐盐碱的特性，非常适应极端干旱气候、土壤盐渍化及土地贫瘠的生境，人工及除草剂极难根除（图12-17）。

图 12-17　田旋花
Fig. 12-17　*C.arvensis*

（一）形态特征

为旋花科（Convolvulaceae）旋花属（*Convolvulus*）多年生草质藤本，近无毛，根状茎横走，茎干平卧或缠绕，有棱。叶柄长 1～2 cm，叶片戟形或箭形，长 2.5～6 cm，宽 1～3.5 cm，全缘或 3 裂，先端近圆形或微尖，有小突头；中裂片卵状椭圆形，狭三角形，披针状椭圆形或线性，侧裂片开展或呈耳形。花 1～2 朵腋生，花梗细弱，苞片线性，与萼远离；萼片倒卵状圆形，无毛或被疏毛；缘膜质，花冠漏斗形，粉红色、白色，长约 2 cm，外面有柔毛，有不明显的 5 浅裂；蒴果球形或圆锥形，无毛，种子椭圆形，无毛。

（二）生长习性

田旋花生于耕地及村边路旁，喜潮湿肥沃土壤，常生长于农田内外、荒地、草地、路旁沟边，枝多叶茂，相互缠绕，根平伸或斜行在 50～60 cm 的土壤中，于夏、秋间在近地面的根上产生新的越冬芽，5—8 月开花，8—9 月成熟。

（三）繁殖方式

田旋花以根芽、茎芽和种子繁殖、传播。种子可由鸟类或哺乳动物取食进行远距离传播。田间以无性繁殖为主，根下茎质脆易断，每个带节的断体都能长出新的植株。人工锄断或机械耕作下切断，可加快繁殖速度。

（四）田旋花的发生为害特点

田旋花地下茎蔓延迅速，常形成单优势群落，对农田为害较严重，在有些地区成为恶性杂草，主要为害小麦、棉花、豆类、红薯、玉米、向日葵等，不仅直接影响向日葵生长，还有碍机械收割。

（五）田旋花的防治对策

1. 人工锄草

人工锄草是防治田旋花的有效措施。冬季小麦出苗后至春季小麦起身前及时锄草，一般冬前 11 月 1 次，春季 3 月再进行 1 次。晴天或多云天气进行，要锄深一些，挖出根茎，利用阳光晒死。

2. 人工捡拾

结合深翻，人工捡拾根状茎节，用于饲喂牛羊，是很好的营养性饲料。注意捡拾应做到干净彻底。

3. 轮作倒茬

小麦与油菜、玉米、高粱等高秆作物轮作，利用高秆下的荫蔽、遮光小气候，来抑制田旋花的生长发育，可有效减轻两种杂草的为害。

4. 化学除草

化学除草是防治顽固性杂田旋花和打碗花的有效手段，省工省时，防效显著。在9月初即"白露"前喷药为最佳防治时期，用使它隆20%乳油30～40 mL+苯磺隆10%可湿性粉剂，可杀死地下根茎，作用时间长，防效显著。也可用41%草甘膦水剂200～300 mL兑水30 kg，均匀喷雾于全株茎叶上，施药后10～15 d，茎叶可变枯黄，20 d后地上部分整株死亡，地中茎干枯深度可达9～17 cm，后逐渐枯死。

在向日葵收获后，整地前可以每亩用200 mL开路生（41%草甘膦异丙胺盐）+60 mL使它隆（20%氯氟比氧乙酸）兑水20 L均匀喷雾即可。

三、藜

（一）形态特征

茎直立，粗壮，有沟纹和绿色条纹，带红紫色。茎下部的叶片菱状三角形，有不规则牙齿或浅齿，基部楔形；上部的叶片披针形，尖锐，全缘或稍有牙齿；叶片两面均有银灰色粉粒，以背面和幼叶更多。花簇生并构成圆锥花序；花黄绿色。胞果光滑，包于花被内；果皮有小泡状皱纹或近平滑。种子卵圆形，扁平，黑色（图12-18）。

图 12-18 藜
Fig. 12-18 *Chenopodium album* L.

幼苗：子叶长椭圆形，背面有银白色粉粒，具长柄。上、下胚轴均很发达，前者红色，后者密被粉粒。初生叶2片，对生，三角状卵形，叶缘微波状，两面均布满粉粒。后生叶卵形，叶缘波齿状。幼苗全体灰绿色。

（二）生长习性

种子萌发的适温 5～40℃，最适温 15～25℃；土层深度在 5 cm 以内。全国都有分布，但以秦岭淮河一线以北地区麦田发生较为普遍和严重，为最主要的杂草之一。南方地区多发生于路旁、宅边和果园。侵入农田为害也不严重，多以为害中后期小麦生长为主。在南方为夏秋季杂草。

（三）分布规律

分布遍及全球温带及热带，我国各地均有。生于路旁、荒地及田间，为很难除掉的杂草。幼苗可作蔬菜用，茎叶可喂家畜。全草又可入药，能止泻痢，止痒，可治痢疾腹泻；配合野菊花煎汤外洗，治皮肤湿毒及周身发痒。

（四）危害特点

藜科植物多数为一年生草本植物，少数为半灌木或灌木，极少数为小乔木，主要生长在盐碱地区和北方各省的干旱地区。其特点是根系发达，多数器官组织液中富含盐分，通过与其他植物竞争地上和地下的空间、光照、空气、水分、养分等抑制其他植物的生长。

四、地肤

（一）形态特征

地肤 [*Bassia scoparia*（L.）]，又称为扫帚苗、扫帚菜、野菠菜，属藜科地肤属一年生草本植物，野生或人工栽培，其嫩茎叶可以食用，是我国的传统野菜，也是一种传统的中药材。

茎直立，株高 50～100 cm，多斜向上分支，具条纹。枝绿色或秋后淡紫色，有白色短柔毛。单叶互生，无柄，叶披针形或线状披针形，长 2～5 cm，宽 0.3～0.7 cm。先端尖，基部较窄，常具 3 条明显的主脉，全缘；茎上部叶较小，无柄，1 脉；花两性或雌性，单生或 2～3 叶并生于叶腋，花被 5，深裂且内曲，裂片卵状三角形，结果时背面各生出 1 横翅状附属物，膜质，具脉纹，雄蕊 5 个，伸出冠外，花药淡黄色，子房上位，柱头 2 个，紫褐色。胞果扁球形，包于革质的花被内；果皮膜质，不与种子贴生，种子横生，紫褐色，卵形，花期 6—9 月，果期 7—10 月（图 12-19）。

图 12-19　地肤
Fig. 12-19　*Bassia scoparia*(L.)

（二）分布情况

原产于欧洲及亚洲中部和南部地区。分布在亚洲、欧洲以及中国大陆的大部分地区。国外分布：北非、非洲、欧洲、亚洲、中欧、俄罗斯西伯利亚地区、俄罗斯西西伯利亚地区、俄罗斯远东地区、乌苏里、则亚—布列亚、中亚地区。地肤分布几遍全国各地。多生于荒地、路边、田间、河岸、沟边和屋旁。耐碱土，耐干旱，对土壤要求不严。

（三）防治对策

农田杂草的防治方法主要有人工防治、化学防治、机械防治、替代控制和生态防治等方法。利用覆盖、遮光等原理，用塑料薄膜覆盖或播种其他作物（或草种）等方法进行除草。

1. 人工防治

控制杂草种子入田。人工防除首先是尽量勿使杂草种子或繁殖器官进入作物田，清除地边、路旁的杂草，严格杂草检疫制度，精选播种材料，特别注意国内没有或尚未广为传播的杂草必须严格禁止输入或严加控制，防止扩散，以减少田间杂草来源。用杂草沤制农家肥时，应将农家含有杂草种子的肥料用薄膜覆盖，高温堆沤 2～4 周，腐熟成有机肥料，杀死其发芽力后再用。人工除草结合农事活动，如在杂草萌发后或生长时期直接进行人工拔除或铲除，或结合中耕施肥等农耕措施剔除杂草。

2. 机械防治

结合农事活动，利用农机具或大天型农业机械进行各种耕翻、耙、中耕松土等措施进行播种前、出苗前及各生育期等到不同时期除草，直接杀死、刈割或铲除杂草。

3. 化学防除

主要特点是高效、省工，免去繁重的田间除草劳动。国内外已有 300 多种化学除草剂，并加工不同剂型的制剂，可用于几乎所有的粮食作物、经济作物的除草。

第十三章 向日葵加工及用途

第一节 食用型向日葵加工利用

食用型向日葵用途极广,向日葵籽仁含有蛋白质21%～30%。籽实腌煮、烘烤制成五香葵瓜子,是人们喜食的大众化零食佳品。美国医学家历时6年,对3.4万人的食谱及其心脏冠状动脉疾病关系进行研究,结果认为,能有效预防心脏病的唯一食品类就是坚果类(向日葵籽等)。如从未吃过这类坚果的人,得心脏病危险性为100%,而坚持每天至少吃1次坚果的人患心脏病的危险性只有47%。在一定限度内,坚持每天吃坚果的次数越多,得心脏病的危险性越小。

葵花籽是向日葵的果实,既可作为休闲零食,也可用于制作糕点的辅料,同时是重要的榨油原料和高档油脂的来源。我国葵花籽的种植区域广泛,主要集中在内蒙古、新疆、宁夏、吉林和黑龙江等省区,其中以内蒙古的产量最多,约占全国的40%。截至2020年,我国每年食用植物油的消费量突破4.0×10^7 t,但是仍供不应求。

为此,国家出台相关政策,鼓励发展国产油料,使得葵花籽产业更有开发潜力。葵花籽中富含多种生物活性物质,如绿原酸、亚油酸、甾醇、维生素、微量元素等。这些活性物质具有抗氧化、促进肠道蠕动、增强免疫力、抑制胆固醇合成的作用。葵花籽作为休闲类瓜子的基本原料,其可添加辅料或者不添加辅料,经过炒制、干燥或其他熟制后,赋予该产品应有的风味,这得益于一系列的化学反应和风味化合物的产生,其食用方便、老少皆宜、营养味美,广受消费者喜爱。

葵花籽中含有大量的食用纤维,能降低结肠癌的发病率。葵花籽中丰富的钾元素对保护心脏功能、预防高血压非常有益。葵花籽中所含植物固醇和磷脂,能够抑制人体内胆固醇的合成,防止血浆胆固醇过多,可防止动脉硬化。葵花籽又有综合性的抗癌作用,对增进营养、健身防病和防癌抗癌都有积极作用。现代研究发现,葵花籽中含的维生素B_3,有调节脑细胞代谢、改善其抑制机能的作用,故可用于催眠。葵花籽仁的亚油酸含量很高,这是一种对人体非常重要的脂肪酸,有助于降低人体的血液胆固醇水平。人体不能自行产生亚油酸，一般只能从食物中摄取，葵花籽仁就是这种营养的很好来源。葵花籽仁富含维生素 E 及精氨酸，能提高人体免疫功能。

世界上许多国家（中国、苏联、匈牙利、以色列、西班牙等）把向日葵籽实作为干果炒熟后食用，因其含油量低、籽实大、易脱壳、种仁营养丰富、并带有微香味，少量食用有益于人体健康，成为茶余饭后的消遣食品。另外，油用型向日葵的籽仁饱满、出仁率高、脱壳方便、籽仁完整率高，可增加食品的风味，常将其用于食品加工，如在北美，脱壳的油用型向日葵籽仁被用于制作甜食、烹饪或与开胃酒并用。在我国向日葵籽仁已用于制作蛋糕、冰激凌以及传统食品月饼等，备受欢迎。

从我国的消费习惯来看，食用型向日葵消费主要以嗑食为主，因此，消费者普遍喜欢大粒、有光泽、颜色漂亮、籽仁饱满、口感好的葵花籽。消费者的喜好通过市场传导至炒货商，因此，炒货商对于大粒、色泽美观的籽粒，尤其是黑底白边、有光泽、表面光滑的类型，收购价格要明显高于普通类型。

另外，除了炒货企业外，还要满足剥仁型企业的需求，这一类企业对籽粒大小或者籽粒美观程度要求不是很高，但对籽粒的出仁率与蛋白质含量要求较高，这类企业普遍喜欢籽粒饱满、结实好、皮壳率低的产品；对于油脂型企业，对油品则有较高要求，这类企业普遍喜好籽粒饱满、皮壳率低、出油率高的产品。以黑龙江为例，该省对不同类型向日葵登记有不同的标准：嗑食型，籽粒长 × 宽 ≥ 23 mm × 8 mm，百粒重 ≥ 15 g，出仁率高于 49%，蛋白质含量 ≥ 49%；仁用型，百粒重 ≥ 10 g，籽仁蛋白质 ≥ 25%，籽仁率 ≥ 55%；油用型，籽实含油率 ≥ 40%。不难看出，向日葵籽粒的商品品质或营养品质已经被提到一个相当的高度。

炒货企业的需求进一步传导至种植户，各级收购商对大粒、美观型品种的购不但价格较高，而且需求量较大，与此同时，有些传统品种（灰白条纹）品相略差的甚至无人问津。这种需求或市场效应迫使种植户普遍选择籽粒商品性好、高产又抗病的食用型向日葵新品种；或者选择籽粒皮壳较薄、籽仁饱满、出油率较高的油用型向日葵高产新品种。

种植户的需求进一步传导至种子生产企业，另外，种子生产企业还要考虑繁殖亲本和制种产量及最终的收益情况。这就要求新品种种子发芽率要高，发芽势要强，繁育或制种产量要高。

第二节　油用型向日葵加工利用

食用油是关系国计民生的重要产品。随着我国市场经济制度的建立和完善，粮油市场的逐步开放，食用油行业的发展已呈现出勃勃生机。目前我国生产大豆、花生、油菜籽色拉油的厂家较多，而向日葵精炼油生产还没有形成较大的规模。

向日葵已成为世界第四大食用油源，向日葵油品质好，从成分上看优于其他植物油，能降低血清胆固醇的浓度，改善血液循环，从而可以软化血管、防止动脉硬化及其他血管疾病的发生。葵花油由于对人体健康更为有益，所以与橄榄油一起被国际心脏协会推荐为最佳食用油。但橄榄油价格昂贵，价格在100元/kg以上，不适于中低水平收入的消费群体。而向日葵油价格仅为橄榄油的10%左右，因此具有广阔的市场前景。

向日葵含油率在45%左右，向日葵油属于半干性油，品质优良，且容易加工，具有广泛的用途，它的特点是富含不饱和脂肪酸，其中含亚油酸70%，油酸15%。油酸和亚油酸属于人体必需脂肪酸，在体内有多种生理功能，例如参与人体胆固醇的代谢，有助于人体排除胆固醇及其产物，可以软化血管，减轻动脉硬化，有助于防治冠心病；促进人体发育，维持皮肤和毛细血管的健康；并与精子和前列腺素的合成有密切的关系，被誉为"保健植物油"。向日葵油的人体消化率为96.5%，不饱和脂肪酸含量高达88%，在欧美发达国家、中国的港、澳、台，约70%的人普遍食用向日葵油（表13-1）。

表13-1 各种食用油的脂肪酸含量（%）（Diane H, 2007）
Tab. 13-1 Fatty acid concentration of various edible oil（%）

种类	饱和脂肪酸	单不饱和脂肪酸	多不饱和脂肪酸亚油酸（ω-6）	多不饱和脂肪酸α-亚麻酸（ω-3）
胡麻子油	9	18	16	57
Solin油	9	18	71	2
菜籽油	7	61	21	11
葵花油	12	16	71	1
玉米油	13	29	57	1
橄榄油	15	75	9	1
大豆油	15	23	54	8
花生油	19	48	33	—
猪油	43	47	9	1
牛油	48	49	2	1
棕榈油	51	39	10	—
黄油	68	28	3	1

脂肪酸是油脂的主要成分，故油脂的优劣由脂肪酸决定，而油脂脂肪酸的好坏则主要取决于其碳氢链饱和与否。脂肪酸根据碳氢链饱和与不饱和分为3类：饱和脂肪酸（主要有豆蔻酸、月桂酸、棕榈酸、硬脂酸等）、单不饱和脂肪酸（油酸、芥酸等）和多不饱和脂肪酸（亚油酸、亚麻酸等）。不饱和脂肪酸根据碳链上氢原子的位置，又分为顺式脂肪酸（氢原子位于同侧）和反式脂肪酸（氢原子位于两侧）。

截至2020年，我国植物油年产量在1.2×10^7 t左右，其中向日葵油产量在9.0×10^5万t左右。全国食用油每年消费量在4.0×10^7 t左右，其中向日葵油仅为2.2×10^6t。因此，我国的植物油包括向日葵油生产还不能满足国内的消费，仍然需要从国外大量进口。因此发展油用型向日葵产业，加工精炼向日葵油有较广阔的市场，发展空间巨大。

向日葵油属于半干性油，品质优良，且容易加工，具有广泛的用途。向日葵油的主要特点是富含不饱和脂肪酸（85%～91%），其中含亚油酸65.0%、油酸23.8%。油酸和亚油酸属于人体必需脂肪酸，在体内有多种生理功能。如参与人体胆固醇的代谢，有助于人体排除胆固醇及其产物，可以软化血管，减轻动脉硬化，有助于防治冠心病；促进人体发育，维持皮肤和毛细血管的健康，并与精子和前列腺素的合成有密切的关系。

通常，植物油脂中的不饱和脂肪酸为顺式，但其常温下难以长期保存，且高温下亦容易氧化变质，不但会降低油脂的营养价值，同时还会产生很多有害物质，所以通过氢化作用将液态的顺式不饱和脂肪酸转变成室温下更稳定的固态反式脂肪酸，例如人造黄油/人造奶油，就是利用这个过程以增加产品货架期，并稳定食品风味。反式脂肪酸升高人体血液低密度脂类胆固醇水平，而降低高密度脂类胆固醇水平，从而导致冠心病等。不饱和脂肪酸熔点较低，容易被人体吸收，并且不易凝固或沉淀在血管壁上；而饱和脂肪酸熔点较高，易凝固，向日葵油的维生素E含量较高（可达0.14%），它是一种强抗氧化剂，在光下稳定，可以防止油变质哈喇。维生素E是人和动物生殖细胞的形成和发育所不可缺少的营养物质，还具有抗衰老、抗凝血、增强免疫力、改善末梢血液循环、防止动脉硬化，维持红细胞、白细胞、脑细胞、上皮细胞完整等功效，从而保持肌肉、神经血管和造血系统的正常功能等。因此营养专家认为向日葵油是一种价值极高的保健食用油（表13-2）。

表13-2 不同食用油的脂肪酸组成（%）（熊秋芳等，2013）
Tab. 13-2 Fatty acid composition of different edible oils（%）

食用油脂	饱和脂肪酸C（12～20）:0	油酸C18:1	亚油酸C18:2	亚麻酸C18:3	芥酸C22:1
菜籽油	4.5～7	75～85	6～10	<3	0～1
橄榄油	15	75	9	1	0
葵花籽油	12	16	71	少	0
茶籽油	7.5～18.8	74～87	7～14	/	0
玉米油	13	29	57	1	0
大豆油	15	23	54	8	0
花生油	19	48	33	少	0
芝麻油	12	39	45	0	0
棉籽油	27	19	54	少	0

续表

食用油脂	饱和脂肪酸 C（12～20）:0	油酸 C18:1	亚油酸 C18:2	亚麻酸 C18:3	芥酸 C22:1
亚麻籽油	9～13	15～23	12～20	45～56	0
棕榈油	51	39	10	少	0
猪油	43	47	9	1	0

第三节　向日葵在畜牧业中的利用

向日葵籽榨油过程中产生的饼粕和籽壳、脱去籽实后的花盘以及向日葵成熟后的茎叶部分为主要的向日葵副产物，这4种副产物的营养成分见表13-3。

表13-3　向日葵副产物的主要营养成分（干物质基础）（%）（张佳，2021）

Tab. 13-3　Main nutritional components of sunflower by-products（DM basis）

项目	干物质	粗蛋白质 CP	粗脂肪 EE	粗纤维 CF	中性洗涤纤维 NDF	酸性洗涤纤维 ADF	粗灰分 Ash	无氮浸出物 NFE	钙	磷
饼粕	91.53	27.63	2.85	24.92	41.07	26.45	6.27	27.86	0.10	0.99
盘	89.00	8.35	4.90	17.10	23.20	1.40	11.00	43.90	0.97	0.29
秸秆	90.73	5.72	0.89	30.15	53.09	39.40	11.61	42.36	0.84	0.13
籽壳	90.00	4.00	2.20	52.00	73.00	63.00	3.00	68.65	—	0.11

一、向日葵盘

向日葵花盘的饲料价值很高，含粗蛋白质7%～9%，粗脂肪6.5%～10.5%，并含有2.4%～3%的果胶和10%的灰分。葵盘在收获脱粒后可直接喂牛、喂羊。但是，最适宜的方法是制成饲料粉或青贮。每100 kg饲料粉含有5.2～7.4 kg可消化蛋白质和80～90个饲料单位，等于80～90 kg燕麦，或70～80 kg大麦，或60～66 kg玉米谷物饲料。加工过的向日葵盘近似于精料，可以喂各种家畜和家禽。向日葵盘也可作青贮饲料。其成分：水分8.86%，灰分10.63%，脂肪6.25%，粗蛋白质8.35%，粗纤维17.4%，无氮浸出物48.2%。每100 kg青贮料（水分60%），含有39个饲料单位。

向日葵盘营养价值优于干草、玉米秸秆和小麦秸秆，粗纤维含量较低，粗脂肪和无氮浸出物（NFE）含量较高。此外，向日葵盘含有大量膳食纤维、果胶、多酚、黄酮化合物、水溶性多糖、绿原酸等生物活性物质。果胶含量高是葵盘的一大特征，使用水、草酸铵和盐酸等溶剂可从葵盘中萃取出22%的果胶。

二、向日葵饼粕

葵花籽榨油过程通常采用脱壳工艺,因此向日葵饼粕的纤维含量较低,粗蛋白质含量较高,是一种优质的植物蛋白来源。其粗蛋白质消化率与豆粕相当,约为82%。向日葵饼粕赖氨酸含量相对较低,氨基酸利用率与豆粕相似,并高于棉籽粕和菜籽粕。向日葵饼粕B族维生素含量丰富,其中维生素B_3(烟酸)的含量分别是谷物籽实、豆粕、鱼粉的10倍、5.8倍及4倍。微量元素含量同样丰富,每100 g向日葵饼粕中含有733 mg钾、716 mg钙、156 mg钠、51 mg铁、15.8 mg锌和7.1 mg铜,尤其钙的含量显著高于其他饼粕类饲料。除此之外,向日葵饼粕还含有以绿原酸为主的酚类化合物。尽管绿原酸易被氧化为邻醌,并与蛋白质分子结合形成非营养成分,不利于动物的消化吸收,但与大豆、棉籽和菜籽粕中的抗营养因子相比,向日葵饼粕中绿原酸含量较低,并不会对畜禽生产性能造成负面影响(表13-4)。

在我国,对油用型向日葵精深加工一般仅局限于其油脂,而加工过程中产生的葵粕,则基本作为低廉的动物饲料(其价格约为豆粕的1/3),葵粕大量积压的现象时有发生,葵粕中含有的大量生物活性物质如酚酸、胆碱、木脂素和膳食纤维等有效成分被完全忽视。因此,在大力发展油用型向日葵种植和油脂加工的同时,还应充分重视葵粕的综合利用。研究、开发利用丰富的葵粕资源进行深加工,对延长产业链、增加企业效益、减少环境污染、保护人们的身体健康乃至带动整个油用型向日葵产业的健康、持续和稳定的发展都将做出积极的贡献。

表13-4 向日葵饼粕和其他集中油料籽粕的氨基酸含量及可利用性比较(g/kg)(张佳,2021)
Tab. 13-4 Comparisn of amino acid content and availability in sunflowerproducts and several other oil seed meal(g/kg)

项目	赖氨酸	色氨酸	苯丙氨酸	蛋氨酸	苏氨酸	异亮氨酸	亮氨酸	缬氨酸	氨基酸消化率(%)
豆粕	3.20	0.70	2.70	0.75	2.00	2.60	3.80	12.70	90.10
向日葵饼粕	1.42	0.35	1.61	0.55	1.39	1.39	2.58	1.64	87.00
棉籽粕	1.71	0.47	2.22	0.64	1.33	1.33	2.40	1.88	75.00
菜籽粕	2.12	0.46	1.41	0.54	1.41	1.41	2.60	1.81	84.63

三、向日葵秸秆

向日葵秸秆富含氮、磷、钾、钙、镁等矿物质元素以及少量的蛋白质,但其最主要的成分是粗纤维。由表13-3可知,其NFE含量为42.36%,高于小麦秸秆、苜蓿等粗饲料,但其NDF和ADF含量也较高,分别为53.09%和39.40%。通过青贮、微贮、氨化及发酵等技术处理秸秆,不仅能保留秸秆的营养,还能延长采食时间和提高利用效率。

将向日葵秸秆和全株玉米混合调制青贮，可以明显提高向日葵秸秆的适口性，并保持茎叶原本的结构。由于向日葵秸秆含大量钾和纤维素等物质，消化性差，饲料中只加入少量粉碎的向日葵秸秆用以饲喂牛、羊等家畜，因而其用作饲料的利用率非常低，大部分废弃在田间或作为燃柴，易给环境造成污染。葵盘、向日葵秸秆、葵花籽脱皮残渣的饲用价值并不亚于中等质量的干草，向日葵盘制成的粉料，每百千克营养价值相当于 60～66 kg 玉米或 70～80 kg 大麦（表 13-5，表 13-6）。

向日葵秸秆还含有较多的粗蛋白和粗纤维。青贮是青绿饲料最有效的贮存方式，一般情况下青绿饲料青贮保存营养物质损失率低于 10%，而采用日晒晾干方式保存营养物质的损失率达 20%～30%，青贮技术在欧美等国的普及应用已有多年的时间，该技术已日臻成熟。在欧美国家，青贮料的用量占全部青贮饲料消耗量的 70% 以上，有的甚至达到 100%，而同样是粗饲料的青贮玉米已普遍认可并利用。据我国饲料成分数据库介绍，青绿葵花秆粗蛋白含量为 2.1%，粗纤维 2.6%，营养价值与青绿玉米秸秆接近。

表 13-5 向日葵副产物在牛生产中的应用效果

Tab. 13-5 Application effect of sunflower by-product in cattle production

品种	向日葵副产物	添加水平	应用效果	参考文献
奶牛	向日葵饼粕	—	代替豆粕饲喂后，乳中总蛋白氮、酪蛋白氮、血清蛋白氮和非蛋白氮含量无显著变化	Schingoethe et al.
		2.1 kg/d	牛奶中脂肪含量提高 7.4%、尿素和柠檬酸含量分别增加 83.1% 和 18.6%，游离脂肪酸含量降低 54.9%	Pavel et al.
		—	提高乳中硬脂酸（C18:0）、亚油酸（C18:2）和花生酸（C20:0）的水平	Harrington et al.
		210 g/kg	降低产奶量、乳蛋白合成及牛奶中氮转化效率	Oliveira et al.
	向日葵盘和向日葵秸秆混合	25%～50%	提高产奶量和乳脂率（0.13%～0.17%）	丁水齐等
	葵花籽壳	1.36 g/d	提高日增重（1.36 g/d），降低料重比	Park et al.
肉牛	向日葵饼粕	—	饲喂效果与棉籽粕相当	Harrington et al.
	向日葵盘粉	20%	提高饲料的适口性，促进消化和增重	陈亮等
		4%～6%	提高育肥牛的生长速度	陈福狮
	向日葵干秸秆粉	—	提高常量元素和微量元素，提高活重	张立中
	葵花籽壳	5%，10%	代替苜蓿干草饲喂后，提高饲料转化效率	Rad et al.

青贮是保存和开发饲料资源，发展"节粮型"畜牧业的有效手段，而向日葵秸秆作为青贮的原料，通过青贮不仅可使其营养元素不致流失、还可保持向日葵秸秆的营

养成分。现国内外对向日葵的研究比较多,但主要是针对向日葵叶和盘的化学成分进行研究,而用向日葵副产品作为青贮原料,目前国内研究甚少。开展向日葵秸秆及皮渣青贮可进一步开发当地粗饲料资源,提高向日葵秸秆(葵花盘)的利用率,不仅能够解决粗饲料资源不足的问题,还可以促进畜牧业发展。

四、向日葵籽壳

葵花籽壳的主要成分为纤维素和木质素,占总壳重的 50%;还原糖占总壳重的 25.7%,是第二大组成部分;脂类占总壳重的 5.17%,其中 2.96% 是由长链脂肪酸(C14~C28,主要是 C20)和脂肪醇(C12~C30,主要是 C22、C24、C26)组成的植物蜡。粗蛋白质占总壳重的 4%,氨基酸组成与向日葵饼粕相似。

从葵花籽壳中可以提取出木质素、绿原酸、溶性膳食纤维。其中木质素对 1,1- 二苯基 -2- 三硝基苯肼(DPPH)的清除指数显著高于二丁基羟基甲苯(一种抗氧化剂);水溶性膳食纤维浓度 1.0 mg/mL 时,对 DPPH、超氧阴离子(O^{2-})和羟自由基(-OH)的清除率分别为 86.67%、70.32% 和 76.33%。

向日葵油饼含有丰富的营养成分,其中氮化合物占 41.5%,纤维素占 16.0%,矿物质含量占 6.7%,还有少量脂类,尚未发现有毒物质。油饼中占 30%~36% 的蛋白质包括丰富的含硫氨基酸,总蛋白中球蛋白占 55%~60%,清蛋白占 17%~23%,谷蛋白占 11%~17%。向日葵油饼作为动物饲料具有极高的利用价值。

表 13-6 向日葵副产物在羊生产中的应用效果

Tab.13-6 Application effect of sunflower by-product in sheep production

品种	向日葵副产物	添加水平	应用效果	参考文献
成年羊	向日葵饼粕	—	经纤溶酶处理可以降低其纤维含量,提高羊采食量平均日增重,饲料转化率	Tiri et al.
		—	经苹果酸热处理可以降低瘤胃降解率,提高肠道内可消化的蛋白质含量,增加瘤胃细胞的氮含量	Arroyo et al.
	向日葵盘粉	40%	增加饲料粗蛋白含量,提高适口性	范杰等
	向日葵盘	—	提高干物质消化率和中性洗涤纤维消化率,同时提高瘤胃挥发性脂肪酸浓度	葛翠翠等
	葵花籽壳	—	碱处理可以提高葵壳粗蛋白含量,改善消化率	Sharrna et al.
	向日葵盘	50%	提高粗蛋白质、粗纤维和 NDF 消化率,增重提高 12.9%,每千克饲料成本降低 7.59%	Nagalakshmi et al.
羔羊	向日葵秸秆青贮	50%	提高日增重,降低料重比,增加经济效益	刘敏等

第四节 向日葵花蜜

蜂蜜是工蜂经过唾液腺内淀粉酶作用而酿成的一种天然的甜味食品，具有很高的营养价值。蜂蜜作为食品可以单独服用，还广泛用于各种食品添加辅料。除作为食品，蜂蜜也是一种常用中药。《神农本草经》将蜂蜜列为上品，明代医家李时珍所著《本草纲目》中也有对蜂蜜的记载，可见蜂蜜的应用有着悠久的历史。近年来蜂蜜的研究不断增多，应用不断开发、扩大。向日葵花大、花期长、花内蜜腺多，是养蜂的极佳蜜源。种植 1 hm² 向日葵可放蜜蜂 3 箱左右，产蜜 100 kg 左右。种植向日葵同时发展养蜂业，既可生产蜂蜜，又能提高向日葵的结实率，是一种一举多得的好方式。

在我国北方的秋季，当其他作物都已是进入成熟的季节，养蜂户要么把蜜蜂向南方迁移，要么添加食品饲喂蜜蜂，而夏播向日葵恰在此时开花，是养蜂户求之不得的理想选择。同时还能收获一些蜂王浆和花粉。这些都是极佳的营养品，深受市场的欢迎。

蜂蜜是公认的具有多种生物学活性的天然食品，在医疗上得到广泛应用，尤其在预防和治疗中风、创伤、烧伤、白内障等眼科疾病，溃疡等肠胃疾病，取得了较好的效果。以往人们认为蜂蜜之所以能够对上述疾病有一定的效果，归因于蜂蜜的抑菌性质。近年来，随着对蜂蜜研究的不断深入，发现蜂蜜中存在大量的酚类化合物，例如产自西班牙的葵花蜜中含有莰菲醇、槲皮素、柑橘黄素和生松素等，产自新西兰的蜂蜜中也检测出了大量的酚类化合物。这些化合物不仅具有很强的抗氧化活性，而且有多种生物活性。

一、蜂蜜的化学组成及营养价值

蜂蜜是一种高度复杂的糖类饱和溶液，其中糖类约占 3/4。此外，蜂蜜中还含有蛋白质、氨基酸、维生素、微量元素、有机酸、色素、芳香物质的高级醇、胶质物、蜂花粉、激素等（表 13-7）。

表 13-7 不同产地单花蜜中的黄酮类成分（汪思凡等，2013）

Tab. 13-7 Flavonoids in single nectar from different habitats

单花蜜种	已鉴别的成分	产地
洋槐蜜	白杨素、槲皮素、山柰酚、木犀草素、芹菜素、高良姜素、菲瑟酮、杨梅酮、乔松素、芦丁、短叶松素	克罗地亚、中国
向日葵蜜	槲皮素、山柰酚、芹菜素、乔松素、短叶松素、白杨素、高良姜素、杨芽黄素、杨梅酮、木犀草素、3,3'-二甲氧基-槲皮素、橙皮素、异鼠李素、柚皮素	澳大利亚、加拿大、欧洲、法国、苏丹

续表

单花蜜种	已鉴别的成分	产地
桉树蜜	三粒小麦黄酮、槲皮素、木犀草素、杨梅酮、山柰酚、乔松素、短叶松素、白杨素	澳大利亚、欧洲
石楠蜜	短叶松素、乔松素、白杨素、高良姜素、杨梅酮、三粒小麦黄酮、槲皮素、木犀草素、山柰酚、3-甲氧基-杨梅酮、3'甲氧基-杨梅酮、芹菜素、柚皮素、牡荆素、牡荆素-O-鼠李糖苷、芦丁、金丝桃苷、栎素、异鼠李素	澳大利亚、葡萄牙、立陶宛、西班牙、新西兰、波兰
迷迭香蜜	山柰酚、短叶松素、乔松素、白杨素、高良姜素、8-甲氧基-山柰酚、芹菜素、异鼠李素、7-甲基-桥松素、杨芽黄素	墨西哥、加拿大、法国、突尼斯、西班牙
柑橘蜜	橙皮素、短叶松素、槲皮素、乔松素、白杨素、柚皮素、高良姜素、山柰酚、木犀草素	西班牙、埃及
油菜蜜	短叶松素、山柰酚、白杨素、乔松素、高良姜素、木犀草素、槲皮素、芹菜素、异鼠李素、汉黄芩素、牡荆素、牡荆素-O-鼠李糖苷、芦丁、金丝桃苷、栎素、异鼠李素	立陶宛、法国、中国
茶树蜜	杨梅酮、槲皮素、木犀草素、三粒小麦黄酮、短叶松素、3-甲基-槲皮素、山柰酚、8-甲氧基-山柰酚、乔松素、3,3'-二甲基-槲皮素、异鼠李素、白杨素、杨芽黄素	澳大利亚
荞麦蜜	槲皮素、山柰酚、白杨素、高良姜素、杨梅酮、柚皮素、乔松素	加拿大、波兰
苜蓿蜜	槲皮素、短叶松素、乔松素、白杨素、高良姜素、柚皮素、山柰酚、牡荆素、芦丁、金丝桃苷、牡荆素-O-鼠李糖苷、栎素、异鼠李素	加拿大、立陶宛、新西兰、埃及
紫云英、枣花蜜	非瑟酮、桑色素、木犀草素、染料木素、山柰酚、杨梅酮、白杨素、乔松素、儿茶素	中国
党参蜜	非瑟酮、槲皮素、杨梅酮、白杨素、乔松素、儿茶素	中国
土黄连蜜	非瑟酮、桑色素、槲皮素、柚皮素、木犀草素、染料木素、山柰酚、异鼠李素、杨梅酮、白杨素、乔松素、芦丁、儿茶素	中国
龙眼蜜	非瑟酮、桑色素、槲皮素、木犀草素、芹菜素、黄芩素、杨梅酮、白杨素、乔松素、芦丁、儿茶素	中国
野桂花蜜	桑色素、槲皮素、柚皮素、木犀草素、染料木素、山柰酚、芹菜素、黄芩素、杨梅酮、白杨素、乔松素、芦丁、儿茶素	中国
欧洲栗蜜	短叶松素、乔松素、白杨素、槲皮素-3-戊糖己糖苷	法国
南海杜鹃蜜	短叶松素、乔松素、山柰酚、白杨素	法国
马奴卡茶树蜜、山毛榉蜂蜜	短叶松素、乔松素、白杨素、高良姜素	新西兰
鼠尾草蜜	槲皮素、木犀草素、山柰酚、芹菜素、白杨素、高良姜素	克罗地亚
山楂蜜、荨麻蜜、松树蜜、木莓蜜、百里香蜜	白杨素、高良姜素、橙皮素、山柰酚、柚皮素、槲皮素	波兰
香菜蜜、酸橙蜜、柳树蜜	槲皮素、山柰酚、牡荆素、牡荆素-O-鼠李糖苷、芦丁、金丝桃苷、栎素、异鼠李素	立陶宛

（一）糖分

蜂蜜的化学成分以还原糖为主，主要来源于花蜜中的蔗糖，通过蜜蜂分泌的转化酶的作用而产生，占蜂蜜总成分的 65% 以上。它赋予蜂蜜的甜味、吸湿性和触变性等特性。

（二）酸类化合物

蜂蜜中的酸类化合物包括有机酸、无机酸和氨基酸。其中有机酸主要是柠檬酸和葡萄糖酸。无机酸包括磷酸、硼酸、碳酸和盐酸等。蜂蜜中的氨基酸含量为 0.1%～0.78%，主要是组氨酸、精氨酸、苏氨酸等 17 种。由于蜂蜜中的酸类化合物种类多，故呈酸性，pH 值为 4～5。

（三）酶类化合物

酶和生物活性物质在有机体的生命活动中是不可缺少的物质，蜂蜜中的酶是蔗糖酶（转化酶）和淀粉酶。蔗糖酶能将蜂花粉中的蔗糖转化为具有旋光性的单糖。淀粉酶的含量可能会失去一半。因此，淀粉酶的高低，可表示蜂蜜的新鲜度和成熟度。由于淀粉酶易于测定，故以淀粉酶多少作为蜂蜜质量的重要指标之一。

（四）维生素

蜂蜜中还含有较丰富的维生素，主要为 B 族维生素（包括维生素 B_1、维生素 B_2、维生素 B_3、维生素 B_5、维生素 B_6、维生素 B_9）和维生素 C、维生素 D、维生素 E、维生素 H、维生素 K。还包含有非蛋白质氨基酸，如 β-丙氨酸、γ-氨基丁酸和鸟氨酸，以及一定量的胆碱和乙酰胆碱，且还含有一些色素、蜡质、花粉等物质。

二、主要生物学功能

（一）抗菌

研究发现蜂蜜具有较广泛的抗菌谱，能抑制许多细菌的生长。蜂蜜可通过直接和间接作用抑制或杀灭细菌，直接作用是通过特定蜂蜜组分直接抑制或杀死细菌，间接作用是蜂蜜诱导整个生物体对细菌的抗菌反应。

（二）抗肿瘤

如今肿瘤是危害人类健康最严重的疾病之一，且肿瘤的预防与控制已成为当今世界最为重要的研究工作之一，而在研究中发现蜂蜜对肿瘤具有一定的预防与控制作用（表 13-8）。

表 13-8　蜂蜜抗肿瘤的作用机制（张洪礼，2018）

Tab. 13-8　Antitumor mrchanism of honey

作用因素	作用机制
凋亡活性	蜂蜜能通过上调促凋亡蛋白和下调抗凋亡蛋白的表达，诱导癌细胞凋亡，其能增强 Caspase3、肿瘤抑制蛋白 p53 和促凋亡蛋白 Bax 的表达，同时下调抗凋亡蛋白 $Bcl2$ 的表达，并能产生 ROS，导致 p53 活化进而调节促凋亡蛋白和抗细胞凋亡蛋白如 Bax 和 Bcl-2 的表达以发挥其凋亡的性质，成为天然的抗癌剂
抗增殖	蜂蜜可以影响癌细胞的周期阻滞，蜂蜜中的成分（如类黄酮和酚类物质）在 G0/G1 周期能阻断结肠癌、神经胶质瘤、黑素瘤的细胞系，并且其还可以通过酪氨酸环加氧酶、鸟氨酸脱羧酶和激酶对细胞通路的下调抑制肿瘤的增殖
细胞因子	大多数蜂蜜浓度在 1 g/100 mL 时能刺激巨噬细胞释放细胞因子如 $TNF\text{-}\alpha$、$IL\text{-}1$ 和 $IL\text{-}6$，这些细胞因子的释放在调节细胞凋亡、细胞增殖中扮演着重要的角色
抗炎及免疫调节	蜂蜜中的酚类化合物具有抗炎活性，该机制通过酚类化合物或类黄酮抑制环氧化酶（COX-2）和一氧化氮合酶（iNOS）的促炎活性，并且从蜂蜜中摄取的糖被缓慢吸收时，可导致短链脂肪酸（SCFA）发酵产物的形成，SCFA 则具有直接或间接的免疫调节作用
抗氧化	蜂蜜可以提高抗氧化剂如 β- 胡萝卜素、维生素 C、谷胱甘肽还原酶等的数量和活性
抗诱变	蜂蜜显示出可抑制 Trp-p-1 诱变的特性，其作用机制是蜂蜜可以与催化各种前致突变物代谢活性的酶体系相互作用，阻碍基因毒性中间产物的产生
雌激素调节	蜂蜜中的酚酸可通过调控雌激素受体活性调节雌激素效应，从而抑制如乳腺癌和子宫内膜癌等癌症

（三）抗氧化

自由基对人体内某些生物大分子和 DNA 的氧化损伤会破坏人体内蛋白质、脂肪、碳水化合物等，对人体产生危害，而研究发现蜂蜜具有一定抗氧化的作用（表 13-9）。

表 13-9　蜂蜜抗氧化的作用机制（张洪礼，2018）

Tab. 13-9　Mechanism of Antioxidation of Honey

作用因素	作用机制
增加抗氧化物质	蜂蜜可以增加血液中的抗氧化物质，减少细胞中活氧量的累加，且蜂蜜中含有的酚类化合物对亚硝基的抑制积极，能使血浆中的酚酸含量增加
抗氧化因子	蜂蜜中含有许多抗氧化性因子，如黄酮类化合物、酚类物质和超氧化物歧化酶（SOD）等，这些抗氧化因子可以清除人体代谢过程中积累过多的自由基
清除自由基	蜂蜜对氧自由基的清除能力显著高于常见的糖类物质，能清除 DPPH 自由基、$ABTS^+\cdot$ 自由基的活性，其对羟基自由基和超氧阴离子的清除作用可保护 DNA 免受自由基诱导产生氧化损伤，其清除活性与蜂蜜的植物来源有关，且呈量效关系
抑制过氧化	蜂蜜对脂质过氧化有较强的抑制能力，且在低浓度时抑制作用随着浓度增长而有较快增加，随后抑制率增长缓慢，当浓度达到一定时，不同蜂蜜的抑制作用差异不显著

（四）其他

蜂蜜的其他主要生物学功能还有调节血糖、抗炎、促进消化、治疗皮肤创伤、治疗胃肠疾病、保护肝脏、增强心肌功能等。

第五节　向日葵芽苗菜

我国劳动人民在长期的生产实践过程中，早已知道某些植物的幼嫩器官可供食用。人们不但很早就有采集柳树芽、苦菜芽、香椿芽作为蔬菜的习惯，而且创造了黄豆芽、绿豆芽、蚕豆芽等豆芽菜的栽培技术，并使豆芽菜成为普通百姓餐桌上的美味佳肴和人人皆知的芽菜。1994年，中国农业科学院蔬菜花卉研究所芽苗菜课题组将芽苗菜定义为"凡利用植物种子或其他营养贮存器官，在黑暗或光照条件下直接生长出可供食用的嫩芽、芽苗、芽球、幼梢或幼茎均称为芽苗类蔬菜，简称芽苗菜或芽菜"。按照上述定义，根据芽苗类蔬菜产品形成所利用营养的不同来源，又可将芽苗类蔬菜分为"种芽菜"和"体芽菜"两类。种芽菜指利用种子中贮存的养分直接培育成幼嫩的芽或芽苗（多数子叶展开，真叶露心），如黄豆、绿豆、赤豆、蚕虫、向日葵等，以及香椿、豌豆、萝卜、荞麦、雍菜等；体芽菜多指利用二年生或多年生作物的宿根、肉质直根、根茎或枝条中累积的养分，培育成芽球、嫩芽、幼茎或幼梢。如由肉质直根在黑暗条件下培育的芽球菊苣，由宿根培育的菊花脑、苦菜芽等（均为幼芽或幼梢），由根茎培育成的姜芽、薄芽（均为幼茎）以及由植株、枝条培育的树芽香椿、枸杞头、花椒脑（均为嫩芽）和豌豆尖、辣椒尖、佛手瓜尖（均为幼梢）等（表13-10）。

表13-10　葵花芽苗主要营养成分含量及与7种常见蔬菜的比较（%）（张凌云等，2007）
Tab. 13-10　Main nutrient contents of sunflower buds and their comparison with 7 common vegetables

类别	水分	粗蛋白	粗脂肪	膳食纤维	碳水化合物
葵花芽苗	92.7	33.2	15.4	16.2	1.07
黄豆芽	87.4	4.5	1.6	1.5	3
绿豆芽	94.2	2.1	0.1	0.8	2.1
小白菜	94.5	1.5	0.3	1.1	1.6
菠菜	91.2	2.6	0.3	1.7	2.8
黄瓜	95.8	0.8	0.2	0.5	2.4
胡萝卜	89.2	1	0.2	1.1	7.7
番茄	94.4	0.9	0.2	0.5	3.5

芽苗菜的产品形成所需营养，主要依靠种子或根茎等营养贮藏器官所累积的养分，栽培管理上一般不必施肥。只需在适宜的温度环境下，保证其水分供应，便可培育出

芽苗、嫩芽、幼梢或幼茎；而且其中的大多数因生长周期比较短，很少感染病虫害，而不必使用农药。因此，只要所采用的种子等养分贮藏器官和栽培环境清洁无污染，则芽苗产品便较易达到绿色食品的要求。

芽苗菜多属于速生和生物效率较高的蔬菜，尤其是种芽菜，它们在适宜温湿度条件下，产品形成周期最短只需 5～6 d，最长也不过 20 d 左右，平均每年可生产 30 茬，复种指数比华北地区一般蔬菜生产高出 10～15 倍。种子萌发期间，贮藏蛋白在蛋白酶的作用下，被分解成氨基酸，供胚发育，从而使游离氨基酸增加，然后以各种不同的方式重新结合起来，形成新的蛋白质。因此在发芽种子中，其氨基酸的种类、比例以及蛋白的组成等发生变化，使发芽种子的营养价值可能有别于萌发以前的干种子，使其营养价值得以大幅提高。氨基酸含量为 0.1%～0.78%，主要是组氨酸、精氨酸、苏氨酸等 17 种。由于蜂蜜中的酸类化合物种类多，故呈酸性，pH 值为 4～5。

第六节　向日葵药用

在我国的医学宝库中，葵类有数百种之多，大都有一定药理作用。然而向日葵不属葵类。国内最早记载向日葵的文献是明末学者赵崡所著《植品》，明确写道"又有向日菊者，万历间西番僧携种入中国。干高七八尺至丈余，上作大花如盘，随日所向"。

在民间的验方中，多有记载向日葵具治疗疾病的功效，其根、茎、叶、盘均可入药。其药性平淡味淡甘，无毒，有驱气、平肝、清温热、散滞气、益气补肾之功，特别有明显的降压作用。

向日葵盘中的水溶性多糖、黄酮和绿原酸具有很强的自由基清除能力。另外，向日葵盘黄酮对常见致病菌有一定的抑制作用，对大肠杆菌、金黄色葡萄球菌以及枯草芽孢杆菌的最小抑制浓度分别为 0.625 mg/mL、1.250 mg/mL 和 2.500 mg/mL。

向日葵盘浸膏透析液对心血管系统的药理作用为，对麻醉或清醒动物灌胃 4 g/kg 或静注 2 g/kg 给药均可引起较明显的降压反应。向日葵花盘含粗蛋白质 10%～20%。采集晒干粉碎后，添加到猪的日粮中，一般可添加 10%～15%，猪喜食，并且食后生长发育较快。从向日葵盘中提取低脂果胶，不仅可满足食品、医药工业中的部分需要，还可以变废为宝。

在向日葵的叶、茎髓中，含有大量的新绿原酸、异绿原酸、东莨菪碱，以及多种有机酸，由于这些化学成分的存在，使得向日葵本身具有消炎和止痛作用。而且氯原酸的浓度随着植物的生长而增加。如东莨菪碱的含量则老叶中多于嫩叶中，东莨菪碱在幼叶和根中以微量出现。此外，在叶中还发现含有大量延胡索酸。用纸色谱法和离子交换色谱法测定有机酸，发现向日葵叶中的有机酸的含量为 9%～12%（以干燥重量为基础）。另外，有许多酸以成盐的形成存在，其中有柠檬酸盐占 45.2%，苹果酸盐占 26.6%，延胡索酸盐占 21.2% 及少许丙二酸盐和琥珀酸盐。而总酸含量的 25%～58%

仍然没有鉴定出来。例如，向日葵的根可治胃脱滞痛；治二便不通，还可治淋病阴茎涩痛；向日葵茎髓可治尿路结石、肾结石可治乳糜尿；另外对于小便不通和百日咳也有一定疗效，还对于外伤出血也有一定的辅助性治疗作用。

一、药用

（一）药方举例

中医学认为向日葵性味甘、平，无毒，种子、果盘、花、茎、叶、根均可入药，种子油可作软膏基础药，茎髓为利尿消炎剂，叶、花可作苦味健胃剂，果盘有降压作用等，行之有效的验方不乏其例，现荐26例，供患病者治疗参考。

（1）血痢。葵花籽50 g，冲开水炖1 h，加冰糖服。

（2）便秘。葵花籽100 g、杏仁30 g、蜂蜜150 g，同煎，每晚食1匙。

（3）头昏。葵花籽仁6 g研碎，睡前白糖水冲服。

（4）小儿麻疹不透。葵花籽去壳捣碎，用量25～50 g，开水冲服。

（5）高血压。每餐后生吃葵花籽90～100 g，1个多月，头昏等减轻，再连续吃2 kg，高血压症状基本消失。

（6）高血脂。每日睡前嚼食用向日葵花子9～15 g。

（7）脑动脉硬化。葵花籽仁50 g炒香，蜂蜜10 g，拌入米粥内食用，每日2次。

（8）痛经。葵花籽15 g、山楂30 g，共炒熟打碎，煎成浓汁，加红糖30 g，在经前连服2次。

（9）蛲虫病。葵花子每日生吃120 g，连吃1周。

（10）高血压。葵花叶50 g、土牛膝50 g，水煎服。

（11）结核膜翳。葵花叶捣烂，浸入乳，敷于眼皮上。

（12）牙痛。葵花40 g，晒干，加入旱烟内吸。

（13）崩漏。花盘1个焙炭，研面，过箩，每服3 g，黄酒送下。

（14）痢疾。花盘15 g、红枣10 g、升麻6 g，煎服2～3剂。

（15）三叉神经痛。花盘（去籽）撕成几块，煎水喝，每日3次，连喝20日可见效。

（16）神经性偏头痛。花盘（去籽）1个（保存时间越久越好），新鲜鸡蛋1～3个，放入陶罐，加冷水，文火煮熬，煎好后加适量红糖，空腹，吃蛋喝汤，隔日服1次，连服3～5次。病史超过10年者，加服2次。

（17）慢性哮喘。鲜花盘采30～60 g，水煎服下。

（18）二便不通。鲜根捣烂取汁，调蜜服，每次25～50 g。

尿路结石：取粗根（敲碎）和须根约100 g，加水250 mL，煮30 min，饭前空腹喝下，1日3次，连服1个月。

（19）疝气。鲜根 50 g，和红糖煎水服。

（20）肾结石、尿路结石。梗心 100 cm 左右，煎服，每日 1 剂，连服 1 周。

（21）乳糜尿。梗心 70 cm 左右，水芹菜根 100 g，煎服，每日 1 剂，连服数日。

（22）慢性支气管炎。茎连白髓 30～60 g，水煎去渣，加白糖，1 日 2～3 次分服。

（23）百日咳。茎心捣烂，冲开水加白糖服。

（24）输尿管结石。茎连白髓 15～30 g，水煎 2～3 沸（不要多煎），1 日 2 次分服。此方对泌尿系统感染也有疗效。

（25）胃癌。茎（去外皮）内白心，每日 5～6 g，水煎服，连服 1 年。

（26）脚转筋（腓肠肌痉挛）。鲜茎心白髓 30 g，伸筋草 30 g，煮猪爪吃。

总之，向日葵作为一种新型药用植物，其来源广泛，易于储运，并且成本低廉，生产工艺简单，疗效颇好。如果今后大力加以开发利用，一定会在医药领域中产生一个新的突破。所以开发向日葵，综合利用向日葵，具有很深远的研究价值和现实意义。

（二）绿原酸

向日葵籽实中含有绿原酸，别名氯吉酸、咖啡单宁酸，属于奇缺药物。绿原酸是一种与人类健康密切相关的生理活性物质，具有利胆，抗菌，止血，增加白细胞数量，抗病毒，降压，预防心血管疾病、糖尿病和某些癌症等作用，可促进肠胃蠕动、胃液分泌，对急性咽喉及皮肤病等有明显疗效。

绿原酸为众多中药材和中成药抗菌解毒、消炎利胆的主要有效成分。当今世界上主要是从杜仲叶中提取绿原酸，若从向日葵籽实中提取绿原酸，原料将更加丰富。

二、其他

向日葵的茎秆中含氧化钾高达 36.3%，是制造钾肥的好原料，同时还含有丰富的纤维素，可用作造纸、隔音板、家具板的原料，也可以用作燃料。籽实的壳可以用于制造胶合板、木糖、人造皮革以及绝缘材料。另外，利用向日葵生育期短、生长发育快、生物产量高、营养丰富等特点，还可以用作牲畜的青贮饲料。

利用向日葵生产柴油，可以为农村发展提供机会。利用向日葵生产生物柴油，可以走出一条农业产品向工业品转化的富农强农之路，有利于调整农业结构，增加农民收入。如果在我国西部地区大力发展生物柴油产业，必然会给地方发展提供新的机遇，使得落后的西部借机增加第二产业的比例，并带动第一产业，将会促进西部与东部的协调发展，促进当地农村和城镇的协调发展。

第七节　向日葵工业化利用

向日葵秸秆木质化程度较高，纤维含量较高而且形态较好，有一定的力学强度，具有较高的开发利用价值。针对向日葵秸秆主要的开发利用主要为秸秆外皮和秸秆髓的开发利用。如能将这两部分开发部分代替木材，或代替一些化工原料，将农田剩余物变废为宝，既增加了经济利益，同时也可改善农村的生态环境。

向日葵在我国种植面积较大，其主要用途是从向日葵籽中榨油或作为炒货，而向日葵的其他部位常被作为废弃物丢掉，或仅作为引火材料使用，其附加值很低。其实向日葵秸秆外皮及秸秆中的腔髓都可进一步开发，并赋予其较高的应用价值。如利用向日葵秆做成纤维板和积成材，把向日葵髓液化后做成高分子产物代替价格较高的苯酚来合成酚醛树脂黏合剂，也可合成含端羟基的化合物与反应制作聚氨酯弹性体，或者制作再生橡胶的活化剂等。

一、向日葵茎秆的利用

（一）酚醛树脂黏合剂的制备

对向日葵髓液化产物进行有效利用，开发液化产物的潜在价值，开辟液化产物的利用范围，将有利于向日葵髓液化产物工业化利用的发展。以液化产物为原料的酚醛树脂黏合剂的制备，为黏合剂的研究开辟新的途径，提供新的发展方向。以液化产物为原料的酚醛树脂黏合剂的合成，具有巨大的市场潜力，能够降低黏合剂的生产成本，提高产品的市场竞争力，为占领市场奠定坚实的基础。

（二）向日葵髓制备缓冲包装材料

目前，我国许多电子产品、家用电器、机械产品和仪器仪表等的包装，都在大量使用泡沫塑料作为缓冲衬垫材料。如我国仅彩色电视机和彩色显像管两个产品年耗用泡沫塑料约 2 万 t，折合体积为 100 多万立方米。据统计，我国每年因包装不善所造成的经济损失高达 140 多亿元，其中因缓冲包装不当所造成的损失占绝大部分。

消除"白色污染"，寻求新的可降解的包装材料，已成为世界各国一个共同的研究课题。欧美等发达国家投入大量的经费，研究可降解塑料包括生物降解和光降解两种类型，但主要限于农用地膜，包装材料还未见成功应用。因此，开发新型可降解的绿色包装材料是国内外包装材料研制的共同目标。向日葵秆中的腔髓孔隙均匀，可以用作缓冲包装材料的原料。利用向日葵髓所制成的秸秆髓缓冲包装材料具有三大方面的优势，即原料采集简便，价格低廉，由于含有大量的向日葵髓，因此具有绿色环保易于降解的特性。另外，向日葵髓泡孔结构均匀，黏接后弹性较好，压缩强度较大。

（三）向日葵髓制备可降解高吸水树脂

由于高吸水树脂具有优良的吸水性和保水性，其应用范围在日益不断扩展。目前广泛用于卫生材料、农林园艺、工业水处理、脱水剂、化学蓄冷剂、蓄热剂、污泥固化剂、防露水用壁材、食品保鲜剂、水膨胀涂料和复合吸水材料等方面。而我国由于研制高吸水树脂起步较晚，其应用目前主要在妇女卫生巾和一次性尿布上，特别是采用纤维素接枝制备吸水树脂的研究则更少。

植物秸秆是丰富的可再生纤维素资源，向日葵秆废弃物含有丰富的纤维素成分，其中的木质素、半纤维素等成分在培肥土壤、改善土壤微量元素等方面有积极作用。而且选择纤维素骨架制备吸水材料具有诸多的优点，如可以避免淀粉链段微生物侵蚀分解，可以提高吸水树脂的耐盐性能等。

（四）向日葵茎秆胶合人造木材

与木材相比，向日葵茎秆纤维较细短，纤维状细胞多，髓芯发达。解剖结构上的特点是主要由锥管束组织、薄壁组织、外皮组织构成。纤维细胞主要生长在管束中，葵花秆锥管束呈星状排列，散布在整个茎秆断面上，靠近髓部较稀。薄壁细胞组织主要存在于髓芯部分，表皮组织主要存在于外皮部分。向日葵茎秆木质纤维形态与阔叶木材相似，平均长度为 1.01 mm，纤维较细短，呈尖削状。有近 78% 的纤维长度为 0.5～1.5。向日葵茎秆属于木质化程度较高的草本植物，可满足各种替代木材胶合制品的原料要求。花秆胶合人造木材密度相当于木材中密度偏高的树种，接近白桦，低于落叶松。含水率在国家木材含水率标准要求的范围之内。向日葵茎秆符合人造木材综合性能达到一般木材要求，可以作为建筑结构木材的代用品。

二、向日葵籽壳的利用

向日葵籽是平时人们最常吃的一种零食，同时也是常用于食品、食用油等加工的原料。我国向日葵籽年产量巨大，达 125 万余吨。向日葵籽壳是向日葵加工利用过程中产生的副产物，来源丰富。当前我国对向日葵籽壳的利用主要有食用菌栽、制作纤维板、农业有机肥料等，这种传统的办法利用率极低，无法发挥向日葵籽壳的真正价值。还有很大部分被当作废弃物处理或者焚烧，加剧了环境污染。

（一）向日葵籽壳用于油脂脱酸

向日葵籽壳中含有多种有效成分，可以用于提取膳食纤维、黑色素、花色苷、黄酮等。向日葵籽壳中含有丰富的纤维素，可以直接作为金属离子吸附剂，也可通过改性制备粉煤成型黏结剂。同时，也有研究将向日葵籽壳碳化后用于异味清除剂和水处理剂等。油脂中的游离脂肪酸的含量越多，则酸价越高，品质越差。油脂中的游离脂肪酸会影响油脂的食用价值，导致油脂的酸败，因而需要对油脂中的游离脂肪酸进行脱除。通过吸附剂进行物理脱酸是常用的脱酸方法，例如有利用硅藻土、改性脂质阴离子交换树脂作为脱酸剂对油脂进行脱酸，也可以利用花生壳、稻壳、向日葵籽壳等农业废弃物制备脱酸剂对油脂进行脱酸。

（二）向日葵籽壳的其他利用方式

近年来，科学家们致力于向日葵籽壳的综合利用，提供了很多新颖的思路。利用大豆分离蛋白为基体，通过加入向日葵籽壳纳米纤维素和壳聚糖制备可食用膜材料，为可降解包装材料的研究提供了一种可行的方法。向日葵籽壳在绿色包装领域的几种应用方法：提取具有抑菌作用的绿原酸，加工成果汁的保鲜包装，可以有效防止食物的腐败；提取花色苷类色素用作食用油墨，制作新型"绿色"包装材料；提取纤维素用于制造白纸、瓦楞纸等，可有效替代木材。通过高温热解制备向日葵籽壳基活性炭，用以甲醛吸附发现向日葵籽壳对甲醛的吸附显著高于纯羊毛，具有"清道夫"的潜力。在电化学应用方面，由向日葵籽壳制备的多孔碳已成功应用于电化学领域，向日葵籽壳的应用前景开始受到广泛关注。

第八节 甘肃向日葵加工及利用研究

一、甘肃油用型向日葵生产现状及产业化开发前景

油用型向日葵是一种经济价值和营养价值俱高的油料作物，利用油用向日葵杂交种可使产量较常规品种提高 20%～30%，含油率提高 45%～50%。其产量和含油率均高于大豆、油菜、胡麻，已发展为居世界第 2 位的大宗油料作物。目前我国油用型向日葵的种植面积已超过芝麻、胡麻，因其油品纯正、适口性好、营养价值高，且具有保健作用，在国内外市场上倍受消费者的欢迎。因此在甘肃发展油用型向日葵生产并对其进行产业化开发很有必要。

（一）甘肃油用型向日葵生产现状及存在问题

1. 生产现状

甘肃油用型向日葵生产起步较晚，从引种试种到较大面积示范推广约有 10 年时间。据不完全统计，全省 1998 年油用型向日葵种植面积约 1.67 万 hm²，主要分布于天水、庆阳、陇南地区，主要栽培品种为 G101、S31、辽杂 5 号、内葵杂 6 号、新葵杂 4 号等，产量因地区和品种不同而有所差异。庆阳地区 1992—1994 年累计示范推广油用型向日葵面积 2 095 hm²，平均产量 2 314.5 kg/hm²，但到 1998 年该地区的环县即已在旱地种植油用型向日葵 4 330 hm²，产量为 1 500～3 000 kg/hm²，并将 13 个乡镇确定为油用型向日葵生产基地，年种植面积达到 6 700 hm²。年产商品油用型向日葵籽 1 200 万 t，油用型向日葵生产已成为该县的支柱产业之一。陇南地区的徽县于 1995 年引入油用型向日葵杂交种，到 1999 年累计示范麦后复种油用型向日葵杂交种 G101、S31 共 61 hm²，产量达 2 250～3 000 kg/hm²，到 2001 年油用型向日葵种植面积已发展

到 1 333 hm²。

在引进推广外来油用型向日葵品种的同时，甘肃省农业科学院作物研究所的科技人员经过多年的努力，选育出了杂种优势强、配合力高的雄性不育系、保持系和恢复系，组配出了适合甘肃种植的油用型向日葵优质杂交种 GK9702，其生长整齐、遗传性状稳定、矮秆、早熟、丰产、含油率高，多点试验平均产量 3 334 kg/hm²，比对照品种 G101 增产 8.5%，在甘肃有效积温 2 500℃以上地区均能正常成熟，尤其适宜在河西地区、沿黄灌区、陇东地区和陇南川坝河谷区种植。在新疆、内蒙古也有广阔的发展前景。此外，环县、徽县等种植油用型向日葵较早的县也通过引种品比，筛选出了适宜当地条件的油用型向日葵品种，并进行了丰产栽培技术研究，使油用型向日葵的种植逐渐向规范化方向发展。

2. 存在问题

甘肃的油用型向日葵生产虽然有了一定的发展，但目前的生产状况与产业化开发的要求还相距甚远，仍有许多问题需要解决。

（1）发展速度缓慢。由于投资太少，致使发展滞后，种植规模小，尚未形成产业化，加之设备、技术缺乏，对主副产品的加工和综合利用不够，生产与加工不配套，影响了油用型向日葵生产的发展。

（2）推广力度不大。受传统观念的制约，对新兴油料作物油用型向日葵的优点缺乏认识，加之农业综合服务体系不健全，育种单位、种子部门、生产农户之间缺乏联系，使农民对新品种、新信息了解甚少，缺乏有效的推广机制。因而油用型向日葵生产尚处于初级阶段，未进行规模生产。

（3）产销渠道不畅。由于宣传不到位，至今油用型向日葵的产与销仍处于自然状态，没有加工的龙头企业带动，影响了投资与生产规模。

（4）制种基地建设不到位。由于对制种基地建设重视不够，致使隔离条件达不到技术要求，良种的种质、种性退化，不仅影响了生产者的经济效益，而且给育种增加了难度。

（5）制种工作有待加强。就目前情况看，自制和引进的杂交种价格都还比较高，一般在 40～60 元/kg，使经济欠发达地区的农户望而却步，因此进一步完善制种技术、适度规模制种，将对降低成本、提高种子质量意义重大。

（二）甘肃发展油用型向日葵生产的优势分析

1. 自然资源优势

甘肃地处黄河上游，境内海拔 1 000～3 000 m，有北亚热带、温暖带、温带等多种气候类型，大部分地区光照充足，年日照时数 1 700～3 300 h，太阳辐射总量高于同纬度的我国东北、华北地区，对作物的光合作用十分有利，这是提高油用型向日葵产量和质量的基础条件。除甘南高原和祁连山区外，其他地区≥10℃的积温都在

2 000℃以上，其中河西地区在3 000℃以上，武都、文县等河谷川地最高达4 500℃以上，而且甘肃属于内陆性气候，雨热同季，降水量最多的7—9月恰是油用型向日葵的需水高峰期，光、热、水条件能够完全满足油用型向日葵的生长发育和成熟。

2. 市场优势

油用型向日葵油品含有65%～70%亚油酸，还含有大量的维生素E，是人体必需的脂肪酸和维生素。油用型向日葵油色淡黄、油品纯正、味道鲜美，长期食用有助于降低胆固醇、预防动脉硬化，具有保健功能。在国际市场上备受消费者的青睐，市场需求量大，具有很强的竞争力。在国内，随着人民生活水平的提高，食用油结构将逐渐发生变化，优质向日葵油的用量将会大幅度增加，其市场前景也较好。

3. 加工增值优势

油用型向日葵除加工优质食用油外，还可加工为工业用油（印刷油、润滑油、油漆等）。油饼中含有丰富的蛋白质、纤维素、矿物质及少量脂类，既可饲用，又可作肥料。皮壳是生产酒精、糠醛、纤维板的优质原料，茎秆可加工胶合成人造木料、隔音板等，花盘还可入药。

（三）油用型向日葵的开发前景

甘肃开发油用型向日葵生产的潜力巨大、前景广阔。

1. 油用型向日葵产量高、效益好

1999年甘肃省农业科学院经济作物研究所用自育杂交种GK9702进行多点示范，其产量在临泽县盐碱地达2 722 kg/hm²，在民勤县水浇地为3 994 kg/hm²，在天水北道区沙壤地为3 611 kg/hm²，在庄浪县旱台地为2 345 kg/hm²，在泾川县旱塬地为2 734 kg/hm²，在华池县川台旱地为3 383 kg/hm²，在正宁县川旱地为2 840 kg/hm²，在永登县沙壤地为3 274 kg/hm²，产量均明显高于胡麻。徽县种子公司对麦收后复种油用型向日葵油品和油饼产值的计算结果表明，复种油用型向日葵的产值比复种玉米、大豆分别增加4 590元/hm²和6 960元/hm²。华池县多年的示范推广结果证明，油用型向日葵比胡麻净增纯收益4 383元/hm²。环县种植油用型向日葵一般可收入4 200元/hm²以上，其中1998年在耿湾乡万家村示范14.1 hm²，平均产量达到2 127 kg/hm²，户均收入1 300元，其经济效益十分显著。

2. 油用型向日葵抗逆性强、适应范围广

油用型向日葵具有较强的抗旱、耐瘠薄、耐盐碱的特性，在水资源匮缺、十年九旱、土壤瘠薄的甘肃将油用型向日葵作为一种新兴油料作物进行推广，可以充分利用土地资源，提高产量和效益。此外，油用型向日葵的耐盐碱能力高于胡麻、玉米、小麦，在河西、沿黄地区的盐碱地上可作为先锋作物进行种植，既可改良盐碱地，又可获得一定的收益。

3. 利于种植结构调整

随着西部大开发战略的实施，甘肃传统的以粮食生产为主的种植结构将会进行调整，扩大高产、优质、高效作物势在必行，油用型向日葵则是有发展前景的主要经济作物之一。甘肃自育的油用型向日葵杂交种 GK9702 给油用型向日葵产业化开发提供了新的良种，到 2005 年种植面积已达到 10 万～15 万 hm^2，因此对油用型向日葵进行产业化开发的前景十分广阔。

（四）对油用型向日葵产业化开发的建议

1. 建立繁种基地，实行种子统供

油用型向日葵是异花授粉作物，天然异交率达 50% 以上，为了保证种子的杂种优势和纯度，就必须加大投资，创造良好的隔离条件，建立良繁基地，保证生产出的种子质量达标。同时还应疏通渠道，实行统一供种。

2. 组建龙头企业，搞好产销服务

要搞好油用型向日葵的产业化开发，就必须组建一批龙头企业，实行育种、生产、加工、经营一体化，形成育种单位与种子部门联合、农户生产与营销企业联结的格局，正确处理好各方的利益关系，以服务促生产，以规模增效益。

3. 加强科研，增强发展后劲

甘肃发展油用型向日葵生产的年限较短，必须依靠科技推动发展。首先应进一步加强油用型向日葵杂交种的选育工作，有关部门应积极支持上题立项，促进育种科研的发展。甘肃省农业科学院经济作物研究所应在积极扩大杂交种制种规模的同时，不断探索新的育种途径，加快育种进程，力争在较短时期内育成一批适应不同生态条件的新杂交种。其次应引进油用型向日葵加工技术和设备，采用先进技术，提高产品质量，依靠科技创品牌，依靠品牌求效益。

4. 提高认识，促进发展

油用型向日葵作为经济价值和营养价值都很高的一种新兴油料作物，近年在世界各国都有突飞猛进的发展。在我国内蒙古，油用型向日葵已发展成为第一大油料作物。在当前甘肃进行农业结构调整中，应扬长避短，充分利用资源优势，对油用型向日葵产业化开发工作给予高度重视，从政策、资金上给予必要的扶持。只要领导重视、科技先行，油用型向日葵生产将有可能成为甘肃农村经济发展的又一新的增长点。

参考文献

安玉麟，2004. 中国向日葵产业发展的问题与对策［J］. 内蒙古农业科技（4）：1-4.

安玉麟，孙瑞芬，冯万玉，2006. 我国向日葵品种改良进展及其与国外的差距［J］. 华北农学报，21（专辑）：1-4.

柏军华，王克如，初振东，等，2005. 叶面积测定方法的比较研究［J］. 石河子大学学报（自然科学版），23（2）：56-57.

包海珠，2010. 向日葵农家种种质资源评价［D］. 呼和浩特：内蒙古农业大学.

曹翠玲，2005. 康氏木霉对向日葵菌核病菌拮抗作用研究［J］. 山西农业大学学报，25（2）：150-152.

柴华，2020 光周期和温度对斑须蝽呼和浩特种群滞育的影响［D］. 呼和浩特：内蒙古师范大学.

陈海霞，罗礼智，2007. 双斑截尾寄蝇对寄主种类及草地螟幼虫龄期和寄生部位的选择［J］. 昆虫学报，50（11）：1129-1134.

陈浩，贾利欣，融晓萍，等，2010. 地膜二次利用免耕种植小麦套晚播向日葵栽培技术［J］. 现代农业（9）：47-48.

陈亮，王军强，李彦荣，等，2021. 耕作措施对民勤绿洲区农田土壤团聚体组成及其碳稳定性的影响［J］. 福建农业学报，36（7）：826-835.

陈萍，何文寿，2010. 盐碱胁迫对油用向日葵种子发芽及叶绿素含量的影响［J］. 江苏农业科学（3）：106-108.

陈卫民，段永辉，李俊兴，等，2010. 新疆伊犁河谷向日葵病害发生种类与综合防治技术［J］. 作物杂志（5）：89-92.

陈卫民，李俊兴，轩亚萍，等，2011. 向日葵黑茎病发生规律及综合防治技术研究［J］. 新疆农业科学，48（2）：241-245.

陈为民，2013. 我国向日葵白锈病发生概况及研究进展［J］. 植物检疫，27（6）：13-19.

陈雪，于海峰，侯建华，2009. 向日葵芽期、苗期抗旱性鉴定方法研究［J］. 中国油料作物学报，31（3）：344-348.

陈印军，方琳娜，杨俊彦，2014. 我国农田土壤污染状况及防治对策［J］. 中国农业资源与区划，35（5）：1-5.

程继东，安玉麟，孙瑞芬，等，2009. 抗旱、耐盐基因 P5CS 转化向日葵自交系［J］. 生物技术通报（3）：65-69.

崔读昌，1999. 关于冻害、寒害、冷害和霜冻［J］. 中国农业气象（1）：58-59.

崔良基，2013. 向日葵栽培生理与栽培技术［M］. 北京：中国农业出版社.

崔良基，刘悦，王德兴，2008. 我国发展向日葵生产潜力及对策［J］. 杂粮作物，28（5）：336-338.

崔良基，孙恩玉，王德兴，等，2013. 向日葵栽培生理与栽培技术［M］. 北京：中国农业出版社.

崔良基，王德兴，宋殿秀，等，2006. 国内外向日葵遗传育种改良成就与发展趋势［J］. 杂粮作物，26（6）：402-406.

崔良基，王德兴，辛华军，等，2003. 向日葵杂交种 F51 引种报告［J］. 杂粮作物，23（1）：26-29.

戴高兴，彭克勤，皮灿辉，2003. 钙对植物耐盐性的影响［J］. 中国农学通报，19（2）：97-101.

党荣理，潘晓玲，等，2002. 西北干旱荒漠区植物属的区系分析［J］. 广西植物，22（2）：121-128.

刁春友，朱叶芹，2006. 农作物主要病虫害预测预报与防治［M］. 南京：江苏科学技术出版社.

段维，陈福隆，陈寅初，等，2000. 油用向日葵新葵 8 号特征特性及栽培技术［J］. 新疆农垦科技（6）：16-17.

段晓昱，栾春光，郝彦玲，等，2004. 向日葵遗传转化中抗生素适宜筛选浓度的研究［J］. 甘肃农业大学学报，39（3）：239-244.

段学艳，樊云茜，卫玲，等，2008. 山东省向日葵育种现状与发展对策［J］. 山西农业科学（2）：140-141.

范丽媛，2010. 黑龙江省食用向日葵杂交种研究现状及发展前景［J］. 黑龙江农业科学（5）：144-146.

冯立彬，武生，张晓冬，2004. 蜂蜜中糖类成分的分离及含量测定［J］. 中医药学报，32（3）：26-27.

冯志鑫，2009. 向日葵髓的再利用试验研究［D］. 天津：天津科技大学.

傅漫琪，刘斌，王婧，等，2019.1985-2015 年中国向日葵生产时空动态变化［J］. 河南农业大学学报，53（4）：630-637.

甘肃农村年鉴编委会，2012. 甘肃农村年鉴［M］. 北京：中国统计出版社.

甘肃省统计局，2017. 甘肃农村年鉴［M］. 北京：中国统计出版社.

葛玉彬，陈炳东，卯旭辉，2009. 不同柱头颜色向日葵三系亲和力研究［J］. 种子，28（10）：11-14.

葛玉彬，陈炳东，卯旭辉，等，2008.48% 仲丁灵乳油防除地膜向日葵田间杂草效果初报［J］.甘肃农业科技（1）：15-17.

葛玉彬，陈炳东，卯旭辉，等，2013.油用向日葵主要经济性状遗传及其相关分析［J］.中国油料作物学报，35（5）：515-523.

葛玉彬，卯旭辉，党占海，2015.甘肃向日葵害虫与天敌的种群动态及时间生态位［J］.中国油料作物学报，37（6）：868-875.

葛玉彬，卯旭辉，贾秀苹，等，2009.食用向日葵器官颜色的相关性及抗病性观察［J］.甘肃农业科技（6）：5-7.

龚鹏博，山军建，2007.向日葵顶端折茎与产量之间关系的研究与探讨［J］.作物杂志（4）：53-55.

贡小虎，1994.甘肃河西内陆河流域水资源特征与农业生产发展的探讨［J］.中国沙漠（3）：54-59.

管晓丹，石瑞，孔祥宁，等，2018.全球变化背景下半干旱区陆气机制研究综述［J］.地球科学进展，33（10）：995-1004.

郭佳佳，2012.不同品种油用向日葵的土壤适应性研究及综合评价［D］.临汾：山西师范大学.

郭世乾，崔增团，傅亲民，2013.甘肃省盐碱地现状及治理思路与建议［J］.中国农业资源与区划，34（4）：75-79.

郭树春，李素萍，孙瑞芬，等，2021.世界及我国向日葵产业发展总体情况分析［J］.中国种业（7）：10-11.

郭树春，张艳芳，孙瑞芬，等，2017.向日葵核心种质资源基础类群划分研究.华北农学报，32（4）：107-113.

侯亚光，王钰杰，赵君，2010.国外向日葵菌核病的研究进展［J］.黑龙江农业科学（9）：92-94.

胡宝忱，贾春天，韩雷，等，2009.食用向日葵杂交种制种技术的探讨［J］.杂粮作物（1）：33-35.

胡露飏，2020.寄生植物向日葵列当萌发刺激物——生理小种遗传多样性分析［D］.杭州：浙江大学.

胡树平，2011.向日葵产量形成及农艺调控机理［D］.呼和浩特：内蒙古农业大学.

胡树平，高聚林，马捷，等，2010.油用向日葵不同品种抗旱性能比较［J］.干旱地区农业研究，28（4）：94-101.

胡志桥，赖丽芳，郭天文，2007.油用向日葵施用钾肥增产效应研究试验［J］.甘肃科技，23（12）：243-244.

虎胆·吐马尔白，吴旭春，迪力达，2006.不同位置秸秆覆盖条件下土壤水盐运动实验研究［J］.灌溉排水学报，25（1）：34-37.

黄旭堂，2015.黑龙江向日葵［M］.北京：金盾出版社.

黄绪堂, 关洪江, 姜贵轩, 2003. 油用向日葵杂交种龙葵杂4号的选育和栽培技术 [J]. 作物杂志 (1): 38.

贾秀苹, 卯旭辉, 陈炳东, 等, 2014. 陇葵杂2号对氮磷钾平衡吸收动态研究 [J]. 甘肃农业科技 (2): 20-23.

贾秀苹, 卯旭辉, 葛玉彬, 等, 2011. 甘肃向日葵产业化发展的思考 [J]. 农业科技通讯 (3): 7-9.

贾秀苹, 卯旭辉, 梁根生, 等, 2018. 油用向日葵杂交种陇葵杂5号选育报告 [J]. 甘肃农业科技 (10): 9-11.

贾秀苹, 卯旭辉, 岳云, 等, 2018. 利用BSA-Seq方法鉴定向日葵耐盐候选基因 [J]. 中国油料作物学报, 40 (6): 777-784.

贾秀苹, 卯旭辉, 岳云, 等, 2018. 向日葵主要农艺与品质性状配合力及杂种优势分析 [J]. 中国油料作物学报, 40 (6): 777-784.

贾秀苹, 岳云, 陈炳东, 2009. 盐胁迫对油用向日葵生育时期和农艺性状的影响分析 [J]. 作物杂志 (6): 45-48.

康悦, 文军, 张堂堂, 等, 2014. 卫星遥感数据评估黄土高原陆面干湿程度研究 [J]. 地球物理学报, 57 (8): 2473-2483.

康运河, 2012. 农机经营模式研究 [J]. 农机化研究 (2): 246-249.

亢福仁, 彭克敬, 崔渊, 2005. 北京市区观赏用向日葵大面积种植试验初报 [J]. 中国农学通报, 21 (1): 263-264.

孔东, 史海滨, 陈亚新, 等, 2004. 水盐胁迫对向日葵幼苗生长发育的影响 [J]. 灌溉排水学报, 23 (5): 32-35.

孔东, 史海滨, 霍再林, 等, 2005. 河套灌区不同盐分含量土壤对向日葵生长的影响 [J]. 沈阳农业大学学报, 35 (5): 414-416.

雷仲仁, 问锦曾, 王音, 2004. 危险性外来入侵害虫——西花蓟马的鉴别、危害及防治 [J]. 植物保护, 30 (3): 63-66.

李彬, 妥德宝, 王博, 等, 2014. 全覆膜栽培技术对盐碱地盐分积累及向日葵产量影响的研究 [J]. 内蒙古农业科技 (6): 5-6.

李合生, 2002. 现代植物生理学 [M]. 北京: 高等教育出版社.

李红, 罗礼智, 2007. 草地螟的寄生蝇种类、寄生方式及其对寄主种群的调控作用 [J]. 昆虫学报, 50 (8): 840-849.

李建厂, 李永红, 陈文杰, 等, 2003. 向日葵核盘菌菌株致病性研究及其温度效应 [J]. 西北农业学报 (1): 114-117.

李景柱, 郏军锐, 袁成明, 等, 2009. 西花蓟马在不同豆科蔬菜上的繁殖力 [J]. 贵州农业科学, 37 (6): 114-115.

李奇临, 范广洲, 周定文, 等, 2012. 综合气象干旱指数在2009/2010年西南干旱的应用 [C]. 北京: 中国气象学会.

李启芬，刘婷婷，陈海山，等，2016. 基于土壤湿度和年际增量方法的中国夏季气温预测试验［J］. 气象科学，36（5）：629-638.

李庆文，王德身，段维生，等，1991. 向日葵及其栽培［M］. 北京：农业出版社.

李荣德，李媛媛，牛庆杰，2021. 我国向日葵品种登记状况分析［J］. 中国油料作物学报，43（3）：519-523.

李荣禧，1995. 向日葵菌核病的生物学特性研究［J］. 植保技术与推广（增）：14-19.

李生秀，等，2004. 中国旱地农业［M］. 北京：中国农业出版社.

李万云，陈福隆，陈寅初，等，2000. 油用向日葵新品种新葵6号及其高产栽培技术［J］. 甘肃农业科技（8）：18-20.

李为萍，史海滨，2004. 向日葵株高和茎粗的空间结构性初步分析［J］. 农业工程学报，20（4）：30-32.

李文西，毛伟，陈明，等，2020. 县域测土配方施肥专家系统开发与应用研究［J］. 现代农业科技（21）：208-212.

李向明，2004. 向日葵起源异考［J］. 内蒙古农业科技（S2）：193-194.

李小娜，王金云，2019. 我国土壤中钼的赋存形态与现状［J］. 2019 世界有色金属（13）：248-250.

李晓莺，曹有龙，何军，2006.5 种油脂植物种子脂肪酸含量及组成分析［J］. 粮油加工与食品工程（7）：58-60.

李勋，2010. 向日葵新优品种［J］. 中国花卉园艺（20）：48-50.

李易初，石凤梅，马立功，等，2021. 向日葵黑斑病国内外研究进展［J］. 黑龙江农业科学（1）：146-151.

李永红，王灏，李建厂，等，2005. 核盘菌对油菜、向日葵和大豆的侵染及其致病性分化研究［J］. 植物病理学报（6）：486-492.

李玉发，王佰众，2010. 我国向日葵产业发展与科研工作的策略［J］. 山东农业科学（11）：122-124.

梁根生，卯旭辉，贾秀苹，等，2019. 油用向日葵在景泰县品比试验初报［J］. 农业科技通讯（11）：108-110.

梁一刚，1984. 向日葵［M］. 太原：山西人民出版社.

梁一刚，文张生，1992. 向日葵优质高产栽培法［M］. 北京：金盾出版社.

廖永丰，赵飞，王志强，等，2013. 2000—2011 年中国自然灾害灾情空间分布格局分析［J］. 灾害学，28（4）：55-60.

刘恩礼，等，2001. 葵花籽分离蛋白及葵花籽色拉油生产工艺的研究［J］. 中国油脂，26（4）：26-28.

刘公社，［法］阿兰.博让，彭克敬，1994. 向日葵研究与开发［M］. 北京：中国科学技术出版社.

刘克礼，2007. 作物栽培学［M］. 北京：中国农业出版社.

刘秋，2001.向日葵菌核病菌毒素的产生及其生物活性的测定［J］.沈阳农业大学学报，12（6）：422-425.

刘秋，2004.向日葵菌核病的生物学特性研究［J］.辽宁农业科技（4）：1-4.

刘向东，2013.田间昆虫的取样调查技术［J］.应用昆虫学报，50（3）：863-867.

刘晓燕，何萍，金继运，2006.钾在植物抗病性中的作用及机理的研究进展［J］.植物营养与肥料学报，12（3）：445-450.

刘引鸽，2005.气象气候灾害与对策［M］.北京：中国环境科学出版社.

刘运华，2005.向日葵菌核病苗期药剂防治时期试验［J］.现代化农业（3）：18-19.

卢丽萍，程丛兰，刘伟东，等，2009.30年来我国农业气象灾害的影响及其空间分布特征［J］.生态环境学报，18（4）：1573-1578.

卢修元，魏新平，邱明，2009.粉黏土夹层对砂的减渗规律试验分析［J］.水资源与水工程学报，20（2）：22-25.

陆桂华，闫桂霞，吴志勇，等，2010.近50年来中国干旱化特征分析［J］.水利水电技术，41（3）：78-82.

马超，张欢，郭银生，等，2010.LED在芽苗菜生产中的应用及前景［J］.中国蔬菜（20）：9-13.

马晨，马履一，刘太祥，等，2010.盐碱土改良利用技术研究进展［J］.世界林业研究，23（2）：28-32.

马德海，张新民，吴婕，等，2007.黏土夹层盐碱地土壤竖孔排盐改良技术试验研究［J］.灌溉排水学报，26（5）：51-54.

毛留喜，孙艳玲，延晓冬，2006.陆地生态系统碳循环模型研究概述［J］.应用生态学报（11）：2189-2195.

毛晓敏，尚松浩，2010.计算层状土稳定入渗率的饱和层最小通量法［J］.水利学报，41（7）：810-817.

卯旭辉，2001.油用向日葵覆膜栽培试验研究初报［J］.甘肃农业科技（11）：17-18.

卯旭辉，2007.油用向日葵杂交种LG9023R高产栽培技术［J］.种子科技（16）：65-66.

卯旭辉，2007.油用型向日葵雄性不育系9718A选育及利用［J］.杂粮作物，27（2）：85-90.

卯旭辉，2009.油用向日葵生育后期喷施微肥效果试验研究初报［J］.农业科技通讯（12）：68-70.

卯旭辉，白玉生，2000.甘肃省油用向日葵生产现状及产业化开发前景［J］.甘肃农业科技（12）：6-7.

卯旭辉，陈炳东，葛玉彬，等，2008.播期对油用向日葵产量与主要经济性状的影响［J］.陕西农业科学（3）：6-7.

卯旭辉，陈炳东，葛玉彬，等，2009.6个油用向日葵雄性不育系在兰州的主要性状表现［J］.安徽农业科学，37（30）：14645-14647.

卯旭辉, 陈炳东, 葛玉彬, 等, 2012. 高产优质油用向日葵杂交种陇葵杂2号选育 [J]. 中国种业 (4): 52-54.

卯旭辉, 陈炳东, 贾秀苹, 2014. 钾肥不同施用量对油用向日葵经济性状及产量的影响 [J]. 农业科技通讯 (4): 105-108.

卯旭辉, 陈炳东, 王兴珍, 等, 2018. 油用向日葵盐碱地保苗增效栽培技术 [J]. 甘肃农业科技 (3): 89-90.

卯旭辉, 冯海, 贾秀苹, 等, 2013. 优质丰产食用向日葵杂交种GKS09-2的选育 [J]. 中国种业 (7): 78-79.

卯旭辉, 王晓娟, 2004. 法国油用向日葵杂交种引种试验初报 [J]. 甘肃农业科技 (10): 11-12.

梦阳, 危文亮, 严新初, 2008. 我国向日葵育种研究现状及发展对策 [J]. 内蒙古农业大学学报 (3): 232-235.

潘冬梅, 魏国江, 刘淑霞, 等, 2012. 黑龙江省盐碱地向日葵栽培技术 [J]. 黑龙江科学, 3 (2): 58-60.

潘瑞炽, 2004. 植物生理学 (第五版) [M]. 北京: 高等教育出版社.

钱善勤, 王忠, 莫亿伟, 等, 2004. 植物向光性反应的研究进展 [J]. 植物学通讯, 21 (3): 236-272.

乔春贵, 朱学文, 禹航, 等, 1995. 钾肥对向日葵增产潜力的影响 [J]. 中国油料, 17 (2): 47-49.

秦爱红, 徐玉明, 王晓玲, 等, 2010. 油用向日葵在盐碱地的适应性研究 [J]. 安徽农学通报, 16 (1): 102-118.

秦大河, 2002. 中国西部环境演变评估: 中国西部环境演变评估综合报告 [R]. 北京: 科学出版社.

秦嘉海, 2005. 免耕留茬秸秆覆盖对河西走廊荒漠化土壤改土培肥效应的研究 [J]. 土壤, 37 (4): 447-450.

秦耀东, 任理, 王济, 2000. 土壤中大孔隙流研究进展与现状 [J]. 水科学进展, 11 (2): 203-207.

曲善功, 2005. 不同农艺措施对保护地土壤次生盐渍化的防治效果 [J]. 土壤肥料 (5): 43-45.

全国农业技术推广服务中心, 2005. 潜在的植物检疫性有害生物图鉴 [M]. 北京: 中国农业出版社.

全国土壤普查办公室, 1998. 中国土壤 [M]. 北京: 中国农业出版社.

全国植物新品种测试标准化技术委员会, 2014. 植物新品种特异性、一致性和稳定性测试指南 向日葵: NY/T 2433—2013 [S]. 北京: 中华人民共和国农业部.

任国玉, 徐铭志, 初子莹, 等, 2005. 近54年中国地面气温变化 [J]. 气候与环境研究 (4): 717-727.

任理, 王济, 秦耀东, 2000. 非均质土壤饱和稳定流中盐分迁移的传递函数模拟 [J]. 水科学进展, 11 (4): 392-400.

单飞彪, 闫文芝, 杜瑞霞, 等, 2020. 中国和 UPOV 向日葵品种 DUS 测试指南比较分析 [J]. 植物新品种保护 (6): 4-9.

商鸿生, 胡小平, 2001. 向日葵检疫性有害生物 [J]. 植物检疫, 15 (3): 152-154.

商鸿生, 王凤葵, 胡小平, 2014. 向日葵病虫害诊断及防治技术 [M]. 北京: 金盾出版社.

沈丹, 王磊, 2015. 青藏高原土壤湿度对中国夏季降水与气温影响的敏感试验 [J]. 气象科技, 43 (6): 1095-1103.

沈建福, 张志英, 2005. 反式脂肪酸的安全问题及最新研究进展 [J]. 中国粮油学报, 20 (4): 88-91.

盛彦敏, 石德成, 肖洪兴, 等, 1999. 不同程度中碱性复合盐对向日葵生长的影响 [J]. 东北师大学报 (自然科学版) (4): 65-69.

石江, 宋亮, 葛忠德, 等, 2011. 向日葵新品种的引进与品种比较试验 [J]. 杭州农业与科技 (1): 42-44.

史建国, 刘景辉, 闫雅非, 等, 2012. 旧膜再利用对土壤温度及向日葵生育进程和产量的影响 [J]. 作物杂志 (1): 130-134.

宋良红, 郭欢欢, 侯少培, 等, 2015. 观赏向日葵观赏价值评价体系的建立 [J]. 河南科学, 33 (6): 934-937.

宋日权, 褚贵新, 张瑞喜, 等, 2012. 覆砂对土壤入渗、蒸发和盐分迁移的影响 [J]. 土壤学报, 49 (2): 282-288.

孙博, 解建仓, 汪妮, 等, 2011. 秸秆覆盖对盐渍化土壤水盐动态的影响 [J]. 干旱地区农业研究, 29 (4): 180-184.

孙晓萍, 牛晓峰, 2007. 耕整地的创新技术及应用 [J]. 水利天地 (7): 32-33.

谭一波, 赵仲辉, 2008. 叶面积指数的主要测定方法 [J]. 林业调查规划, 33 (3): 46-48.

谭云, 叶庆生, 2001. 植物向光反应研究进展 [J]. 亚热带植物科学, 30 (1): 64-68.

唐海萍, 唐少卿, 2000. 甘肃水资源的特点及保护利用 [J]. 中国沙漠 (2): 213-216.

唐奇志, 刘兆普, 陈铭达, 等, 2004. 海水处理对向日葵幼苗生长及叶片一些生理特性的影响 [J]. 植物学通报, 21 (6): 667-67.

涂小云, 匡先钜, 等, 2009. 昆虫滞育的遗传性 [J]. 江西农业大学学报, 31 (5): 858-861.

涂序文, 胡建标, 陶国华, 2020. 浅谈土壤污染成因及防治技术措施 [J]. 南方农机, 51 (5): 5-6.

妥德宝, 李焕春, 安昊, 等, 2015. 覆膜栽培对盐碱地向日葵产量及土壤盐分影响的研究 [J]. 宁夏农林科技, 56 (7): 63-64.

汪家灼，2006.中国植物油料及油用向日葵发展近况［J］.内蒙古农业科技（6）：11–14.

汪家灼，李凤学，高凤竹，等，2007.浅析我国食用向日葵品种的改良［J］.种子世界（3）：35–36.

汪思凡，曹振辉，潘洪彬，等，2018.蜂蜜化学成分及其主要生物学功能研究进展［J］.食品研究与开发，39（1）：176–179.

王冬鹏，杨新元，贾爱红，等，2005.我国油用型向日葵研究发展概述［J］.杂粮作物，25（4）：241–245.

王凤香，2016.向日葵绿色种植成本及效益分析——以巴彦淖尔市为例［J］.现代农业科技（8）：64.

王积善，陈庆南，张学立，1980.向日葵栽培［M］.北京：农业出版社.

王静，张剑茹，崔超敏，等，2006.向日葵菌核病研究进展［J］.内蒙古农业科技（6）：25–28.

王瑞，孙长霞，卢树昌，2010.几种作物中脂肪酸含量的分析研究［J］.安徽农业科学，38（10）：5322–5323.

王水献，董新光，吴彬，等，2012.干旱盐渍土区土壤水盐运动数值模拟及调控模式［J］.农业工程学报，28（13）：142–148.

王思明，2004.美洲原产作物的引种栽培及其对中国农业生产结构的影响［J］.中国农史（2）：17–27.

王祥珍，张奎俊，刘艳，2004.向日葵钾肥施用方法及增产效果［J］.杂粮作物，24（3）：183–184.

王晓辉，1995.向日葵菌核病症状、传播途径与流行因素［J］.内蒙古农业科技（4）：17–20.

王兴珍，贾秀苹，梁根生，等，2018.食用向日葵杂交种主要农艺性状与产量的相关性分析［J］.甘肃农业科技（11）：1–4.

王兴珍，贾秀苹，梁根生，等，2019.39份向日葵种质资源在甘肃省的抗病性鉴定［J］.甘肃农业科技（10）：57–61.

王兴珍，卯旭辉，贾秀苹，等，2014.甘肃省向日葵产业发展现状和对策［J］.甘肃农业科技（3）：74–77.

王兴珍，卯旭辉，贾秀苹，等，2020.14个食用向日葵品种比较试验初报［J］.农业科技与信息（23）：17–20，26.

王兴珍，卯旭辉，贾秀苹，等，2021.不同浓度咯菌腈悬浮种衣剂对陇葵杂6号向日葵生长发育及抗病性的影响［J］.甘肃农业科技，52（11）：19–24.

王兴珍，卯旭辉，贾秀苹，等，2021.聚乙二醇模拟干旱胁迫下油用向日葵种质资源萌发期抗旱性评价［J］.安徽农业科学，49（20）：40–44，104.

王志华，赵晋府，等，2003.均匀设计优选葵花籽中绿原酸去除工艺［J］.食品研究与开发，24（6）：60–61.

王尊欣，张树珍，2014. 作物抗旱性及抗旱育种研究进展［J］. 作物杂志（2）：26-31.

王遵亲，1993. 中国盐渍土［M］. 北京：科学出版社.

王遵娅，丁一汇，2006. 近53年中国寒潮的变化特征及其可能原因［J］. 大气科学，30（6）：1068-1076.

尉海东，伦志磊，郭峰，2008. 残留农膜对土壤性状的影响［J］. 生态环境，17（5）：1853-1856.

魏忠芬，奋斌，李慧琳，等，2019. 贵州观赏向日葵种质资源的挖掘与创新利用［J］. 贵州农业科学，47（10）：1-4.

吴国芳，冯志坚，马炜梁，等，2001. 植物学：下册［M］. 2版. 北京：高等教育出版社.

吴建设，黄敏玲，钟淮钦，等，2014. 无花粉观赏向日葵新品种'闽葵4号'［J］. 园艺学报（1）：205-206.

吴正达，2001. 高油酸向日葵油［J］. 四川粮油科技，18（3）：49-51.

相红燕，刘爱萍，高书晶，等，2013. 草地螟优势寄生性天敌——伞裙追寄蝇生物学特性研究［J］. 草业学报，22（3）：92-98.

肖国举，张强，李裕，等，2010. 气候变暖对宁夏引黄灌区土壤盐分及其灌水量的影响［J］. 农业工程学报（6）：7-13.

解文艳，樊贵盛，2004. 土壤结构对土壤入渗能力的影响［J］. 太原理工大学学报，35（4）：381-384.

邢述彦，郑秀清，陈军锋，2012. 秸秆覆盖对冻融期土壤墒情影响试验［J］. 农业工程学报，28（2）：90-94.

熊秋芳，张效明，文静，等，2014. 菜籽油与不同食用植物油营养品质的比较——兼论油菜品质的遗传改良［J］. 中国粮油学报，29（6）：122-128.

徐春婷，黄寿山，刘文惠，等，2003. 人工卵繁殖赤眼蜂实验种群生命表的研究［J］. 生态学报，23（10）：2195-2198.

徐力刚，杨劲松，张妙仙，等，2003. 微区作物种植条件下不同调控措施对土壤水盐动态的影响特征［J］. 土壤，35（3）：227-231.

徐振豪，黄振辉，李广兴，2011. 新形势下如何做好农机推广培训工作［J］. 农机使用与维修（5）：23-24.

薛进，陈秋芳，胡立冬，等，2017. 不同生物农药对水稻二化螟及稻纵卷叶螟的防治效［J］. 现代农业科技（22）：89-907.

薛少平，朱琳，姚万生，等，2002. 麦草覆盖与地膜覆盖对旱地可持续利用的影响［J］. 农业工程学报，18（6）：71-73.

闫玲玲，杨秀芬，2005. 蜂蜜的化学组成及其药理作用［J］. 特种经济动植物，8（2）：40-44.

严中伟，杨赤，2000. 近几十年中国极端气候变化格局［J］. 气候与环境研究，5（3）：

267-272.

杨建锋，魏丽馨，石天池，等，2022.宁夏石嘴山地区土壤中硫的地球化学特征及其来源分析［J］.宁夏大学学报（自然科学版）（1）：85-89.

杨劲松，2008.中国盐渍土研究的发展历程与展望［J］.土壤学报，45（5）：837-844.

姚亚庆，2016.1950—2015年我国农业气象灾害时空特征研究［D］.杨凌：西北农林科技大学.

依兵，崔良基，宋殿秀，等，2019.PEG模拟干旱对向日葵杂交种苗期生物量和根系形态的影响［J］.辽宁农业科学（2）：8-14.

于基成，2000.向日葵菌核病的药剂防治试验［J］.杂粮作物，20（5）：47-49.

于晓莹，韩雷，贾春天，等，2006.向日葵田除草剂除草试验初报［J］.杂粮作物，26（1）：37-39.

于秀英，2002.向日葵菌核病研究进展［J］.内蒙古民族大学学报（自然科学版），17（5）：467-469.

于振文，2003.作物栽培学各论［M］（北方版）.北京：中国农业出版社.

余志刚，樊志方，2017.粮食生产、生态保护与宏观调控政策［J］.中国农业资源与区划，38（5）：108-112.

郁进元，何岩，赵忠福，等，2007.长宽法测定作物叶面积的校正系数研究［J］.江苏农业科学（2）：37-39.

岳强，2010.盐碱地改良方法研究［J］.山西水利，26（12）：32-34.

越鲜梅，2013.基于图像识别的向日葵叶部病害诊断技术研究［D］.呼和浩特：内蒙古工业大学.

翟鹏辉，李素萍，孙向阳，等，2012.隔盐层对滨海地区盐分动态及国槐生长的影响［J］.中国水土保持科学（4）：80-83.

曾娟，姜玉英，2014.2013年我国草地螟轻发特点与原因分析［J］.中国植保导刊，34（11）：46-52.

张桂芬，孟祥钦，万方浩，2011.西花蓟马检测鉴定技术研究进展［J］.生物安全学报，20（1）：81-88.

张鸿，李其勇，朱从桦，等，2017.作物抗旱性鉴定的主要评价方法［J］.四川农业科技（6）：7-9.

张欢，章丽丽，李薇，等，2012.不同光周期红光对油用向日葵芽苗菜生长和品质的影响［J］.园艺学报，39（2）：297-304.

张辉，宋琳，陈晓琳，等，2020.土壤退化的原因与修复作用研究［J］.海洋科学，44（8）：147-161.

张佳，王园，安晓萍，等，2021.向日葵副产物的营养特性及在反刍动物中的应用［J］.中国畜牧兽医，48（3）：916-924.DOI：10.16431/j.cnki.1671-7236.2021.03.015.

张剑亮，2008.观赏向日葵花色形成的机理研究［D］.福州：福建农林大学.

张剑亮，周以飞，潘大仁，等，2004. 观赏向日葵的适应性研究 [J]. 福建农林大学学报（自然科学版），33（4）：419-420.

张娟，2017. 关于化肥造成的环境污染及其防治对策 [J]. 环境与可持续发展，42（6）：99-100.

张君，张润生，段玉，等，2010. 油用向日葵钾素吸收、分配和积累规律研究 [J]. 华北农学报，25（5）：202-205.

张俊莲，张国斌，王蒂，2006. 向日葵耐盐性比较及耐盐生理指标选择 [J]. 中国油料作物学报，28（2）：176-179.

张蕾，吕厚荃，王良宇，等，2016. 中国土壤湿度的时空变化特征 [J]. 地理学报，71（9）：1494-1508.

张丽霞，2020. 我国种业发展现状研究综述及展望 [J]. 中国种业（7）：8-11.

张凌云，2007. 葵花芽苗的营养成分分析 [J]. 种子，26（7）：81-82.

张明，2010. 国内外向日葵育种概况及动向 [J]. 黑龙江农业科学（6）：149-151.

张强，李裕，陈丽华，2011. 当代气候变化的主要特点、关键问题及应对策略 [J]. 中国沙漠，31（2）：492-499.

张帅，孔德刚，常晓慧，等，2010. 秸秆深施对土壤蓄水能力的影响 [J]. 东北农业大学学报，41（6）：127-129.

张维成，2008. 滨海盐碱地造林模式及土壤水盐运动规律研究 [D]. 北京：北京林业大学.

张维农，刘大川，等，2002. 葵花籽仁中提取绿原酸的研究 [J]. 中国油脂，27（2）：76-77.

张小娟，韩明，郑敏娜，2012. 不同油用向日葵品种在盐碱地的适应性研究 [J]. 山西农业科学，40（4）：332-333.

张璇，郝芳华，王晓，等，2011. 河套灌区不同耕作方式下土壤磷素的流失评价 [J]. 农业工程学报，27（6）：59-65.

张莹，张雯丽，2020. 中国向日葵产品贸易变动成因——基于CMS模型的实证分析 [J]. 世界农业（7）：53-60.

张圆圆，齐冬梅，刘辉，等，2008. 观赏向日葵的花色多样性及其与花青苷的关系 [J]. 园艺学报，35（6）：863-868.

张振宇，刘丽娟，刘小玉，2019. 干旱区膜下滴灌向日葵农田蒸散发特征 [J]. 中国农业生态学报（8）：1195-1204.

张智，2013. 北方地区重大迁飞性害虫的监测与种群动态分析 [D]. 北京：中国农业科学院.

张总泽，刘双平，罗礼智，等，2010. 内蒙古巴彦淖尔市向日葵螟成灾原因及防治措施 [J]. 植物保护，36（3）：176-178.

章家恩，刘文高，胡刚，2002. 不同土地利用方式下土壤微生物数量与土壤肥力的关系

[J].土壤与环境，11（2）：140-143.

赵君，徐剑文，刘剑光，等，2021.观赏向日葵不同花色物质组成的靶标代谢组学分析[J].南京农业大学学报，44（3）：437-446.

赵可夫，1987.作物抗性生理[M].北京：农业出版社.

赵立夫，徐云友，董蕊，等，2013.单花蜜的化学成分研究进展[J].食品科学，34（7）：330-333.

赵文，2004.国外农业机械化现状和发展趋势[J].中国农机监理（4）：40-43.

赵秀娟，韩雅楠，蔡禄，2011.盐胁迫对植物生理生化特性的影响[J].湖北农业科学，50（19）：3897-3899.

赵亚周，田文礼，国占宝，等，2010.蜂蜜结晶的影响因素及评价指标[J].中国农业科技导报，12（3）：50-55.

智小青，等，2004.向日葵菌核病的室内药剂试验[J].内蒙古农业科技（增刊）：6-8.

中国科学院南京土壤研究所，1976.土壤知识[M].上海：上海人民出版社.

中国药典委员会，2010.中华人民共和国药典[M].北京：中国医药科技出版社.

中华人民共和国国家质量监督检验检疫总局，1995.农作物种子检验规程发芽试验：GB/T 35434—1995[S].北京：中国标准出版社.

中华人民共和国卫生部，2011.食品安全国家标准 蜂蜜：GB 14963—2011[S].北京：中华人民共和国卫生部.

周子超，侯建华，甄子龙，等，2020.152份向日葵重组自交系苗期抗旱性的鉴定与评价[J].作物杂志（3）：47-52.

邹江腾，刘胜利，陈寅初，2013.观赏向日葵的应用及种植技术[J].新疆农垦科技（6）：18-19.

ABBOTT L K，MURPHY D V，2007.What is soil biological fertility[M].Netherlands：Springer.

ACHIM G，KAI U P，2014.What is the evidence on the inheritance of resistance alleles in populations of Lepid opteran/Cole opteran maize pest species：a systematic mapprotocol[J].Environmental Evidence，3（13）：1-5.

ACHIM G，PRIESNITZ K U，2014.How susceptible are different Lepid opteran/Cole opteran maize pests to Bt-proteins：asystematic review protocol[J].Environmental Evidence，3（12）：1-6.

ADAM T，LAURA B，SHIRLEYA F，et al.，2001.Oxalate decarboxylase requires manganese and dioxygen for activity over expression and characterization of Bacillus subtilis Yvrk and yoa N[J].J.B iol.Chem，276：43627-43634.

ALFARO E J，GERSHUNOV A，CAYAN D，2006.Prediction of summer maximum and minimum temperature over the central and western United States：The roles of soil moisture and sea surface temperature[J].Journal of Climate，19（8）：1407-1421.

ASADOLAEI M V, NASSIRI B M, 2015.Yousefifard M.Diversity of drought tolerance and seed yield in sunflower (Helianthus annuus L.) hybrids [J].Journal of Biodiversity and Environmental Sciences, 6 (5): 305-310.

ASHRAF M, ZAFAR R, ASHRAF M Y, 2003.Time-course changes in the inorganic and organic components of germinating sunflower achenes under salt (NaCl) stress [J]. Flora-Morphology, Distribution, Functional Ecology of Plants, 198 (1): 26-36.

AVERCHEVA O V, BASSARSKAYA E M, ZHIGALOVA T V, et al., 2010. Photochemical and photo phosphorylation illumination with light-emitting diodes [J]. Russian Journal of Plant Physiology, 57 (3): 382-391.

BERG A A, FAMIGLIETTI J S, WALKER J P, et al., 2003.Impact of bias correction to reanalysis products on simulations of North American soil moisture and hydrological fluxes [J].Geophysical Research Atmospheres, 108 (16): 2-15.

BETTS A K, SILVADIAS M A F, 2010.Progress in understanding land-surface-atmosphere coupling from LBA research [J].Journal of Advances in Modeling Earth Systems, 2: 6-20.

BEZDICEK D F, 2003.Subsoil ridge tillage and lime effects on soil microbial activity, soil pH, erosion, and wheat and pea yield in the Pacific Northwest, USA [J].Soil and Tillage Research, 74 (1): 55-63.

BI H, MA J, ZHENG W, et al., 2016.Comparision of soil moisture in GLDAS model simulations and in site observations over the Tibetan Plateau [J].Journal of Geophysical Research Atmospheres, 121 (6): 2658-2678.

BOLTON M, THOMMA B, NELSON B, 2006.Sclerotinia sclerotiorum (Lib.) de Bary: biology and molecular traits of a cosmopolitan pathogen.Molecular Plant Pathology, 7 (1): 1-16.

BRUNNER P C, FLEMING C, FREY J E, 2002.A molecular identification key for economically important thrips species (Thysanoptera: Thripidae) using direct sequencing and a PCR-RFLP-based approach [J].Agricultural and Forest Entomology, 4 (2): 127-136.

CAO J, LIU C, ZHANG W, et al., 2012.Effect of integrating straw into agricultural soils on soil infiltration and evaporation [J].Water Science&Technology, 65 (12): 2213-2218.

CHEN H X, LI P M, 2007.Alleviation of photoinhibition by calcium supplement in salt-treated Rumex leaves [J].Physiologia Planta-rum, 129 (0031-9317): 386-396.

CHEN W, GONG L, GUO Z L, et al., 2013.A novel integrated method for large-scale detection, identification, and quantification of widely targeted metabolites: application in the study of rice metabolomics [J].Molecular Plant, 6 (6): 1769-1780.

CLARK R T, BROWN S J, MURPHY J M, 2006.Modeling northern hemisphere summer heat extreme changes and their uncertainties using a physics ensemble of climate sensitivity experiments [J].Journal of Climate, 19 (17): 4418-4435.

COLEMAN R S, DAY T A, 2004.Response of cotton and sorghum to several levels of sub-ambient solar UV-B radiation: a test of the saturation hypothesis [J].Physiologia Plantarum, 122: 362-372.

DELGADO I C, SÁNCHEZ - RAYA A J, 2007.Effects of sodium chloride and mineral nutrients on initial stages of development of sunflower life [J].Communications in soil science and plant analysis, 38 (15-16): 2013-2027.

DENIS L, DOMINGUEZ J, VEAR F, 2010.Inheritance of 'Hullability' in sunflowers (*Helianthus annuus* L.).Plant Breeding, 113 (1): 27-35.

DIANE H. MORRIS, 2007. Flax: A Health and Nutrition Primer [M]. Canada: Flax Council of Canada.

ESMAEIL G, REZA D, IRAJ B, et al., 2014.Evaluation of Drought Tolerance Indices for Selection of Confectionery Sunflower (*Helianthus anuus* L.) Landraces under Various Environmental Conditions [J].Not Bot Horti Agrobo, 42 (1): 187-201.

ESTIENE J, VAN DER WAALS J E, MC LAREN N W, 2019.Effect of irrigation on charcoal rot severity, yield loss and colonization of soybean and sunflower [J].Crop Protection, 122: 63-69.

FRANZLUEBBERS A J, 2002.Water infiltration and soil structure related to organic matter and its stratification with depth [J].Soil and Tillage Research, 66 (2): 197-205.

HAIRMANSIS A, KUSTIANTO B, SUPARTOPO, et al., 2010.Correlation analysis of agronomic characters and grain yield of rice for tidal swamp areas [J].Indonesian Journal of Agricultural Science, 11 (1): 11-15.

HARRINGTON, L.S, 2004.The TSC1-2 tumor suppressor controls insulin-PI3K signaling via regulation of IRS proteins [J].Journal of Cell Biology, 166 (2): 213-223.

HEWEZI T, JARDINAUD F, ALIBERT G, et al., 2003.A new approach for efficient regeneration of a recalcitrant genotype of sunflower (*Helianthus annuus* L.) by organogenesis induction on split embryonic axes [J].Plant Cell Tiss.Org.Cult, 73 (1): 81-86.

HEWEZI T, PERRAULT A, ALIBERT G, et al., 2002.Dehydrating immature embryo split apices and rehydrating with Agrobacterium tumefaciens: A new method for genetically transforming recalcitrant sunflower [J].Plant Mol.Biol.Rep, 20 (4): 335-345.

INTERNATIONAL UNION FOR THE PROTECTION OF NEW PLANT VARIETIES (UPOV), 2000.Guidelines for the conduct of tests for distinctness, uniformity and stability Alstroemeria TG/81/6 [R].Geneva.

JALEEL C A, MANIVANNAN P, WAHID A, et al., 2009.Drought stress in plants: a review on morphological characteristics and pigments composition [J].International Journal of Agriculture and Biology, 11: 100-105.

JAVAID T A, BIBI H A, SADAQAT S J, 2015.Screening of sunflower (*Helianthus annuus* L) hybrids for drought tolerance at seedling stage [J].International Journal of Plant Science and Ecology, 1（1）: 6-16.

JIA H, ZHANG H, ARAYA K, et al., 2006.Improvement of salt-affected soils, part 2: interception of capillarity by soil sintering [J].Biosystems engineering, 94（2）: 263-273.

KEIL D J, OCHSMANN J, 2006.Flora of North America north of Mexico [M]. California: Oxford University Press.

KIRK W D J, TERRY L I, 2003.The spread of the western flower thrips frankliniella occidental is (Pergande).Agricultural and Forest Entomology, 5（4）: 301-310.

KONG S S, HOSAKATTE N M, JEONG W H, et al., 2008.The effect of light quality on the growth and development of in vitro cultured Doritaenopsis plants [J].Acta Physiologiae Plantarum, 30: 339-343.

KOSTER R D, MAHANAMA S P P, YAMADA T J, et al., 2011.The second phase of the global land-atmosphere coupling experiment: soil moisture contributions to sub seasonal forecast skill [J].Journal of Hydrometeorological, 12（5）: 805-822.

KOSTER R D, SCHUBERT S D, SUAREZ M J, 2009.Analyzing the concurrence of meteorological droughts and warm periods, with implications for the determination of evaporative regime [J].Journal of Climate, 22: 3331-3341.

LI S, BRADLEY C A, HARTMAN G L, et al., 2001.First report of Phomopsis longicolla from velvet leaf causing stem lesions on inoculated soybean and velvet leaf plants [J]. Plant Disease, 85: 1031.

LICHT M A, AL-KAISI M, 2005.Strip-tillage effect on seedbed soil temperature and other soil physical properties [J].Soil and Tillage Research, 80（1/2）: 233-249.

LIU D, WANG G L, MEI R, et al., 2013.Diagnosing the Strength of Land-Atmosphere Coupling at Subseasonal to Seasonal Time Scales in Asia [J].Journal of Hydrometeorology, 15: 320-339.

LIU D, YU Z B, ZHANG J Y, 2015.Diagnosing the strength of soil temperature in the land atmosphere interactions over Asia based on Reg CM4 model [J].Global and Planetary Change, 130: 7-21.

LIU L, ZHANG R, ZUO Z, 2014.Inter comparison of spring soil moisture among multiple reanalysis data sets over eastern China [J].Journal of Geophysical Research Atmospheres, 119: 54-64.

LOPATINA E B, KIPYATKOV V E, SOKOLOVA I V, et al., 2012.Adaptive latitudinal variation of the duration and thermal requirements for development in the ground beetle Amaracommunis (Panz.) (Coleoptera, Carabidae) [J].Entomological Review, 92 (2): 135–145.

LORENZ R, ARGUESO D, DONAT M G, et al., 2016.Influence of land - atmosphere feed backs on temperature and precipitation extremes in the GLACE - CMIP 5 ensemble [J].Journal of Geophysical Research: Atmospheres, 121 (2): 607–623.

LU Y H, JIAO Z B, WU K M, 2012.Early-season host plants of Apolyguslucorum (Heteroptera: Miridae)in northern China [J].Journal of Economic Entomology, 105: 1603–1611.

LU Y H, QIU F, FENG H Q, et al., 2008.Species composition and seasonal abundance of pestiferous plant bugs (Hemiptera: Miridae)on Bt cotton in China [J].Crop Protection, 27: 465–472.

LU Y H, WU K M, et al., 2010.Overwintering hosts of Apolyguslucorum (Herniptera: Miridae)in northern china [J].Crop Protection, 29: 1026–1033.

MAHAJAN S, TUTEJA N, 2007.Calcium signaling network in plants [J].Plant Signaling&Behavior, 2 (2): 79–85.

MARTIN C, ZHANG Y, TONELLI C, et al., 2013.Plants, diet, and health [J]. Annual Review of Plant Biology, 64 (1): 19–46.

MATHURE S, SHAIKH A, RENUKA N, et al., 2011.Characterisation of aromatic rice (*Oryza sativa* L.)germplasm and correlation between their agronomic and quality traits [J].Euphytica, 179: 237–240.

MELOTTO M, UNDERWOOD W, KOCZAN J, et al., 2007.Plant stoma Underwood W, Melotto M, He S Y.Role of plant stoma ta in bacterial invasion [J].Cellular Microbiology (9): 1621–1629.

MINER G L, BAUERLE W L, 2019.Seasonal responses of photosynthetic parameters in maize and sunflower and their relationship with leaf functional traits [J].Plant, Cell&Environment, 42 (5): 1561–1574.

MOHAMED S, BOEHM R, SCHNABL H, 2006.Particle bombardment as astrategy for the production of transgenic high oleic sunflower (*Helianthus annuus* L.) [J].Appl.Bot. Food Qual, 80 (2): 171–178.

MORRIS D H, 2007. Flax a Health and Nutrition Primer [M].Canada: the Flax Council of Canada.

MUBSHAR H, SHAHID F, WASEEM H, et al., 2018.Drought stress in sunflower: Physiological effects and its management through breeding and agronomic alternatives[J]. Agricultured Water Management, 201: 152–166.

NASSAR I N, HORTON R, GLOBUS A M, 1997.Thermally induced water transfer in salinized, unsaturated soil [J].Soil Science Society of America Journal, 61 (5): 1293-1299.

PANERO J L, FUNK V A, 2002.Toward a phylogenetic subfamily classification for the Composite (Asteraceae) [J].Proceedings of the Biological Society of Washington, 115: 909-922.

PAVEL M, NADOLSKY, et al., 2008.Implications of CTEQ global analysis for collider observable [J].Physical Review D, DOI: https://doi.org/10.1103/PhysRevD.78.013004.

PENG J A, LOEW O, MERLIN N E, et al., 2002.A review of spatial down scaling of satellite remotely sensed and nitrogen transformations [J].Soil Biology and Biochemistry, 34 (6): 777-787.

PENG J J, NIESEL A, LOEW S, et al., 2015.Evaluation of Satellite and Reanalysis Soil Moisture Products over Southwest China Using Ground-Based Measurements [J]. Remote Sensing, 7: 15729-15747.

PRASIFKA, JARRAD R, et al., 2016.Relative susceptibility of sunflower maintainer lines and resistance sources to natural infestations of the banded sunflower moth (Lepidoptera: Tortricidae) [M]. Canada: Cambridge University Press.

RAFIQUL M, KHAN I, CERIOTTI A, et al., 1996.Accumulation of asulphurrich seed albumin from sunflower in the leaves of transgenic subterranean clover (Trifolium subterraneum L.) [J].Transgenic Res, 5 (3): 179-185.

ROBERTS L D, SOUZA A L, GERSZTEN R E, et al., 2012.Targeted metabolomics [J]. Current Protocols in Molecular Biology, 98: 30.2.1-30.2.24.

SADEGH M, LOVE C, FARAHMAND A, et al., 2017.Multi-Sensor Remote Sensing of Drought from Space [J].Emote Sensing of Hydrological Extremes, 1 (1): 219-247.

SANTOS I, FIDALGO F, ALMEIDA J M, et al., 2004.Biochemical and ultrastructural changes in leaves of potato plants grown under supplementary UV-B radiation [J].Plant Science, 167: 925-935.

SARKAR S, PARAMANICK M, GOSWAMI S B, 2007.Soil temperature, water use and yield of yellow sarson (*Brassica napus* L.var.*glauca*) in relation to tillage intensity and mulch management under rainfed lowland ecosystem in eastern India [J].Soil and Tillage Research, 93 (1): 94-101.

SARRAFI A R, ROUSTAN J P, FALLOT J, et al., 1996.Genetic analysis of organo genesis in the coyledons of zygotic embryos of sunflower (*Helianthus annuus* L.) [J]. Theor.Appl.Genet, 92 (2): 225-229.

SCHINGOETHE, DAVID J, 1976.Whey Utilization in Animal Feeding: A Summary and Evaluation1, 2 [J].Journal of Dairy Science, 59 (3): 556-570.

SCHLOSSER C A, MILLY P C D, FIERER N, et al., 2018.Effects of drying rewetting frequency on soil carbonWatts N, Coauthors.The 2018 report of the Lancet Countdown on health and climate change: shaping the health of nations for centuries to come [J].The Lancet, 392: 2479-2514.

SENEVIRATNE S I, WILHELM M, STANELLE T, et al., 2013.Impact of soil moisture-climate feed backs on CMIP5 projections: First results from the GLACE-CMIP5 experiment [J].Geophysical Research Letters, 40: 5212-5217.

SENEVIRATNE SI, LUTHI D, LITSCHI M, et al., 2006.Land-atmosphere coupling and climate change in Europe [J].Nature, 443 (7108): 205-209.

SEYED M S, AZAM S S, SEYED A S, et al., 2015.Evaluation of drought Tolerance in Sunflower (*Helianthus annuus* L.) Inbred Lines and Synthetic Varieties under Non Stress and Drought Stress Conditions [J]. Biological Forum, 7 (1): 1849-1854.

SHENG Z, YINLI L, XIUSHENG Z, et al., 2008.Effects of soil mulching on cucumber quality, water use efficiency and soil environment in greenhouse [J].Transactions of the Chinese Society of Agricultural Engineering, 24 (3): 65-71.

SUCHI S, VARSHA G, BAISHNAB C T, et al., 2005.Photoregulation of the greening process of wheat seedlings grown in red light [J].Plant Molecular Biology, 59 (2): 269-287.

TEULING A J, SENEVIRATNE S I, STOCKLI R, et al., 2010.Contrasting response of European forest and grassland energy exchange to heatwaves [J].Nature Geo science, 3 (10): 722-727.

TIRI K, VERBAUWHEDE I, 2004.A Logic Level Design Methodology for a Secure DPA Resistant ASIC or FPGA Implementation [C]//Design, Automation&Test in Europe Conference&Exhibition.IEEE.

TODA S, KOMAZAKI S, 2002.Identification of thrips species (Thysanoptera: Thripidae) on Japanese fruit trees by polymerase chain reaction and restriction fragment length polymorphism of the ribosomal ITS2 region [J].Bulletin of Entomological Research, 92: 359-363.

VIDALE P L, LUTHI D, WEGMANN R, et al., 2007.European summer climate variability in a heterogeneous multi-model ensemble [J].Climatic Change, 81: 209-232.

WU L, ZHANG J, 2013.Role of land-atmosphere coupling in summer droughts and floods over eastern China for the 1998 and 1999 cases [J].Chinese Science Bulletin, 58 (32): 3978-3985.

WU M C, HOU C, JIANG C, et al., 2007.A novel approach of LED light radiation improves the antioxidant activity of pea seedlings [J].Food Chemistry, 101 (4): 1753-

1758.

XIA Y, XU H M, 2017.Circulation characteristics and causes of the summer extreme high temperature event in the middle and lower reaches of the Yangtze River of 2013 [J]. Journal of Meteorological Sciences, 37: 60–69.

XIANG Y Y, MAO F Y, ZI Z L, 2010.Calling behavior and rhythms of sex pheromone production in the black cut-worm moth in China [J].Insect Behav, 23: 35–44.

YANFUL E K, MORTEZA MOUSAVI S, YANG M, 2003.Modeling and measurement of evaporation in moisture-retaining soil covers [J].Advances in Environmental Research, 7(4): 783–801.

YANG M K, YANFUL E, 2002.Water balance during evaporation and drainage in cover soils under different water table conditions [J].Advances in Environmental Research, 6(4): 505–521.

YANG T B, POOVAIAH B W, 2003.Calcium/calmodulin mediated signal network in plants [J].Plant Science, 8(10): 505–512.

ZHANG G S, CHAN K Y, OATES A, et al., 2007.Relationship between soil structure and runoff/soil loss after 24 years of conservation tillage [J].Soil and tillage research, 92(1): 122–128.

ZHANG L Y, ZHANG Z B, XU P, et al., 2014.Evolution of agronomic traits of wheat and analysis of the mechanism of agronomic traits controlling the yield traits in the Huang huai plain [J].Scientia Agricultural Sinica, 47(5): 1013–1028.

ZHANG R, ZUO Z, 2011.Impact of spring soil moisture on surface energy balance and summer monsoon circulationover East Asia and precipitation in East China [J].Journal of Climate, 24(13): 3309–3322.